计算等离子体物理导论

Introduction to Computational Plasma Physics

谢华生　编著

科学出版社

北京

内 容 简 介

本书是等离子体物理数值计算与模拟的入门教程，基本涵盖了计算等离子体物理中常见的基础问题，一类源自教学，一类源自科研. 在内容编写方面，笔者力求做到每一章节既有新意，又有实用性，使得读者对目前的计算等离子体物理研究内容能知其然且知其所以然. 与传统教材不同，本书将通过具体的算例来帮助初学者理解相关的物理概念和物理图像，尽可能地降低读者的学习困难，同时加深读者对计算等离子体物理前沿的理解. 书中的算例均提供了相关的代码(以 Matlab 为主)，读者可直接使用或依据需要做相关的改写.

本书主要适用于等离子体物理专业的研究生和高年级本科生，也可作为计算等离子体物理研究的手册使用.

图书在版编目(CIP)数据

计算等离子体物理导论/谢华生编著. —北京：科学出版社，2018.1
ISBN 978-7-03-056367-5

I. ①计⋯ II. ①谢⋯ III. ①等离子体物理学-计算物理学 IV. ①O53

中国版本图书馆 CIP 数据核字(2018) 第 012493 号

责任编辑：刘凤娟 / 责任校对：王晓茜
责任印制：吴兆东 / 封面设计：涿州锦辉

科学出版社 出版
北京东黄城根北街 16 号
邮政编码：100717
http://www.sciencep.com
北京凌奇印刷有限责任公司印刷
科学出版社发行 各地新华书店经销

*

2018 年 1 月第 一 版 开本：720×1000 1/16
2024 年 4 月第六次印刷 印张：19 3/4
字数：400 000
定价：138.00 元
(如有印装质量问题，我社负责调换)

前 言

纪伯伦的《先知》中有一句:"倘若这是我收获的日子,那么,在何时何地我曾撒下了种子呢?"写本书的想法最初来自等离子体物理学习程序集 (Plasma Physics Learning Utility, PPLU; 2011 年 6 月在网上公开),当时开发的集成程序包 PPLU 由于其较新颖的模式,几个月内就收到国内、国外不少反馈,一些使用者给笔者反馈说自己为 PPLU 中某一个小模块而兴奋,因为它们帮助自己形象化地理解了此前一直未能理解的内容. 但之前的 PPLU 除了一些简单的说明,并未给出详细的使用手册 (英文),许多物理和数值的细节需要用户自己去摸索,并且笔者也认为 PPLU 远不够完善. 然而给出达到预期的用户手册和完善相关代码是一件烦琐的工程,需要耗费大量的时间,没有足够的动力是很难完成的. 后来笔者意识到自己所涉及的内容已经完全可以写成一本较实用的书了,它不仅是前人研究内容的综合,同时也包含不少笔者自己的理解和原创. 鉴于此,笔者就准备以正式出版的方式把这些零散的内容整理出来并加以润色提升. 事实上笔者开始整理这本书的另一个动因是:在国内外真正适合初学者的等离子体物理数值模拟书籍太少. 譬如,关于朗道阻尼色散关系的数值解,需要处理等离子体色散函数,即使是许多在等离子体物理中工作了数年、数十年的学者可能也不知道如何处理,而又很难找到介绍这方面内容的书籍,大部分情况下,只能用近似的解析解去与模拟结果对比. 而且,朗道阻尼的积分路径实在是难于理解,在没有完全理解朗道阻尼解析理论的情况下能否用简单的数值方式验证朗道阻尼的真实性?在本书中,读者可以发现采用十行代码即可精确模拟朗道阻尼现象. 又如,基础教科书中讲绝热不变量时总会以地磁场中的三个周期运动为例,但所画的图都是卡通示意图,只有真正代入实际参数,采用数值计算求解出精确轨迹时才会在自己脑海中留下深刻印象:真的就是那样!笔者自己也曾感慨:偶极场确实是一个很好的约束位形,如果没有这一地磁场,人类大概有两种可能,要么永远不会出现,要么已经进化成"超级赛亚人".

磁约束聚变中有不少非常重要的基础问题,如粒子轨道问题、平衡问题、磁流体不稳定性问题等. 广泛流传的代码又过于复杂,并不适合理解,因此提供一个简单的入门示例是非常必要的. 本书所给出的范例,一方面便于理解及容易动手实现,另一方面读者可以结合更复杂的情况进行扩展. 对于一些国际上的大代码 (尤其是磁约束方面),本书中也以最简化的版本进行了实现,比如计算托卡马克 (tokamak) 中粒子轨迹的 ORBIT、计算磁流体模 (尤其是阿尔文 (Alfvén) 本征模) 的 NOVA. 本书有不少其他较为有趣的特色,比如谱方法 (尤其矩阵解法) 在计算等离子体物理中的应用、一维静电系统中各种关联问题的探讨等. 在讲粒子模拟 (particle-in-cell, PIC) 时, 笔者用了无所不用其极的做法去减少代码量, 最终采用 50 行的代码求解了一个完整的范例 (通常其他同样的代码会上百行, 且不易懂). 回旋动理学模拟和 δf 算法是近二三十年的事, 这里可能是第一次在基础教程中以可操作的方法给出. 其他所涉及问题的选取也各有其理由, 在此不详述. 另外, 本书有大量脚注, 这些附加信息可以帮助初学者更快地适应学术生活. 尽管本书定位是初级入门教材, 但所涉及的许多内容并不初级, 且大部分章节的写法均与传统教材不同. 非入门者的学者也可作为参考, 选择性地补充一些自己需要的或者已遗忘的内容. 笔者也期望每一小节的内容都有一定高度, 尽可能实用、有新意、自成风格, 能否做到, 就由读者来做评判了. 读者在阅读本书时可各取所需. 比如, 近几年, 国内外依然有不少学生把一维静电弗拉索夫 (Vlasov) 方程的数值解作为本科或硕士学位论文的选题, 本书中采用简单的方式给出了相关的数值代码. 这些内容应该能帮助初入门者熟悉传统课堂略过的细节, 也能降低研究生读文献的困难. "站在巨人的肩上", 希望本书能提供一个肩膀, 使读者不必花费过多时间自己摸索.

应当承认, 国内的等离子体物理刚刚起步, 尚处于较初级的阶段. 除实验差距较小外, 理论和模拟均远落后于美国、欧洲甚至日本. 在模拟方面, 一本完整的、有特色的基础数值书, 可以使得该方面的研究有一个更高的起点, 这也是迎头赶上或后来居上所应必备的. 本书是一次尝试, 也希望是抛砖引玉. 读者若阅读本书有困难可以选择如下两种做法: ① 先掌握必备的等离子体物理基础后再来阅读; ② 发电子邮件给作者. 除 PPLU 外, 本书的其他一些原始材料最初也均是用英文写的, 对象是全世界的读者, 部分完善的主题在网上已有公开[①], 如 *On Numerical Calculation of the Plasma Dispersion Function* (2011-10-09). 不过, 为了使国内读者阅读更便捷, 编写本书时全部改用了中文. 另外, 在许多章节也提及国内各研究单位的一些信息 (但, 不应该认为那是全面的). 本书假定读者已经掌握了等离子体物理理论和计算物理的基础, 如果没有, 读者可以参照本书提供的文献补足. 若将本书作为教学用书, 那么笔者的看法是: "关键不是教哪些内容, 而在于把关. 也即应该让学生做充分的习题或小课题, 以报告的形式上交, 要求尽可能规范及有质量."

本书的写作得到了许多人的支持, 在此表示感谢. 许多批评性建议, 也使本书质量能更有保障. 特别感谢陈伟、祝佳和齐龙瑜在这个项目的初期 (2011 年) 的启发; 早期启发了该项目的也有许多前辈, 包括陈骝教授、林郁博士、汪学毅博士、林留玉仁教授; 尤其感谢孙有文博士 (2012 年) 在等离子体平衡问题中教给笔者的知识, 可惜完整地介绍平衡问题篇幅太长, 因而包括如何从 G-S 方程的解得到磁力线轨迹、q 分布等内容没有进入本书; 林志宏教授的 pic1d 和 GTC 代码也让笔者学

---

① 已集中到 http://hsxie.me/codes.

到了不少精妙的代码写法; 李跃岩后期 (2014 年后) 在许多方面极好地重现了笔者的工作并且做得更深, 一些内容也已经在本书中体现 (图 5.17); 与陈昊天的讨论同样很受益, 他的工作在数学上会显得更严格. 许多人为本书从不同角度提供了原始零星素材或者启发, 包括 Andreas Bierwage、仇志勇、卢志鑫、王鑫、祝佳、虞立敏、刘东剑、王胜、申伟、冯智晨、胡友俊、包健、魏来、张桦森、石中兵、刘阳青、谢涛、毛傲华、崔少燕、赵典、黄凤、陈玲、Maxime Lesur、张泰革、李景春、陈炎高、马晨昊、胡地、赵登、贾青、路兴强等. 2015 年 12 月, 在 Dartmouth 学院访问时朱犇提供的该学院 Richard Denton 教授的课程资料和作业也很有帮助, 早期 (2011 年) 与 Denton 教授的 email 交流也是触发本项目的因素之一: 他们体系化的课程讲义设置确实已经很好, 但其主要针对空间等离子体, 所以还远没达到笔者期望的更深、更广、更全的实用化. 2015 年 11 月的一次集中讨论中, 孙传奎、包健、杨文、欧伟科、王青、孟果和石米杰提供了不少帮助. 魏来、祝佳、陶鑫、盛正卯教授、张文禄研究员、王正汹教授和李博研究员等, 在本书正式付印前提供了许多宝贵的意见. 也感谢浙江大学、北京大学、四川大学和南华大学等不同研究单位听过笔者以本书部分内容为主题的非正式课程的同学或老师. 本书图 1.1 由杨文编辑, 图 2.6 由陈伟提供原始数据, 图 2.22 由张泰革提供, 图 2.31 取自 EASTViewer 截图, 图 4.4 取自浙江大学直线等离子体装置设计文档, 图 8.1 由祝佳提供, 在此一并表示感谢. 傅国勇博士、徐学桥博士、董家齐教授、马志为教授等前辈在数值方面也教会了笔者不少东西, Fulvio Zonca 博士、王晓钢教授和郁明阳教授使笔者对等离子体物理的研究产生了一些不同的思考. 这本书的选材, 当然也与许多其他人的讨论有关, 在此不一一列出. 感谢王正汹教授和李博研究员对书稿的评审推荐.

著名的等离子体物理前辈蔡诗东先生[1]有一句话, "把等离子体物理的根扎在中国", 希望本书能够在实现这一理想的道路上起到作用. 由于多方面原因, 这本书从 2011 年的 PPLU 代码集算起, 2012 年半成品的初稿框架到 2017 年成型还是被拖延四五年, 期间等离子体领域不少杰出的前辈去世 (如 C. K. Birdsall、R. C. Davidson), 这中间自己数度决定把这项工程尽快完成, 但原始框架的工程量还是太庞大, 于是拖到 2017 年初最终决定采取折中的方案, 去掉了许多原定准备完成的内容 (比如 R-T 和 K-H 不稳定性、试验粒子的输运、完整的托卡马克流体输运代码、Hasegawa-Mima 方程模拟、激光加速、鞘层物理、参量不稳定性等; 以及有一整章准备介绍国际上流传较广的不同用途的大型磁约束、激光和空间等离子体代码, 已经完全删去), 这些未列入的主题一部分是因与代码 bug 奋战多时败阵而暂

---

[1] 蔡诗东 (1938–1996), 福建人, 等离子体物理学家, 美国物理学会会士 (APS Fellow), 中国科学院院士 (1995). 为纪念蔡诗东先生以及鼓励等离子体邻域的青年学者, 从 1999 年开始, 设立有蔡诗东等离子体物理奖 (http://ips.sjtu.edu.cn/CSD/index.html), 每年奖励不超过三位, 其中的大部分都已经成长为国内年轻一代中的主力.

放, 另一部分是发现还很难写好. "完成比完美重要", 那些暂未进入这一版本的主题可能会在后续版本中体现, 后续版本可能依然会由本人完成, 也可能不是.

最后, 特别感谢我的博士研究生导师浙江大学肖湧教授和博士后合作导师北京大学李博研究员的长期支持.

本书出版得到了中国博士后科学基金 (2016M590008) 的支持.

本书许多观点都是作者个人的, 可能并非每个人都同意. 本书的内容也受作者的选择和兴趣影响. 对本书的建议意见可发送电子邮件到 huashengxie@gmail.com. 书中的疏漏和代码的 bug 在所难免, 如果读者有发现, 也请及时告知作者, 所有最新的更新或勘误均会列在: http://hsxie.me/cppbook/.

谢华生

初稿于浙江大学

成稿于北京大学

2017 年 4 月

目　　录

前言
第 1 章　绪论 ··· 1
　1.1　计算等离子体物理 ··· 1
　1.2　计算等离子体物理的先驱 ··· 4
　1.3　计算等离子体物理的新挑战 ·· 7
　1.4　本书内容 ·· 9
　习题 ··· 13
第 2 章　数据处理与可视化 ·· 14
　2.1　谱分析 ··· 14
　　2.1.1　傅里叶变换 ··· 14
　　2.1.2　窗口傅里叶变换 ··· 18
　　2.1.3　小波变换 ·· 21
　　2.1.4　关联谱分析 ··· 22
　　2.1.5　包络分析 ·· 24
　　2.1.6　小结 ··· 25
　2.2　数据误差及平滑、插值和拟合 ··· 26
　　2.2.1　数据误差 ·· 26
　　2.2.2　平滑 ··· 27
　　2.2.3　插值 ··· 27
　　2.2.4　拟合 ··· 29
　2.3　数据可视化 ·· 31
　　2.3.1　基于现成软件可视化 ·· 32
　　2.3.2　底层代码实现可视化 ·· 36
　2.4　数据处理一体化和图形用户界面 ·· 37
　　2.4.1　小程序的一体化实时数据处理示例 ··· 37
　　2.4.2　GUI 数据处理工具集示例 ·· 41
　　2.4.3　实验数据实时系统 ··· 43
　2.5　其他 ·· 43
　　2.5.1　模拟结果中色散关系的获得 ··· 43
　　2.5.2　频率的正负 ··· 45

		2.5.3 动画和电影 · 47
		2.5.4 从数据图中提取原始数据 · 47
	习题 · 48

第 3 章 算法效率与稳定性 · 49
  3.1 算法精度与稳定性分析的普适方法 · 49
  3.2 时间积分 · 52
      3.2.1 欧拉一阶算法 · 52
      3.2.2 蛙跳格式 · 52
      3.2.3 龙格–库塔 · 56
  3.3 偏微分方程 · 56
      3.3.1 偏微分方程分类 · 57
      3.3.2 对流方程 · 57
      3.3.3 抛物线方程 · 60
      3.3.4 椭圆方程 · 60
  3.4 隐式算法 · 63
  3.5 谱方法 · 64
  3.6 有限元 · 64
  3.7 其他 · 64
      3.7.1 辛算法 · 64
      3.7.2 Boris 格式 · 66
      3.7.3 时域有限差分和 Yee 网格 · 68
      3.7.4 $\exp(\hat{H}t)$ 的计算 · 68
  习题 · 69

第 4 章 单粒子轨道 · 70
  4.1 洛伦兹力轨道 · 70
      4.1.1 基本方程 · 70
      4.1.2 磁力线方程 · 71
      4.1.3 磁镜中的轨迹 · 72
      4.1.4 地磁场中的轨迹 · 78
      4.1.5 托卡马克中的轨迹 · 82
      4.1.6 电流片中的轨迹 · 83
  4.2 导心轨道 · 84
      4.2.1 各种导心漂移 · 84
      4.2.2 一组实用的磁面坐标公式 · 85

		4.2.3 托卡马克中的公式 · 88

        4.2.3 托卡马克中的公式 · 88

        4.2.4 理想偶极场磁面坐标导心运动公式 · · · · · · · · · · · · · · · · · · 90

  4.3 补注 · 93

  习题 · 93

第 5 章　磁流体 · 95

  5.1 描述等离子体的物理模型 · 95

  5.2 常见的磁流体模式图示 · 98

        5.2.1 扭曲模 · 99

        5.2.2 气球模 · 100

        5.2.3 撕裂模 (磁岛) · 101

  5.3 线性问题数值解法 · 102

  5.4 磁流体模拟 · 105

        5.4.1 一维激波模拟 · 105

        5.4.2 撕裂模及磁重联 · 107

  5.5 托卡马克中的平衡 · 112

        5.5.1 Grad-Shafranov 方程 · 112

        5.5.2 G-S 方程的解析解 · 113

        5.5.3 直接数值求解 · 115

  5.6 局域气球模问题 · 120

        5.6.1 打靶法 · 120

        5.6.2 本征矩阵法 · 122

  5.7 约化的磁流体方程 · 126

  5.8 阿尔文连续谱和阿尔文本征模 · 130

        5.8.1 柱全局阿尔文本征模 · 132

        5.8.2 环阿尔文本征模 · 132

        5.8.3 反剪切阿尔文本征模 · 133

        5.8.4 全局气球模 · 134

        5.8.5 内扭曲模 · 134

        5.8.6 非圆阿尔文本征模 · 135

  5.9 回旋朗道流体：磁流体的拓展 · 136

        5.9.1 静电一维为例 · 136

        5.9.2 展开 R · 136

        5.9.3 流体方程 · 137

  习题 · 139

第 6 章 等离子体中的波与不稳定性 140
6.1 色散关系求根示例 140
6.2 冷等离子体色散关系 142
6.2.1 $k(\omega)$ 到 $\omega(k)$ 143
6.2.2 数值求解 143
6.2.3 静电还是电磁 145
6.2.4 等离子体波传播模拟示例 145
6.3 CMA 图 147
6.4 流体色散关系普适解 147
6.4.1 普适数值方法 148
6.4.2 冷等离子体 150
6.5 热等离子体中的波与不稳定性 152
6.5.1 色散关系 152
6.5.2 等离子体色散函数 153
6.5.3 等离子体色散函数的 Padé 近似或多点展开 156
6.5.4 朗道阻尼 157
6.5.5 离子声波 160
6.5.6 广义等离子体色散函数 160
6.5.7 WHAMP 代码 162
6.5.8 PDRK 代码 164
6.5.9 电磁色散关系 169
6.5.10 相对论性问题 173
6.6 回旋动理学色散关系 173
6.7 半谱法模拟 176
6.7.1 流体简正模模拟 176
6.7.2 动理学简正模模拟 179
6.7.3 本征模模拟 180
习题 181

第 7 章 等离子体中的碰撞与输运 182
7.1 二体库仑碰撞 183
7.2 一维平板和柱位形中的扩散 185
7.3 随机行走和蒙特卡罗模拟 187
7.3.1 基于随机函数的输运基本理论 187
7.3.2 一维随机行走计算输运系数 189
7.3.3 二维随机行走演示 190

	7.3.4 列维飞行	192
7.4	蒙特卡罗法的更多应用	194
	7.4.1 对流扩散方程	194
	7.4.2 泊松方程	196
习题		198

第 8 章 动理学模拟 200

8.1	Particle-in-cell 模拟	200
	8.1.1 最短的 PIC 代码	201
	8.1.2 朗道阻尼	202
	8.1.3 双流不稳定性	205
	8.1.4 含碰撞情况	206
	8.1.5 1D3V，伯恩斯坦模	206
	8.1.6 其他	209
8.2	Vlasov 模拟	209
	8.2.1 朗道阻尼	210
	8.2.2 其他	212
8.3	δf 算法	212
	8.3.1 δf 模型	213
	8.3.2 线性模拟	213
	8.3.3 静电一维	214
	8.3.4 离子声波	214
	8.3.5 束流不稳定性	218
8.4	电磁模拟和 Darwin 模型	219
8.5	漂移不稳定性及输运	220
8.6	回旋动理学模拟	223
	8.6.1 使用贝塞尔函数	223
	8.6.2 使用多点回旋平均	227
	8.6.3 线性本征模问题	231
习题		233

第 9 章 部分非线性问题及其他问题 234

9.1	标准映射	235
9.2	捕食者–被捕食者模型	236
9.3	Burgers 方程	238
9.4	KdV 方程	240
9.5	非线性薛定谔方程	242

- 9.6 一个微分积分方程的解 (BB 模型) ································· 244
- 9.7 环位形装置截面形状及不同 q (安全因子) 分布时的磁场 ········· 248
- 9.8 光迹追踪 ··· 253
- 9.9 Nyquist 图及柯西围道积分法求根 ······························ 254
  - 9.9.1 Nyquist 不稳定性分析方法 ······························ 254
  - 9.9.2 求复平面指定区域根个数 ································ 255
- 9.10 电荷片模拟 ·· 259
- 9.11 粒子模拟方法补述 ··· 262
  - 9.11.1 一维静电粒子模拟中的问题 ····························· 262
  - 9.11.2 粒子–粒子模拟 ··· 263
  - 9.11.3 分子动力学模拟 ·· 263
- 9.12 再论朗道阻尼 ·· 263
  - 9.12.1 Case-van Kampen 模 ··································· 263
  - 9.12.2 Vlasov-Ampere 系统 ···································· 265
  - 9.12.3 连续谱、离散谱和剩余谱共存 ··························· 268
- 习题 ··· 271

第 10 章 附录 ··· 272
- 10.1 等离子体物理基本参数计算器 ··································· 272
- 10.2 矢量、张量和磁面坐标 ··· 273
  - 10.2.1 度规张量与雅可比 ······································ 273
  - 10.2.2 磁面坐标 ·· 275
  - 10.2.3 零位移情况 ·· 278
- 10.3 各种随机分布函数的产生 ······································· 279
  - 10.3.1 赝随机数 ·· 279
  - 10.3.2 任意分布的产生 ·· 280
  - 10.3.3 高斯分布的产生 ·· 281
- 10.4 高斯求积 ·· 282
- 10.5 简振模和本征模及模结构 ······································· 283
- 10.6 阿贝尔反演 ·· 283
- 10.7 数值库的使用 ·· 283
- 10.8 集群使用简介 ·· 284
  - 10.8.1 Linux 使用 ·· 284
  - 10.8.2 集群使用 ·· 285
- 10.9 其他实用信息 ·· 286
  - 10.9.1 部分网址 ·· 286

10.9.2　数值分析方法库 ································· 287
　　10.9.3　CPC 数值库 ····································· 287
　　10.9.4　Mathematica 软件的符号推导功能 ················ 288
　　10.9.5　等离子体物理主要期刊 ·························· 289
　习题 ·· 290
参考文献 ·· 291

第 1 章 绪　　论

"The purpose of computing is insight, not numbers." (1961).
(计算的目的是洞察, 而非数字.)
"The purpose of computing numbers is not yet in sight." (1971).
(计算数字的目的尚未知.)
——Hamming (1915—1997)[1]

"了解, 理解, 动手做."
——高喆, 2009 中国等离子体物理暑期学校讲义

"Knowing, Understanding, Discovering."
——Yvonne Choquet-Bruhat, (1923.12.29 —)
(了解, 理解, 发现.)
French female mathematician and physicist
(法国女数学家、物理学家)

"I have the result, but I do not yet know how to get it."
(我有结果, 但我还不知道是怎么得到它的.)
——Gauss (1777—1855)

1.1　计算等离子体物理

目前, 计算物理(computational physics) 已与理论物理和实验/观测物理形成了三足鼎立、互相补充的局面. 随着计算机技术的日新月异, 计算物理在物理学、力学、天文学和工程应用中将发挥越来越重要的作用. 计算物理主要包含两个部分, 一部分是数值计算 (numerical calculation), 另一部分可称为计算模拟 (simulation). 前者主要是求解方程、数据处理(平滑、插值、谱分析等) 等, 有时也可归为理论 (解析解和数值解) 物理, 属理论和实验物理工作者应该掌握的; 后者则是真正意义上的模拟仿真, 比如, 解牛顿方程模拟粒子轨道, 数值解流体方程(Navier-Stokes) 研究

---

[1] 本书各章下的引句, 部分选自 David Keyes 的主页 http://www.columbia.edu/~kd2112/.

湍流. 主要区别在于, 前者通常可以逼近精确的数值结果; 而后者则类似于做实验, 给定初值考察/预测系统的演化, 并随时能测量系统的状态, 因此也被理论家称为数值实验[1]. 也可简单地认为, 是否存在时间演化[2]是两者的标志性区别.

计算等离子体物理属于计算物理的一部分, 单纯的计算物理通常包含物理学中所有二级学科中的通用计算方法, 对个性的涉及不会太多. 因此, 针对二级学科的特点, 进行更深度的拓展也是极重要的, 这可以帮助初学者快速进入前沿领域.

等离子体物理理论方面主要包含单粒子运动、流体理论和动理论等. 单粒子中除了直接的处理方法外, 又发展了导心运动的概念. 流体理论则可源自[3]动理论的各阶矩[4] 方程(Braginskii 输运方程组[5]), 进一步简化可得到磁流体 (magnetohydrodynamics, MHD)方程组. 动理学论 (kinetic theory) 又有各种版本, 包含所有物理的动理论方程是刘维尔方程或 Klimontovich 方程[6], 取平均, 分出碰撞 (小尺度) 和非碰撞项时最严格的是 BBGKY 方程链, 进一步简化可得到 Fokker-Planck 方程或其他版本碰撞项的方程, 取无碰极限就是 Vlasov 方程. 在中性气体非平衡态统计中, 动理学方程为玻尔兹曼微分积分方程.

等离子体物理中的波动和不稳定性极为丰富, 它们可以用线性化的方法研究. 对线性化方程的时间导数项取拉普拉斯 (Laplace) 变换, 空间导数项取傅里叶变换, 就可得到所谓的色散关系. 流体中的声波和麦克斯韦方程的电磁波的得出, 可以看成是上述过程最典型的例子. 线性等离子体物理已经非常成熟[7], 并且成为了等离

---

[1] 实验家可能有不同意见, 而称为 "计算机上的理论".

[2] 两者尚无严格区分, 以上只是本书的观点. 有时也把 simulation 翻译为 "仿真". 模拟又分为静态 (static) 和动态 (dynamic). 前者比如用蒙特卡罗 (Monte-Carlo) 模拟平衡态分布的一些相变问题, 物理上无时间变量, 但可把蒙特卡罗步数当成时间演化.

[3] 普通流体方程最早来自于一些直观的推导, 先于动理论方程. 但等离子体最常用的, 朗道碰撞算符 (1936 年) 的动理学方程早于常用的磁流体方程 (约 1942 年), 也早于无碰的 Vlasov 方程 (1938 年). 历史并非完全是从简单到复杂.

[4] 矩 (moment) 在这里是一个数学概念, n 阶矩定义为 $\mu_n = \int_{-\infty}^{\infty}(x-c)^n f(x)\mathrm{d}x$, 无特别说明, 则取 $c=0$. 物理上的矩是指力矩. 动量是 momentum, 不要混淆.

[5] 等离子体输运的经典文献, Braginskii S I. Transport processes in a plasma. Reviews of Plasma Physics, 1965, 1: 205-311.

[6] 刘维尔方程是 $6N$ 维空间中的方程, Klimontovich 方程是 6 维空间中的方程, 两者均与牛顿方程完全等价, 无任何信息损失; 而后续各种动理学方程有不同程度取平均 (或截断等近似), 除 BBGKY 方程链外, 通常为 6 维空间, 可逆 "佯谬" 出现在取平均这一步. 庞加莱回归定理证明, 经过足够长的时间后, 是可回归到初态的, 但是这个时间可能甚至远大于宇宙寿命. 在等离子体中一个可逆的现象是相混, 或者等离子体回声 (echo). Yuri Lvovich Klimontovich, 1924.09.28—2002.10.26; Joseph Liouville, 1809.03.24—1882.09.08; Henri Poincaré, 1854.04.29—1912.07.17.

[7] 可以认为, 划时代的经典著作傅里叶 (Jean-Baptiste Joseph Fourier, 1768.03.21—1830.05.16) 的《热的解析理论》在 1822 年的出版就已经提供了一整套处理该问题的方法, 把几乎所有核心问题都解决了, 剩下的主要是细节的应用. 有一种说法, 世界上每分钟就有一篇新学术论文与傅里叶有关 (数学、通信、物理、音乐、计算机、跨学科).

子体物理理论中的重要内容. 而非线性等离子体物理还处于初级阶段, 理论庞杂, 尚未能归入统一的框架. 对于线性问题, 计算等离子体物理的任务一方面是求解色散关系 (本征问题), 另一方面是用模拟 (初值问题) 对比理论结果, 数值模拟通常只是辅助. 对于非线性问题, 方程的求解极为复杂, 其中的不少方程已经成为数学理论中专门的研究课题, 数值模拟在这里也变得非常重要, 它能为理论提供洞见 (insight) 和指导.

图 1.1 显示了计算等离子体物理涉及的主要内容. 这里, 我们不限于传统的数值计算和计算模拟, 而采用更广义的提法, 把数据可视化等各种其他用计算机处理的内容也归入本书.

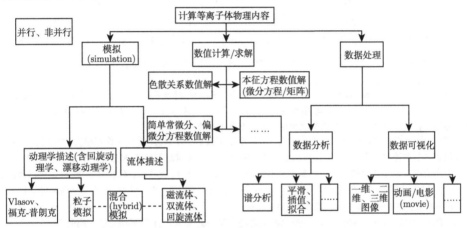

图 1.1 计算等离子体物理内容

另外, 值得对比的一点是与凝聚态等其他物理分支中模拟的不同. 对于其他物理分支, 哈密顿 (Hamiltonian) 量用得较多. 这是因为, 只要给出哈密顿量, 一个物理系统的所有演化均可决定①. 通常, 凝聚态问题中写出哈密顿量可以极大地简化问题, 比如常用晶格模型 (伊辛②模型、海森伯③模型等), 再简化可只考虑上下自旋等假设. 但是等离子体物理中除了单粒子轨道 (尤其导心轨道) 问题外, 很少用哈密顿量或拉格朗日量. 这是因为在等离子体物理中, 哈密顿量和拉格朗日量的形

---

① 经典力学: $\dot{p} = -\partial H/\partial q$, $\dot{q} = \partial H/\partial p$; 量子力学: $i\hbar\dot{\psi} = H\psi$, $\psi = \psi_0 e^{-iH/\hbar}$; 热力学: 配分函数 (partition function) $Z = \sum e^{-H/k_B T}$.

② Ernst Ising (1900.05.10—1998.05.11), 生于德国, 经历很丰富, 获得物理学博士学位后有短暂经商及当教师的经历, 又当过工人及军人, 后又成为物理学教授, 但再未发表文章. 伊辛模型最早出现在其 1924 年的博士论文 (导师 Wilhelm Lenz) 中, 求解了一维情况, 无相变. 该模型的重要性直到 20 多年后才显现出来. 可见, (a) 简单的东西也可以很重要; (b) 一样东西的重要性, 在出现时也可能被 (作者) 大大低估, 人们不见得一开始就能判断什么工作重要什么工作不重要, 需要时间才能判定. 磁约束聚变中尚未完全解决的 L-H 转换问题, 也可看成一种"相变".

③ Werner Karl Heisenberg, 1901.12.05—1976.02.01.

式基本是固定的①，且自由度太大，在通常的模拟中并不能简化相关的物理问题，只有在很少的例子中才能使问题看得更深或者得到简化．

1.2 计算等离子体物理的先驱

"要了解一门科学必须知道它的历史"（《实证哲学》，奥古斯特·孔德，1798—1857，法国）．温伯格②给科学工作者的四条黄金忠告的最后一条则是"学一点科学史"．许多知名的科学家均强调了了解科学史的重要性．

这里简单介绍计算等离子体物理的发展过程，并提及部分计算等离子体物理的先驱．计算等离子体物理中不得不提及的人物一定少不了 John M. Dawson(1930.09.30—2001.11.17)．美国物理学会 (American Physical Society, APS) 给计算物理学家最高荣誉的 Aneesur Rahman Prize③第二年 (1994) 就是颁给 Dawson④：

---

① 拉氏量 $L = -mc^2\sqrt{1-v^2/c^2} + e\boldsymbol{A}/c - e\phi$，正则动量 $\boldsymbol{P} = \partial L/\partial \boldsymbol{v} = \boldsymbol{p} + e\boldsymbol{A}/c$，哈密顿量 $H = \sqrt{m^2c^4 + c^2(\boldsymbol{P}-e\boldsymbol{A}/c)^2} + e\phi$．非相对论时，$L = mv^2/2 + e\boldsymbol{A}\cdot\boldsymbol{v}/c - e\phi$，$H = (\boldsymbol{P} - e\boldsymbol{A}/c)^2/2m + e\phi$，然后叠加所有粒子的 L 或 H 就得到系统的总拉氏量和哈氏量．

② Steven Weinberg (1933.05.03—)，1979 年获诺贝尔物理学奖，主要工作在宇宙学和粒子物理学，当今最著名的理论物理学家之一．四条黄金忠告 (Nature, 2003, 426: 389) 大意是：① 在过程中学，而不必等学会所有东西才开始做研究；② 到波涛汹涌的地方去，而非做已经很完善的领域；③ 原谅自己虚掷时光，如果想要有创造性，就必须习惯于大量时间不是创造性的；④ 学一点科学史，起码你所研究的学科的历史．他在等离子体物理中留下的一篇文章 (Weinberg S. The eikonal method in magnetohydrodynamics. Phys. Rev., 1962, 126: 1899-1909.)，也已经是光迹追踪 (ray tracing) 的重要文献．不过，其在"冷聚变"方面的理论探索则在一定程度上有损其重要主流物理学家心目中的地位．

③ http://www.aps.org/programs/honors/prizes/rahman.cfm．第一年是颁给威尔逊 (Kenneth G. Wilson, 1936.06.08—2013.06.15)，因其发明的格点规范场理论 (lattice gauge theory, 1974)．关于这方面，目前国内做得最多的可能是所谓的格点 QCD 模拟．威尔逊是少有的在理论和模拟两方面均有顶尖工作的物理学家，1982 年，因重整化处理相变的工作而获诺贝尔奖．他在 1956 年与 Rosenbluth 短暂做过热核聚变方面的工作，此后再未回到等离子体物理领域．其博士研究生导师是盖尔曼 (Murray Gell-Mann, 1929.09.15—，1969 年获诺贝尔奖)．由于其重整化的工作为解决多尺度问题提供了成功的范例，有望用来解决一些其他重要的但未解决的难题，如湍流．自 20 世纪 80 年代以来，有不少等离子体物理学家在试图把重整化应用于等离子体物理，不过目前尚无突破性的结果．在重整化等离子体物理湍流的问题上，华人章扬忠 (1941.09.08—) 也有较多的研究，具体可见 1988 年的博士学位论文 (University of Texas at Austin) 及 2011 核工业西南物理研究院《Tokamak 湍流理论》讲义．普林斯顿的 J. A. Krommes 写过不少关于统计方法研究等离子体中湍流、输运的综述，如 Krommes (2002, 2015) 的文献．其 2008 年的两卷未正式发表的书稿 Conceptual foundations of plasma kinetic theory, Turbulence and transport volumes I and II 非常详尽地介绍了各种理论基础，是极好的入门材料．非线性或湍流，其困难主要在于大部分情况下是非微扰的，无法一阶阶展开来逼近．

④ 等离子体物理中一项颁给杰出等离子体物理学家的重量级奖项在 2007 年后改为 John Dawson Award, http://www.aps.org/programs/honors/awards/dawson.cfm．该奖获得者中有 Lang Li Lao(1994)、吉翰涛 (Hantao Ji, 2002)、陈骝 (Liu Chen, 2004)、黄敬立 (King-Lap Wong, 2004)、陈秋荣 ((Frank) Chio Zong Cheng, 2004) 等多位华人．

1.2 计算等离子体物理的先驱

"In recognition of his leading role in opening the field of computer simulation of plasmas and for numerous major contributions made using plasma simulation as a complement to analytic theory and experiment. He has lead in opening the field of plasma-based accelerators and made major advances in understanding basic nonlinear plasma wave processes, anomalous absorption and transport, advanced plasma-based coherent light sources and space plasma phenomena."

从 20 世纪 50 年代后期开始,到 20 世纪 80 年代 (甚至到 20 世纪 90 年代),Dawson 一直在计算等离子体物理方面有引领前沿的工作和影响力,也被认为是 the father of computer simulation of plasmas[1],在等离子体物理的多个方向均留有足迹[2] (图 1.2). 现在等离子体广泛应用的 PIC 技术,Dawson 是先驱者[3]. 粒子模拟早期发展中另外较重要的人物还包括 Charles K. Birdsall (1925—2012) 和 A. B. Langdon, 著有至今依然是学习粒子模拟不可不读的一本书 (Birdsall and Langdon, 1991). 对等离子体理论发展有突出贡献的学者 Akira Hasegawa[4] (以 Hasegawa-Mima 方程等多项重要的理论工作及多本著作在等离子体物理中有较高的知名度) 在计算等离子体物理的早期发展中也有重要贡献, 如 Hasegawa 和 Birdsall (1964)

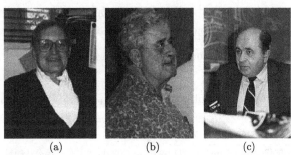

(a)　　　　　　(b)　　　　　　(c)

图 1.2　美国计算物理学家 John M. Dawson(a)、美国等离子体物理学家 Marshall N. Rosenbluth(b) 和苏联等离子体物理学家 Boris B. Kadomtsev(c)

---

[1] http://www.universityofcalifornia.edu/senate/inmemoriam/johnmdawson.htm.

[2] 例如,被写进基础教材的一项工作: Dawson (1961) 用一种更直观、更符合物理的方式计算了朗道阻尼,一般基础教材中讲完朗道的推导后,会同时给出 Dawson 的推导, 如 Chen (1984) 的文献.

[3] 写有 PIC 的综述文章如 Dawson (1983) 的文献. 读者如对其早期的工作感兴趣, 可读 Dawson (1962) 的文献.

[4] Hasegawa(长谷川晃) 最重要的工作可能还不在等离子体物理领域而在通信领域,如光孤子方面的先驱性工作. Hasegawa 博士研究生导师为 Birdsall. 另外,到目前为止等离子体物理中唯一的诺贝尔奖是 1970 年 Hannes Alfvén(1908.05.30—1995.04.02) 因磁流体的工作而获得的. 此后,尽管对 Rosenbluth 获奖的呼声很高,但这一呼声伴随他 2003 年的去世已成泡影. 目前认为最有希望的可能是 Hasegawa, 但其获奖理由可能并非等离子体物理方面的工作. 而这一点也是渺茫的, 因为光孤子通信尚远未实用, 离光纤技术 (2009 年诺贝尔奖) 也还差很远.

及 Hasegawa 和 Okuda (1968) 的文献. 回旋动理学粒子模拟最早的贡献者是 W. W. Lee (李为力) (Lee, 1983, 1987).

以上提及的几位是在发展等离子体物理独有的计算工具 (主要是 PIC 技术) 上的贡献. 等离子体物理中其他大部分数值技术与其他物理分支或其他应用数学相关的学科差别不大, 比如求解代数方程、常微分方程 (ordinary differential equation, ODE)、偏微分方程 (partial differential equation, PDE). 磁流体方程和 Vlasov 方程均为偏微分方程, 用一般的偏微分方程算法就可处理. 在等离子体物理中复杂之处可能在位形, 比如磁约束中, 常需要用磁面坐标等复杂处理手段, 空间物理中全局模拟也常常不能用简单的平板模型. 另外的困难在于计算复杂度, 真正的三维模拟在大规模并行计算发展起来后 (近十几年的事) 才得以正式进入主流. 而七维 (空间三维 + 速度空间三维 + 时间一维) 的 Vlasov 模拟, 除了激光等离子体相互作用等极短时间尺度或者使用非真实参数 (比如离子电子质量比取 $m_i/m_e \leqslant 100$) 的空间等离子体物理模拟外, 至今还无法真正得到实用的结果. 关于这些, 在正文的具体章节中会提及细节及一些相关的贡献者. 另外, 在广泛应用的数值技术中也有等离子体物理学家的影子, 如蒙特卡罗技术, 关于重要性抽样等方法的原始文章 (Metropolis et al, 1953) 已经有超过万次的引用, 这篇文章的作者中就有后来被称为等离子体物理界教皇 (Pope of Plasma Physics) 的 Marshall N. Rosenbluth[①]. Rosenbluth 在计算等离子体物理中的影响力还有许多其他方面, 比如 20 世纪 70 年代早期与 Roscoe White 及 Bruce Waddell 发展出第一个成功的非线性磁流体代码, 模拟出磁岛的演化, 以及培养包括徐学桥、J. Candy 在内的具有重要影响力的等离子体物理数值模拟专家.

对于后 Dawson 和后 Rosenbluth[②]时代, 等离子体物理模拟界与理论界可谓是百家争鸣. 关于等离子体方面 (主要是理论) 较有影响力的物理学家, 可参考

[①] 在 20 世纪 80 年代, Rosenbluth (1927.02.05—2003.09.28) 是已经公认的最重要的等离子体物理学家. 他是氢弹之父 Edward Teller(1908.01.15—2003.09.09) 的学生, 与杨振宁、李政道在芝加哥大学时是同学. 另一位公认的重量级等离子体物理学家, 一般认为是苏联的 Boris B. Kadomtsev (1928—1998). 据一份采访资料 (http://www.aip.org/history/ohilist/28636_1.html, 这是一份很有意思的文档, 建议愿意了解等离子体物理历史脉络的读者读一遍) 或 Gubernatis (2005) 的文献 (Gubernatis J E, Marshall Rosenbluth, the Metropolis algorithm. Physics of Plasmas, 2005, 12: 057303), Metropolis (1953) 的文献五位作者中, Edward Teller 提出这一想法, Marshall N. Rosenbluth 是真正实现者, Augusta H. Teller 与 Arianna W. Rosenbluth 分别是前两位的妻子, 负责计算机及代码实现, 而第一作者 Metropolis 是机房的总负责人, 对该工作并无实际贡献.

[②] 磁约束聚变模拟中有重要影响力的林志宏博士在 2006 年 10 月浙江大学聚变理论与模拟中心 (IFTS-ZJU) 成立时的会议报告中的一句话在某种程度上是恰当的: As you can see, there are too many self-appointed geniuses after Marshal. Indeed, without Marshal, the fusion community has entered into a new era of anarchy, dominated by noise. "江山代有才人出", 也不必悲观. 另一个很重要的原因是, 学科的分工越来越细, 个人的工作越来越专, 已经越来越难出百科全书式的人物.

等离子体物理几个重要奖项①的获得者名单. 在模拟方面, 许多学者目前在致力于考虑新一代大规模并行模拟中的挑战性问题, 比如 PPPL 的 William M.Tang (唐明武)②.

以上提及的人物有限, 在计算等离子体物理中做出过杰出贡献的还有许多其他学者, 在此并未一一列出. 另外, 通过以上的介绍也可看到, 尽管我国在等离子体物理方面还只能算刚重新③起步, 但整个 (海外) 华人领域的实力和影响力并不弱.

1.3　计算等离子体物理的新挑战

等离子体物理 (尤其聚变方面) 的研究有实用性, 同时有助于人们理解这个世界的基础, 在四象限中处于巴斯德区, 如图 1.3 所示.

等离子体物理理论与模拟有各种困难, 随着历史的推移, 部分旧问题逐步得到了一些解决. 本节标题中的 "新挑战", 其实并非恰当, 因为挑战一直存在, 只是某一阶段暴露得更明显而已. 目前暴露出来的最困难的在于多尺度问题, 图 1.4 显示了等离子体物理中巨大的时间和空间尺度, 统一这些尺度并非易事. 比如 (等离子体) 湍流问题, 即使得到了方程, 我们却发现并不容易求解, 它不仅有大结构, 还有小结构, 一层叠一层, 我们对方程作离散, 网格大小总是有限制的, 当既需要看到大结构, 又需要正确描述小结构时, 格点数就需越来越多, 因此即使是现代计算机, 对高雷诺数 (Reynolds number) 的湍流模拟也无能为力.

---

① Maxwell Prize(http://www.aps.org/programs/honors/prizes/maxwell.cfm)、Alfvén Prize (http://plasma.ciemat.es/alfvén.shtml) 以及前面提及的 Dawson Award. 至 2012 年, 华人陈骝教授是少有的几位同获这三项奖的人之一. 这几项奖均是提名制而非申请制, 因此均是同行评议推荐所产生, 它能反映一个领域最重要的工作及贡献者. 其不足在于获奖者多是功成名就多年者, 难于反映新近的进展及年轻一代中的佼佼者. 另外也值得参考的列表是美国物理学会会士 (APS fellow, 网站为http://www.aps.org/programs/honors/fellowships/), 截至 2016 年, 等离子体物理相关的华人非完整名单包括: 刘全生 (1980)、陈骝 (1981)、吴京生 (1984, Wu, Ching-Sheng)、Chu, Ming Sheng (1990)、蔡诗东 (1991, Tsai, Shih-Tung)、陈锡熊 (1988, Chan, Vincent S.)、Lin, Anthony Tung-hsu (1988)、陈秋荣 (1991, Cheng, Chio Z.)、李为力 (1992, Lee, W. W.)、Lao, Lang L. (1992)、黄敬立 (1993, Wong, King-Lap)、向克强 (1995, Shaing, Ker-Chung)、吉瀚涛 (2004)、傅国勇 (2006)、林志宏 (2006)、林郁 (2007)、丁卫星 (2010)、王晓钢 (2011)、陈杨 (2013)、盛政明 (2013)、秦宏 (2014)、Yin, Lin (2014)、Ping, Yuan (2015)、Chen Hui(2016)、刘钺强 (2016) 等.

② (Tang, 2002) Tang W M, Advanced computations in plasma physics. Physics of Plasmas, 2002, 9: 1856-1872 及 (Tang, 2005) Tang W M, Chan V S. Advances and challenges in computational plasma science. Plasma Physics and Controlled Fusion, 2005, 47: R1.

③ 主要是中国加入了国际热核聚变堆 (ITER) 计划的刺激作用. 目前美国和欧洲是第一梯队; 日本是第二梯队; 俄罗斯、中国、韩国及印度等属于第三梯队. 苏联曾是第一梯队, Reviews of Plasma Physics 其 24 卷依然是这一领域的经典文献, 但解体后大量顶尖科学家流失, 实力下降很快.

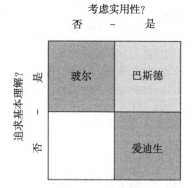

图 1.3 聚变 (或等离子体物理) 研究处在玻尔、爱迪生和巴斯德四象限中的巴斯德区, 取自 Tang (2002) 的文献

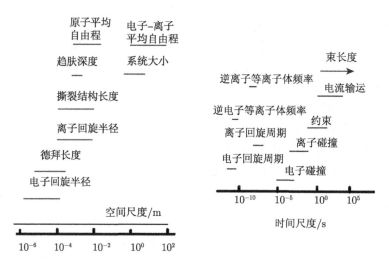

图 1.4 等离子体物理中巨大的时间和空间尺度是理论和模拟很大的挑战, 取自 Tang 和 Chen (2005) 的文献

要解决旧问题, 一种方法是做得更细, 另一种是发展全新的方法. 图 1.5 是发展新模拟工具的大致框图. 这通常已经不是单个人能解决的了, 需要计算机、数学、物理及工程等各方面专家的联合.

关于聚变方面新的挑战, 粗略可参考以下两份报告文档 (有利于读者了解一些宏观计算等离子体方面的挑战, 并且文档中有不少精致的图片, 可作为读者进行数据处理和可视化的参考):

(1) "Scientific and Computational Challenges of the Fusion Simulation Project" Journal of Physics: Conference Series, SciDAC* Conference (June, 2008) *SciDAC =

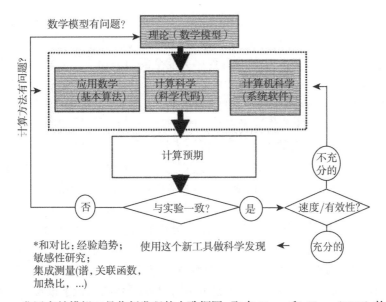

图 1.5 发展有效模拟工具作新发现的大致框图, 取自 Tang 和 Chen (2005) 的文献 "Scientific Discovery through Advanced Computing".

(2) DoE 2010: "Grand Challenges in Fusion Energy Sciences and Computing at the Extreme Scale" http://www.er.doe.gov/ascr/ProgramDocuments/Docs/FusionReport.pdf.

最新的一篇介绍性文献可以参考 Fasoli 等 (2016) 的.

另外, 在不发展新的计算模型的前提下, 目前依靠计算机的计算速度, GPU 是很有前景的一种选择.

1.4 本书内容

对于计算等离子体物理, 国外有不少流传广泛的著作, 如 Birdsall 和 Langdon (1991)、Hockney 和 Eastwood (1988)、Tajima (2004)[①]以及近年的 Jardin (2010) 的著作; 国内也出版过几本, 如傅竹风和胡友秋 (1995)、邵福球 (2002)、王闽 (1993) 的著

---

① (Tajima, 2004) 是一本质量非常高的书 (实际成书于 1988 年), 强烈建议每位做等离子体物理模拟的都能认真读读, 它将帮助你学会如何判断和选择数值格式, 对数值模型的理论分析有极好的介绍. 另外, 其处理的范围很广, 且有深度, 即使是做解析理论的人也可以从中获益. 很可惜, 许多即使有这本书的数值专家, 也没能真正用好. 不清楚是否是因为其写法过于理论导致许多人不愿细读. Toshiki Tajima, 硕士研究生 (1973) 导师为 Setsuo Ichimaru, 年轻时与当时美国等离子体物理领域许多重要人物均有交流. 他目前的主要工作在激光方面, 最知名的是发明激光电子加速. 他的不同阶段加起来的研究极为广泛, 不仅涵盖等离子体物理几乎所有分支 (空间、天文、磁约束、激光) 的理论、模拟和实验, 甚至还包括其他物理分支及医学, 且各方面质量均不低.

作; 也有一些流传不那么广的, 如 Büchner 等 (2003)、Dnestrovskii 和 Kostomarov (1986) 的著作等. 虽然这些著作各有特点, 但笔者认为目前还缺少一本操作性强 (可直接上手)、易于入门并且涵盖内容尽可能全面的书籍[①]. Birdsall 和 Langdon (1991)、Hockney 和 Eastwood (1988) 及邵福球 (2002) 的文献中主要讲 PIC, 内容非常详尽, 但也未能包含近十几年快速发展的 δf 算法和回旋动理学 (gyrokinetic) 算法. Tajima (2004) 的著作涉及较广, 是质量较高的一本书, 不仅对数值研究有用, 对理论研究也有一定的参考价值, 但不太适合初学者, 且以算法和算法理论为主, 它可作为本书的进一步读物. Jardin (2010) 探讨了较多磁约束聚变模拟方面的问题. 傅竹风和胡友秋 (1995) 的著作在空间物理中是非常实用的一本书, Büchner 等 (2003) 的著作也主要针对空间 (space) 物理. Dnestrovskii 和 Kostomarov (1986) 的著作内容较老, 但关于托卡马克输运的部分依然有参考价值. 王闽 (1993) 主要还是介绍理论, 涉及数值模拟的部分只介绍了简单情况的粒子模拟 (如 1&1/2D 电磁模拟). 另外, 蒋伯诚等 (1989) 关于计算物理谱方法的书中有专门的一章讲快速傅里叶变换 (fast Fourier transform, FFT) 应用于等离子体物理粒子模拟. 宫野 (1987) 的著作中也涉及一些与等离子体物理相关的算例.

本书期望填充理论工作者与数值工作者之间的间隙[②], 既讲物理又讲数值. 它不仅是等离子体物理数值模拟的入门教材, 也可帮助理论学者和实验学者熟悉数值工作的模式, 并通过数值模拟加深对物理的理解. 基于这一特点, 本书没有花大篇幅分析算法细节、讲并行计算、提及各种较深的数值技巧等, 因此并不适合数值学者. 关于数值算法和技巧等方面, 可参考国内已出版书籍, 如傅竹风和胡友秋 (1995) 的, 国外出版的书籍 Tajima (2004) 和 Jardin (2010) 的等. 另外, 本书未涉及复杂 (尘埃) 等离子体、量子等离子体等非传统等离子体物理. 再者, 由于本书以数值模拟为主, 除了给出必要的公式外, 理论背景不会过于详尽, 即使讲理论也主要是对其他书中未涉及的部分做必要补充. 从这个角度看, 本书也不是完全自洽的, 需要读者有一定的等离子体理论基础. 通常情况, 读者在学习完 Chen 等 (1984) 或李定等 (2006)、马腾才等 (1988)、王晓钢 (2014) 等的相关教材即可理解本书所涉及的内容. 另外, 从简约清晰而又门槛不高的角度, Gurnett 和 Bhattacharjee (2005) 的著作可能是较好的一本. 如果能尽可能掌握 (胡希伟, 2006) 则最好, 这是国内等离子体物理方面有深度且质量较高的一本理论教材, 许多方面不亚于国外的几本广为流传的教材. 如果不限于正式出版的书籍, 中国科技大学郑坚的等离子体理论讲义也很值

---

① 本书在交稿后, 作者发现我国台湾成功大学 James J Y Hsu (许正馀) 教授于 2015 年出版的 *Visual and Computational Plasma Physics* 与本书思路倒有不少类似, 但选材各有侧重, 可为互补. 比如, Hsu (2015) 在介绍具体物理问题时其理论公式方面更为详尽.

② 本书作者几年前曾征询 20 世纪 70 年代以参量不稳定性的系列经典工作而知名的刘全生教授未来等离子体物理最需要哪方面人才, 他的答案是 "当前计算机的迅速发展, 最急需的人才是对理论和数值均熟悉的, 大部分研究者只熟悉其中一方面". 许多老一辈都表示过类似的观点.

1.4 本书内容

得参考. 本书涉及较多的受控磁约束方面, 其理论较复杂, 中文书籍可阅读宫本健郎 (1981) 的, 英文可参考 Wesson 的 Tokamaks (2004) (也有后续更新版)、Hazeltine 和 Meiss (1992) 或 White (2001) 的, 或者也可阅读简练的 Kikuchi (2011) 的著作. 惯性约束纯理论要求并不高, 感兴趣的读者可参考 Kruer (2003) 或 Atzeni 和 Meyer-ter-Vehn (2009) 的文献. 其他如空间、低温等离子体方面, 学习本书的话参考一些基础教材应该就够用. 当然, 国内还有许多其他研究方向可参考的基础等离子体物理书籍, 这里不一一提及. 在 10.9 节提供的信息和附件的 books.html 中, 读者也可找到更丰富的参考资料. 还需提及的是, 本书编排与传统有许多不同, 有些章节按传统应该排在一起, 这里可能会分散到多处; 有些看起来不应放在一起的, 偏偏放在一起了. 对于这些, 本书有自己的逻辑, 可能读者慢慢会觉得本书目前所选的编排体系确实更好, 也可能不会.

In learning the sciences examples are of more use than precepts (学习科学, 例子比教规更有用). —1707, 牛顿. 讲原理的书和文章有许多, 本书提供更多的会是应用实例, 这样应该更能帮助初学者学会如何自己动手做. 对于各种实例的处理遵循 Kadomstsev (1965 年) 的方针[①]: "优先考虑简单性."

本书各章节大致内容如下.

(1) 第 1 章 绪论: 介绍计算等离子体物理的内容、历史、新挑战, 以及本书的内容.

(2) 第 2 章 数据处理与可视化: 介绍等离子体物理中常用的数据处理和可视化方法.

(3) 第 3 章 算法效率与稳定性: 介绍一些基本算法的效率及稳定性分析问题.

(4) 第 4 章 单粒子轨道: 处理单粒子在电磁场中运动的问题, 包括一般轨道和导心轨道.

(5) 第 5 章 磁流体: 处理一些磁流体框架下的问题, 如各种模的图示、撕裂模的模拟、平衡问题、气球模问题.

(6) 第 6 章 等离子体中的波与不稳定性: 处理冷等离子体、多流体、动理学和回旋动理学的色散关系, 包括模拟和数值解.

(7) 第 7 章 等离子体中的碰撞与输运: 介绍碰撞和输运的基本处理方法, 以及一些算例.

(8) 第 8 章 动理学模拟: 介绍粒子 PIC 和连续性解法求解动理学问题, 包括传统解法及 δf 和回旋动理学解法.

[①] 取自 H. 阿尔文. 宇宙等离子体. 戴世强, 译, 北京: 科学出版社, 1987. 原句 "当严格性看来要与简单性发生矛盾时, 优先考虑简单性". 本书矛盾在于, 太严格则导致篇幅太长, 且易于纠缠于细枝末节而掩盖关键的内容.

(9) 第 9 章 部分非线性问题及其他问题：选择性介绍等离子体物理中常见的非线性问题及其数值处理，以及其他部分问题.

(10) 第 10 章 附录：提供一些不太容易归入正文但有用的辅助信息.

应该要注意的是，数值模拟不单纯是解方程和提供漂亮的图片之类，更重要的是提供洞见，所以与理论的对比是很重要的环节，这通常在许多数值计算的书籍中被忽视. 必须强调，要有足够的理解，才能避免 Garbage in, garbage out (无用输入，无用输出).

The computer understands the answer but I don't think you understand the answer. (计算机理解答案，但我不认为你理解答案) ——Weisskopf[①]

最后，在读完本书后，读者可回头再来看这个绪论. 另外针对有不同追求的读者各有一句话的建议：

- 有志于模拟上有大成者：熟悉 Tajima (2004) 的文献，包括完整解答其中的习题；
- 有志于理论上有大成者：熟练 Mathematica 软件，比如各种符号计算和可视化技巧；
- 有志于实验上有大发现者：掌握尽可能多的现代数据处理方法；
- 对计算机有极大兴趣者 (geek)：别忘了物理；
- 其他类型的读者：暂无建议，本书可能已经够用或者完全没用.

当然，以上不是必须的，但是如果你能，那为什么不呢？"磨刀不误砍柴工"，掌握它们，将使你进入一个新的台阶，视界更开阔，思如泉涌，此前纠缠数天、数月乃至数年而无果的问题可能能在几分钟、半天或者数天内就彻底解决，且极漂亮.

本书涉及的主题较多，许多小节实际上是要花几周甚至几个月以上的研究课题，因此并不要求读者对每部分都熟悉，只需要摘取自己需要的部分就行. 由于篇幅限制，本书大部分主题的代码和背景只给出了概要，保证它们是可直接上手算出结果的，而要理解对应的代码每一行的细节，有时并不是那么容易的. 读者不应该寄希望于这里提供的代码完全不作修改就能完美运行于所有场合. 它们大部分可能都需要作较多修改（包括作图部分、算法优化、细节调整）才能用于读者的具体研究，因此读者如果用到了这里的任何代码，最好是尽量先去理解它. 比如第 6 章提供了算朗道阻尼数值根的代码，其色散关系部分可以修改为许多其他问题 (如平板离子声波、托卡马克中测地声模) 的色散关系，但如果不理解待求解的问题的背景、fsolve 的工作原理和 Z 函数的实现，可能就完全不知道如何设置初始猜测值、控制计算精度，从而找不到根或者找到的是数值不准导致的很乱的假根. 由于未理

[①] Victor Frederick Weisskopf (1908.09.19—2002.04.22)，出生于奥地利的美国理论物理学家，博士研究生导师为玻恩和维格纳，博士后分别跟随过海森伯、薛定谔、泡利和玻尔. 博士生中有名的有 Kerson Huang(黄克逊)、J. D. Jackson、Murray Gell-Mann 和 Robert H. Dicke.

解代码或算法工作原理而误用的例子比比皆是，这里还是要不断强调：理解、理解、理解．

习　题

1. 重力与静电力的大小相差 10^{-38} 的量级，也即，假设太阳和地球都只偏离电中性极小，它们之间的静电相互作用就远大于重力．那么，为何我们敢只用引力计算行星的运动呢？请找出任何一个合理的理由．(提示：重新思考开普勒第三定律背后的含义．这个习题可告诉我们等离子体中的电中性条件能精确到何种程度．)

2. 当德布罗意[①]波长与粒子间距接近时，就需要考虑量子效应．20 世纪初，洛伦兹 (Lorentz) 考虑金属中电子时的电子气体模型并未成功，但反而最后在等离子体中用上了，即所谓的、认为离子不动的洛伦兹等离子体．分别计算 10eV (典型电离能)、10keV(聚变典型温度) 时可以不用量子力学的最大密度．

3. 说服自己，在计算等离子 (朗缪尔) 振荡时，用 $e\phi/k_BT \ll 1$ 作小量展开是合理的，也即等离子体中相互作用势能远小于动能．(提示：绕核运动的束缚电子动能与势能同量级．)

4. (开放性问题) 简单的理论计算，我们可以得到德拜屏蔽的特征长度 $\lambda_D = (n_0 q^2 / \epsilon_0 k_B T)^{-1/2}$ 及德拜势[②]$\phi(r) = q/(4\pi\epsilon_0 r)\exp(-r/\lambda_D)$．然而，要通过模拟得到精确的德拜长度，尤其各种非理想效应对其的影响，却并非容易之事．读者可思考该问题，看能否找到一种好的模拟或数值方法．(注：部分可参考 Theory and Simulation of the Test Particle Debye Cloud. Huang, Hsin-Chien, PH.D. Thesis, UCLA (1988).)

[①] 德布罗意公式最多只是自由运动单粒子的"量子力学"，它尚能被看懂，到多粒子及含相互作用势能的真正的量子力学，则复杂得多，但我们能解释的问题也更多．More is different (Science, 1972, 177: 393-396)，P. W. Anderson(1923.12.13—) 这句文章标题非常形象．这在等离子体中的单粒子理论与动理学或流体理论间，也异曲同工，多体是复杂性之源．

[②] 形式为 $\exp(-\mu r)/r$，也称为 Debye-Hückel 势或汤川 (Yukawa) 势．$\mu \to 0$ 的极限退化为引力或静电力反平方力的势．

第 2 章 数据处理与可视化

"The most exciting phrase to hear in science, the one that heralds the most discoveries, is not 'Eureka!,' but 'That's funny ⋯'"
(科学研究中最令人激动的, 宣告大部分新发现的词语, 不是 "我找到了!", 而是 "这很有趣".)
——Isaac Asimov (1920—1992)

希望读者在这一章开始就能发现好玩的.

实验和模拟的原始数据经过处理和可视化才能更有效地展示出其中的关键信息, 它非常基础, 但很重要. 因此, 本书把这部分内容放在最开始. 本书不过多介绍在一般教材中就能找到的一些基础理论, 若有必要则请参考其他专门书籍. 例如, 《数学物理方程的 MATLAB 解法与可视化》(彭芳麟, 2004) 就是一本较好、较直观的入门参考书. 彭芳麟 (2002, 2010) 和刘金远等 (2012) 的诸多内容对入门等离子体物理数值模拟的人也有参考价值. 本书 (不限于本章) 许多未细涉及的计算数学内容可以在一些总结较全的书中找到, 如 (冯康, 1978).

2.1 谱 分 析

这里, 只介绍几个实例, 对谱分析 (spectral analysis) 理论及计算细节以及更多应用实例不作过多介绍[①], 有必要则请参考其他书籍, 如前面提及的几本. 等离子体物理中常用的谱分析方法的理论介绍可在胡希伟 (2006) 的著作 13.1 节中找到, 建议数据处理较多的读者在看本书的实例时将其作为辅助, 加深理解.

2.1.1 傅里叶变换

实际信号可能看起来杂乱无章, 或者大致可看出一些周期性, 但又很难直接判

[①] 谱分析或信号处理, 目前已经很专门, 甚至已经形成了一门学科. 对于主要工作在做数据处理的读者 (如磁约束聚变诊断数据、空间卫星数据) 来说, 本书介绍的内容是远远不够的. 请相信我, 即使你在等离子体物理这一学科中不做推导、不亲手做实验, 而只是做数据处理, 同样可以做出顶尖水平的贡献. 这通常是, 你用了很特别的处理, 发现了别人未能发现的新东西. 君不见有高度近视但拥有第谷丰富精确天文观测数据从而能发现开普勒三定律的开普勒吗?

2.1 谱分析

定其中的周期, 此时傅里叶变换 (Fourier transform, FT) 是非常有用的工具. 基本正逆变换公式为

$$\hat{f}(\xi)=\int_{-\infty}^{\infty} f(x)\mathrm{e}^{-2\pi \mathrm{i}x\xi}\mathrm{d}x,$$
$$f(x)=\int_{-\infty}^{\infty} \hat{f}(\xi)\mathrm{e}^{2\pi \mathrm{i}x\xi}\mathrm{d}\xi, \quad (2.1)$$

其中, 在实际应用中有各种变体, 比如 $2\pi x\xi$ 改用 kx 或者 ωt. 不同的形式, 导致归一化系数 2π 出现在不同的位置. 而离散的傅里叶变换库中, 对于不同的软件包有时也需要特别注意正负对称性, 可能需要作相移等操作, 因此在使用前最好用简单的函数进行测试, 保证无误.

例: 构造如下的信号:①

$$y(t)=0.1\sin(15\times 2\pi t+0.1\pi)\times \exp(0.1t)-0.4\cos(5\times 2\pi t+0.7\pi)$$
$$+0.8\sin(2\times 2\pi t-0.1\pi)+1.0\times \mathrm{rand}(t). \quad (2.2)$$

由于上式有多个频率, 又加了随机数, 且有指数增长项, 直接观察, 是很难看出信号规律的.

用 Matlab(也可用其他方式, 如 Excel、C、C++、Fortran) 生成一组数据. 图 2.1 为利用式 (2.2) 产生的一组典型信号.

```
1  t=0:0.01:10;
2  yt=0.1.*sin(15.*2.*pi.*t+0.1*pi).*exp(0.1.*t)-0.4.*cos(5.*2.*...
3   pi.*t+0.7*pi)+0.8.*sin(2.*2.*pi.*t-0.1*pi)+rand(1,length(t));
4  plot(t,yt);
5  fid = fopen('yt_t.txt', 'w'); out=[t;yt];
6  fprintf(fid, '%6.2f %12.8f\n', out);
7  fclose(fid);
```

在实验数据分析处理中, Origin是一款较优秀的软件, 甚至不需要编程, 而只用简单的鼠标操作就可. 它在化学实验、其他物理分支 (如凝聚态物理) 等极其常用. 当等离子体物理中数据量不大时, 也可完全用 Origin 处理或预处理. 本书在处理每一个问题时, 尽可能地用最合适的工具, 也同时使读者能对各种工具有一些了解, 以后能为自己所用. 前面这个例子, 我们用 Origin 来处理应该是最便捷的. 导入前面生成的 "yt_t.txt" 数据 (图 2.2). 选定 B(Y) 信号, 点击顶部菜单栏 "Analysis - Signal Processing-FFT-FFT". 图 2.3 为 Origin 对数据的频谱分析.

---

① 其中最后一项的均匀随机分布也常称为白噪声(white noise), 其谱分布也是均匀随机的 (扣除零频的均值). 非白噪声, 如 color noise、red noise, 尽管信号也随机, 但谱分布非均匀, 比如时间信号主要在高频或低频, 或空间信号主要在长波或短波. 当然, δ 函数的谱也是全空间均匀的, 但没有这里说的随机性.

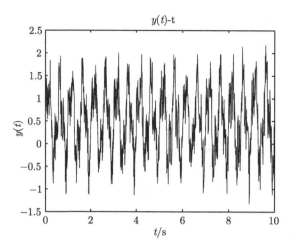

图 2.1 利用式 (2.2) 产生的一组典型信号

图 2.2 Origin 8.0 中导入数据

从频谱图, 可清楚地看到原始信号中所包含的频率和幅值信息, 而且与式 (2.2) 完全吻合. 其中 0Hz 的来自随机数, 随机数的均值约为 0.5, 在频谱图中也得到了反映; 而 15Hz 的信号由于加了指数增长项, 幅值比原公式中的稍大. 实际上, 经过简单的推导, 可知指数增长或衰减会影响谱的宽度, 谱的形状近似为洛伦兹分

2.1 谱分析

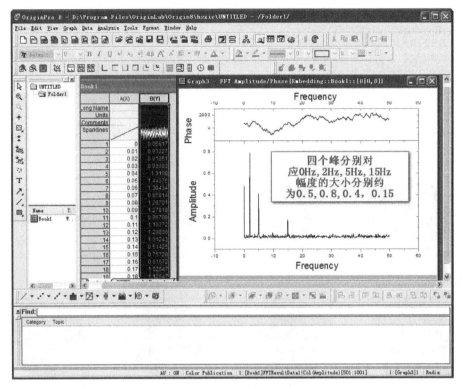

图 2.3 Origin 对数据的频谱分析

布①形式
$$\propto \frac{1}{(\omega-\omega_0)^2+\gamma^2},\tag{2.3}$$

其中, ω 为基频 (频率实部), γ 为频率虚部. 如果时间无限长, 一个正弦或余弦信号的谱会是一个 δ 函数, 但实际上不会有无限长的信号, 这是谱宽度的另一来源 (量子力学中测不准原理同理).

磁约束实验中, 一个入门者常问的问题是, 如何看极向和环向模数 m、n. 通常, 低模数, 直接肉眼就可看出, 只需数峰值个数; 高模数, 尤其是多模时, 则可用傅里叶分析. 由于探针数有限, 模数测量一般限于低模数.

下列为 Matlab 代码产生极向模数 $m = 0 \sim 7$ 的截面示意图, 结果如图 2.4 所示. 其中用到一个高斯 (Gauss) 分布形式的径向函数, 可以看成是径向模结构. 实际中的模结构通常也有一个峰值 (模局域的位置), 然后向两边衰减.

---

① 高斯分布(正态分布) 和洛伦兹分布是最常见的两种谱分布, 也常用来拟合或建模, 后者在计算上会简单些. 另, 高斯分布 (还可乘以埃尔米特函数) 傅里叶变换后形式不变, 依然是其自身. 假定气体分子速度分布, 左右对称, 三个维度互相独立, 有 $f(v_x^2+v_y^2+v_z^2)=f(v_x^2)f(v_y^2)f(v_z^2)$, 取其最简单又合乎物理意义的根, 立即可得到高斯分布, 即麦克斯韦分布. 这是麦克斯韦分布最简单的推导方法.

```
1  [XX,YY]=meshgrid(-1:0.01:1);
2  [Q,R]=cart2pol(XX,YY);
3  R(find(R>1))=NaN;
4  for m=0:7
5      subplot(2,4,m+1);
6      pcolor(XX,YY,exp(-50.*(R-0.5).^2).*cos(m*Q));
7      title(['m=',num2str(m)]);
8      shading interp;
9  end
```

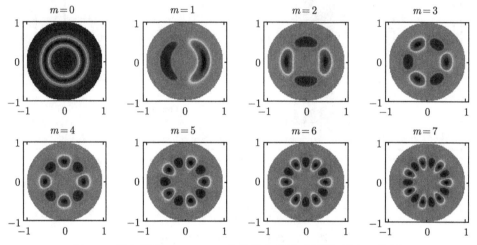

图 2.4 极向模数 $m = 0 \sim 7$ 的截面示意图 (彩图扫封底二维码)

一般的实验或模拟, 均可看到类似的截面图, 极向模数 m 可直接看出 (注意: 如果是多模耦合, 可能会误判). 其中 $m = 0$[①] 的模也通常称为带状流(zonal flow, 同时需 $n = 0$). 在托卡马克中, 最明显的通常为 $k_\parallel = (nq - m)/qR \approx 0$[②] 波 (扰动), 因此可近似认为环向模数 $n \approx m/q$, 其中 q 为模局域位置的安全因子.

2.1.2 窗口傅里叶变换

聚变实验和空间卫星观测, 经常可看到频率随时间变化的信号, 此时直接进行傅里叶变换已经不能满足要求.

我们来构造一个含多个频率且频率随时间变化的信号, 为节省篇幅, 信号的表达式不单独写出 (后文多处都会采取这种做法), 可在代码中看到, 它由一个随时

[①] 即 $k_\theta = 0$, 对于 $k_r = 0$ 的条状结构, 一般称为 streamer, 该词暂无统一的翻译, 有时译为 "川流" "闪流", 或者干脆译为 "径向流状结构".

[②] 可从两个角度看: (a) 把磁力线看成弹性弦, 波长($\lambda = 2\pi/k$) 长的通常更易被扰动, 从而更明显; (b) 对于固定频率, 考察朗道阻尼, $\omega = kv$, 波长越长, 对应的共振速度越小, 共振粒子多, 阻尼大而不明显.
$$k_\parallel = \hat{b} \cdot \left(k_\varphi \hat{\varphi} - k_\theta \hat{\theta}\right) = \frac{B_\varphi \hat{\varphi} + B_\theta \hat{\theta}}{B_0} \cdot \left(\frac{n}{R}\hat{\varphi} - \frac{m}{r}\hat{\theta}\right) \simeq \left(\hat{\varphi} + \frac{r}{qR}\hat{\theta}\right) \cdot \left(\frac{n}{R}\hat{\varphi} - \frac{m}{r}\hat{\theta}\right) = \frac{nq-m}{qR}.$$

2.1 谱分析

间正比增加的信号及一个固定频率但强度增加的信号，再加一些随机扰动组成.

```
1  Fs = 1e3;                      % Sampling frequency
2  T = 1/Fs;                      % Sample time
3  L = 5e3;                       % Length of signal
4  t = (0:L-1)*T;                 % Time vector
5  % Sum of a 60*t Hz sinusoid and a 50 Hz sinusoid
6  x = 0.7*sin(2*pi*60*t.*t) + cos(2*pi*50*t).*exp(2*pi*50.*t*0.001);
7  y = x + 2*randn(size(t))*1e-1;  % Sinusoids plus noise
8  subplot(121); plot(Fs*t,y); axis tight; xlabel('Time (ms)');
9  title('Signal Corrupted with Random Noise');
10
11 subplot(122); [S,F,T,P]=spectrogram(y,128,120,128,1E3);
12 surf(T,F,10*log10(P),'edgecolor','none'); axis tight; view(0,90);
13 xlabel('Time (s)'); ylabel('Hz'); title('Frequency(t)');
```

利用 Matlab 的 spectrogram(x,window,noverlap,nfft,fs) 函数，具体用法见 Matlab 的帮助文件，结果如图 2.5 所示. 其中频率图中增长的信号到最高点后发生转折，这是由离散傅里叶变换的对称性导致的，所谓的 Aliasing 效应 (取样率低导致的混淆频率). 在这张图中显示出来，也是提醒读者在使用傅里叶变换时要注意区分哪些是真实的，哪些是虚假的[①]. 一般, 提高采样频率和采样时长, 信号的真实性和准确性会更佳.

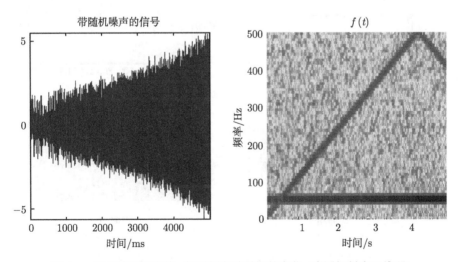

图 2.5 窗口傅里叶变换，得到频率随时间的变化 (彩图扫封底二维码)

下面是一组核工业西南物理研究院 HL-2A 托卡马克装置实验数据 (由陈伟提

---

① 一些正式发表的学术论文中，这种把虚假信号误作物理信号的情况时有发生.

供) 的处理示例, 采样频率为 1MHz, 即间隔 1μs 进行一次采样①.

```
1  load('data.mat');
2  subplot(221); plot(t,a); axis tight;
3  xlabel('time (ms)'); ylabel('A'); title('(a) Signal');
4  subplot(222); specgram(a,1024,1e3,hanning(512),120);
5  xlabel('time (ms)'); ylabel('f (kHz)'); title('(b) Frequency');
6  subplot(223); plot(t,a); axis tight;
7  xlabel('time (ms)'); ylabel('A'); title('(c) Signal'); xlim([500,700]);
      ylim([-0.5,0.5]);
8  subplot(224); specgram(a,1024,1e3,hanning(512),120);
9   xlim([500,700]); ylim([0,40]);
10 xlabel('time (ms)'); ylabel('f (kHz)'); title('(d) Frequency');
```

结果如图 2.6 所示. 可以看到, 信号主要在几十 kHz 范围或者 200kHz 以下. 对于托卡马克装置, 许多频率也均在该范围②, 如各种阿尔文本征模 (环阿尔文本征模 (toroidal induced Alfvén eigenmode, TAE)、比压阿尔文本征模 (Beta-induced Alfvén eigenmode, BAE) 等)、测地声模 (geodesic acoustic mode, GAM) 等. 图中频率随时间变化, 通常与非线性有关, 但也可能是线性的扫频现象. 放大的图 2.6(c) 和 (d) 中的主要模式被诊断为鱼骨模 (fishbone), 具体的诊断判据超出了本书的范围.

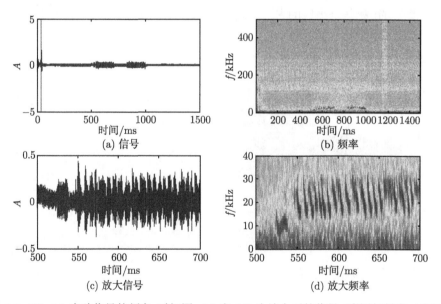

图 2.6 HL-2A 实验信号的频率–时间图, (c) 和 (d) 为放大后的信号 (彩图扫封底二维码)

---

① 空间卫星数据, 一般为 4s/次, 精细处为 0.4s/次, 更精细处为 0.04s/次. 这也是考虑了数据量的问题. 短时观测特定现象可单独取更高的数据频率. 这主要是因为空间中各种典型的波 (回旋波、阿尔文波等) 频率都不高. 天文望远镜或巡天装置数据量极大, 比如 >100GB/s, 对数据处理的效率有更高的要求.

② 在 10.1 小节提供的 "等离子体物理基本参数计算器", 可便捷地获得各种频率的定量值.

2.1 谱 分 析

以上两例中窗口傅里叶变换 (WFT) 用的是 Hanning 窗; 如果不加窗 (即用矩形平移窗), 会由于频谱泄露或栅栏效应等而使结果很不平滑[①]. 常可听到伽伯 (Garbor) 变换的概念, 广义上就是指窗口傅里叶, 狭义则特指高斯型窗函数的窗口傅里叶变换. 不加区分, 也可归为所谓的短时傅里叶变换 (short time Fourier transform, STFT).

进一步, 我们还可以发挥想象力, 展示变频信号, 用音频或许比图像更有感觉, 需要做的仅是把实际信号映射到人类听力范围内的信号 (20~20000Hz). 具体操作留作练习 (见习题 3).

2.1.3 小波变换

单纯的傅里叶变换有时并不够用, 尤其有多个频率尺度时. 这时, 基于傅里叶变换改良而来的小波变换 (wavelet) 在一定程度上可以弥补许多传统傅里叶变换的不足之处.

小波变换主要是在原傅里叶变换的基础上加了称为小波基函数的东西, 针对不同需求, 有各种不同的基函数. 与窗口傅里叶变换中的基函数的不同在于, 小波变换的基函数 (母小波) 是振荡的 (所谓的"波"), 能量有限且总正负无穷积分为零, 对于前面 WFT 的两个算例, 用小波变换 (如 Matlab 中的 wpdec 函数), 也是可以看出信号频率的变化规律的, 但是其效果并不如 WFT. 信号去噪或许更能让读者对小波变换的作用有直观认识.

```
1  t =0:0.01:10;
2  yt0=sin(pi.*t)+0.5.*cos(2.0*pi.*t);
3  ytn=yt0+2.0.*(rand (1,length(t))-0.5);
4  % [XD,CXD,LXD] = wden(X,TPTR,SORH,SCAL,N,'wname');
5  % wname: 'db1' or 'haar', 'db2', ...'sym2', ... , 'sym8', ...
6  ytd=wden(ytn,'minimaxi','s','one',5,'db3');
7  figure; set (gcf,'DefaultAxesFontSize',15);
8  subplot(211);plot(t,ytn);title('noise data');ylim([-2.5,2.5]);
9  subplot(212);plot(t,yt0,t,ytd,'r');ylim([-2.5,2.5]);
10 legend('original data','de-noising data');legend('boxoff');
```

一个去噪示例如图 2.7 所示. 其中 wden 函数中可选不同的去噪层数 N, 及不同的小波基函数 wname.

例子中的噪声已经与信号本身可比, 小波去噪的效果还是很明显的, 基本重建出了原始信号. 可以这样理解, 噪声信号有各种频率, 小波把远离系统特征频率的

[①] 读者可试试看. 另外, 傅里叶变换 (尤其数值傅里叶变换) 中有许多奇奇怪怪的现象出现, 它没有想象中的难理解但也没有想象中的易理解. 比如, 以至于林家翘 (2012) 的文献 (作者: 林家翘, L.A. 西格尔, 注释解说词: 谈镐生, 译者: 赵国英, 朱保如, 周忠民,《自然科学中确定性问题的应用数学》, 2012) 中都专门花费了不少篇幅讨论了一个曾令数学家困惑的傅里叶变换问题: 所谓的 Gibbs 现象, 也即在 FT 的跳变边界处并不精确, 而是出现快速振荡结构.

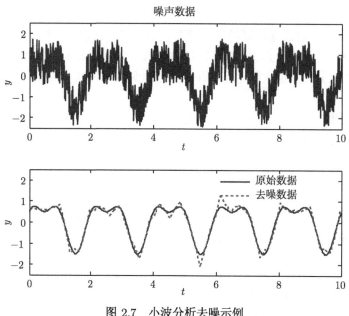

图 2.7 小波分析去噪示例

信号滤掉了, 但并不能滤掉所有, 因此能大致恢复原特征信号.

小波的应用远不止此[①], 本书只能浅尝辄止了.

2.1.4 关联谱分析

谱分析的强大之处远不在于只是单纯地提取出时间信号中的频率信号, 对傅里叶谱作各种其他 (主要是统计的) 处理, 可以获取系统中更多隐藏的关联信息, 如一些非线性的物理.

比如, 双谱 (bispectral) 或双相干谱 (bicoherence) 分析可以帮助我们鉴别系统中某一频率模式是原发性的还是通过其他模式非线性耦合产生的. 这在湍流或非线性多波耦合分析中常用. 早期是直接看功率谱, 考察能量的转化 (如高频到低频、短波到长波) 等过程.

关于高阶谱分析, 可以在网上找到现成的工具包, 如 HOSA(higher order spectral analysis toolbox), 其中同时提供详细介绍高阶谱基本知识的用户手册.

我们用 HOSA 现成的函数 (bicoher) 和数据 "qpc.dat". 原始数据由 0.10Hz、0.15Hz 和 0.25Hz 三个二次相耦合谐波 (quadratically phase-coupled harmonics) 及 0.40Hz 非耦合 (uncoupled) 的谐波组成. 每组数据有 64 个数据点, 共 64 组数据.

---

① 2017 年阿贝尔奖授予的 Yves Meyer, 就是因为其在小波理论的发展中所发挥的重大作用.

2.1 谱 分 析

```
1   load qpc
2   nfft=64;
3   figure; set (gcf,'DefaultAxesFontSize',15);
4   subplot(221);surfc(zmat);axis tight;grid on;
5   title('Original data');xlabel('time');ylabel('record #');
6   ftspec=fft2(zmat, nfft, nfft);
7   ftspec=fftshift(ftspec);
8   waxis = [-nfft/2:(nfft/2-1)]'/nfft;
9   subplot(222);contour(waxis,waxis,ftspec);grid on;
10  title('FFT');xlabel('record');ylabel('f');
11
12  subplot(223);dbspec=bicoher(zmat,nfft);
13  title('Bicoherence');
14  subplot(224);dbspec=bicoher(zmat(1:20,:),nfft);
15  title('Bicoherence, less data');
```

结果见图 2.8. 代码中图 2.8(b) 用到二维傅里叶变换,从横坐标 (竖线) 可以看到各组采样间是无频率关联的; 而根据纵坐标 (横线),每组采样中依稀有 0.10Hz、0.15Hz、0.25Hz 和 0.40Hz 四个频率. 图 2.8(c) 的双相干谱图中,把 64 组数据全部用上,12 个峰值点对应的恰好就是 0.10Hz、0.15Hz 和 0.25Hz 三个间的耦合,而 0.40Hz 由于无关联,并不在相干谱中出现. 对于双相干谱图,如果数据点少,关联信息的精度不高,如图 2.8(d) 所示.

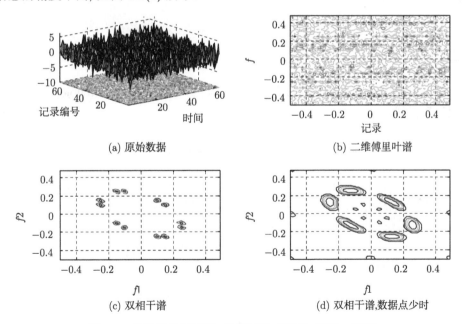

(a) 原始数据　　　　　　　　　(b) 二维傅里叶谱

(c) 双相干谱　　　　　　　　　(d) 双相干谱,数据点少时

图 2.8　关联谱分析示例, 双相干谱 (彩图扫封底二维码)

另一个有意思的例子是太阳黑子, HOSA 用户手册中用双谱等手段分析出 5.3

年和 10.6 年有很强的耦合以及其他背后信息.

2.1.5 包络分析

有时对信号的快变部分不感兴趣, 而要求描绘信号的包络 (envelope), 这就需要用到包络分析.

包络提取可有多种方法, 比如, 直接法.

```
t = 0:.05:500;
x0 = sin(t)+1.1.*sin(1.1*t); % signal data

y=x0; x=t;

interpMethod='spline'; %'linear', 'spline', 'cubic'
extrMaxValue = y(find(diff(sign(diff(y)))==-2)+1);
extrMaxIndex =find(diff(sign(diff(y)))==-2)+1;
extrMinValue = y(find(diff(sign(diff(y)))==+2)+1);
extrMinIndex = find(diff(sign(diff(y)))==+2)+1;
up = extrMaxValue;
up_x = x(extrMaxIndex);
down = extrMinValue;
down_x = x(extrMinIndex);
up = interp1(up_x,up,x,interpMethod);
down = interp1(down_x,down,x,interpMethod);
x1u=up; x1d=down;

plot(t,x0,'g',t,x1u,'r',t,x1d,'r');
title('direct envlope analysis');
legend('original data','evenlope up','evenlope down');
```

结果见图 2.9, 其中用到了插值, 样条 (spline) 和三次方插值 (cubic) 可使包络看起来较平滑.

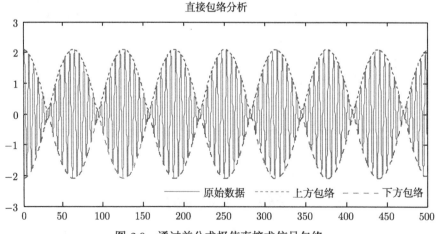

图 2.9 通过差分求极值直接求信号包络

2.1 谱分析

实际中更常用的是希尔伯特[①]变换技术

$$H\{f\}(y) = \frac{1}{\pi} PV \int_{-\infty}^{\infty} \frac{f(x)}{x-y} \mathrm{d}x, \qquad (2.4)$$

其中, PV 代表积分主值 (principal value). 6.5.2 节中等离子体色散函数就是一种希尔伯特变换, 基函数为高斯函数.

以下 Matlab 代码给出的结果见图 2.10.

```
t = 0:.05:500;
x0 = sin(t)+1.1.*sin(1.1*t); % signal data
x1=hilbert(x0); % hilbert data, x1=x0+i*xh
plot(t,x0,'g',t,abs(x1),'r');
title('evenlope analysis using Hilbert transform');
legend('original data','evenlope');
```

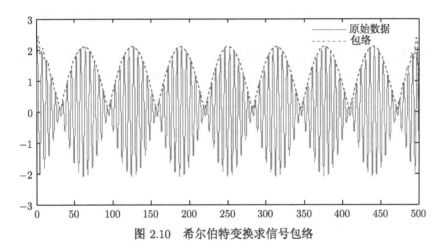

图 2.10 希尔伯特变换求信号包络

其中 Matlab 的函数 Hilbert 给出的是一组复数, 实部是原信号, 虚部是原信号的希尔伯特变换, 相当于相移 90°, 取模就得到幅度值, 即包络. 严格来讲, 包络分析不属于谱分析, 但这里多少能有些关联, 因此并入本节.

2.1.6 小结

以上, 大致展示了一些基本的数据 (谱) 分析方法, 小波分析和相干分析都属于

[①] David Hilbert (1862.01.23—1943.02.14), 德国数学家, 与庞加莱并列为 19 世纪和 20 世纪初最有影响力的两位数学家, 在多个领域均有杰出贡献, 可能是数学中最后的全才. 最有名的可能是其 "23 个问题", 一百多年已经过去依然未完全解决, 已解决的问题中引入的新技术也不时为数学带来新革命, 不仅是第十问题 (证明费马大定理) 可称为 "会下金蛋的鸡", 其他问题的重要性也大多同样级别. 希尔伯特同时是一位杰出的教师, 包括冯·诺依曼在内, 许多 (上百位) 杰出的数学家均受教于他. 另外, 经过他大力推进的积分方程可能越来越重要, 尤其在等离子体物理中, 对于要求更精确的复杂问题, 微分方程已经显得不够用.

最近几十年发展起来的现代数据处理方法,其威力尚远未被发挥.比如相干分析,在等离子体物理领域中,大部分人都尚未将其真正用到自己的研究中,更别说更高级的数据分析手段了.有志于此者,尚大有可为.本书无法全面涵盖,本节在此能起到引导作用,即够.

2.2 数据误差及平滑、插值和拟合

这一节,将主要介绍数据误差以及数据处理中经常会用到的平滑、插值和拟合.

2.2.1 数据误差

实验及观察的图,通常要在每个数据点上标出误差大小即误差棒 (error bar),这样就能知道数据的置信度.置信度也可以反映很多信息,譬如,误差很小,那么很可能数据背后有较明显的规律;而误差很大,那常表明,数据中可能还有被遗漏的关键因素.

扣除测量误差等外在的,只考虑同参数获得的一组数据之间的统计信息,所谓的误差棒是很容易画的,它只需要用到数据平均和标准差等概念,Excel、Matlab 等均可直接处理.标准差取以下两种之一:

$$s = \left[\frac{1}{n-1}\sum_{i=1}^{n}(x_i-\bar{x})^2\right]^{1/2}, \tag{2.5}$$

$$s = \left[\frac{1}{n}\sum_{i=1}^{n}(x_i-\bar{x})^2\right]^{1/2}, \tag{2.6}$$

其中,$\bar{x}$ 是数据的平均值.比如,用式 (2.6),Matlab 代码可表示如下:

```
1  x=0:0.2*pi:2.0*pi;  y1=2.*sin(x)+(rand(1,length(x))-0.5);
2  y2=2.*sin(x)+(rand(1,length(x))-0.5);
3  y3=2.*sin(x)+(rand(1,length(x),1)-0.5);  yd=[y1;y2;y3];  y=mean(yd);
4  e=std(yd,1,1);  figure;set(gcf,'DefaultAxesFontSize',15);
5  errorbar(x,y,e,':bs','LineWidth',2);  xlabel('x');  ylabel('y');  hold
6  on;  plot(x,y1,'*',x,y2,'*',x,y3,'*');  title('error bar');axis tight;
```

结果见图 2.11.

以上也几乎是我们作数据误差所需的全部知识.不过,其实问题的关键在于数据样本大小和数据精度的要求.比如,经济数据中常接受极粗糙的统计;而粒子物理方向,要确信说发现了某一新粒子,那么需要至少 $5\sigma(99.99994\%)$[①]的置信度,而 $3\sigma(99.73002\%)$ 只能说是有迹象.

---

① 这里你再次看到高斯分布的无处不在.对于 $n\sigma$,$P(\mu-n\sigma<x<\mu+n\sigma)=\mathrm{erf}(n/\sqrt{2})$.

2.2 数据误差及平滑、插值和拟合

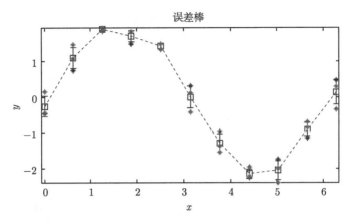

图 2.11 数据误差显示误差棒示例 (彩图扫封底二维码)

2.2.2 平滑

当数据的小结构变化太大, 而我们又不希望时, 通常可作平滑 (smooth) 处理, 使得数据看起来更光滑. 数值计算中, 为了保证稳定性, 也常在中间过程加上平滑处理.

最常见的是三点、五点、七点平滑. 平滑的原理很简单, 一般做法就是取原始点及左右邻近几点的平均值作为该点平滑后的值, 这样就可把小结构的起伏降低. 如果依然未达到理想效果, 可多次平滑.

```
1  t =0:0.01:10; yt0=sin(pi.*t)+0.5.*cos(2.0*pi.*t);
2  ytn=yt0+0.5.*(rand (1,length(t))-0.5);
3  yts1=smooth(ytn,5); % 'moving', 'lowess', 'sgolay', ...
4  figure; set (gcf,'DefaultAxesFontSize',15);
5  subplot(211);plot(t,ytn,'LineWidth',2);title('noise data');ylim
      ([-2.5,2.5]);
6  subplot(212);plot(t,yt0,t,yts1,'r','LineWidth',2);ylim([-2.5,2.5]);
7  legend('original data','smooth data');legend('boxoff');
```

图 2.12 显示了五点平滑的效果, 其中相对于小波变换去噪的算例图 2.7, 这里把噪声降低了, 以便更好地看出平滑的效果; 如果噪声很大, 平滑结果并不会太理想.

2.2.3 插值

插值 (interpolation) 是指, 本身没有某点的数据值, 怎样用周围点的值来获得该点尽可能合理的值. 它是用离散点逆推出连续函数的. 它与前面的平滑及后面的拟合的不同在于, 插值后的数据, 原离散点的取值要保持不变, 插值函数要通过原数据点. 这经常要用到, 例如, 5.5 节中平衡方程求解出网格上的极向磁通后, 后续

应用时, 计算网格可能不一样, 这时就需要作插值. 图 2.9 则是用低精度的数据使得整条曲线看起来更光滑的插值应用例子.

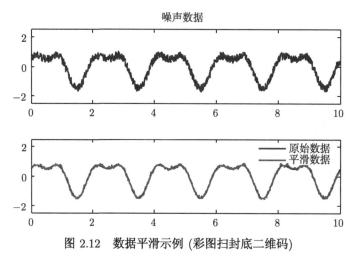

图 2.12 数据平滑示例 (彩图扫封底二维码)

最简单的是线性的内插和外插. 再进一步就是用多项式, 可保证插值曲线更光滑, 常用的有拉格朗日插值多项式、牛顿插值多项式和埃尔米特插值多项式. 但多项式阶数通常不会取得太高, 只能分段小区间插值. 数据点多时, 则在小区间的连接点不一定光滑, 即其导数通常不连续. 样条插值可解决这一问题. 例如, 三次样条 (cubic spline) 插值是一种分段插值方法, 但可保证一阶、二阶导数均连续.

```
1  x=0:0.4*pi:2*pi; y=sin(x); xi=0:0.05*pi:2*pi; yi=sin(xi);
2  yi1=interp1(x,y,xi,'nearest'); yi2=interp1(x,y,xi,'linear');
3  yi3=interp1(x,y,xi,'cubic'); yi4=interp1(x,y,xi,'spline');
4  figure; set (gcf,'DefaultAxesFontSize',15);
5  subplot(221);plot(xi,yi,xi,yi1,'r.','LineWidth',2);
6  title('nearest');axis tight;
7  subplot(222);plot(xi,yi,xi,yi2,'r.','LineWidth',2);
8  title('linear');axis tight;
9  subplot(223);plot(xi,yi,xi,yi3,'r.','LineWidth',2);
10 title('cubic');axis tight;
11 subplot(224);plot(xi,yi,xi,yi4,'r.','LineWidth',2);
12 title('spline');axis tight;
```

图 2.13 显示了几种不同的插值方法的效果, 可以看到, 样条插值, 看起来更光滑更接近原定的 sin 曲线.

以上是一维插值, 实际应用中常需二维、三维甚至更高维的插值. 但基本方法是类似的, 因此这里不再举例. 另外, 插值中其实还有许多学问, 有更多的版本. 有兴趣者可找相关材料研究. 等离子体模拟中, 即使使用者可能没有意识到, 也默认

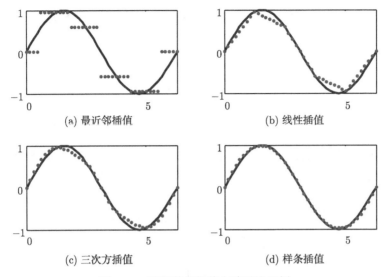

图 2.13　不同数据插值方法对比示例

在用的插值例子是 PIC 算法中的, 而这一步也几乎是 PIC 算法中最精髓的部分. PIC 的插值一般用线性插值而并不用高阶或样条等插值, 一方面是线性够用, 另一方面是实际中发现高阶会带来其他问题, 效果不见得更好. 具体见第 8 章.

插值还可以用来更快地求逆函数或者方程求根, 比如对方程 $\theta_f = \theta - r\sin\theta$[①], 可以先生成 $0 \sim 2\pi$ 间 $\theta_f^j(\theta^j)$ 的系列离散数据对应点, 这样对于这些点 $\theta^j(\theta_f^j)$ 的对应关系也就获得了, 此后对于定义域中任意的 θ_f 通过插值可以求得对应的 θ.

2.2.4　拟合

数据拟合 (fit) 最有名的是最小二乘法处理线性回归[②] (regress) 问题, 拟合的好坏由标准差定量判断. 一般的电子表格软件 (如微软的 Excel[③]) 对数据作图后, 选择添加趋势线, 都可作简单的指数、对数、幂次、多项式等拟合. 其他非线性函数也可通过数据变换后再进行拟合.

Matlab 可用 polyfit 对一元函数方便地进行多项式拟合. 进行自定义拟合, 可用 lsqcurvefit 函数或其自带的专门拟合工具箱. 对于不愿使用过多命令代码的人来说, 如前面 2.1.1 小节傅里叶变换中所提及, 数据拟合在 Origin 软件中也是非常方便的, 简单的操作就可拟合各种复杂函数.

等离子体物理中最常用的例子是拟合标度率, 比如, 对于磁约束聚变中高约束

---

① 取自 10.2 节的磁面坐标.
② 这项技术又是由伟大的高斯最先提出, 第一个重要应用是通过它解决了"谷神星"的轨迹问题.
③ 如果你乐意, 且能发挥想象力, 你甚至可以利用 Excel (公式和画图功能) 来求解代数方程、常微分方程, 甚至偏微分方程.

模式 (H 模) 加热功率阈值的参数标定, 见图 2.14. 待拟合的函数是

$$y = a_0 x_1^{a_1} x_2^{a_2} x_3^{a_3} \cdots x_n^{a_n}, \tag{2.7}$$

作变换

$$\ln(y) = \ln(a_0) + a_1 \ln(x_1) + a_2 \ln(x_2) + a_3 \ln(x_3) + \cdots + a_n \ln(x_n), \tag{2.8}$$

这是关于 $\ln(y)$ 与 $\ln(x_i)$ 的多元线性回归问题, 在 Origin 和 Matlab 等软件中均很容易处理. 我们不妨再进一步, 还可作更复杂的变换, 比如, 自变量为 x_1、x_2, 但希望回归函数形式为 $ax_1 + bx_2 + cx_1x_2 + d$, 那么只需再把 x_1x_2 定义为 x_3 即可. 这里我们不再构造新的例子, 而直接取 Matlab 自带的例子.

```
1  load carsmall; x1 = Weight;
2  x2 = Horsepower; % Contains NaN data
3  y = MPG; X = [ones(size(x1)) x1 x2 x1.*x2];
4  b = regress(y,X); % Removes NaN data
5  figure; set(gcf,'DefaultAxesFontSize',15);
6  scatter3(x1,x2,y,'filled'); hold on; x1fit = min(x1):100:max(x1);
7  x2fit = min(x2):10:max(x2); [X1FIT,X2FIT] = meshgrid(x1fit,x2fit);
8  YFIT = b(1) + b(2)*X1FIT + b(3)*X2FIT + b(4)*X1FIT.*X2FIT;
9  mesh(X1FIT,X2FIT,YFIT); view(50,10); title('linear regress fitting
10     example'); xlabel('weight(x_1)'); ylabel('horsepower(x_2)');
11 zlabel('MPG(y)');
12 text(0,50,45,['y=',num2str(b(1)),'+(',num2str(b(2)),')x_1+(',...
13     num2str(b(3)),')x_2+(',num2str(b(4)),')x_1x_2'],'FontSize',15);
```

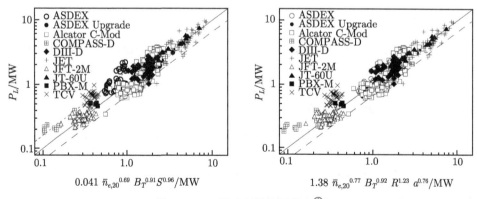

图 2.14 H 模功率阈值标度率[1]

---

[1] 取自 ITER Physics Expert Groups on Confinement and Transport and Confinement Modelling and Database, ITER Physics Basis Editors and ITER EDA, 1999, Nucl. Fusion, 39, 2175. 有志于熟悉 ITER 项目相关物理者, ITER1999(http://iopscience.iop.org/0029-5515/39/12) 和 2007(http://iopscience.iop.org/0029-5515/47/6) 的两次系列文档为必读文献.

图 2.15 是拟合的结果. 可以看到拟合曲面基本在原始数据的中间.

其他多元复杂函数的拟合也是可做的, 这里不再介绍, 有兴趣的读者可自行研究. 以上是定量数据的拟合, 还有一类, 因变量是定性的, 比如只取 0 和 1, 这叫 Logistic 拟合. 需要注意, 拟合的方程并非越复杂或越高阶越好, 这是因为实际信号组成的因变量通常是包含噪声的, 高阶拟合容易放大噪声效应导致过拟合.

经过数学家的努力, 数据拟合已经变成了一门定量的学问, 而且能定量地判断拟合的好坏; 再等到计算机的出现, 又把烦琐的公式计算问题自动处理了. 在 20 世纪 50 年代, 计算机未普及时, 或者就在十年前国内的物理实验教学中, 我们还经常能看到专门的带密密麻麻网格的作图纸, 数据拟合用铅笔和尺子进行. 时代的进步让事情变得更简单也更漂亮①.

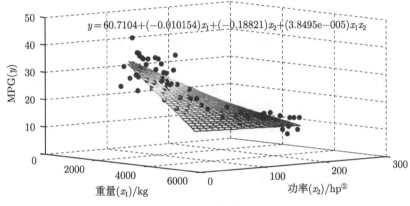

图 2.15 多元线性回归拟合示例

2.3 数据可视化

如果直接给你一批数据, 恐怕即使有 2×10 的数据量, 你也很难看出其中的规律. 但只要你把它们连成曲线, 背后的秘密常很快就能显现. 数据可视化 (data visualization), 顾名思义就是把数据变成视觉效果, 从而更直观地展示数据背后的信息、规律. 在计算机中, 常见的是静态图和动画/电影. 我们这里限于科学计算中的数据, 不包括其他类型的, 比如如何展示网络中海量数据用到的各种技术.

数据可视化在早期的书中不强调, 但目前已经是大规模数据时代, 其重要性已经不能忽视. 一本完整的计算模拟书, 应该要包含这方面内容了.

---

① 强调这点是想提醒, 前辈用的方法在新一代不再一定是必需的. 他们成功的地方、他们的经验通常已经被发挥到极致, 可能不再适合. 新一代有新一代的特点, 需要抓住新时代的机遇, 不必迷信老一代. 本书中你可能会到处看到反传统的影子, 是好是坏, 可能需要时间去评判.

② 1hp=745.700W.

2.3.1 基于现成软件可视化

本书中大部分程序均是用 Matlab 实现的，这依然是遵循"最简原则"，对于许多人来说，Matlab 的入门和使用更易，且可以做到代码极短. 不过，由于是商业软件，也会限制许多人的使用. Octave、Python 等，均可作为很好的替代，尤其是 Python，已经包含大量数值计算和可视化的库 (可参考，张若愚《Python 科学计算》，清华大学出版社, 2012)，目前已经有广泛应用，基本能替代 Matlab，也能跨平台 (Linux/Win 等均可). 本书中程序，经过简单的改写就可成为 Octave 或 Python 版本，这对习惯开源程序的读者不会太难. 单纯的作图，gnuplot 也基本够用.

等离子体物理社区中目前流行的是 IDL、Matlab、gnuplot 和 Python.

1. 基础软件

这里的基础，是指不用编程，直接"傻瓜式"可操作的. 最典型的是电子表格 (以 Excel 为例) 和 Origin. 尽管在等离子体模拟社区中用的人不多，但这多半是因为习惯以及未能发掘这些基础软件的潜力. 对于许多实验的和观测的数据，或者其他量不大的数据，这两种软件进行可视化，是非常便捷的，且数据和可视化结果可以保存在单文件中. 在本书中穿插着介绍这两种软件的应用例子.

一张 Excel 画波动方程解的数据及 Origin 的三维可视化数据见图 2.16 和图 2.17. 可以看到，即使对非一维数据，它们也是基本够用的.

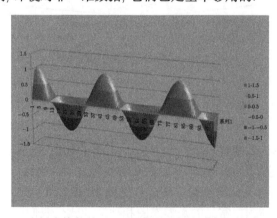

图 2.16　电子表格软件 Excel 可视化示例 (彩图扫封底二维码)

2. 进阶软件

如果要进一步处理更复杂的数据，比如数据量较大，对可视化要求较高，且希望能更灵活地控制显示效果，那么这时就需要更进阶的软件了. 最常用的需求是画自变量为二维的等高线图 (contour)、表面图 (surf)、画矢量场、显示更高维 (如

2.3 数据可视化

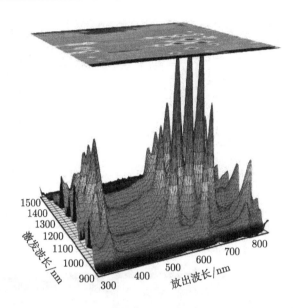

图 2.17 Origin 软件可视化示例, 取自网络 (彩图扫封底二维码)

四维) 数据、生成动画 (animation) 或电影 (movie)[①]. 习惯 Linux 的, 那么会对 gnuplot[②](也有 Windows 下版本) 很熟悉, 第一条画图语句可按如下写:

```
gnuplot
plot sin(x), cos(x)
```

结果如图 2.18 所示, gnuplot 的优点在于简单易用且很强大, 足够做出非常高质量的图, 参照 gnuplot 网站和各种网络资料, 通常都很快就能上手.

  GNU Octave[③]早期画图调用了 gnuplot, 可以看成是一个进阶版本, 它是一种交互式语言, 既能可视化, 又能进行科学计算, 同样是开源的, 它在很多方面足够与 Matlab[④]竞争. 这里不再列举代码示例, 而直接截取一张 Octave 网站中的图, 它展示了 Octave 的代码风格和可视化结果, 见图 2.19.

  再进一步, 那么基本上就会用到 Matlab、Python、Maple、Mathematica 以及 MathCAD[⑤]等. Matlab 在本书中会大量的用到, 而 Python 与 Matlab 之间的转换也通常很容易, 因此此处不再示例. Matlab 的不足在于其是商业软件; Python 目前

  [①] 动画和电影, 在这里其实并不太区分, 一般把输出为 gif 格式的看作动画, 而输出为视频格式的看作为电影.
  [②] http://www.gnuplot.info/.
  [③] http://www.gnu.org/software/octave/.
  [④] Matlab 一个同根同源但开源的软件是 Scilab, 但似乎已经渐渐少有人用.
  [⑤] 一个给出了诸多 plasma 问题算例的 MathCAD 讲义及程序, 在http://plasma.colorado.edu/mathcad/可找到.

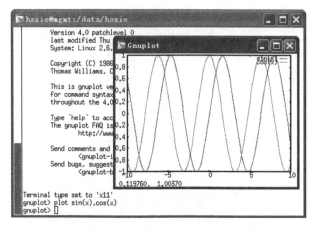

图 2.18 gnuplot 可视化示例

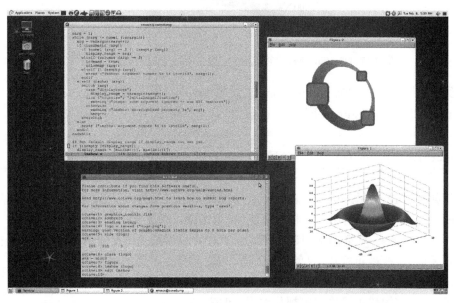

图 2.19 Octave 科学计算和可视化效果示例, 取自 Octave 网站

越来越流行, 尤其是其强大的各种库, 比如科学计算和画图相关的 numpy、Scipy、Matplotlib, 其集成界面可以用 python (x,y)、Anaconda 等. 而 Maple 在等离子体物理中, 很少见到有人用, 因此也不多提. Mathematica 是做物理或数学理论的人员的很强大的辅助工具, 建议准备较多偏向理论的读者去掌握, 但它并不太适合我们这里要讨论的大规模数据可视化处理, 因此也不再特别提及. 即使是许多不擅长计算机的老一辈, 也正在学或非常期望学会 Mathematica. 一些应用例子在后文中可找到, 尤其是在 10.9.4 小节.

2.3 数据可视化

其他，IDL 是专门的数据处理软件. 它在等离子体物理模拟社区中, 用户可能是最多的, 多于 Matlab. 不过由于它并不太擅长科学计算, 因此在本书中不处于最优先地位. IDL 文件名一般为 "*.pro", 一个 demo 示例见图 2.20. 要熟练应用 IDL, 可能需要一定时间, 但并不会太困难. 另外, 科学计算数据处理软件中, 应用较多的还有 ROOT、Tecplot 等. ROOT[①] 是 CERN 专门为高能 (粒子) 物理数据分析而开发的开源软件, 但用户范围早已不限于高能物理和核物理社区, 它也包含许多高级功能. 等离子体物理社区中有部分人用 ROOT, 但并无太多优势. 乐意同时熟悉粒子物理中一些常用工具的读者, 倒也可试试. Tecplot 是商业软件, 尤其在油藏数值模拟可视化分析等中相当普及, 偏工程的读者可能会感兴趣.

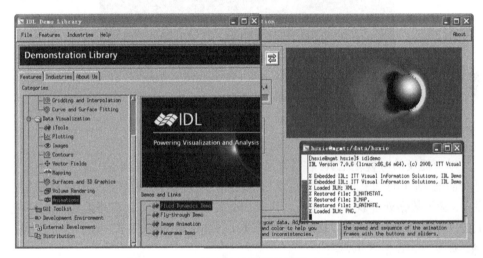

图 2.20 IDL 处理流体模拟数据的动画 demo

3. 高阶软件

当对数据处理要求更高时, 尤其是海量数据时, 需要更加有效的工具. VisIt 可能算一个. VisIt[②] 是开源交互式并行可视化与图形分析工具. 在设计上, 它的出发点在处理规模极庞大如 TB 量级的数据集, 但也可用于处理 KB 范围的小型数据集. 一张等离子体物理中数据的可视化见图 2.21.

另一个支持大规模数据且开源的是 paraview[③]. 再一个可算的是 AVS, 属于商业软件. 在计算流体、医学成像、气象、地质等均有广泛应用, 但等离子体物理中似乎还应用不多. 另外还有 OpenDX[④] 等.

---

① http://root.cern.ch.
② http://visit.llnl.gov/.
③ http://www.paraview.org/.
④ http://www.opendx.org/.

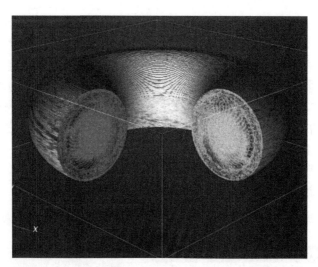

图 2.21 VisIt 可视化托卡马克中回旋动理学 PIC 模拟离子温度梯度 (ITG) 湍流中非线性带状流示例, 取自 VisIt Gallery, 作者 Raul Sanchez(彩图扫封底二维码)

4. 小结

以上提及的可视化工具, 在等离子体社区中基本够用. 但不应该认为这个列举是全面的, 尤其计算机领域日新月异, 许多强大的工具慢慢地显现出来或者正在开发中. 除了数据处理软件外, 还有一个问题是数据存储, 为了使读写更高效, 除了普通的文本方式外, 大规模数据时, 常用的是 netcdf[1]和 hdf[2]格式. 为了便于数据共享、易读, XML 格式也常用.

另外, 或许你会发现当数据量大时, 下面这种用底层代码编程进行可视化可能也会是很不错的选择.

2.3.2 底层代码实现可视化

当现有软件难符合需求时, 可以用底层代码作数据可视化. 尤其当数据量为上百 MB 甚至 GB 量级时, 普通数据处理软件常常无能为力或极低效. 而这样的数据量, 在大规模并行模拟中极常见.

对于等离子体物理领域, 这里所说的底层一般只需要到用 C、Fortran 等语言对像素点的直接操作这一步, 并不需要涉及图像处理概念中的如何用底层算法 (如 OpenGL 中集成的) 最优化画线、画三维体等. 直接操作像素指的是, 用色度条对应像素的颜色, 用矩阵变换等指定像素要显示的坐标位置. 如果需要透明效果, 则还需要定义透明度的概率来取舍相应的点.

---

[1] Network Common Data Form (NetCDF), http://www.unidata.ucar.edu/software/netcdf/.
[2] Hierarchical Data Format (HDF, HDF4, or HDF5), http://www.hdfgroup.org/.

2.4 数据处理一体化和图形用户界面

一张采用底层语言处理 GTC 代码数据得到的三维图[①]见图 2.22.

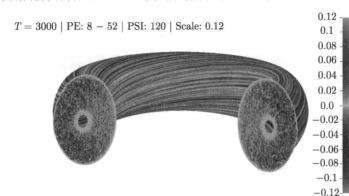

图 2.22　底层语言处理 GTC 代码数据得到的三维图, 作者张泰格 (彩图扫封底二维码)

2.4 数据处理一体化和图形用户界面

科学计算, 一部分是计算, 一部分是数据处理. 对于小程序, 程序运算和数据处理, 通常可同时进行, 甚至不必输出中间数据, 所谓的实时处理. 对于运算量大或数据量大的程序, 一般运算与数据处理是分离的, 运算中输出数据, 这些数据再拿去作后续处理.

所谓的一体化、集成化和图形用户界面 (graphical user interface, GUI), 目的在于使得程序易用, 并非每个人都是程序员, 尤其物理的或计算机的人员开发了程序, 可能用户会是工程的或者其他不熟悉也不关心程序内部实现细节的人. 它是很重要的一步, 是程序开发者应该熟悉的.

集成模拟, 在小、中型程序上已经较普遍, 大规模并行的程序上, 目前也已有集成的趋势. 比如, 磁约束、惯性约束, 不少代码已经开始归并到一个统一界面进行运行和管理.

2.4.1 小程序的一体化实时数据处理示例

Matlab 等科学计算软件, 对于小程序, 基本可做到一体化处理, 这在本书中几乎所有例子均是. 对于 C、C++ 和 Fortran, 如果你坚持, 那么也可找到辅助工具包, 使得科学计算和数据可视化能够同时进行. 在粒子模拟的 PTSG 代码集[②]中, 有些老式的例子. 它们通常运行起来会更流畅, 但是编程代码却会很长.

[①] 张泰格. 三维等离子体湍流可视化研究. 浙江大学本科毕业论文, 2012.
[②] http://ptsg.egr.msu.edu/.

本小节给出另一个可仿照的例子供参考：一个 VB 的集成处理示例，见图 2.23。同样是微软公司的 MFC 及更高级的界面编程或者 Linux 下的 Qt 等，均大同小异。

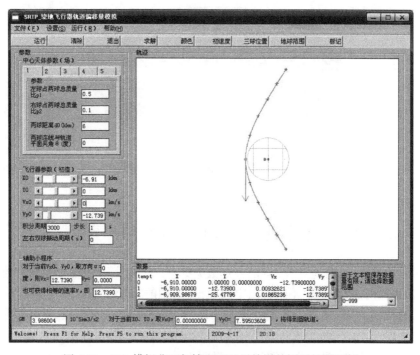

图 2.23　VB 模拟非理想情况下卫星轨道的图形界面示例

基于网络编程，并且跨平台，那么 Java 无疑是极佳的选择，一个示例[①]见图 2.24。它可以运行很流畅，但需要 java 引擎支持。如果你完全不希望安装特别的软件或者插件，那么老一代的 html+javascript[②]（一个示例见图 2.25）和新一代的 html5 也能为你做很多事，其代码是纯文本文件，任何文本编辑器均可，其运行环境是浏览器，几乎每台个人计算机均会有。从而，任何平台、任何地方均可用，而且可放在万维网 (WWW) 上供用户使用而不开放源码。

一个等离子体中 PIC 一维电磁模拟的 GUI 集成处理例子是 KEMPO1[③]，用 Matlab 实现，见图 2.26。

目前等离子体物理中 GUI 集成较高的基础例子是 PPLU 代码集[④]，也是写本书的最初动机，见图 2.27。一些较详细的物理模块介绍在后续章节会有体现。

[①] 取自http://www.falstad.com/gas/.
[②] javascript 与 java 无直接关联.
[③] http://www.rish.kyoto-u.ac.jp/isss7/KEMPO/.
[④] PPLU (Plasma Physics Learning Utility), http://hsxie.me/codes/pplu/.

2.4 数据处理一体化和图形用户界面

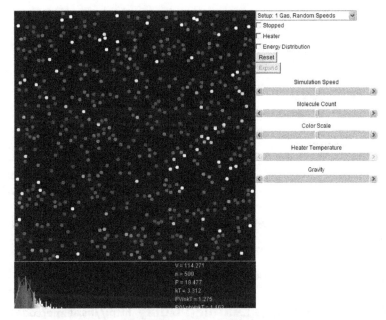

图 2.24　Java 二维硬盘 (hard disk) 模型模拟分子碰撞示例

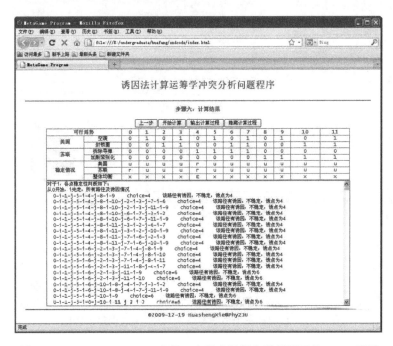

图 2.25　html+javascript 实现一个具有运行和结果展示的 GUI 示例

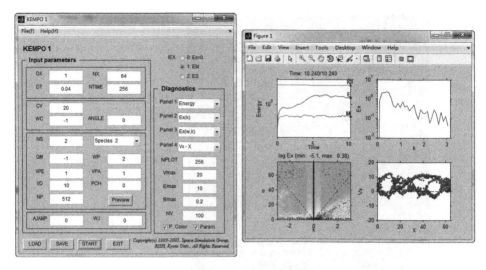

图 2.26　一维电磁模拟的 GUI 集成处理, KEMPO1 代码

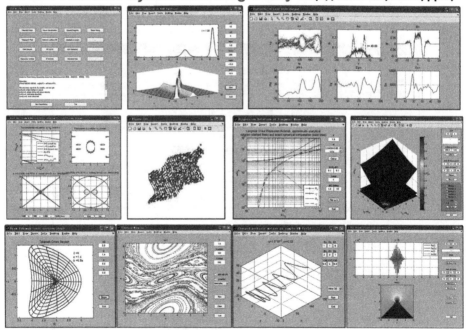

图 2.27　基础等离子体学习用 PPLU 集成程序示例图

感兴趣的读者可以把第 4 章单粒子轨道问题用这些更轻量级的 GUI 工具实现. 10.1 节的"等离子体物理基本参数计算器"也完全可用网络编程语言实现, 而

且更符合用户需求. 网络化编程是未来较大的趋势, 这是这里特别提及的原因之一. 当然, 脚本语言 perl 等, 可能暂时关联不大. 可参考的例子是 Warwick Plasma Calculator[①], 已经基于网络 (web) 作了一些尝试.

这一小节插入了几个用不同语言、处理不同问题的间接例子, 希望对等离子体物理社区也能有所启发. 鉴于 astropy 的 python 库的广泛成功应用, 等离子体物理的 python 库 plasmapy 也已经有人在考虑, 可能未来也会有一个能广泛应用的公用库.

2.4.2 GUI 数据处理工具集示例

如果我们不考虑科学计算的部分而只考虑后续数据处理的部分, 那么可以单独写数据分析处理程序包, 这对于小数据, 可能无需太多附加代码; 但对于数据较多, 且格式较固定了的, 开发 GUI 工具是很好的做法. 商业软件如 VORPAL[②]、OOPIC[③]等会集成对应的数据处理模块, 这在激光模拟中用得较多. 开源的大型平台也有人在考虑, 比如中国科学院等离子体物理研究所的于治在发展的 SimPla[④]软件包, 集计算、数据处理和物理模块开发于一体. 国内目前也已经有一些计算和数据处理体系化较好的系统化平台, 例如, 北京应用物理与计算数学研究所以激光聚变高性能数值模拟发展起来的 JASMIN 框架[⑤]和 LARED 系列 (类似美国 LASNEX). 它们包含多个 1D 计算程序、2D 大程序和 3D 大程序, 涉及流体力学、辐射流体力学、弹塑性流体力学、辐射和中子输运、分子动力学、PIC 和计算电磁学及多物理过程的耦合计算等.

我们这里举磁约束中的例子. 例如, GTC 代码[⑥]的 IDL 数据分析包和 Matlab 数据分析包界面分别见图 2.28 和图 2.29, 采取的是按钮与图像界面分离的方式. 两图对比, 也可发现同样的功能, 可用完全不同的程序语言来实现.

由 Andreas Bierwage 提供的 HMGC 代码的 GUI 工具[⑦]见图 2.30, 其做法是按钮、图像等嵌入同一界面.

以上作为示例, 显示大规模并行程序的数据处理的大致模式, 让暂无太多机会介入大规模程序开发或使用的读者也能有基本了解, 同时让介入了的读者也可有一些参考.

---

① http://www2.warwick.ac.uk/fac/sci/physics/research/cfsa/research/wpc, 目前有等离子体基本参数计算和托卡马克中粒子轨道分析程序, 主要使用 java.

② VORPAL 最主要的应用应该还在激光方面, 基础等离子体物理和磁约束方面也有人用, 但不多见. 国内有好些单位有引进该代码.

③ 试用版下载, http://www.txcorp.com/downloads/index.php.

④ http://simpla-fusion.github.io/SimPla/.

⑤ http://www.iapcm.ac.cn/jasmin/.

⑥ http://phoenix.ps.uci.edu/GTC/.

⑦ 取自http://fusionofminds.org/FusionScience/tools/images/vhmgc_browse.jpg.

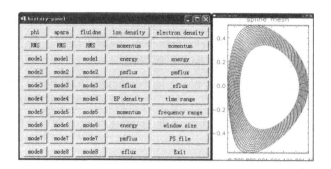

图 2.28 GTC 代码数据分析 GUI 程序部分界面, IDL 版 (正式版本)

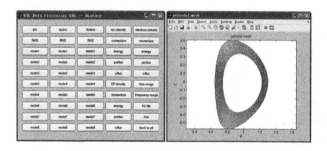

图 2.29 GTC 代码数据分析 GUI 程序部分界面, Matlab 版 (辅助版本)

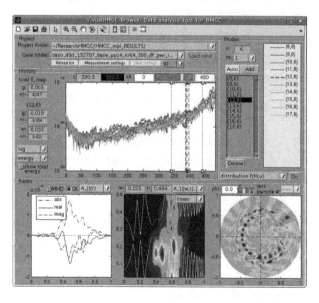

图 2.30 HMGC 代码的一种 GUI 数据处理包

2.4.3 实验数据实时系统

空间观测和磁约束实验诊断所得数据, 由于数据量极大, 一般会用专门的服务器作存储, 基于网络供其他计算机访问.

经过前面的介绍, 这里已经无太多新困难了, 一般过程: 实验数据存储在服务器端, 建立网页或者提供客户端程序. 如果采取网页提供访问, 那么常用 java 编程; 如果用客户端, 则 Java、MFC 等许多方式均常用.

图 2.31 是中国科学院等离子体物理研究所"东方超环"(EAST) 托卡马克实验装置的客户端程序 EASTViewer 界面①, 它可以查看 EAST 各炮数据的平衡反演等信息, 准"实时". 而它的控制室则更接近实时, 数据刷新时间通常是在秒以下.

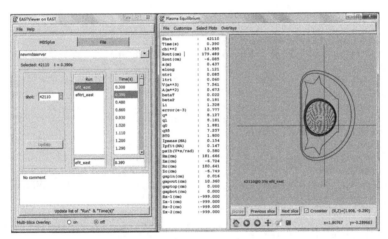

图 2.31 实验数据准"实时"系统, EASTViewer 界面

2.5 其 他

这里补充几条等离子体物理数值或模拟中经常要碰到的数据处理问题.

2.5.1 模拟结果中色散关系的获得

从模拟信号中获得色散关系就是求取信号 $f = f_0 e^{-i(\omega t - kx)}$ 中的 $\omega = \omega_r + i\gamma$, 而通常把 k 固定, 且取实数. k 的固定通常有两种做法: 一种是让初始扰动为 $\sin(kx)$ 或者 $\cos(kx)$ 形式; 另一种是用傅里叶滤波, 滤出特定 k 值的信号.

ω 则既需要测实部又需要测虚部. 实部与信号周期关系为 $\omega = T/2\pi$, 因此只要知道周期就能得到频率实部, 测量周期最简单的方法是根据信号直接读数, 两个峰

---

① http://202.127.204.30/d07/index.html.

值间的距离就是周期, 为了准确, 可对多个峰取平均. 但是如果信号中有多个频率, 那么看峰值就失效了, 除了也可用数据拟合的方法 (比如手动试不同的频率和增长率直到拟合的曲线与原信号曲线吻合) 外, 这里就常用到我们最前面介绍的傅里叶变换. 而虚部 (增长率) 在傅里叶变换中代表了谱的宽度, 常常是无法准确测量的.

回到增长率的含义, $f = f_0 e^{\gamma t}$, 取对数 $\ln(f) = \ln(f_0) + \gamma t$, 可见, 在对数坐标中, 信号是一条直线, 斜率代表增长率或衰减率. 当没有实部振荡的纯增长或纯衰减时, 可用线性回归拟合的方法得到.

如果同时有实部和虚部, 此时在对数坐标中, 可连接两峰值, 量取斜率, 得到增长率. 以下代码给出计算机自动计算频率和增长率的一个实例, 在后面章节中也常用到.

```matlab
w=3.54+0.23i; nt=1000; dt=0.01; tt=linspace(0,nt*dt,nt+1);
yt=0.1*sin(real(w).*tt).*exp(imag(w).*tt);
figure('DefaultAxesFontSize',15);
subplot(121); plot(tt,yt,'LineWidth',2); hold on;
xlabel('t'); ylabel('yt');
title(['(a) \omega^T=',num2str(real(w)),', \gamma^T=',num2str(imag(w)) ]);
% Find the corresponding indexes of the extreme max values
it0=floor(nt*2/10); it1=floor(nt*9/10);
lnyt=log(yt); yy=lnyt(it0:it1);
extrMaxIndex = find(diff(sign(diff(yy)))==-2)+1;
t1=tt(it0+extrMaxIndex(1));t2=tt(it0+extrMaxIndex(end));
y1=yy(extrMaxIndex(1));y2=yy(extrMaxIndex(end));
subplot(122); plot(tt,lnyt,'b',[t1,t2],[y1,y2],'r*--','LineWidth',2);
Nw=length(extrMaxIndex)-1; omega=pi/((t2-t1)/Nw);
gammas=(real(y2)-real(y1))/(t2-t1);
title(['(b) \omega^S=',num2str(omega),', \gamma^S=',num2str(gammas)]);
xlabel('t'); ylabel(['ln(yt), N_w=',num2str(Nw)]);
```

图 2.32 显示了计算结果, 理论构造的信号 $y(t) = 0.1\sin(\omega_r t)e^{\omega_i t}$ 用的 $\omega = 3.54 + 0.23i$ 与根据信号测量的结果相同. 其中, 通过寻找极值点的个数来计算周期数, 可能由于噪声而计数不准, 显示的 N_w 要保证与图中红线范围内的峰值个数相同, 如果不同, 需要手动重算实频. 如果噪声较大, 也可对信号先进行 smooth 平滑. 另外, Matlab 有专门的 findpeaks() 函数, 设置合适的过滤窗口可以使得找峰值位置更准.

如果信号的线性较好只有单模, 并且同时包含实部虚部, 也即 $f(t) \sim e^{i\omega t}$, 那么还可以用另一种更简单的方式实时计算频率和增长率, 即 $\omega(t) = -i\dfrac{df/dt}{f(t)}$, 中心差分离散形式可以用 $\omega_j = \omega(t_j) = \dfrac{f_j - f_{j-2}}{(f_j + f_{j-2})(t_j - t_{j-2})}$. 上述表达式的另一个优点是能计算每个时刻的复频率并且能直接给出实频的正负 (也即传播方向). 实际模拟中由于噪声的存在, 通常需要取一段时间的 ω_j 作平均. 这种求模拟中信号的复

2.5 其他

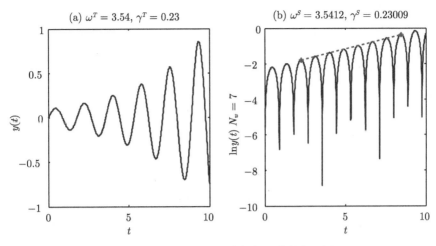

图 2.32 计算机自动计算频率和增长率示例

频率的方法通常可以在谱方法的线性模拟中用到.

2.5.2 频率的正负

对于信号 $f \sim \cos(kx - \omega t)$, k 和 ω 均可正可负, 其相对正负决定波的传播方向. 我们假定 k 为正值, 那么频率 ω 的正负就代表是正方向传播还是负方向传播, 这里的正负只有相对意义.

模拟中看波的传播方向可以画成动画, 直接看. 我们也可以用傅里叶变换来计算.

示例代码 tst_fft2_wk.m 如下所示.

```
1  % Hua-sheng XIE, 2014-07-12 23:02
2  % test fft to minus/plus directions
3
4  close all; clear; clc;
5  dt=0.05; dx=0.02; t=0:dt:50; x=0:dx:10;
6  k=2; w1=3.2; w2=5.1; A1=5; A2=3; %%
7  [tt,xx]=meshgrid(t,x); yy=A1*cos(-k*xx-w1*tt)+A2*cos(2*k*xx-w2*tt);
8  y=A1*cos(w1*t)+A2*cos(w2*t);
9  nt=length(t); nx=length(x);
10 yf=fftshift(fft(y)); yyf=fftshift(fft2(yy));
11 tf0=2*pi/dt.*linspace(-0.5,0.5,nt); tf=tf0; dtf=tf0(2)-tf0(1);
12
13 h = figure('Unit','Normalized','position',...
14     [0.02 0.3 0.6 0.6],'DefaultAxesFontSize',15);
15
16 subplot(221);plot(t,y,'LineWidth',2); xlim([0,10]); xlabel('t');
17 title([' (a) y(t), k=',num2str(k),', \omega_1=',num2str(w1),...
18     ', \omega_2=',num2str(w2)]);
```

```
19
20    subplot(222); plot(tf,real(yf),tf,imag(yf),'--','LineWidth',2);
21    xlim([-10,10]); xlabel('\omega');
22    % axis tight;
23    title('(b) y(t) power spectral');
24
25    %%
26    subplot(223); pcolor(xx,tt,yy); shading interp;
27    % surf(xx,tt,yy);
28    xlim([0,5]); ylim([0,10]); xlabel('x'); ylabel('t'); title(['(c)
29    y(x,t), A_1=',num2str(A1),', A_2=',num2str(A2)]);
30
31    subplot(224);
32    % tf=1/dt.*linspace(0,1,nt);
33    kf=2*pi/dx.*linspace(-0.5,0.5,nx); [ttf,kkf]=meshgrid(tf,kf);
34    % surf(kkf,ttf,abs(yyf));
35    pcolor(kkf,ttf,abs(yyf));
36    % pcolor(kkf,ttf,real(yyf));
37    % pcolor(kkf,ttf,imag(yyf));
38    shading interp; xlim([-5,5]); ylim([-10,10]); title('(d) \omega v.s.
39    k'); xlabel('k'); ylabel('\omega');
40
41    print(gcf,'-dpng',['tst_fft2_wk_k=',num2str(k),'_w1=',num2str(w1),...
42         '_w2=',num2str(w2),'_A1=',num2str(A1),',A2=',num2str(A2),'.png']);
```

计算的结果见图 2.33 和图 2.34, 其中信号中有两个频率, 改变其中一个频率的正负, 可以看到 FFT 谱图中的峰值对应的正负位置刚好变号.

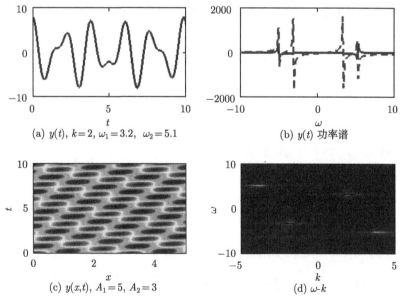

图 2.33　使用二维傅里叶变换计算波的传播方向, 正方向传播 (彩图扫封底二维码)

2.5 其他

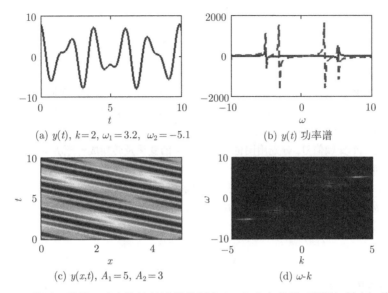

图 2.34 使用二维傅里叶变换计算波的传播方向, 负方向传播 (彩图扫封底二维码)

2.5.3 动画和电影

在本书后面的例子中会穿插提到. 也可参考彭芳麟 (2010) 的著作等. 通常可以自己写一个额外的 writegif.m 函数 (网上可找到现成的), 供随时调用.

2.5.4 从数据图中提取原始数据

许多文献中的数据都是以数据图显示的, 可以用肉眼人工读取大致数据值. 实际上, 计算机作为辅助也可以帮上忙, Origin 软件就有这样的功能, 由 Digitize.opk 插件提供, 见图 2.35. 网上也能找到实现对应功能的 Matlab 代码, 如 grabit.m.

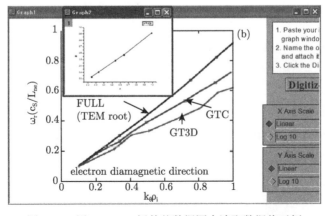

图 2.35 用 Digitize 插件从数据图中读取数据值示例

习 题

1. 证明式 (2.3).

2. 利用傅里叶变换公式, 不用 FFT 算法, 写一个直接作离散傅里叶变换 (discrete Fourier transform, DFT) 的代码. 可比较两者的效率, 理解为何 FFT 自 20 世纪 60 年代出现以来, 被认为是 20 世纪最重要的十大算法之一.

3. 构造一个变频信号, 分别用图像显示其频率的变化及转换成音频听听会是怎样的. 等离子体中的哨声波最早便是在无线电信号中听到的.

4. 在本章脚注中提到, Excel 完全可以用来求解从代数方程、常微分方程, 甚至偏微分方程, 而且只需用到公式功能, 必要时还可用画图可视化结果. 试求解以下方程.

代数方程组:
$$\begin{cases} 3x + 4y^3 = 2, \\ 2x^2 + y = 1. \end{cases}$$

常微分方程 (单摆):
$$\ddot{x} = \sin x,$$
$$x(0) = 0, \quad \dot{x}(0) = 1.$$

偏微分方程 (二维点电荷的电势):
$$\left(\frac{\partial^2}{\partial x^2} + \frac{\partial^2}{\partial y^2}\right)\phi = \delta(x)\delta(y),$$
$$-1 \leqslant x \leqslant 1, \quad -1 \leqslant y \leqslant 1, \quad \phi_{\text{边界}} = \phi'_{\text{边界}} = 0.$$

并用图形显示常微分方程和偏微分方程的解.

第 3 章 算法效率与稳定性

"Think. Then discretize."
(离散前, 先思考.)
——Vladimir Rokhlin

写代码前, 三思.

关于本章, 读者在 Tajima(2004) 的文献中也可找到较好的介绍, 尤其其中的第三、六、九章[①]. 一些基本内容在其他计算物理教材中也可找到. 本书为了完整, 也在这里对算法效率与稳定性作简单介绍, 以备后面各章节应用. 尤其后面章节中, 许多代码用的算法多数是最简的, 但不见得是最优的. 这一章的知识可供感兴趣的读者作算法上的提升.

3.1 算法精度与稳定性分析的普适方法

本节以如下时间积分为例讨论数值算法的精度和稳定性分析的普适方法

$$du/dt = f(u,t). \tag{3.1}$$

这里, 右边项是广义的, 可以是普通的 f, 从而是常微分方程, 也可以是含其他变量导数的, 从而是偏微分方程.

简单离散[②], 可得

$$\frac{du}{dt} \to \frac{u^{n+1} - u^n}{\Delta t}. \tag{3.2}$$

对于离散格式的精度, 利用泰勒 (Taylor) 展开就可分析, 比如对于式 (3.2)

$$\frac{u^{n+1} - u^n}{\Delta t} - \frac{1}{\Delta t}\left[\left(u^n + \Delta t \frac{\partial u^n}{\partial t} + \cdots\right) - u^n\right] = \frac{\partial u^n}{\partial t} + O(\Delta t), \tag{3.3}$$

为一阶精度.

[①] 要注意, 其中有不少打印错误.
[②] 未加特别说明, 则默认本书的离散步长固定, 比如 $t^n = n\Delta t$, $n = 0, 1, 2, \cdots$.

再看二阶导数的中心差分格式

$$\frac{\mathrm{d}^2 u}{\mathrm{d}t^2} \to \frac{u^{n+1} - 2u^n + u^{n-1}}{\Delta t^2}$$

$$= \frac{1}{\Delta t^2}\left[\left(u^n + \Delta t\frac{\partial u^n}{\partial t} + \frac{1}{2}\Delta t^2 \frac{\partial^2 u^n}{\partial t^2} + \cdots\right) - 2u^n\right.$$

$$\left. + \left(u^n - \Delta t\frac{\partial u^n}{\partial t} + \frac{1}{2}\Delta t^2 \frac{\partial^2 u^n}{\partial t^2} - \cdots\right)\right]$$

$$= \frac{\partial^2 u^n}{\partial t^2} + O(\Delta t^2), \tag{3.4}$$

为二阶精度.

对微分算符作离散的方式很多, 不同的格式有不同的精度和稳定性, 以下各节会讨论一些不同的格式. 泰勒展开为精度分析提供了普适方法, 而稳定性则需要另外的方法. 广为接受的是冯·诺依曼①最早使用的方法.

我们以谐振子为例演示该方法的流程,

$$\mathrm{d}v/\mathrm{d}t = -\omega^2 x, \tag{3.5}$$

$$\mathrm{d}x/\mathrm{d}t = v. \tag{3.6}$$

有限差分进行离散,

$$\mathrm{d}v/\mathrm{d}t \to \frac{v^{n+1} - v^n}{\Delta t} = -\omega^2 x^n, \tag{3.7}$$

$$\mathrm{d}x/\mathrm{d}t \to \frac{x^{n+1} - x^n}{\Delta t} = v^n. \tag{3.8}$$

假设

$$x^{n+1} = gx^n, \tag{3.9}$$

---

① John von Neumann(1903.12.28—1957.02.08), 美籍匈牙利人, 无可争议的神童与天才, 罕见的全才, 数学家、计算机专家、物理学家、化学家、军事学家、精通多门语言等, 且各方面皆为顶尖水准. 除了是使现代计算机成为可能的决定性人物外, 他也提出过许多算法思想, 如蒙特卡罗、元胞自动机、流体模拟等. 与爱因斯坦、海森伯等一流物理学家在一起的岁月, 所有人都不否认冯·诺依曼是最聪明的. 评论家倾向于认为冯·诺依曼的天才在于善于抓住别人的精妙思想, 并能很快提升到全新高度, 其做的事其他人都已经想到只是做得慢些而已. 缺少他, 历史可能会变缓, 但不会改变太多. 而缺少爱因斯坦或海森伯这类有底层原创性思想的天才则不一样. 这或许可用所谓的 "疾智" 和 "缓智" 来区分, 前者的天才所有人都能看出来; 但真正有深远影响力的常常在后者. 第 10 章标题下引用的那句 All true genius is unrecognized 多少也有此意. 这也表明, 天才是可以有许多种的, 焉知你自己不是. Freeman Dyson (1923.12.15—) 有一篇 "飞鸟与青蛙"(birds and frogs) 的演讲文章 (2009) 把科学家分为两类, 并以外尔、杨振宁、冯·诺依曼等为例做了评述. Dyson 最初与外尔学数学, 后与 Hans Bethe(1906.07.02—2005.03.06) 学物理. 走在等离子体理论研究前列的人会用到 Dyson 发展的一些解决物理问题的数学方法. 做等离子体物理的有必要知道 Bethe, 是因为他最先解开了恒星能源之谜, 并因此获得 1967 年的诺贝尔奖.

3.1 算法精度与稳定性分析的普适方法

$$x^n \propto g^n x_0 = (\mathrm{e}^{-\mathrm{i}\alpha\Delta t})^n x_0, \tag{3.10}$$

$$v^n \propto g^n v^0. \tag{3.11}$$

式 (3.7) 和式 (3.8) 现在变为

$$g^{n+1}v^0 - g^n v^0 = -\omega^2 \Delta t g^n x^0, \tag{3.12}$$

$$g^{n+1}x^0 - g^n x^0 = \Delta t g^n v^0. \tag{3.13}$$

式 (3.12) 和式 (3.13) 的系数组成的矩阵称为幅度矩阵,

$$\begin{pmatrix} g-1 & \omega^2 \Delta t \\ -\Delta t & g-1 \end{pmatrix} \tag{3.14}$$

让式 (3.14) 的行列式等于 0, 得到

$$(g-1)^2 + \omega^2 \Delta t^2 = 0, \tag{3.15}$$

即

$$g = 1 \pm \mathrm{i}\omega \Delta t. \tag{3.16}$$

如果任一 g 的根中 $|g| > 1$, 则解将呈指数增长而爆掉, 也即不稳定. 式 (3.16) 中 $|g|^2 = 1 + \omega^2 \Delta t^2 > 1$, 满足条件, 因而式 (3.12) 和式 (3.13) 的差分格式不管 Δt 多小, 都是不稳定的.

细心的读者会发现, 式 (3.9) 的假设是很关键的一步: 假设以线性常数 g 增长, 再求取 g 的值, 考察离散格式是否稳定. 这与等离子体物理中通过色散关系分析各种线性不稳定性的方法本质是相通的. 在偏微分方程求解尤其是计算流体动力学 (computational fluid dynamic, CFD) 中, 最有名的是 Courant-Friedrichs-Lewy (CFL) 条件[①],

$$C = \frac{u\Delta t}{\Delta x} \leqslant C_{\max}, \tag{3.17}$$

这里一般取 $C_{\max} = 1$, 其含义是在有限差分算法中, 系统中流体元的最大速度 u 在时间步长 Δt 内不能跑过一个网格 Δx, 否则会出现数值不稳定性. 这就限制了数值模拟中的 Δt 不能取得太大, 或者为了减少数值不稳定性有时可以适当把 Δx 取大.

[①] Courant 等 (1928) 的一篇很经典的论文, 可以说是现代数值计算的开山文献之一, 值得感兴趣的读者细读. Courant R, Friedrichs K L H, Lewy H. On the partial difference equations of mathematical physics Mathematische Annalen (in German). 1928, 100: 32–74. 可找到英文翻译版.

3.2 时间积分

这里讨论几个常微分方程时间积分的数值格式.

3.2.1 欧拉一阶算法

欧拉 (Euler) 一阶算法, 前向差分 (forward difference) 格式为

$$u^{n+1} = u^n - f(u^n, t^n)(t^{n+1} - t^n). \tag{3.18}$$

假设真实值为 u^n, 计算值为 $u^n + \epsilon^n$, 则

$$u^{n+1} + \epsilon^{n+1} = u^n + \epsilon^n - f(u^n + \epsilon^n, t^n)\Delta t, \tag{3.19}$$

$$u^{n+1} + \epsilon^{n+1} = u^n + \epsilon^n - \left[f(u^n, t^n)\Delta t + \epsilon^n \frac{\partial f}{\partial u}\Big|^n \Delta t + \cdots \right]. \tag{3.20}$$

因而 $\epsilon^{n+1} = \epsilon^n - \epsilon^n \frac{\partial f}{\partial u}\big|^n \Delta t$. 于是幅度因子为 $g = 1 - \frac{\partial f}{\partial u}\big|^n \Delta t$. 只要 $0 < \frac{\partial f}{\partial u}\big|^n \Delta t < 2$, 就有 $|g| < 1$, 从而欧拉格式稳定.

3.2.2 蛙跳格式

依然讨论式 (3.5) 和式 (3.6) 的谐振子方程. 由中值定理 $v(t + \Delta t) - v(t) = -\omega^2 x(\bar{t})$, 其中 $t < \bar{t} < t + \Delta t$. 在前面的一阶欧拉格式中我们用 $\bar{t} = t$ 的近似.

蛙跳格式 (leapfrog) 采用的是 $\bar{t} = t + \frac{1}{2}\Delta t$, 谐振子方程离散为

$$v^{n+1} - v^n = -\omega^2 x^{n+1/2} \Delta t, \tag{3.21}$$

$$x^{n+3/2} - x^{n+1/2} = v^{n+1} \Delta t. \tag{3.22}$$

由幅度因子 $v^2 \propto g^n = (e^{-i\alpha t})^n$, 得到幅度矩阵

$$\begin{pmatrix} g - 1 & \omega^2 \Delta t g^{1/2} \\ -g\Delta t & g^{3/2} - g^{1/2} \end{pmatrix}, \tag{3.23}$$

让式 (3.23) 的行列式等于 0, 得到

$$g^2 - (2 - \omega^2 \Delta t^2)g + 1 = 0, \tag{3.24}$$

即

$$g = 1 - \frac{\omega^2 \Delta t^2}{2} \pm \omega \Delta t \sqrt{\frac{\omega^2 \Delta t^2}{4} - 1}. \tag{3.25}$$

3.2 时间积分

根据前面分析稳定性的普适方法,很快可得,蛙跳格式的稳定性条件是

$$\Delta t \leqslant \frac{2}{\omega}. \tag{3.26}$$

另外, 容易得出, 蛙跳格式精度为二阶, 即误差正比于 Δt^2.

以下代码为比较欧拉格式和蛙跳格式计算谐振子的结果.

```
1  close all; clear; clc;
2  x0=1; v0=0; dt=0.05; nt=1000; omega2=1;
3  x_euler(1)=x0; % x_euler(n)=x(n)
4  v_euler(1)=v0; % v_euler(n)=x(n)
5  x_leapfrog(1)=x0-0.5*dt*v0; % x_leapfrog(n)=x(n-0.5)
6  x_leapfrog(2)=x0+0.5*dt*v0;
7  v_leapfrog(1)=v0; % v_leapfrog(n)=v(n)
8  t(1)=0;
9  for it=1:nt
10     t(it+1)=t(it)+dt;
11     v_euler(it+1)=v_euler(it)-omega2*x_euler(it)*dt;
12     x_euler(it+1)=x_euler(it)+v_euler(it)*dt;
13     v_leapfrog(it+1)=v_leapfrog(it)-omega2*x_leapfrog(it+1)*dt;
14     x_leapfrog(it+2)=x_leapfrog(it+1)+v_leapfrog(it+1)*dt;
15  end
16  figure;set(gcf,'DefaultAxesFontSize',15);
17  plot(t,x_euler,'g—',t,x_leapfrog(2:end),'r','LineWidth',2);
18  xlabel('t');ylabel('x');title('x-t');legend('Euler','Leapfrog',2);
19  legend('boxoff');
```

运行结果见图 3.1.

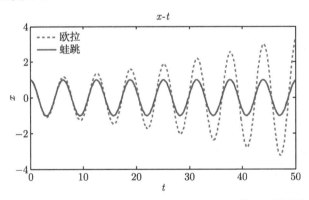

图 3.1 Matlab 求解谐振子方程, 对比欧拉一阶算法及蛙跳格式

同时, 我们也在此解答第 2 章习题 4 中常微分方程的例子, 结果见图 3.2, 其中用到了 Excel 的公式功能.

为了让读者进一步熟悉 Linux 下的操作及第 2 章中数据处理的内容, 一段计算行星轨道的 Fortran 代码 "planetorbit.f90" 如下所示.

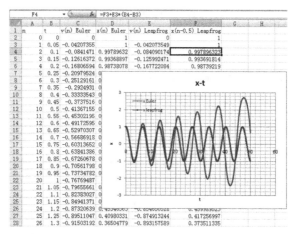

图 3.2 Excel 求解单摆方程, 对比欧拉一阶算法及蛙跳格式 (彩图扫封底二维码)

```fortran
program planetorbit
  x0=1; vx0=0; y0=0; vy0 = 1
  read (*,*) dt
  N = 30/dt; t=0

  xel0=x0; vxel0=vx0; yel0=y0; vyel0=vy0  ! el=Euler
  xlf0=x0; vxlf0=vx0; ylf0=y0; vylf0=vy0  ! lf=Leapfrog
  xlf1=xlf0+vxlf0*dt; ylf1=ylf0+vylf0*dt
  xhlf0=(xlf0+xlf1)/2; yhlf0=(ylf0+ylf1)/2

  do i=0,N
    t=t+dt
    xel1 = xel0 + vxel0*dt
    yel1 = yel0 + vyel0*dt
    rel = sqrt(xel0*xel0 + yel0*yel0)
    fxel = -xel0/rel**3
    fyel = -yel0/rel**3
    vxel1 = vxel0 + fxel*dt
    vyel1 = vyel0 + fyel*dt

    xhlf1 = xhlf0+vxlf0*dt;
    yhlf1 = yhlf0 + vylf0*dt;
    rlf = sqrt(xhlf0*xhlf0 + yhlf0 *yhlf0 )
    fxlf = -xhlf1/rlf**3
    fylf = -yhlf1/rlf**3
    vxlf1 = vxlf0 + fxlf*dt
    vylf1 = vylf0 + fylf*dt
    ! if(mod(i,N/10).eq.2)
    write(*,*) t, xel0, yel0, -1/rel+(vxel0*vxel0+vyel0*vyel0)/2,&
         xhlf0, yhlf0, -1/rlf+(vxlf0*vxlf0+vylf0*vylf0)/2

    xel0=xel1; yel0=yel1; vxel0=vxel1; vyel0=vyel1
    xhlf0=xhlf1; yhlf0=yhlf1; vxlf0=vxlf1; vylf0=vylf1
  enddo
end program
```

3.2 时间积分

在 Linux 下, 可用如下命令编译、运行和画图.

```
1  gfortran planetorbit.f90
2  ./a.out > data
3  0.01
4  gnuplot
5  gnuplot> plot "data" u 2:3 title 'Euler', "data" u 5:6 title 'Leapfrog'
```

gnuplot 处理的步骤通常也直接写成脚本, "gnuplot.plt".

```
1   set term post color solid enh
2   set output 'planetorbit.ps'
3   set multiplot
4   set origin 0.0,0.0
5   set size 0.5,1.0
6   set xlabel 'x'
7   set ylabel 'y'
8   plot "data" u 2:3 title 'Euler', "data" u 5:6 title 'Leapfrog'
9   set origin 0.5,0.0
10  set xlabel 't'
11  set ylabel 'total energy'
12  plot "data" u 1:4 title 'Euler', "data" u 1:7 title 'Leapfrog'
```

用如下命令调用.

```
1  gnuplot "gnuplot.plt"
```

输出结果在 "planetorbit.ps" 文件中, 见图 3.3.

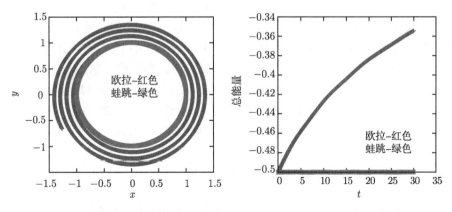

图 3.3 Fortran 求解行星轨道, 对比欧拉一阶算法及蛙跳格式 (彩图扫封底二维码)

3.2.3 龙格–库塔

龙格–库塔 (Runge-Kutta, R-K) 应用更为广泛[①], 尤其是四阶 R-K. 对于式 (3.1), 最常用的四阶 R-K 格式为

$$\begin{aligned}
k_1 &= \Delta t f(u^n, t^n), \\
k_2 &= \Delta t f(u^n + k_1/2, t^n + \Delta t/2), \\
k_3 &= \Delta t f(u^n + k_2/2, t^n + \Delta t/2), \\
k_4 &= \Delta t f(u^n + k_3, t^n + \Delta t), \\
u^{n+1} &= u^n + (k_1 + 2k_2 + 2k_3 + k_4)/6,
\end{aligned} \tag{3.27}$$

其整体截断误差为 $O(\Delta t^4)$. 注意, 对于同一阶的 R-K 算法, 也可以有不同的形式, 比如二阶常用的有两种,

$$\begin{cases}
u^{n+1} = u^n + h(k_1 + k_2)/2, \\
k_1 = f(t^n, u^n), \\
k_2 = f(t^n + h, u^n + hk_1).
\end{cases} \tag{3.28}$$

或

$$\begin{cases}
u^{n+1} = u^n + hk_2, \\
k_1 = f(t^n, u^n), \\
k_2 = f(t^n + h/2, u^n + hk_1/2).
\end{cases} \tag{3.29}$$

R-K 通常是能量不守恒的, 不稳定. 在此, 我们将发现一个有意思的现象: 长时间下, 高阶算法 (如四阶但不稳定的 R-K 格式) 的误差并不见得比低阶算法 (如二阶但稳定的蛙跳格式) 低. 所谓的高阶是对每一步而言的, 所谓的稳定则是对长时间而言的. 前面我们已经针对单摆、谐振子 (小角度单摆) 和行星轨道问题, 对比了欧拉格式和蛙跳格式, 验证了蛙跳格式确实是稳定的, 能量守恒性很好; 而欧拉格式则不稳定, 轨道随时间推移越偏越大. Tajima (2004) 的文献中引用瑞利振子 (Rayleigh oscillator) $m\ddot{x} = -\mu \dot{x}(A + B\dot{x}^2 + C\dot{x}^4) - kx$ 和范德波尔 (van der Pol) 自激振动方程 $m\ddot{x} = -kx - \mu(x^2 - l^2)\dot{x}$ 对比了 R-K 和蛙跳等格式的计算结果, 进一步直观地演示了稳定性和精度问题的区别, 本书留作习题 (习题 2).

R-K 算法系列实例可在后面探讨具体问题的章节中找到.

3.3 偏微分方程

前面的讨论示例仅为常微分方程. 本节我们具体讨论几类偏微分方程, 以备参

[①] 一阶情况, 就是欧拉格式.

考. 主要目的在于让读者熟悉一些常用的数值格式. 需要重点强调的是, 求解偏微分方程一直是计算物理或计算数学最重要和研究最热门的方向之一, 因此已经有大量优秀文献可以参考, 本书介绍的内容是远远不够的且基本来源于其他材料, 请读者根据需要自行查阅其他参考资料.

3.3.1 偏微分方程分类

这里主要讨论二阶方程, 一般可写为 (注: 默认 $u_{xy} = u_{yx}$)

$$Au_{xx} + 2Bu_{xy} + Cu_{yy} + \cdots (\text{低阶项}) = 0, \tag{3.30}$$

其分类与二次曲线很相似, 见表 3.1.

对于更复杂 (更多变量) 的, 由系数矩阵本征值来分类, 对于不属于上述三种的, 称为超双曲 (ultrahyperbolic) 型, 此时正负本征值都不止一个. 要注意的是前面的系数 A、B、C 与自变量 x、y 有关, 从而原偏微分方程可能在不同的区域属于不同类型.

表 3.1 二阶偏微分方程分类

条件	类型	举例
$B^2 - 4AC < 0$ 系数矩阵本征值全正或全负	椭圆 (elliptic) 型	泊松方程 $u_{xx} + u_{yy} = \rho$
$B^2 - 4AC = 0$ 系数矩阵本征值全正或全负, 但有一个为零	抛物 (parabolic) 型	热传导方程 $u_t = au_{xx}$
$B^2 - 4AC > 0$ 系数矩阵本征值只有一个为负或正	双曲 (hyperbolic) 型	波动方程 $u_{tt} - c^2 u_{xx} = 0$

3.3.2 对流方程

对流方程

$$u_t + au_x = 0, \tag{3.31}$$

其中, a 为非零常数. 行波解 $u(x - at, t) = u(x, 0)$.

1. 中心差分

$$\frac{u_j^{n+1} - u_j^n}{\Delta t} = -a\frac{u_{j+1}^n - u_{j-1}^n}{2\Delta x}. \tag{3.32}$$

或

$$u_j^{n+1} = u_j^n - a\frac{u_{j+1}^n - u_{j-1}^n}{2\Delta x}\Delta t. \tag{3.33}$$

代码示例如下所示.

```matlab
1  a=0.5; nt=2000; dt=0.02/2; dx=0.1; L=30.0; x=0.0:dx:L; nj=length(x)-1;
2  figure('DefaultAxesFontSize',15);
3  method=1;
4  for icase=1:2
5      u=0.*x;
6      if(icase==1)
7          u(1:(nj+1))=exp(-(x-L/4).^2/1.8); subplot(211);
8      else
9          u(floor(0.2*nj):floor(0.3*nj))=1.0; subplot(212);
10     end
11     x0=x; u0=u; j=2:nj;
12     for it=1:nt
13         if(method==1) % central difference
14             u(j)=u(j)-a*(u(j+1)-u(j-1))*dt/(2*dx);
15         else % upwind
16             u(j)=u(j)-a*(u(j)-u(j-1))*dt/(dx);
17         end
18         % u(1)=u(nj); u(nj+1)=u(2); % periodic b.c.
19         if(mod(it,floor(nt/10))==1)
20             plot(x0,u0,'k:',x,u,'b',x0+a*it*dt,u0,'r—','Linewidth',2);
21             legend('u_0(x)','u','u_0(x-at)'); legend('boxoff'); box on;
22             xlim([min(x),max(x)]); ylim([-0.1,1.5]); pause(0.1);
23         end
24     end
25 end
```

零边界条件的结果见图 3.4. 可以看到, 对于高斯形状的行波, 数值解与解析解符合很好; 但对于强梯度的矩形行波, 数值解效果并不佳. 这里的中心差分是无条件不稳定的, 具体讨论可参考数值分析方法库 (numerical recipe).

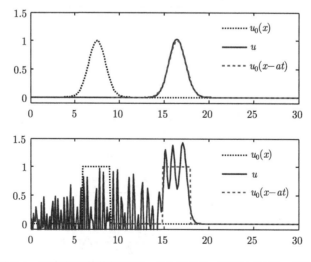

图 3.4 对流方程数值解示例, 中心差分法 (彩图扫封底二维码)

3.3 偏微分方程

2. 迎风格式

$$\frac{u_j^{n+1} - u_j^n}{\Delta t} = -\frac{a}{\Delta x} \begin{cases} (u_{j+1}^n - u_j^n), & a \geqslant 0, \\ (u_j^n - u_{j-1}^n), & a < 0. \end{cases} \tag{3.34}$$

在前面的代码中, 选 method=2 用迎风格式, 结果见图 3.5. 对于行波问题, 尽管没有出现数值耗散, 但是结果与精确解有差异, 需要加密网格才能改善.

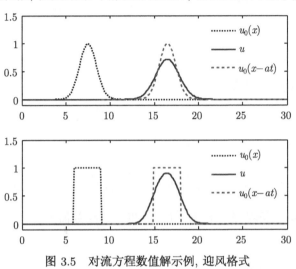

图 3.5 对流方程数值解示例, 迎风格式

3. 蛙跳格式

$$\frac{u_j^{n+1} - u_j^{n-1}}{2\Delta t} = -a \frac{u_{j+1}^n - u_{j-1}^n}{2\Delta x}. \tag{3.35}$$

4. Lax 格式

$$u_j^{n+1} = \frac{1}{2}(u_{j+1}^n + u_{j-1}^n) - a \frac{u_{j+1}^n - u_{j-1}^n}{2\Delta x} \Delta t. \tag{3.36}$$

5. Lax-Wendroff 格式

$$u_j^{n+1} = u_j^n - a \frac{u_{j+1}^n - u_{j-1}^n}{2\Delta x} \Delta t + \left(\frac{a \Delta t}{\Delta x}\right)^2 \frac{(u_{j+1}^n - u_j^n + u_{j-1}^n)}{2}. \tag{3.37}$$

各种差分法, 其极限的表达式均应该退化到原始的微分方程. 以上各种算法, 其格式上的小差异, 却可以导致数值结果完全不同. 这表明发展新的算法并非那么神秘, 可能仅仅就是改动了一点点. 决定一个算法的生命力的, 是其实用性能. 比较常用的一些算法的入门介绍可参考刘金远等 (2012) 的文献.

3.3.3 抛物线方程

以输运扩散方程为例 ($K > 0$)

$$u_t = Ku_{xx}, \tag{3.38}$$

1. 中心差分

$$u_j^{n+1} = u_j^n + K\frac{u_{j+1}^n - 2u_j^n + u_{j-1}^n}{\Delta x^2}\Delta t. \tag{3.39}$$

稳定性条件 $\Delta t \leqslant \Delta x^2/(2K)$.

2. Dufort-Frankel 蛙跳格式

原始的蛙跳格式对于扩散方程

$$u_j^{n+1} = u_j^{n-1} + 2K\frac{u_{j+1}^n - 2u_j^n + u_{j-1}^n}{\Delta x^2}\Delta t. \tag{3.40}$$

恒不稳定. 调整的 Dufort-Frankel 蛙跳格式

$$u_j^{n+1} = u_j^{n-1} + 2K\frac{u_{j+1}^n - (u_j^{n+1} + u_j^{n-1}) + u_{j-1}^n}{\Delta x^2}\Delta t. \tag{3.41}$$

恒稳定. 这个方程在第 7 章会详细讨论, 这里不再给数值示例.

3.3.4 椭圆方程

以二维泊松方程为例

$$\nabla^2 u = u_{xx} + u_{yy} = f(x,y). \tag{3.42}$$

其中心差分格式为

$$\frac{u_{i+1,j} - 2u_{i,j} + u_{i-1,j}}{\Delta x^2} + \frac{u_{i,j+1} - 2u_{i,j} + u_{i,j-1}}{\Delta y^2} = f_{i,j}. \tag{3.43}$$

1. 迭代法

以上方程, 在给定边界条件下, 最简单的解法是迭代法, 对于如下形式的离散方程

$$a_{i,j}u_{i,j} + b_{i,j}u_{i+1,j} + c_{i,j}u_{i-1,j} + d_{i,j}u_{i,j+1} + e_{i,j}u_{i,j-1} = f_{i,j}. \tag{3.44}$$

高斯–赛德尔法

$$u_{i,j}^{n+1} = (f_{i,j} - b_{i,j}u_{i+1,j}^n - c_{i,j}u_{i-1,j}^{n+1} - d_{i,j}u_{i,j+1}^n - e_{i,j}u_{i,j-1}^{n+1})/a_{i,j}, \tag{3.45}$$

考虑加权平均, 获得松弛法

$$u_{i,j}^{n+1} = (1-w)u_{i,j}^n + w(f_{i,j} - b_{i,j}u_{i+1,j}^n - c_{i,j}u_{i-1,j}^{n+1} - d_{i,j}u_{i,j+1}^n - e_{i,j}u_{i,j-1}^{n+1})/a_{i,j}, \tag{3.46}$$

3.3 偏微分方程

$w = 1$ 还原为高斯-赛德尔法.

对于二维泊松方程, 不管是式 (3.43) 的均匀网格离散格式, 还是下面的非均匀网格离散格式,

$$\frac{\frac{u_{i+1,j} - u_{i,j}}{x_{i+1} - x_i} - \frac{u_{i,j} - u_{i-1,j}}{x_i - x_{i-1}}}{(x_{i+1} - x_{i-1})/2} + \frac{\frac{u_{i,j+1} - u_{i,j}}{y_{j+1} - y_j} - \frac{u_{i,j} - u_{i,j-1}}{y_j - y_{j-1}}}{(y_{j+1} - y_{j-1})/2} = f_{i,j}, \qquad (3.47)$$

或者其他更高阶的格式, 均可以转换为上面的标准迭代格式.

我们以如下算例为例,

$$f(x,y) = -2\pi^2 \sin(\pi x)\sin(\pi y), \quad 0 \leqslant x \leqslant 2, \ 0 \leqslant y \leqslant 1, \qquad (3.48)$$

零边界条件, 精确解为 $u(x,y) = \sin(\pi x)\sin(\pi y)$. 示例代码如下所示.

```
1  icase=1;
2  if(icase==1)
3      f_fun=@(x,y)-2*pi*pi*sin(pi*x).*sin(pi*y);
4      u_fun=@(x,y)sin(pi*x).*sin(pi*y); Lx=2.0; Ly=1.0;
5  else
6      f_fun=@(x,y)-2*((1-6*x.^2).*y.^2.*(1-y.^2)+(1-6*y.^2).*x.^2.*(1-x.^2));
7      u_fun=@(x,y)-(x.^2-x.^4).*(y.^2-y.^4); Lx=1.0; Ly=1.0;
8  end
9  eps=1e-8; nx=128; ny=64; dx=Lx/(nx+0); dy=Ly/(ny+0); w=1.0;
10 dx2r=1.0/(dx*dx); dy2r=1.0/(dy*dy);
11 [xx,yy]=ndgrid(0:dx:Lx,0:dy:Ly);
12 ff=f_fun(xx,yy); uu=0.*xx; ncout=0; maxdu=2*eps;
13 while (maxdu>eps && ncout<10000)
14     tmpu=uu;
15     for i=2:nx
16         for j=2:ny
17             uu(i,j)=(1.0-w)*uu(i,j)-w/(2.0*dx2r+2.0*dy2r)*(ff(i,j)...
18                 -uu(i+1,j)*dx2r-uu(i-1,j)*dx2r...
19                 -uu(i,j+1)*dy2r-uu(i,j-1)*dy2r);
20         end
21     end
22     maxdu=max(max(abs(tmpu-uu))); ncout=ncout+1;
23 end
24 figure('DefaultAxesFontSize',15);
25 subplot(221); mesh(xx,yy,ff); xlabel('x'); axis tight;
26 ylabel('y'); zlabel('f'); box on;
27 subplot(222); mesh(xx,yy,uu); xlabel('x'); axis tight;
28 ylabel('y'); zlabel('u_{numerical}'); box on;
29 subplot(223); mesh(xx,yy,u_fun(xx,yy)), axis tight;
30 xlabel('x'); ylabel('y'); zlabel('u_{exact}'); box on;
31 subplot(224); mesh(xx,yy,uu-u_fun(xx,yy)); axis tight;
32 xlabel('x'); ylabel('y'); zlabel('u_{numerical}-u_{exact}'); box on;
```

结果见图 3.6, 控制相邻迭代步数相差精度 10^{-8} 及最大迭代步数 10000. 数值解和精确解确实可以相差很小, 表明算法是有效的.

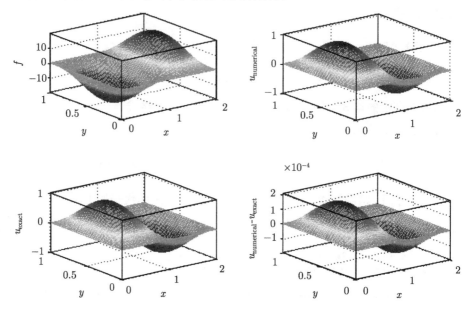

图 3.6　迭代法解二维泊松方程示例 (彩图扫封底二维码)

迭代法比较简单易用, 但是最大问题在于计算耗时, 效率不高, 而且可能出现不收敛的情况. 第 5 章我们会讨论迭代法求解等离子体平衡方程 (即 G-S 方程), 该方程类似于泊松方程, 但右端项非线性地依赖因变量 ψ, 因而要更复杂.

2. 逆矩阵法

式 (3.43) 可以写为矩阵形式 $\boldsymbol{AU} = \boldsymbol{F}$, 其中 $\boldsymbol{U} \equiv [u_{11}, u_{21}, \cdots, u_{m1}, u_{12}, u_{22}, \cdots, u_{m2}, \cdots, u_{mn}]^{\mathrm{T}}$ 为待求的场分布, $\boldsymbol{F} = [f_{11}, f_{21}, \cdots, f_{m1}, f_{12}, f_{22}, \cdots, f_{m2}, \cdots, f_{mn}]^{\mathrm{T}}$ 为右边的源项, 拉普拉斯算符 ∇^2 转化为了矩阵 $\boldsymbol{A}$. 网格范围 $1 \leqslant i \leqslant m$ 及 $1 \leqslant j \leqslant n$, 并定义 $h_a = 1/\Delta x^2$, $h_b = 1/\Delta y^2$, $h_c = h_a + h_b$, 零边界条件显式给出的 $\boldsymbol{A}$ 为

$$\boldsymbol{A} = \begin{bmatrix} -\boldsymbol{D} & h_b\boldsymbol{I} & 0 & \cdots & 0 & 0 \\ h_b\boldsymbol{I} & -\boldsymbol{D} & h_b\boldsymbol{I} & \cdots & 0 & 0 \\ 0 & h_b\boldsymbol{I} & -\boldsymbol{D} & \cdots & 0 & 0 \\ \vdots & \vdots & \vdots & & \vdots & \vdots \\ 0 & 0 & 0 & \cdots & h_b\boldsymbol{I} & -\boldsymbol{D} \end{bmatrix}_{n \times n}, \quad (3.49)$$

其中, $\boldsymbol{I}$ 为 $m \times m$ 维单位矩阵, 及

$$D = \begin{bmatrix} -2h_c & h_a & 0 & \cdots & 0 & 0 \\ h_a & -2h_c & h_a & \cdots & 0 & 0 \\ 0 & h_a & -2h_c & \cdots & 0 & 0 \\ \vdots & \vdots & \vdots & & \vdots & \vdots \\ 0 & 0 & 0 & \cdots & h_a & -2h_c \end{bmatrix}_{m \times m}. \quad (3.50)$$

通过调用矩阵求逆算法就可得到原泊松方程的解 $U = A^{-1}F$. 由于高维矩阵求逆较为耗时, 对于网格数较大时通常不使用这种方法, 一些细节讨论可参考数值分析方法库 (见 10.9.2 小节).

3. 其他算法

矩阵法的计算复杂度是 $O(N^2)$, 依然较慢, 一些其他算法, 如多重网格 (multi-grid)、格林 (Green) 函数、谱方法, 可以把复杂度降到 $O(N)$ 或 $O(N \log N)$. 多重网格算法的主要思想是平衡全局解和局域解实现加速, 但实现较为烦琐, 本书不细讲, 读者可参考一些专著, 如 Trottenberg 等 (2000) 的文献. 谱方法将在后文涉及. 格林函数法的思想较为简单, 由于泊松方程为线性方程, 右边的密度项可以看作系列处于网格上的点电荷, 从而势函数的解就是这些点电荷的电势的叠加. 点电荷的电势一般衰减极快, 因此只考虑近邻的一些网格的电势叠加即可, 从而算法整体复杂度为 $aO(N)$, 常数系数 a 由所取的近邻网格数的多少决定, 一篇比较著名的文献是 Greengard 和 Rokhlin (1997) 的, 用来进行库仑力场中快速的粒子模拟.

3.4 隐式算法

隐式算法是指无法直接用 $u^{n+1} = \text{RHS}$(右边项 RHS 只与 t^n 及此前的时间步有关) 往前推进的格式, 而通常需要通过方程求根的方法求出下一步的值, 即 $u^{n+1} = f(u^{n+1})$. 其优势是可避开数值稳定性, 劣势是计算较耗时.

本书后续的算例, 基本上均是显式求解, 因此我们只简单示例隐式算法的精神. 以前面的扩散方程为例, 常用的 Crank-Nicholson 隐式格式为

$$u_j^{n+1} = u_j^n + K\frac{u_{j+1}^{n+1} - 2u_j^{n+1} + u_{j-1}^{n+1}}{2\Delta x^2}\Delta t + K\frac{u_{j+1}^n - 2u_j^n + u_{j-1}^n}{2\Delta x^2}\Delta t. \quad (3.51)$$

可证明该算法无条件稳定, 时间空间均为二阶精度. 对于所有空间网格, 上式可写成矩阵式, 再通过矩阵求逆反解出下一时间步的 $\{u_j^{n+1}\}$ ($j = 1, 2, \cdots, N_j$).

求解常微分方程中常见的预测-修正 (predictor-corrector) 法可以认为是显式 (predator) 和隐式 (corrector) 结合的方法.

3.5 谱方法

谱方法的意思是把求解实空间的问题转到谱空间, 然后再退回到实空间. 读者可在蒋伯诚等 (1989) 和 Shen 等 (2011) 的文献中找到很好的介绍, 最常用的是傅里叶谱方法, 基函数为三角函数. 实际应用中, 正交多项式 (如 Chebyshev、Hermite、Legendre 和 Laguerre 等多项式) 基函数也有不少使用. 它不仅用在求解偏微分方程上, 也在求积分等各种地方显身手, 全书将到处看到谱方法的影子. 本节不再详述. 张晓 (2016) 最近出版的《Matlab 微分方程高效解法》也提供了非常好的高效谱方法的介绍, 其中一些非线性方程的求解示例也可以与等离子体物理中的部分非线性模型相关, 如非线性薛定谔方程等, 这在第 9 章也会涉及.

3.6 有 限 元

原则上, 有限差分、谱方法、有限元等各种数值算法, 都可以归为基函数展开方法, 只是用的基函数不同而已. 以一维为例, $u(x) = \sum_j a_j f_j(x)$. 解偏微分方程就变成了两步: ① 寻找合适的基函数 f_j; ② 得到系数 a_j 的方程并求解. 有限差分的基函数为归一化的矩形, 系数就是 u_j 本身; 谱方法的基函数就是相应的谱函数. 有限元的基函数更灵活, 但相应的系数方程和求解通常非常复杂. 由于过于烦琐, 且已经有大量文献详论有限元算法, 又本书后文处理的问题基本未用该算法, 所以本书不细述该算法, 有需要的读者可参考其他文献, 尤其入门级别方面的内容在刘金远等 (2012) 的文献中有很好的描述, 包括三角网格计算二维泊松方程等示例.

3.7 其 他

针对具体问题, 实际应用中, 我们常会选用经检验后极为有效的特殊算法. 这里我们介绍有限的几个, 对于其他如打靶法之类, 将在后文具体物理问题中体现.

3.7.1 辛算法

我们依然以前面的谐振子 (3.5)、(3.6) 为例, 取 $\omega = 1$, 它等价于

$$\begin{cases} \mathrm{d}q/\mathrm{d}t = \partial H/\partial p, \\ \mathrm{d}p/\mathrm{d}t = -\partial H/\partial q, \end{cases} \tag{3.52}$$

其中, $H(p,q) = (p^2 + q^2)/2$.

3.7 其他

从前面的分析容易知道, 直接前向欧拉差分 (forward Euler difference), 不稳定, 能量越来越大; 而后向欧拉差分 (backward Euler difference) 尽管稳定, 但能量会耗散, 越来越小.

但是, 如果我们用以下算法

$$p^{n+1} = p^n - \Delta t q^n, \quad q^{n+1} = q^n + \Delta t p^{n+1}, \tag{3.53}$$

或

$$q^{n+1} = q^n + \Delta t p^n, \quad p^{n+1} = p^n - \Delta t q^{n+1}, \tag{3.54}$$

则会发现能量守恒非常好. 示例代码如下所示.

```
1  nt=1000; dt=0.05; p1(1)=1; q1(1)=0; p2=p1; q2=q1; t=(1:nt)*dt;
2  figure('DefaultAxesFontSize',15);
3  for it=1:nt-1
4      p1(it+1)=p1(it)-q1(it)*dt; q1(it+1)=q1(it)+p1(it)*dt;
5      p2(it+1)=p2(it)-q2(it)*dt; q2(it+1)=q2(it)+p2(it+1)*dt;
6  end
7  subplot(1,2,1); plot(t,q1,t,q2,'r—','Linewidth',2);
8  legend('Euler','Symplectic',2); legend('boxoff');
9  xlabel('t'); ylabel('q'); box on;
10 subplot(1,2,2); plot(p1,q1,p2,q2,'r—','Linewidth',2);
11 xlabel('p'); ylabel('q'); box on;
```

结果见图 3.7.

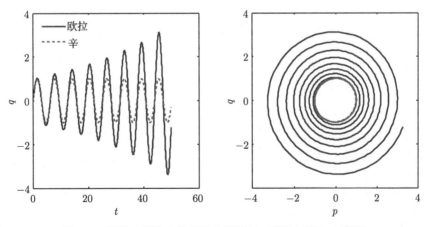

图 3.7 简单辛算法求谐振子方程示例 (彩图扫封底二维码)

易证 $(p^2+q^2)/2 + \Delta t p q/2 = \text{const}$, 也即尽管能量并非精确守恒, 但长时间只在常数附近小波动. 又, 雅可比行列式 (Jacobian) $\partial(p_{n+1}, q_{n+1})/\partial(p_n, q_n) = 1 \times 1 + 0 \times \Delta t = 1$, 相体积守恒. 而原来的欧拉格式, 雅可比行列式 $\partial(p_{n+1}, q_{n+1})/\partial(p_n, q_n) =$

$1 \times 1 + \Delta t \times \Delta t = 1 + \Delta t^2$, 相体积发散, 不守恒. 这里我们再次见到数值格式的极微小改变带来的截然不同的计算效果. 以上的算法属于所谓的辛算法. 前文的蛙跳格式也属于辛格式①的一种, 能保持辛 (symplectic) 守恒②.

关于辛算法国内出版了较详细的专著, 可参考冯康和秦孟兆 (2003) 的《哈密尔顿系统的辛几何算法》; 秦孟兆和王雨顺 (2011) 的《偏微分方程中的保结构算法》.

3.7.2 Boris 格式

Boris 算法自 20 世纪 60 年代出现以来, 由于其长时间运行的稳定性, 几乎成为了处理粒子在电磁场中运动的标准算法,

$$\mathrm{d}\boldsymbol{x}/\mathrm{d}t = \boldsymbol{v}, \quad \mathrm{d}\boldsymbol{v}/\mathrm{d}t = (q/m)(\boldsymbol{E} + \boldsymbol{v} \times \boldsymbol{B}). \tag{3.55}$$

常用的 Boris 算法格式如下,

$$\boldsymbol{x}^{n+1} = \boldsymbol{x}^n + \boldsymbol{v}^{n+1/2}\Delta t, \quad \boldsymbol{v}^{n+1/2} = \boldsymbol{u}' + q'\boldsymbol{E}^n, \tag{3.56}$$

其中, $\boldsymbol{u}' = \boldsymbol{u} + [\boldsymbol{u} + (\boldsymbol{u} \times \boldsymbol{h})] \times \boldsymbol{s}$, $\boldsymbol{u} = \boldsymbol{v}^{n-1/2} + q'\boldsymbol{E}^n$, $\boldsymbol{h} = q'\boldsymbol{B}^n$, $\boldsymbol{s} = 2\boldsymbol{h}/(1+h^2)$, 及 $q' = \Delta t \times (q/2m)$. 对应的蛙跳法为

$$\boldsymbol{x}^{n+1} = \boldsymbol{x}^n + \boldsymbol{v}^{n+1/2}\Delta t, \quad \boldsymbol{v}^{n+1/2} = \boldsymbol{v}^{n-1/2} + (q/m)\left[\boldsymbol{E}^n + \left(\boldsymbol{v}^{n+1/2} + \frac{1}{2}\boldsymbol{v}^{n-1/2}\right) \times \boldsymbol{B}^n\right]. \tag{3.57}$$

我们以式 (4.6) 均匀电磁场中的 $\boldsymbol{E} \times \boldsymbol{B}$ 漂移为例, 示例代码如下所示.

```
1  E0=[0,-0.4,0]; B0=[0,0,1.5]; tmp=1; nt=1000*tmp; dt=0.02/tmp; qm=1.0;
2  Ex=E0(1); Ey=E0(2); Ez=E0(3); Bx=B0(1); By=B0(2); Bz=B0(3);
3  vx(1)=0.8; vy(1)=0.1; vz(1)=0.2; x(1)=0.0; y(1)=0.0; z(1)=0.0;
4  vperp=sqrt(vx(1)^2+vy(1)^2); vd=[Ey/Bz,0,vz(1)]; wc=qm*Bz; rL=vperp/(qm
       *Bz);
5  rc=[rL*vy(1)/vperp+x(1),-rL*vx(1)/vperp+y(1),z(1)]; phi0=atan(-vy(1)/vx
       (1));
6  t=(1:nt)*dt; rcx=rc(1)+vd(1)*t; rcy=rc(2)+vd(2)*t; rcz=rc(3)+vd(3)*t;
7  figure('unit','normalized','position',[0.02,0.1,0.6,0.4],'
       DefaultAxesFontSize',15);
```

---

① 我国应用数学和计算数学家冯康 (1920.09.09—1993.08.17), 中国现代计算数学研究的开拓者, 中国科学院院士, 独立创造了有限元法、自然归化和自然边界元方法, 开辟了辛几何和辛格式研究的新领域, 与陈省身、华罗庚并列为中国近代在世界数学史上具有重要地位的科学家之一. 冯康的弟弟冯端院士是物理学家, 姐夫叶笃正院士是生物学家.

② 辛算法的早期文献: de Vogelaere R. Methods of integration which preserve the contact transformation property of the Hamiltonian equations. Report No. 4, Dept. Math., Univ. of Notre Dame, Notre Dame, Ind., 1956; Ruth R D. A canonical integration technique. IEEE Trans. Nuclear Science NS-30, 1983: 2669–2671; Feng K. On difference schemes and symplectic geometry. Proceedings of the 5-th Intern. Symposium on differential geometry & differential equations, Aug. 1984, Beijing, 1985: 42–58.

3.7 其他

```
8   for method=1:2
9       for it=1:nt
10          if(method==2)
11              vx(it+1)=vx(it)+qm*(Ex+(vy(it)*Bz-vz(it)*By))*dt;
12              vy(it+1)=vy(it)+qm*(Ey+(vz(it)*Bx-vx(it)*Bz))*dt;
13              vz(it+1)=vz(it)+qm*(Ez+(vx(it)*By-vy(it)*Bx))*dt;
14          else
15              qtmp=dt*qm/2;
16              hx=qtmp*Bx; hy=qtmp*By; hz=qtmp*Bz; h2=hx*hx+hy*hy+hz*hz;
17              sx=2*hx/(1+h2); sy=2*hy/(1+h2); sz=2*hz/(1+h2);
18              ux=vx(it)+qtmp*Ex; uy=vy(it)+qtmp*Ey; uz=vz(it)+qtmp*Ez;
19              uxtmp=ux+(uy*sz-uz*sy)+((uz*hx-ux*hz)*sz-(ux*hy-uy*hx)*sy);
20              uytmp=uy+(uz*sx-ux*sz)+((ux*hy-uy*hx)*sx-(uy*hz-uz*hy)*sz);
21              uztmp=uz+(ux*sy-uy*sx)+((uy*hz-uz*hy)*sy-(uz*hx-ux*hz)*sx);
22              vx(it+1)=uxtmp+qtmp*Ex;
23              vy(it+1)=uytmp+qtmp*Ey;
24              vz(it+1)=uztmp+qtmp*Ez;
25          end
26          x(it+1)=x(it)+vx(it+1)*dt;
27          y(it+1)=y(it)+vy(it+1)*dt;
28          z(it+1)=z(it)+vz(it+1)*dt;
29      end
30      if(method==1)
31          subplot(121); plot3(x,y,z,'b-','Linewidth',2); hold on;
32          subplot(122); plot3(vx,vy,vz,'b-','Linewidth',2); hold on;
33      else
34          subplot(121); plot3(x,y,z,'g--','Linewidth',2); hold on;
35          subplot(122); plot3(vx,vy,vz,'g--','Linewidth',2); hold on;
36      end
37  end
38  subplot(121); box on; xlabel('x'); ylabel('y'); zlabel('z');
39  hold on; plot3(rcx,rcy,rcz,'r--','Linewidth',2); axis equal;
40  legend('Boris','Euler','Guiding center',1); legend('boxoff');
41  subplot(122); box on; xlabel('v_x'); ylabel('v_y'); zlabel('v_z');
```

结果见图 3.8. 此时回旋周期 $T = 2\pi m/qB = 4.19$, $dt = 0.2$ 约为回旋周期的 $1/20$, 可见 Boris 算法的守恒性表现非常好, 而欧拉法快速发散.

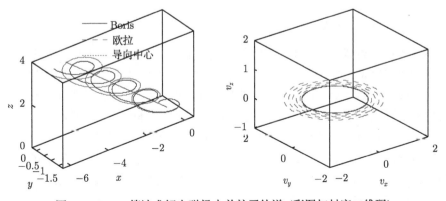

图 3.8 Boris 算法求解电磁场中单粒子轨道 (彩图扫封底二维码)

较完整的讨论及相对论拓展,可参考 Qin 等 (2013) 与 Birdsall 和 Langdon (1991) p62 文献中的相关内容. 在等离子体中, 辛守恒或保结构算法近十几年得到大量的发展, 尤其 QinH 组的系列文章. 目前这种算法主要的局限是对方程的形式有要求, 导致无法像简单差分或 R-K 算法等一样通用.

3.7.3 时域有限差分和 Yee 网格

时域有限差分 (finite-difference time-domain, FDTD) 是目前计算电磁波传播问题中普遍采用的算法, 通常也是计算电磁学中的标配, 有大量文献可参考, 如 Elsherbeni 和 Demir (2012)、Taflove 和 Hagness (2005) 的文献.

在等离子体物理中, FDTD 主要在激光 - 等离子体相互作用的模拟中常用. 空间差分一般为中心差分, 时间差分一般为蛙跳. 最常用的网格为 Yee 网格 (Yee, 1966), 即, 电场分量放在网格各棱中间, 平行于各棱; 磁场分量放在各面的中心, 平行于各面的法线. 电场时间取样在整数步长 $(0, 1.0\Delta t, \cdots, n\Delta t)$, 磁场取样在半整数步长 $(0.5\Delta t, 1.5\Delta t, \cdots, (n+0.5)\Delta t)$. 每一场分量与实际标志 (i,j,k,n) 的关系为

$$\begin{aligned}
E_x^n(i,j,k) &= E_x((i-0.5)\Delta x, (j-1)\Delta y, (k-1)\Delta z, n\Delta t), \\
E_y^n(i,j,k) &= E_y((i-1)\Delta x, (j-0.5)\Delta y, (k-1)\Delta z, n\Delta t), \\
E_z^n(i,j,k) &= E_z((i-1)\Delta x, (j-1)\Delta y, (k-0.5)\Delta z, n\Delta t), \\
H_x^n(i,j,k) &= H_x((i-1)\Delta x, (j-0.5)\Delta y, (k-0.5)\Delta z, (n+0.5)\Delta t), \\
H_y^n(i,j,k) &= H_y((i-0.5)\Delta x, (j-1)\Delta y, (k-0.5)\Delta z, (n+0.5)\Delta t), \\
H_z^n(i,j,k) &= H_z((i-0.5)\Delta x, (j-0.5)\Delta y, (k-1)\Delta z, (n+0.5)\Delta t).
\end{aligned} \quad (3.58)$$

对于完整的 FDTD 讨论, 文献已较多, 并且很容易找到现成代码. 本书不再过多讨论.

3.7.4 $\exp(\hat{H}t)$ 的计算

不管人们是否意识到, 时间演化方程 $\partial_t \psi(\boldsymbol{x},t) = \hat{H}\psi(\boldsymbol{x},t)$ 的解 (这里 ψ 可以是单变量也可以是多变量 $\{\psi_1, \psi_2, ...\}$), 表达式 $\exp(\hat{H}t)$ 的重要性体现在许多方面, 尤其对于线性问题, 这里 $\hat{H}$ 为算符, 或者等价为矩阵[①]. 在绪论的脚注中我们提到的薛定谔方程的解 $\psi_0 \mathrm{e}^{\hat{H}t}$ 就是很好的例子. 而等离子体物理中大量线性问题的时间演化也可以归为求这个量. 对于非线性问题, 它在伪谱法中也常用.

在数学上, 数值求 $\exp(\hat{H}t)$ 有许多方法, 不过最快的可能还是求等价的本征值问题, 这在后文 (尤其第 5、6 和 8 章) 我们对比本征值法和初值法中也有一定程度

[①] 按表象理论, 这种等价性在量子力学中为大家熟知.

的体现. 它有意思的地方在于, 在数值模拟系统的时间演化时, 我们可以完全没有时间离散误差, 而只有空间离散误差 (即 $\hat{H}$), 并且, 我们可以直接知道任意时刻的系统的状态, 而无需事先数值算出此前时刻的状态. 对于 $\exp(\hat{H}t)$ 的计算, 蒋耀林的《工程数学的新方法》进行了较细致的讨论.

在最后, 我们需要提及一点: 以上涉及的常微分、偏微分方程的解法, 基本属于直接法, 而其实如果发挥想象力, 还可以有许多其他不同的间接解法. 间接法可以有许多, 只要求解的问题与原问题可以等价. 常见的有: 蒙特卡罗求常微分积分、解输运的偏微分方程, 拉格朗日随流坐标法代替坐标固定的欧拉法 (例如, 后面章节的粒子模拟与 Vlasov 连续性模拟的对比). 间接解法的关键在于如何找到巧妙的等价系统, 它可能是未来算法研究中比单纯地寻找更优化的直接算法格式更值得注意的一个方向. 后文将涉及其他一些例子, 例如, 扩散方程的多角度求解、等离子体色散关系的矩阵法等.

习 题

1. 自己推导一遍, 审核本章所有的公式和结论.
2. 在 3.2.3 节中, 提及过精度与稳定性的问题. 自己动手, ① 对比欧拉格式和四阶 R-K 格式求解瑞利振子的相空间 $(x-\dot{x})$ 图; ② 调节不同的 μ 值 (如 4、20、40), 取不同步长 Δt(如 0.1、0.2、0.5、0.8), 分别用四阶 R-K 及蛙跳格式, 求解范德波尔方程[①], 画出相空间图.
3. 用泊松方程求解二维点电荷的电势, 并与理论解对比. (提示: ① 二维点电荷的势并非 $1/r$ 形式而是 $\ln r$ 形式; ② 数值中点电荷的密度并非 δ 函数在某个网格上无穷大, 其取值需要根据网格大小进行调整, 保证网格大小与点密度值的乘积为真实密度值.)

---

① 除了 Tajima (2004) 的文献外, 读者还可参阅彭芳麟 (2010) 的文献, 其中的 6.2 节对该方程的解有较详细的讨论.

第 4 章 单粒子轨道

"当听者以为自己已有所得时,真正的内行会觉得连皮毛也不是."
——克莱因,《数学在 19 世纪的发展》

我想,单粒子轨道这个看似简单的问题可能也深邃到我们尚只理解其皮毛[①].

在等离子体物理中,熟悉单粒子轨迹是研究更复杂的集体相互作用的基础,有助于理解最基本的物理图景. 其研究的问题是,假定粒子运动不影响外部电磁场,粒子将如何运动.

4.1 洛伦兹力轨道

4.1.1 基本方程

在电磁场中,带电粒子受力主要为洛伦兹力

$$\boldsymbol{F} = q(\boldsymbol{E} + \boldsymbol{v} \times \boldsymbol{B}), \tag{4.1}$$

其运动轨迹[②]可由牛顿方程描述

$$\frac{\mathrm{d}\boldsymbol{x}}{\mathrm{d}t} = \boldsymbol{v}, \tag{4.2}$$

$$\frac{\mathrm{d}\boldsymbol{v}}{\mathrm{d}t} = \frac{\boldsymbol{F}}{m}. \tag{4.3}$$

含相对论时,运动方程 (4.3) 要改为

$$\frac{\mathrm{d}\boldsymbol{p}}{\mathrm{d}t} = \boldsymbol{F}, \tag{4.4}$$

---

①到 2006 年,讨论单粒子轨道的内容,依然可以发表在 PRL 上,例如,Qin H, Davidson R C. An exact magnetic-moment invariant of charged-particle gyromotion. Phys. Rev. Lett., 2006, 96: 085003. 能说我们还只理解皮毛,也可以从多体和非线性角度来理解,比如看起来简单的三体问题,依然远未解决,比如 2013 年某期的 PRL 封面文章 Milovan S, Dmitrasinovic V. Three classes of Newtonian three-body planar periodic orbits. Phys. Rev. Lett., 2013, 110: 114301.

②相应的算法在 Lipatov (2002) 文献中的 chap3 中有较细致的讨论,包括相对论、非相对论,曲线坐标 (如柱坐标),显、隐格式.

4.1 洛伦兹力轨道

鉴于式 (4.4) 中, $d\boldsymbol{p} = d(\gamma m_0 \boldsymbol{v}) = d(m_0 \boldsymbol{v}/\sqrt{1-v^2/c^2})$ 与 $\boldsymbol{v}$ 的复杂关系, 有时计算时也把相对论因子 γ 提取出来, 使用下面的简化计算公式 (注意, 严格计算时尽量不要用这个简化版本)(Lipatov, 2002)

$$\frac{d\boldsymbol{v}}{dt} = \frac{1}{\gamma}\frac{\boldsymbol{F}}{m_0}. \tag{4.5}$$

在这里, 针对具体问题, 更重要的问题是, 如何构造合适的电磁场位形模型. 本章中部分磁场位形设置有参考 Ozturk (2011) 的文献, 如偶极场、电流片磁场.

一个最简单的例子是单粒子在均匀磁场中的螺旋运动, 或均匀电场中的类平抛运动. 另一个解析上可严格计算的是 $\boldsymbol{E} \times \boldsymbol{B}$ 漂移. 构造电磁场,

$$\boldsymbol{E} = (0, E_0, 0), \quad \boldsymbol{B} = (0, 0, B_0), \tag{4.6}$$

典型的轨迹见图 4.1. 磁场沿 z 方向, 电场沿 y 方向, $\boldsymbol{E} \times \boldsymbol{B}$ 沿 x 方向, 与图中的计算吻合. 初速度为 0 的 $\boldsymbol{E} \times \boldsymbol{B}$ 的轨迹类似滚动轮胎上的点在空间划过的轨迹. 由于 $\boldsymbol{E} \times \boldsymbol{B}$ 漂移是严格的, 形成一个整体与 $\boldsymbol{E}$、$\boldsymbol{B}$ 平面垂直方向的漂移, 所以, 不管电场多么大, 磁场多么弱, 都会有类似的轨迹. 电场不会对粒子无限加速, 加速到一定大小后磁场会使它绕回来. 这恰如"孙悟空逃不出如来佛的五指山①".

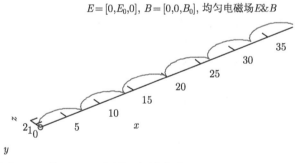

图 4.1 电磁场用式 (4.6) 的 $\boldsymbol{E} \times \boldsymbol{B}$ 漂移, 初速度为 0, $B_0 = 1.0$, $m = 1$, $q = 1$, $E_0 = 1.0$

4.1.2 磁力线方程

一个矢量 $(F_x(x,y,z), F_y(x,y,z), F_z(x,y,z))$ 的箭头的轨迹, 其实与单粒子轨迹的方程几乎是相同的, 即

$$\frac{dx}{F_x} = \frac{dy}{F_y} = \frac{dz}{F_z} = \frac{dl}{F}, \tag{4.7}$$

---

①当然, 有点像螃蟹, 可从横向跑出.

把 $\mathrm{d}l$ 看成时间变量 $\mathrm{d}t$，上面方程就化为

$$\begin{cases} \dfrac{\mathrm{d}x}{\mathrm{d}l} = \dfrac{F_x}{F}, \\ \dfrac{\mathrm{d}y}{\mathrm{d}l} = \dfrac{F_y}{F}, \\ \dfrac{\mathrm{d}z}{\mathrm{d}l} = \dfrac{F_z}{F}, \end{cases} \tag{4.8}$$

左边是位置的变化，右边相当于速度．这也是为什么有时也能把磁场写成哈密顿形式 (如 White(2006) 的文献)．可视化中的磁力线追踪，一般求解的就是这组方程．

4.1.3 磁镜中的轨迹

通常等离子体物理教科书中演示的磁矩守恒，从而导致粒子被俘获，用的都是磁镜位形．因此我们首先构造这种位形，来精确数值求解研究其中的轨迹．

1. 单匝电流环的磁场

我们需要用到单匝电流环线圈产生的磁场 (Jackson (1999) 的文献中 sec 5.5[①])．电流密度矢量为

$$\boldsymbol{J} = I\delta(z')\delta(\rho'-a)(-\sin\phi',\cos\phi',0), \tag{4.9}$$

磁矢势为

$$\boldsymbol{A} = \frac{\mu_0}{4\pi}\int \frac{\boldsymbol{J}(\boldsymbol{r}')}{|\boldsymbol{r}-\boldsymbol{r}'|}\mathrm{d}^3\boldsymbol{r}'. \tag{4.10}$$

由于对称性，大柱坐标中，磁矢势只有 ϕ 分量，计算得

$$A_\phi = \frac{\mu_0 I}{2\pi}\sqrt{\frac{a}{\rho}}\left[\frac{(k^2-2)K(k^2)+2E(k^2)}{2k}\right], \tag{4.11}$$

其中，K 和 E 为第一类和第二类椭圆函数，

$$\begin{cases} K(x^2) = \displaystyle\int_0^{\pi/2}\frac{1}{\sqrt{1-x^2\sin^2\theta}}\mathrm{d}\theta \\ \qquad\quad = \dfrac{\pi}{2}\left[1+\left(\dfrac{1}{2}\right)^2 x^2 + \left(\dfrac{1}{2}\cdot\dfrac{3}{4}\right)^2 x^4 + \left(\dfrac{1}{2}\cdot\dfrac{3}{4}\cdot\dfrac{5}{6}\right)^2 x^6 + \cdots\right], \\ E(x^2) = \displaystyle\int_0^{\pi/2}\sqrt{1-x^2\sin^2\theta}\mathrm{d}\theta \\ \qquad\quad = \dfrac{\pi}{2}\left[1-\left(\dfrac{1}{2}\right)^2 x^2 - \left(\dfrac{1}{2}\cdot\dfrac{3}{4}\right)^2 \dfrac{x^4}{3} - \left(\dfrac{1}{2}\cdot\dfrac{3}{4}\cdot\dfrac{5}{6}\right)^2 \dfrac{x^6}{5} + \cdots\right], \end{cases} \tag{4.12}$$

[①] 原书用的是球坐标，且只给出了 A_ϕ 而未给出最终的磁场表达式．同时，这里修正了原书的打印错误．

4.1 洛伦兹力轨道

表达式中

$$\rho^2 = x^2 + y^2, \quad k^2 = \frac{4a\rho}{(a+\rho)^2 + z^2}. \tag{4.13}$$

从而，得到磁场

$$\boldsymbol{B}_{\text{singlecoil}} = \nabla \times \boldsymbol{A} = -\frac{\partial A_\phi}{\partial z}\hat{\rho} + \frac{1}{\rho}\frac{\partial (\rho A_\phi)}{\partial \rho}\hat{z}. \tag{4.14}$$

利用椭圆函数的导数

$$\begin{cases} K'(x) = \dfrac{1}{2x(1-x)}E(x) - \dfrac{1}{2x}K(x), \\ E'(x) = \dfrac{1}{2x}E(x) - \dfrac{1}{2x}K(x), \end{cases} \tag{4.15}$$

我们得到

$$\begin{cases} B_\rho = \dfrac{\mu_0 I}{2\pi}\dfrac{z}{\rho\sqrt{(a+\rho)^2+z^2}}\left[\dfrac{a^2+\rho^2+z^2}{(a-\rho)^2+z^2}E(k^2) - K(k^2)\right], \\ B_z = \dfrac{\mu_0 I}{2\pi}\dfrac{1}{\sqrt{(a+\rho)^2+z^2}}\left[\dfrac{a^2-\rho^2-z^2}{(a-\rho)^2+z^2}E(k^2) + K(k^2)\right], \\ B_\theta = 0, \end{cases} \tag{4.16}$$

下面的代码通过最简单的一阶算法画单匝电流圈的磁力线[1]，"B_coilloop.m"

```
% Hua-sheng XIE, huashengxie@gmail.com, 2015-06-14 13:33
% Plot dipole field from single current coil

close all; clear; clc;

c0=2e-7; % mu0/2pi=2e-7
I=1e6; % current, unit: A
a=0.5; % radius of current coil, unit: m
eps=1e-4;

% Set field for single coil
rho=@(x,y,z)sqrt(x.^2+y.^2); theta=@(x,y,z)atan2(y,x);
k2_0=@(x,y,z)4*a.*rho(x,y,z)./((a+rho(x,y,z)).^2+z.^2);
k2=@(x,y,z)k2_0(x,y,z)-eps*(k2_0(x,y,z)==1);
% K=@(x,y,z)KK(k2(x,y,z)); % [K,E]=ellipke(x);
% E=@(x,y,z)EE(k2(x,y,z));
K=@(x,y,z)pi/2.*(1+(1/2)^2*k2(x,y,z)+(1/2*3/4)^2*k2(x,y,z)
    .^2+(1/2*3/4*5/6)^2*k2(x,y,z).^3);
```

---

[1] 要注意，尤其是在二维平面图时，不要混淆磁力线图和磁场等高线 (contour) 图。

```
18  E=@(x,y,z)pi/2.*(1-(1/2)^2*k2(x,y,z)-(1/2*3/4)^2*k2(x,y,z)
         .^2/3-(1/2*3/4*5/6)^2*k2(x,y,z).^3/5);
19  a1=@(x,y,z)sqrt((a+rho(x,y,z)).^2+z.^2);
20  b1_0=@(x,y,z)(a-rho(x,y,z)).^2+z.^2;
21  b1=@(x,y,z)b1_0(x,y,z)+eps*(b1_0(x,y,z)==0);
22  b2=@(x,y,z)a^2+rho(x,y,z).^2+z.^2;
23  b3=@(x,y,z)a^2-rho(x,y,z).^2-z.^2;
24  Brho=@(x,y,z)c0*I.*z./((rho(x,y,z)+eps*(rho(x,y,z)==0))...
25         .*a1(x,y,z)).*(b2(x,y,z)./b1(x,y,z).*E(x,y,z)-K(x,y,z));
26  Bscz=@(x,y,z)c0*I./a1(x,y,z).*(b3(x,y,z)./b1(x,y,z).*E(x,y,z)+K(x,y,z))
         ;
27  Btheta=@(x,y,z)0;
28
29  Bscx=@(x,y,z)Brho(x,y,z).*cos(theta(x,y,z))-Btheta(x,y,z).*sin(theta(x,
         y,z));
30  Bscy=@(x,y,z)Brho(x,y,z).*sin(theta(x,y,z))+Btheta(x,y,z).*cos(theta(x,
         y,z));
31
32  fBx=@(x,y,z)Bscx(x,y,z);  fBy=@(x,y,z)Bscy(x,y,z);
33  fBz=@(x,y,z)Bscz(x,y,z);
34  fB=@(x,y,z)sqrt(fBx(x,y,z).^2+fBy(x,y,z).^2+fBz(x,y,z).^2);
35
36  figure('units','normalized','position',[0.02,0.1,0.6,0.5],...
37         'DefaultAxesFontSize',15);
38
39  ri=[1.1, 0.0, 0.0, 32;
40      1.2, 0.0, 0.0, 63;
41      1.5, 0.0, 0.0, 150;
42      2.1, 0.0, 0.0, 300;
43      3.0, 0.0, 0.0, 450;
44      0.1, 0.0, 0.0, 200;
45      0.2, 0.0, 0.0, 250;
46      ];
47  ri=[ri;-ri];
48
49  xi=a*ri(:,1); yi=a*ri(:,2); zi=a*ri(:,3); nti=abs(ri(:,4));
50
51  npl=length(xi); for theta=0:30:150;
52
53      for ipl=1:npl
54
55          x0=xi(ipl)*cos(theta*pi/180); y0=xi(ipl)*sin(theta*pi/180); z0=
             zi(ipl);
56          dl=0.01/2; x=[]; y=[]; z=[]; nt=nti(ipl);
57          x(1)=x0; y(1)=y0; z(1)=z0;
58          for pm=[-1,1]
59              for it=1:nt % need update to Boris/RK-4 ...
60                  x(it+1)=x(it)+dl*fBx(x(it),y(it),z(it))/fB(x(it),y(it),
                     z(it))*pm;
61                  y(it+1)=y(it)+dl*fBy(x(it),y(it),z(it))/fB(x(it),y(it),
                     z(it))*pm;
62                  z(it+1)=z(it)+dl*fBz(x(it),y(it),z(it))/fB(x(it),y(it),
                     z(it))*pm;
63              end
```

4.1 洛伦兹力轨道

```
64              subplot(121); plot3(x,y,z,'Linewidth',2); hold on; box on;
65              if(theta==0)
66                  subplot(122); plot(x,z,'Linewidth',2); hold on; box on;
67              end
68          end
69      end
70  end %%
71  subplot(121); xlabel('x'); ylabel('y'); zlabel('z'); axis equal;
72  axis tight; hold on; ang=0:pi/50:2*pi;
73  plot3(a.*cos(ang),a.*sin(ang),0.*cos(ang),'ro','LineWidth',5);
74
75  subplot(122); xlabel('x'); ylabel('z'); axis equal; axis tight;
76  plot([-a,a],[0,0],'ro'); hold on; plot([-a,a],[0,0],'rx'); hold on;
77
78  set(gcf,'PaperPositionMode','auto');
79  print(gcf,'-dpng','B_coilloop.png');
80  print(gcf,'-dpdf','-painters','B_coilloop.pdf');
81  saveas(gcf,'B_coilloop.fig','fig');
```

其画出的磁力线见图 4.2. 注意, 由于只采用了低阶算法, 为了保证精度, 需要把步长 dl 取得足够小. 最简单地验证数值是否收敛的方式是把 dl 减半, 看结果是否有明显变化.

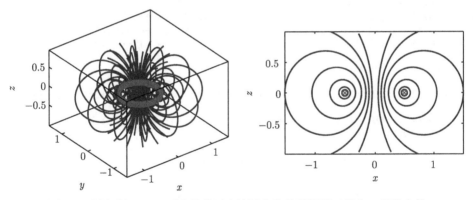

图 4.2 用方程 (4.16) 画出的单匝电流圈产生的偶极场三维和二维磁力线

对于以上圆环电流产生的磁场, 彭芳麟 (2004) 也用了其他方式 (三种: 连带勒让德函数叠加表示、椭圆函数表示、直接数值积分表示) 画磁力线, 有兴趣的读者可参考它. 如果同时需要标出磁力线的方向, 读者可使用 arrow.m 画上箭头.

2. 磁镜中的磁场

磁场满足叠加性, 磁镜的磁场可看成由两个相距为 L 的单匝线圈生成

$$B_{\text{mirror}} = B_{\text{singlecoil}}(r - L/2) + B_{\text{singlecoil}}(r + L/2). \tag{4.17}$$

我们这里通过调用现成的函数来画磁力线. 椭圆函数在 Matlab 中为 ellipke,

磁力线可用 streamline 来画. 这里与前面的一样, 画磁力线主要的困难其实在于筛选哪些磁力线要画哪些不画, 这非常需要耐心, 但无原则性困难.

"siglecoil_field_rhothetaz_fun.m"

```
1  function siglecoil_field_rhothetaz_fun
2
3  close all;clear;clc;
4
5  c0=2e-7; % mu0/2pi=2e-7
6  I=1e6; % current, unit: A
7  a=0.2; % radius of current coil, unit: m
8  L=2.0; eps=1e-4;
9
10 % Set field for single coil
11 rho=@(x,y,z)sqrt(x.^2+y.^2); theta=@(x,y,z)atan2(y,x);
12 k2_0=@(x,y,z)4*a.*rho(x,y,z)./((a+rho(x,y,z)).^2+z.^2);
13 k2=@(x,y,z)k2_0(x,y,z)-eps*(k2_0(x,y,z)==1);
14 K=@(x,y,z)KK(k2(x,y,z)); E=@(x,y,z)EE(k2(x,y,z));
15 a1=@(x,y,z)sqrt((a+rho(x,y,z)).^2+z.^2);
16 b1_0=@(x,y,z)(a-rho(x,y,z)).^2+z.^2;
17 b1=@(x,y,z)b1_0(x,y,z)+eps*(b1_0(x,y,z)==0);
18 b2=@(x,y,z)a^2+rho(x,y,z).^2+z.^2;
19 b3=@(x,y,z)a^2-rho(x,y,z).^2-z.^2;
20 Brho=@(x,y,z)c0*I.*z./((rho(x,y,z)+eps*(rho(x,y,z)==0))...
21     .*a1(x,y,z)).*(b2(x,y,z)./b1(x,y,z).*E(x,y,z)-K(x,y,z));
22 Bscz=@(x,y,z)c0*I./a1(x,y,z).*(b3(x,y,z)./b1(x,y,z).*E(x,y,z)+K(x,y,z))
       ;
23 Btheta=@(x,y,z)0;
24
25 Bscx=@(x,y,z)Brho(x,y,z).*cos(theta(x,y,z))-Btheta(x,y,z).*sin(theta(x,
       y,z));
26 Bscy=@(x,y,z)Brho(x,y,z).*sin(theta(x,y,z))+Btheta(x,y,z).*cos(theta(x,
       y,z));
27
28 Bsc=@(x,y,z)[Bscx(x,y,z),Bscy(x,y,z),Bscz(x,y,z)];
29
30 % Calculate and Plot mirror machine B field line
31 [X,Y,Z]=meshgrid(-2.5*a:a/10:2.5*a,-2.5*a:a/10:2.5*a,-0.6*L:L/10:0.6*L)
       ;
32 Bx=Bscx(X,Y,Z+L/2)+Bscx(X,Y,Z-L/2);
33 By=Bscy(X,Y,Z+L/2)+Bscy(X,Y,Z-L/2);
34 Bz=Bscz(X,Y,Z+L/2)+Bscz(X,Y,Z-L/2); BB=sqrt(Bx.^2+By.^2+Bz.^2);
35
36 Bmid=BB(floor(end/2),floor(end/2),floor(end/2))
37
38 h=figure;
39
40 [rho,theta,z]=meshgrid(0.01*a:0.15*a:0.4*a,0:pi/6:2*pi,-0.5*L);
41 sx=rho.*cos(theta); sy=rho.*sin(theta); sz=z;
42
43 subplot(211); streamline(X,Y,Z,Bx,By,Bz,sx,sy,sz,[0.1,2000]); axis
44 equal;view(3); camroll(270); axis off;axis tight; title(['Mirror
45 machine B field line, I=',num2str(I/1e6),...
```

4.1 洛伦兹力轨道

```
46         'MA, a=',num2str(a),'m, L=',num2str(L),'m']);
47    hold on; ang=0:pi/50:2*pi;
48    plot3(a.*cos(ang),a.*sin(ang),0.*cos(ang)+L/2,'r','LineWidth',5);
49    hold on;
50    plot3(a.*cos(ang),a.*sin(ang),0.*cos(ang)-L/2,'r','LineWidth',5);
51
52    subplot(212); streamline(X,Y,Z,Bx,By,Bz,sx,sy,sz,[0.1,2000]); axis
53    equal;view(90,0);camroll(270);axis tight;
54    xlabel('x');ylabel('y');zlabel('z');box on; hold on;
55    ang=0:pi/50:2*pi;
56    plot3(a.*cos(ang),a.*sin(ang),0.*cos(ang)+L/2,'r','LineWidth',5);
57    hold on;
58    plot3(a.*cos(ang),a.*sin(ang),0.*cos(ang)-L/2,'r','LineWidth',5);
59
60    print(h,'-dpng',['mirror_field_a=',num2str(a),',L=',num2str(L),'.png'])
       ;
61    close all; end
62
63    %% Ellipse function
64    function K=KK(x)
65        [K,E]=ellipke(x);
66    end function E=EE(x)
67        [K,E]=ellipke(x);
68    end
```

首先把单电流环的磁场用函数表出, 再应用到磁镜中. 假设, 两个圈中电流均为 1MA(实际中每个圈都是由同一根导线绕足够多圈组成的, 这可使导线中的实际电流不会太大), 半径 0.2m, 相距 2m, 产生的磁力线结构见图 4.3(注意: 这是精确的, 不是示意图).

由于代码中磁场是用函数表示出来的, 代入空间任何一点的位置, 均可直接给出磁场三分量值, 相较于离散表示的磁场, 使用起来更便捷, 比如, 求粒子轨迹时, 不必再进行插值获取粒子当前位置处的磁场. 本节后面几个小节的磁场也采取类似方法构造.

一般的直线等离子体装置是由多组线圈组成的, 当只接通其中两个线圈, 并通同向电流时, 就可构成一个近似的磁镜装置. 目前, 中国科学技术大学和浙江大学有这样的装置. 尽管实际中有许多非理想效应 (如电场扰动、线圈大小影响), 但其中的粒子轨迹依然可用本节的内容进行粗略考察. 多匝线圈的磁场可通过上面类似的叠加方法建模. 为了使读者有更加直观的认识, 图 4.4 给出了直线等离子体装置的概念图.

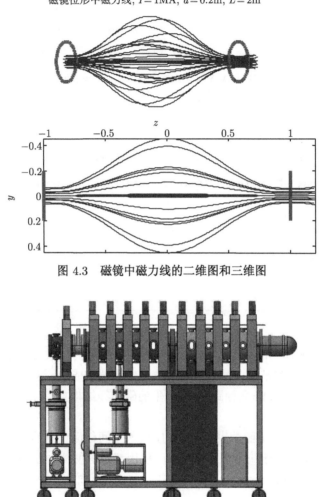

图 4.3 磁镜中磁力线的二维图和三维图

图 4.4 浙江大学直线等离子体装置设计示意图 (取自装置设计文档)

4.1.4 地磁场中的轨迹

比较详细的地磁场中的粒子轨迹可参考一些空间物理专著, 如徐荣栏和李磊 (2005) 的文献.

1. 偶极场模型

在前面, 我们已经通过单匝电流圈产生了偶极场, 当电流圈半径趋于零时, 就变成理想偶极场. 理想偶极场形式比较简单, 使用起来较为方便. 地磁场可用理想

4.1 洛伦兹力轨道

偶极场近似

$$\boldsymbol{B}_{\mathrm{dip}}(\boldsymbol{r}) = \frac{\mu_0}{4\pi r^3}\left[3\left(\boldsymbol{M}\cdot\hat{r}\right)\hat{r} - \boldsymbol{M}\right], \tag{4.18}$$

其中, $\boldsymbol{r} = x\hat{x} + y\hat{y} + z\hat{z}$, $r = |\boldsymbol{r}|$, $\hat{r} = \boldsymbol{r}/r$. 对于地球, $\boldsymbol{M} = -M\hat{z}$, 反平行于 z 轴. 在地球赤道处 $x = R_{\mathrm{e}}$, $y = z = 0$, 地磁场强度约为 $B_0 = 3.07\times 10^{-5}\mathrm{T}$, 得 $\mu_0 M/4\pi = B_0 R_{\mathrm{e}}^3$. 于是, 笛卡儿坐标中, 磁场的表达式为

$$\boldsymbol{B}_{\mathrm{dip}} = -\frac{B_0 R_{\mathrm{e}}^3}{r^5}\left[3xz\hat{x} + 3yz\hat{y} + \left(2z^2 - x^2 - y^2\right)\hat{z}\right]. \tag{4.19}$$

用四阶 R-K 算法, 可以很简单地求解. 一个典型的轨迹如图 4.5 所示, 由于该图是接近真实数据 (模型) 计算所得, 所以基本可认为是地磁场中带电粒子的真实轨迹. 图中可清楚地看出三个周期运动: 拉莫尔回旋、两极间反弹和环向进动. 对拉莫尔半径的大小, 运动的周期均可有直观的认识. 我们知道地磁场中带电粒子运动有三个绝热不变量 (通常为二阶守恒量)[①], 这里第一绝热不变量磁矩 $\mu = mv_\perp^2/2B$ 守恒, 代表粒子每个回旋运动绕成的轨道面中通过的磁力线数量不变, 这导致粒子在强磁场处会反弹; 第二绝热不变量 $J = \oint v_\parallel dl$ 使得每次的反弹点位置 (纬度值) 都相同; 第三绝热不变量代表磁通守恒, 这里体现为粒子限定在同一磁面上运动, 因此不会沿径向向内或向外漂移, 偏离磁面的大小为回旋半径 r_L 量级. 我们同时注意到这里的粒子 (质子) 能量已经到 10MeV 了 (对比: 典型聚变中产生的 α 粒子为 3.52MeV), 依然约束很好[②]. 正因为如此, 模仿地磁场, 是有可能构造一个大型的地面实验装置来实现磁约束聚变的. 这种设想首先由 A. Hasegawa 在 1987 年

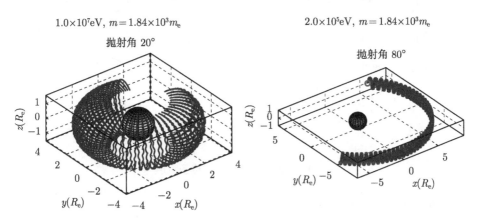

图 4.5 近似地磁场 (理想偶极场) 中带电粒子典型轨道 (彩图扫封底二维码)

[①] 关于绝热不变量更细节的讨论, 包括相对论形式或更高阶守恒形式, 可参考 Spitzer (1956) 和 Northrop (1963) 的经典著作.

[②] 这里是静磁场无碰撞的情况, 实际中由于碰撞、扰动场 (比如宏观或微观湍流) 等, 依然会有径向运动, 从而破坏约束. 这属于后面的碰撞和输运中所讨论的课题.

提出 (Hasegawa, 1987), 并且 MIT 确实在 20 世纪 90 年代着手建立了一个磁悬浮线圈的偶极场装置 LDX[①], 不过受限于工程和经费, 目前依然只在低 (温度密度) 参数下运行, 并且主要目标开始转移到用来实验模拟地磁场物理. 同样, 磁镜中的粒子轨道也会体现三个绝热不变量, 图 4.6(a) 是约束很好的粒子. 但是磁镜通常有端点粒子损失, 这通常是对于抛射角小 (平行速度大于垂直速度) 的粒子, 从而难以实现完美的约束, 粒子在速度空间的分布函数也会变成所谓的损失锥分布, 图 4.6(b) 中的粒子就是一种约束不佳的情况. 这种损失锥分布还可能进一步导致所谓的损失锥不稳定性, 进一步破坏约束.

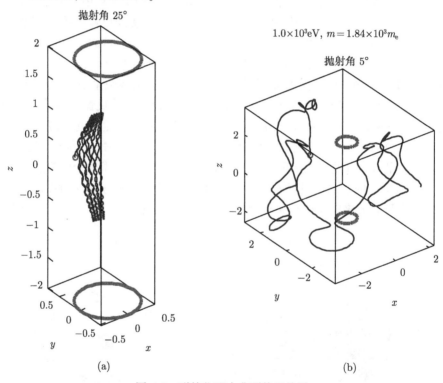

图 4.6 磁镜位形中典型粒子轨道

2. 有太阳风的模型

由于太阳风的影响, 在离 x 轴一段距离的地方再加一个偶极场, 组成双偶极场, 可能是对 (受太阳风影响的) 地磁场一个更好的近似, 如, 取

$$\boldsymbol{B}(x,y,z) = \boldsymbol{B}_{\text{dip}}(x,y,z) + \boldsymbol{B}_{\text{dip}}(x - 20R_{\text{e}}, y, z). \tag{4.20}$$

[①]http://www-internal.psfc.mit.edu/ldx/.

4.1 洛伦兹力轨道

其中，$\boldsymbol{B}_{\text{dip}}$ 依然由式 (4.19) 给出. 这种也可以通过类似前面画磁镜位形磁力线的方式去画磁力线.

另一种尽可能简单的模型可用如下形式，

$$\boldsymbol{B} = \boldsymbol{B}_{\text{dip}} + B_T \hat{x}, \tag{4.21}$$

其中，$B_T = B_T \tanh(-z/\delta)$①. 早期 (如 20 世纪 60 年代、20 世纪 70 年代)，研究有太阳风的地磁场中的粒子轨迹采用的便是此类简单模型②. 所描绘的典型的磁力线示意图见图 4.7，其中我们可以看到对于磁层顶该模型并非好的模型，而对于磁层中间部分和磁尾的描述，大致能符合实际.

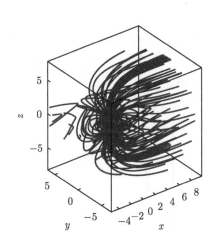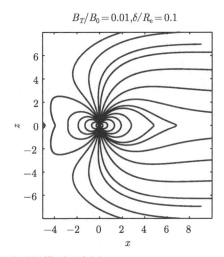

图 4.7　近似的含太阳风的地磁场模型示意图

应用较广、较实际同时更复杂的其他地球周围磁场模型还有 Tsyganenko 模型和 IGRF 模型等③. 前者含太阳风位形，1989 年第一版出现以来，还有几个后续版本；后者是国际标准模型，采用球谐函数展开，系数源自实测数据的拟合，并且在不断更新. 这两个模型都可在网上找到现成的代码调用.

关于地磁场 (偶极磁场) 中粒子轨迹更多详细的问题可参考阿尔芬④(1974) 的文献，这是一本不可多得的参考书，对问题的描述简单明了但又不失参考价值. 由于当时 (英文第二版出版于 1962 年) 数值技术不发达，原书以解析结论为主，辅以少量的数值结果. 感兴趣的读者，可借助今天的计算机，作更多细致的计算.

---

①更简单的是 B_T 为常数，当 $z > 0$ 时，$B_T < 0$，当 $z < 0$ 时，$B_T > 0$. 不过，这时函数会不连续.
②可参看 Luhmann 和 Friesen (1979) 中的参考文献.
③比较详细的介绍可在这里找到 http://www.iki.rssi.ru/vprokhor/descr/msphere.htm，"The magnetosphere regions and boundaries models".
④ 本书中也作阿尔文.

4.1.5 托卡马克中的轨迹

这里主要是磁场的设置，包括环向场和极向场，然后变回到直角坐标. 大环径比，简单同心圆磁面，我们可以这样设置：$r = \sqrt{(\sqrt{x^2+y^2}-R_0)^2+z^2}$, $R = \sqrt{x^2+y^2}$, 安全因子 (safety factor) q 形式任意，比如 $q = q_1 + q_2 r + q_3 r^2$, 环向磁场 $B_t = B_0 R_0/R$, 极向磁场 $B_p = B_t r/(qR_0)$, 无径向磁场.

$$\begin{cases} B_x = B_t \dfrac{-y}{R} - B_p \dfrac{z}{r}\dfrac{x}{R}, \\ B_y = B_t \dfrac{x}{R} - B_p \dfrac{z}{r}\dfrac{y}{R}, \\ B_z = -B_p \dfrac{z}{r}\dfrac{R-R_0}{r}. \end{cases} \quad (4.22)$$

典型的轨迹见图 4.8 和图 4.9. 我们注意到能量 E 的守恒性并不好，这是 R-K 算法的精度导致的，可以通过缩短时间步长来改善①. (思考题：改用 Boris 算法重新求解以上问题.) 这个问题也可以直接用环坐标或磁面坐标.

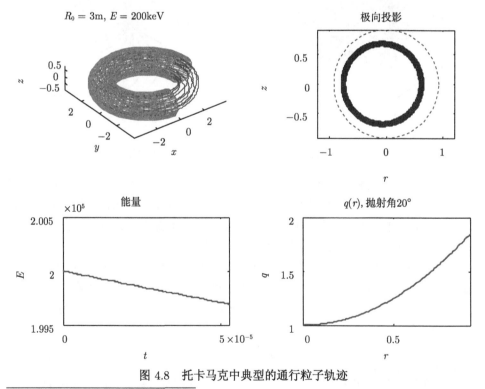

图 4.8 托卡马克中典型的通行粒子轨迹

---

①注意：Matlab 中 [t,y]=ode45(@orbit,0:dt:tend,yy0,options)，直接改 dt 并不会有效，需要改 options = odeset('RelTol',1e-5) 控制精度.

4.1 洛伦兹力轨道

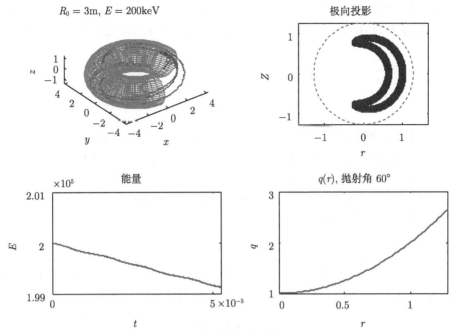

图 4.9 托卡马克中典型的捕获粒子轨迹

4.1.6 电流片中的轨迹

撕裂模或磁重联模拟中,大部分情况下人们都关心场的演化,反倒较少看粒子运动轨迹. 我们可以采用简单的电流片模型

$$\boldsymbol{B} = B_0 \tanh\left(\frac{z}{d}\right)\hat{x} + B_n \hat{z}. \tag{4.23}$$

典型的轨道如图 4.10 所示.

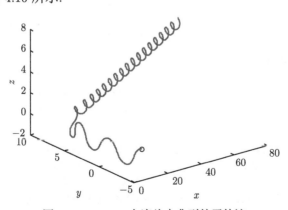

图 4.10 Harris 电流片中典型粒子轨迹

注：本章中一些磁场位形 (如托卡马克、理想偶极场、电流片等) 的带电粒子轨道可以通过 ORBITM 代码集 ① 去计算，因此这里未再贴出具体的计算和作图代码.

4.2 导心轨道

在有明显磁场的时候，带电粒子轨迹可解耦为绕磁力线的螺旋运动和导心 (guiding center) 的漂移运动. 我们通常不关心小尺度 (拉莫尔半径) 的螺旋运动②，而关心其轨道中心的整体漂移，这样可看出轨迹的整体趋势，同时也可极大地简化计算. 相应的理论叫导心轨道理论. 这种处理方式最早由阿尔文作为基本概念引入等离子体物理进行了详细研究.

4.2.1 各种导心漂移

在基础等离子体教材中介绍了各种形式的导心漂移过程，这里我们不再介绍细节，只给出几种常用的导心漂移公式. 在均匀的外力场中的漂移

$$v_f = \frac{1}{q}\frac{\boldsymbol{F}\times\boldsymbol{B}}{B^2}, \tag{4.24}$$

当外力为电场 $\boldsymbol{E}$ 时，$\boldsymbol{F}=q\boldsymbol{E}$ 就是所谓的 $\boldsymbol{E}\times\boldsymbol{B}$ 漂移

$$\boldsymbol{v}_E = \frac{\boldsymbol{E}\times\boldsymbol{B}}{B^2}, \tag{4.25}$$

其大小和方向与粒子的质量和电荷正负无关. 非均匀磁场中会带来梯度 ∇B 漂移

$$\boldsymbol{v}_g = \frac{1}{m\Omega}\mu\boldsymbol{b}\times\nabla B, \tag{4.26}$$

和曲率漂移

$$\boldsymbol{v}_c = \frac{1}{\Omega}v_\parallel^2\nabla\times\boldsymbol{b}, \tag{4.27}$$

真空磁场时的总漂移

$$\boldsymbol{v}_d = \boldsymbol{v}_g + \boldsymbol{v}_c = \frac{m}{q}\frac{\boldsymbol{R}_c\times\boldsymbol{B}}{R_c^2B^2}\left(v_\parallel^2 + \frac{1}{2}v_\perp^2\right), \tag{4.28}$$

---

①http://hsxie.me/codes/orbitm/.
②斯陶莫 (Stormer, 1955)，在其一生的工作中，受贝尔克兰德极光模拟实验的刺激，花费了后三十年的时光计算地磁场中带电粒子的轨迹. 现在大多数人知道阿尔文对导心轨道的贡献，已几乎没人知道斯陶莫. 这说明解析上计算粒子轨迹依然是可能的，即使很复杂，但可能并非明智的选择. 再，对于更复杂的轨道，自冯·诺依曼计算机造出来几十年后，人们有时连导心理论也懒得管了，扔给计算机，要算多准有多准. 这里很难说单个人的能力是进步了还是退步了.

这里 $\Omega = Bq/m$ 为回旋频率，$\boldsymbol{b} = \boldsymbol{B}/B$ 为单位磁场矢量，μ 为磁矩，$\boldsymbol{R}_c$ 为曲率半径. 对于平行速度的变化，与磁矩守恒等价，我们可以认为粒子受到所谓的磁镜力 (mirror force)

$$\boldsymbol{F}_\| = -\mu \nabla_\| B, \tag{4.29}$$

该力导致粒子沿平行方向加速或减速.

当电场随时间快速变化时，会产生所谓的极化漂移

$$\boldsymbol{v}_p = \frac{1}{\Omega B} \frac{\mathrm{d}\boldsymbol{E}}{\mathrm{d}t}, \tag{4.30}$$

注意到回旋频率表达式中电荷 q 的正负，这个极化漂移对于电子和离子方向不同，因而可以产生所谓的极化电流 $\boldsymbol{j}_p = \sum_{s=e,i} q_s n_s \boldsymbol{v}_{ps}$.

4.2.2 一组实用的磁面坐标公式

在研究托卡马克粒子轨道、波与不稳定性、输运等许多问题中，都需要用到所谓的磁面坐标，同一磁面上的径向坐标定义为相同，同时对极向和环向坐标也作变换，使得磁力线在新的坐标中为直线. 把问题化到磁面坐标的好处是可以充分利用其中的对称性，而把复杂性全部归入度规张量中. 详解磁面坐标的文献，可参考 D'haeseleer 等 (1991) 的文献.

我们这里处理最简单、也在理论和模拟研究中极常用的一组磁面位形，即带偏移的圆形磁面位形 (shifted circle flux surface 或 Shafranov 位移位形). 再退化，则变为同心圆磁面位形.

首先，我们讨论托卡马克的几何位形并引入磁面坐标.

我们考虑低 $\beta(\sim \epsilon^2)$ 的平衡模型，其中 $\epsilon = r/R_0 \ll 1$ 是逆环径比 (aspect ratio). 在圆导体壁边界条件下，最低阶平衡磁面为同心圆；到二阶 $O(\epsilon^2)$，磁面为带位移的圆. 磁面可以用通常的大柱坐标 (R, ϕ_c, Z) 定义，其方程为

$$R = R_0 + r_s \cos\theta_s - \Delta(r_s), \tag{4.31a}$$

$$\phi_c = -\zeta_s, \tag{4.31b}$$

$$Z = r_s \sin\theta_s, \tag{4.31c}$$

其中，R_0 是大半径，取 Shafranov 位移 $\Delta(0) = 0$ (注意：有些作者使用 $\Delta|_{r_s=a} = 0$，但真正起作用的是 Shafranov 位移对径向变量的导数 $\Delta'(r)$，其中 a 是小半径). Boozer 磁面坐标 (r_f, θ_f, ζ_f) 与几何坐标 (r_s, θ_s, ζ_s) 的关系是 $r = r_s$, $\zeta_f = \zeta_s$ 及 $\theta_f = \theta_s - (\epsilon + \Delta')\sin\theta_s$ (Meiss and Hazeltine, 1990)，同时 (White, 2006)

$$\Delta(r) = \int_0^r \frac{q^2 \mathrm{d}r}{r^3 R_0} \int_0^r \left[\frac{r^2}{q^2} - 2\frac{R_0^2}{B_0^2} rp'\right] r \mathrm{d}r, \tag{4.32}$$

其中，q 是安全因子，B_0 是轴心磁场强度，p 为归一化压强.

图 4.11 为带位移的圆磁面平衡.

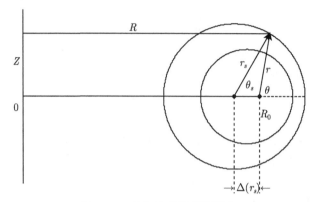

图 4.11　带位移的圆磁面平衡

以上二阶平衡的正确性，在文献中很少给出详细的验证过程，我们这里给出 Grad-Shafranov 平衡方程无近似情况下的数值解(由VMOMS代码(Lao et al.，1981；1982) 计算所得) 的结果，以验证这里半解析平衡确实可用. 图 4.12 中 $\epsilon = a/R = 0.25$. 对于低 $\beta \sim \epsilon^2$ ($\beta_1 = 0.0403$)，拉长度 $E \simeq 1+10^{-2}$ 和三角形变 $T \simeq 10^{-4}$ 均非常小，确实可忽略. 这显示带位移的圆磁面平衡对低 β 确实是充分的. 不过，对于高 β ($\beta_2 = 0.2015$)，拉长度 $E \simeq 1.2$ 和三角形变 $T \simeq 0.1$ 均非常明显，这里的近似平衡模型误差较大. 这里拉长度 E 为椭圆形变的纵横比，如果接近 1，则拉长度很小，

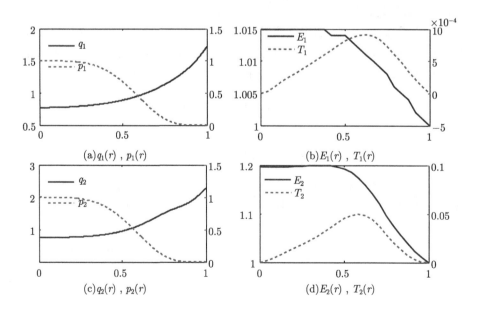

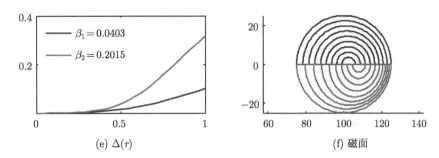

图 4.12　q 和 p(用轴上值归一化) 剖面 (彩图扫封底二维码)

(a) $\beta_1 = 0.0403$ 及 (c) $\beta_2 = 0.2015$；(b) 和 (d) 显示相应的拉长度 (elongation) E 和三角形变 (triangularity) T；(e) 显示相应的 Shafranov 位移；(f) 为磁面等高图

磁面近似为圆. 三角形变为对称中心偏离椭圆中心的量度 (Lao et al., 1982)，其值接近 0 则表示三角形变很小.

同时需要验证的是方程 (4.32). 图 4.13 给出了位移的解析解与数值解的对比，两者确实可以符合较好，对应的曲线几乎重合. 这表明，在 $\epsilon \ll 1$ 和 $\beta \ll 1$ 时，以上半解析平衡确实能够正确计算平衡磁面位移.

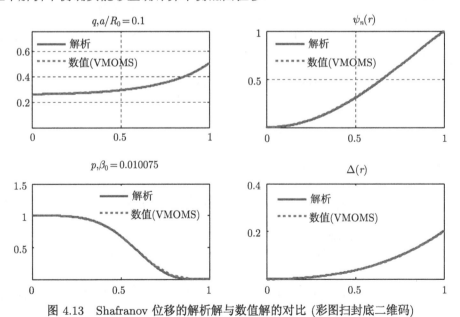

图 4.13　Shafranov 位移的解析解与数值解的对比 (彩图扫封底二维码)

最后，几何角和磁面角的差别显示在图 4.14 中，它们相差 $O(\epsilon)$. 图 4.14(a) 为 Shafranov 坐标，图 4.14(b) 为磁面坐标，图 4.14(c) 为 θ_f 与 θ_s 的关系.

本节的细节在附录的 10.2 节给出，计算磁面坐标用到的一些磁流体平衡等概

念 (在第 5 章会进一步涉及) 也比较细节化，所以如果这部分看不懂可以暂时先忽略.

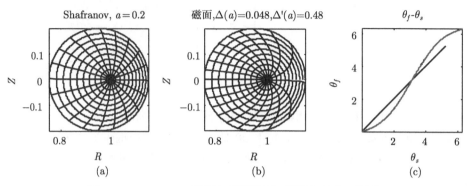

图 4.14　Shafranov 坐标与磁面坐标 (彩图扫封底二维码)

4.2.3　托卡马克中的公式

为了有效地利用平衡磁场的对称性，托卡马克公式 (R. B. White's) 中，我们通常采用磁面坐标 (ψ, θ, ζ)，ψ 为极向磁通，θ 为极向角，ζ 为环向角. 磁场通常写为协变形式

$$\boldsymbol{B}_0 = \delta\nabla\psi + I\nabla\theta + g\nabla\zeta, \tag{4.33}$$

逆变式为

$$\boldsymbol{B}_0 = q\nabla\psi \times \nabla\theta - g\nabla\psi \times \nabla\zeta, \tag{4.34}$$

得到坐标变换的雅可比为

$$J^{-1} = \nabla\zeta \cdot \nabla\psi \times \nabla\theta = \frac{B_0^2}{gq+I}. \tag{4.35}$$

赝正则方程 (White, 2006)chap3 中:

$$\dot{\zeta} = \frac{\rho_\parallel B^2}{D}(q + \rho_\parallel I') - (\mu + \rho_\parallel^2 B)\frac{I}{D}\frac{\partial B}{\partial \psi} - \frac{I}{D}\frac{\partial \Phi}{\partial \psi}, \tag{4.36}$$

$$\dot{\theta} = \frac{\rho_\parallel B^2}{D}(1 - \rho_\parallel g') + (\mu + \rho_\parallel^2 B)\frac{g}{D}\frac{\partial B}{\partial \psi} + \frac{g}{D}\frac{\partial \Phi}{\partial \psi}, \tag{4.37}$$

$$\dot{\psi} = -\frac{g}{D}(\mu + \rho_\parallel^2 B)\frac{\partial B}{\partial \theta} + \frac{I}{D}(\mu + \rho_\parallel^2 B)\frac{\partial B}{\partial \zeta} + \frac{I}{D}\frac{\partial \Phi}{\partial \zeta} - \frac{g}{D}\frac{\partial \Phi}{\partial \theta}, \tag{4.38}$$

$$\begin{aligned}\dot{\rho}_\parallel = &-\frac{(1-\rho_\parallel g')(\mu + \rho_\parallel^2 B)}{D}\frac{\partial B}{\partial \theta} - \frac{(1-\rho_\parallel g')}{D}\frac{\partial \Phi}{\partial \theta} \\ &-\frac{(q+\rho_\parallel I')}{D}\frac{\partial \Phi}{\partial \zeta} - \frac{(q+\rho_\parallel I')(\mu + \rho_\parallel^2 B)}{D}\frac{\partial B}{\partial \zeta}.\end{aligned} \tag{4.39}$$

4.2 导心轨道

这里, $\rho_\| = \dfrac{v_\|}{\Omega_\alpha} \equiv \dfrac{m_\alpha}{Z_\alpha B_0} v_\|$ 为平行回旋半径, 带撇导数 $I' \equiv \dfrac{\mathrm{d}I}{\mathrm{d}\psi}$ 和 $g' \equiv \dfrac{\mathrm{d}g}{\mathrm{d}\psi}$, $D = gq + I + \rho_\|(gI'_\psi - Ig'_\psi)$, $\mu = mv_\perp^2/2B$, $E = \rho_\|^2 B^2/2 + \mu B + \Phi$. 以上方程对质量、能量、磁场等都采用了与 White (2006) 原文一样的归一化. 典型的运动轨迹见图 4.15 和图 4.16. R. B. White 在 20 世纪 80 年代左右发展起来的 ORBIT 代码[①]目前依然是托卡马克中计算试验粒子轨道和相关准线性输运等问题常用的一个代码.

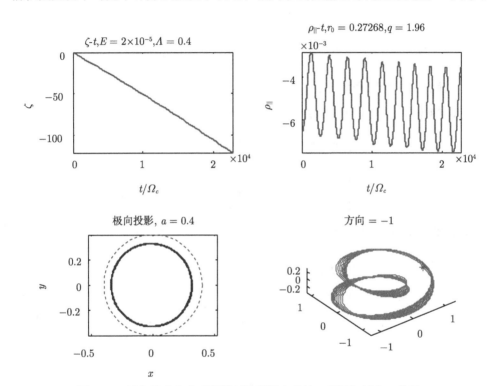

图 4.15 托卡马克中典型的通行粒子导心轨迹 (彩图扫封底二维码)

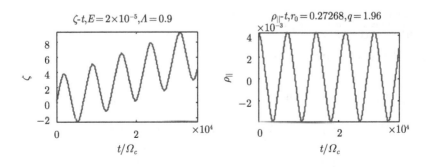

---

①ftp://ftp.pppl.gov/pub/white/Orbit.

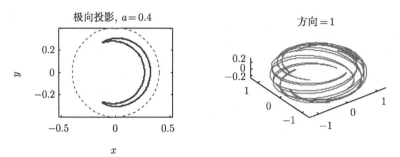

图 4.16 托卡马克中典型的捕获粒子导心轨迹 (彩图扫封底二维码)

4.2.4 理想偶极场磁面坐标导心运动公式

磁面坐标 (χ, ψ, ζ) 可以写为

$$\begin{cases} \chi = \theta, \\ \psi = \dfrac{M \sin^2 \theta}{r}, \\ \zeta = \phi, \end{cases} \quad \begin{cases} r = \dfrac{M \sin^2 \chi}{\psi}, \\ \theta = \chi, \\ \phi = \zeta. \end{cases} \tag{4.40}$$

静态场 $\delta \Phi = 0$, $\delta B = 0$, 导心运动公式

$$\dot{\chi} = \frac{B}{B_\chi} v_\parallel, \tag{4.41}$$

$$\dot{\psi} = 0, \tag{4.42}$$

$$\dot{\zeta} = \frac{c}{e}(\mu B + m v_\parallel^2)\left(\partial_\psi - \frac{B_\psi}{B_\chi}\partial_\chi\right)\ln B, \tag{4.43}$$

$$\dot{v}_\parallel = -\frac{\mu}{m}\frac{B}{B_\chi}\partial_\chi B, \tag{4.44}$$

$B = \dfrac{\psi^3}{M^2 \sin^6 \chi}\sqrt{3\cos^2 \chi + 1}$, $B_\chi = \dfrac{\psi^2(1 + 3\cos^2 \chi)}{M \sin^5 \chi}$, $B_\psi = -\dfrac{2\psi \cos \chi}{M \sin^4 \chi}$, $\partial_\chi B = -\dfrac{\psi^3}{M^2}\dfrac{3\cos \chi(5\cos^2 \chi + 3)}{\sin^7 \chi \sqrt{3\cos^2 \chi + 1}}$, $\partial_\psi B = \dfrac{3\psi^2}{M^2 \sin^6 \chi}\sqrt{3\cos^2 \chi + 1}$.

我们在这组坐标下可以计算的典型导心运动见图 4.17, 粒子导心自动限制在同一磁面上.

不过上面的磁面坐标不正交, 我们还可以选择下面的磁面坐标 (ψ, χ, ζ)

$$\begin{cases} \psi = \dfrac{M \sin^2 \theta}{r}, \\ \chi = \dfrac{M \cos \theta}{r^2}, \\ \zeta = \phi, \end{cases} \quad \begin{cases} 1 = r^4 \left(\dfrac{\chi}{M}\right)^2 + r\dfrac{\psi}{M}, \\ \dfrac{\chi}{\psi^2} = \dfrac{\cos \theta}{M \sin^4 \theta}, \\ \phi = \zeta. \end{cases} \tag{4.45}$$

这组磁面坐标的一个缺点是 $r = r(\psi, \chi)$ 和 $\theta = \theta(\psi, \chi)$ 的显式形式比较复杂以及取等 $\Delta\chi$ 时坐标网格在赤道面附近的实际间隔相较于两极处的网格会太稀. 上述两组坐标的对比见图 4.18.

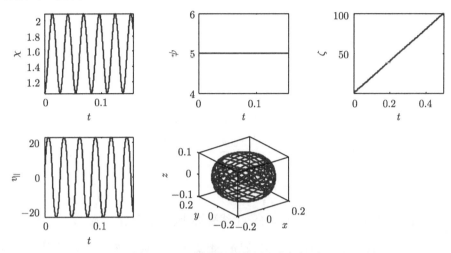

图 4.17 理想偶极场的导心中心运动

参数取值: $\chi = 1.0472, \psi = 5; \zeta = 0, V_{11} = 0.1; \mathrm{d}t = 0.000125, n_t = 4000.$

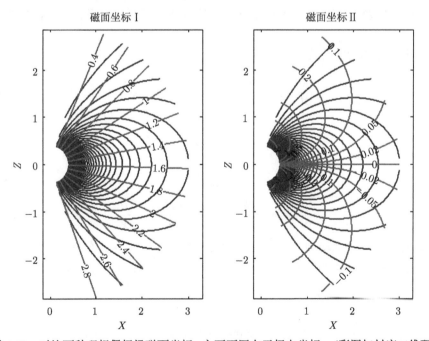

图 4.18 对比两种理想偶极场磁面坐标，主要不同在于极向坐标 χ(彩图扫封底二维码)

协变矢量 $e_\alpha = \partial_\alpha r$,逆变矢量 $e^\alpha = \nabla \alpha$,及 $e^\alpha \times e^\beta = \mathcal{J}^{-1} e_\gamma$ 和 $e^\alpha \cdot e_\beta = \delta^\alpha_\beta$.

$$\begin{cases} e^\psi = \nabla \psi = \dfrac{M \sin \theta}{r^2}(-\sin\theta \hat{e}_r + 2\cos\theta \hat{e}_\theta), \\[4pt] e^\chi = \nabla \chi = -\dfrac{M}{r^3}(2\cos\theta \hat{e}_r + \sin\theta \hat{e}_\theta), \\[4pt] e^\zeta = \nabla \zeta = \dfrac{1}{r\sin\theta}\hat{e}_\phi, \end{cases}$$
$$\begin{cases} e_\psi = \partial_\psi r = \dfrac{r^2(-\sin\theta \hat{e}_r + 2\cos\theta \hat{e}_\theta)}{M \sin\theta(1+3\cos^2\theta)}, \\[4pt] e_\chi = \partial_\chi r = -\dfrac{r^3(2\cos\theta \hat{e}_r + \sin\theta \hat{e}_\theta)}{M(1+3\cos^2\theta)}, \\[4pt] e_\zeta = \partial_\zeta r = r\sin\theta \hat{e}_\phi, \end{cases} \quad (4.46)$$

球坐标单位矢量 $(\hat{e}_r, \hat{e}_\theta, \hat{e}_\phi) = (\hat{r}, \hat{\theta}, \hat{\phi})$. 上述磁面坐标是正交的,及 $\boldsymbol{B} = \nabla\phi \times \nabla\psi = \nabla\chi$,$B = \sqrt{\boldsymbol{B}\cdot\boldsymbol{B}} = (M/r^3)\sqrt{1+3\cos^2\theta}$. 实际上,任意函数 $\chi = g\left(\dfrac{\cos\theta}{r^2}\right)$ 也满足正交条件 (通过全微分条件证明),不过它们依然难于给出显式的 $r = r(\psi, \chi)$ 和 $\theta = \theta(\psi, \chi)$ 以及不再有 $\boldsymbol{B} = \nabla\chi$. 因此,式 (4.45) 是满足正交条件的最简单的磁面坐标[①].

其中的导心运动公式为

$$\frac{\mathrm{d}\zeta}{\mathrm{d}t} = -c\frac{\partial \Phi}{\partial \psi} - \left(\frac{c}{e}\mu + \frac{eB}{mc}\rho_\parallel^2\right)\frac{\partial B}{\partial \psi}, \quad (4.47a)$$

$$\frac{\mathrm{d}\psi}{\mathrm{d}t} = c\frac{\partial \Phi}{\partial \zeta}, \quad (4.47b)$$

$$\frac{\mathrm{d}\chi}{\mathrm{d}t} = \frac{e}{mc}\rho_\parallel B^2, \quad (4.47c)$$

$$\frac{\mathrm{d}\rho_\parallel}{\mathrm{d}t} = -c\frac{\partial \Phi}{\partial \chi} - \left(\frac{c}{e}\mu + \frac{eB}{mc}\rho_\parallel^2\right)\frac{\partial B}{\partial \chi}. \quad (4.47d)$$

其中我们允许静电扰动 Φ 非零. 由于较为烦琐,这里忽略了磁面坐标和对应导心轨道的推导细节,读者可以参考相关文献,比如 Boozer (1980) 的文献.

[①] Kageyama 等 (2006) 通过四次方程的根给出了上述磁面坐标中 $r = r(\psi, \chi)$ 和 $\theta = \theta(\psi, \chi)$ 的解析表达式. 如果只是数值计算,还可以通过函数求逆或者插值方法获得 r 和 θ. 同样该文献通过变换 $\psi' = f(\psi)$ 得到了修改的正交磁面坐标,可以使得赤道面附近的网格也比较均匀.

4.3 补 注

单粒子运动的拓展问题极其丰富，也通常是我们理解一些问题的起步点，比如激光加速、波加热、输运问题的试验粒子 (test particles) 法等。

2012 年，周长 27 公里的 LHC 基本确认了粒子物理标准模型中最后一个粒子 Higgs 粒子。超出标准模型的新"粒子"可能要在至少高几个数量级的新能区才能出现，地面加速器已经很难达到需求，更好的策略是使用空间望远镜，探测宇宙这个天然的加速器产生的信号。因此，大型加速器的使命可能已经基本完成。另一方面，低成本、小型、强加速能力的"台面"(desktop) 加速器有广阔的应用前景。而激光加速[1]则是目前实现这种"桌面"加速器最佳的候选者，因此可能是未来数十年加速器领域最热门、最重要的方向。

不管是空间物理还是实验室聚变等离子体，波加热也是一个重要研究方向，它不仅有应用价值 (如帮助聚变实现) 也有理解基础物理过程的价值 (如空间和激光中一些粒子加速机制目前并未明确)。在一些研究中，加热和加速有时也并不严格区分。

等离子实验中的反常输运目前还未完全研究清楚，实验测量到的输运通常远大于经典的碰撞输运和新经典理论的预计，目前一般认为是微观湍流输运导致的，它本质上是一个非线性过程。但是，作为简单的第一步估计，我们常用所谓的试验粒子法，也即构造线性的微观不稳定性的扰动，再随机产生大量按特定实空间和速度空间分布的试验粒子，追踪其单粒子的轨道，再作统计平均，研究其输运特性，这是一种准线性的方法。准线性主要体现在试验粒子本身生成的电磁场不再直接耦合回给定的微观不稳定性扰动场。

总之，单粒子运动问题依然是非常值得研究的课题，背后有丰富的物理细节和应用价值。

另外，本章的数值计算只使用了简单的算法，对于精度要求高或者需要保证长时间稳定性的，可能需要选择更合适的算法，比如第 3 章提及的 Boris 算法或者辛算法，不过这两种算法对方程的形式有要求，所以也并非万能的。

习 题

1. 请证明正文中初速度为 0 的 $\boldsymbol{E} \times \boldsymbol{B}$ 的轨迹类似滚动轮胎上的点在空间划过的轨迹。

2. 分别计算电子和质子在什么能量时，需要计入相对论效应。聚变产物 α 粒子的能量为 3.52MeV，计算它与本底等离子体相互作用时是否需要相对论公式？(提示，如果不愿动手计

---

[1] Tajima T, Dawson J M. Laser electron accelerator. Phys. Rev. Lett., 1979, 43: 267-270.

算，那么记住电子和质子的静能分别为 511keV 和 938MeV，可对是否要用相对论有大致判定.)

3. 用洛伦兹力方程数值研究曲率漂移，并与理论公式对比.

4. 从头计算，检验式 (4.16) 是否正确.

5. 验证计算得对称轴中心处的磁场大小为 0.0586T，以及计算两边线圈中心点的磁场.

6. 用 4.1.4 节中提到的其他地球周围磁场模型，取一些有趣的参数 (比如，在磁顶或磁尾处，用不同能量、不同抛射角)，研究粒子轨迹.

7. 电磁场中加速运动的粒子会发出辐射而损失能量，一个粒子在均匀恒定磁场中做圆周运动，能量损失为 (朗道，栗弗席兹，场论，§74)

$$\frac{dE}{dt} = -\frac{2e^4 B^2}{3m^4 c^7}(E^2 - m^2 c^4),$$

解得

$$\frac{E}{mc^2} = \coth\left(\frac{2e^4 B^2}{3m^3 c^5} + \mathrm{const.}\right),$$

(1) 求 1keV 电子在 1T 磁场中能量减少到 99% 所需时间；

(2) 10keV 呢？

(3) 定义能量衰减率特征时间量 $\tau \equiv |E/\dot{E}|$. 画出 E-t，$\dot{E}$-t 和 τ-t 图；

(4) 在 E 中扣除静能 mc^2，重画.

此题结果有助于理解非辐射模型适用的时间尺度范围.

8. 对比前面托卡马克或偶极场的磁面坐标中的导心轨道与原始的洛伦兹轨道，看是否在小拉莫尔半径时确实吻合.

第5章 磁 流 体

"It's easier to write ten volumes on theoretical principles than to put one into practice."
(写十卷理论原理的书比把其中任何一个应用到实际要容易得多.)
——Tolstoy (1828—1910)

"Essentially, all models are wrong, but some are useful."
(基本上, 所有模型都是错的, 但有些有用.)
——George E. P. Box (1919—2013), 统计学家

磁流体理论尽管有许多问题 (bug), 但它偏偏就很实用[1].

本章我们首先简要描述等离子体的常用理论模型, 再讨论磁流体框架下的各种问题, 如各种磁流体波、不稳定性、本征模、平衡等. 重点依然是数值的角度, 提供一些可视化的结果及数值方案.

5.1 描述等离子体的物理模型

常用的描述等离子体的物理模型有: 单粒子模型、动理学模型、流体模型及进一步简化的磁流体模型.

等离子体可以看成粒子与电磁场的混合[2]. 等离子体的演化就是粒子如何运动和电磁场如何演化. 前者最简单的描述是单粒子运动, 非相对论情况下就是牛顿运动方程 $\ddot{r} = F/m = q(E + v \times B)/m$. 单粒子运动, 也可以用哈密顿方程

---

[1] 阿尔文在等离子体物理中的贡献是多方面的, 最知名的是磁流体方程组和预言的阿尔文波, 他出身电子工程专业. 一生似乎均在不满于主流科学并与其作持续的抗争, 比如早期预言低频电磁性质的阿尔文波时, 主流科学家几乎无人相信他, 因为自麦克斯韦方程以来, 电磁性质的波只有高频电磁波 ($\omega^2 = k^2 c^2$) 这一支的概念已经深入人心, 且等离子体中电荷是分离的, 应是良导体, 电磁波应像在金属中一样无法传播. 直到费米说, 阿尔文是对的, 人们才开始逐渐相信. 实验上确信则是后话. 然而, 阿尔文到晚期依然坚持的宇宙电路思想就没有这么幸运了, 他持续的抗争并未起到明显作用. 关于阿尔文的故事, 他本人写过一篇多少带有怨念的回忆文, Memoirs of a Dissident Scientist, American Scientist (May-June) 1988, 76(3): 249-251.

[2] 用等式描述: 等离子体 = 带电粒子 + 电磁场.

或拉格朗日方程描述，比如哈氏描述 $\dot{p} = -\partial H/\partial q$, $\dot{q} = \partial H/\partial p$. 拉氏量 $L = -mc^2\sqrt{1-v^2/c^2} + e\boldsymbol{A}\cdot\boldsymbol{v}/c - e\phi$，正则动量 $\boldsymbol{P} = \partial L/\partial \boldsymbol{v} = \boldsymbol{p} + e\boldsymbol{A}/c$，哈密顿量 $H = \sqrt{m^2c^4 + c^2(\boldsymbol{P}-e\boldsymbol{A}/c)^2} + e\phi$. 非相对论时，$L = mv^2/2 + e\boldsymbol{A}\cdot\boldsymbol{v}/c - e\phi$，$H = (\boldsymbol{P} - e\boldsymbol{A}/c)^2/2m + e\phi$. 在等离子体中，尤其强平衡磁场存在时，更常用的是导心轨道概念，这在第 4 章我们已有讨论.

对电磁场的描述一般用麦克斯韦方程组

$$\begin{aligned}
\nabla \cdot \boldsymbol{E} &= \rho/\varepsilon_0, \\
\nabla \cdot \boldsymbol{B} &= 0, \\
\nabla \times \boldsymbol{E} &= -\partial \boldsymbol{B}/\partial t, \\
\nabla \times \boldsymbol{B} &= \mu_0 \boldsymbol{J} + \mu_0 \varepsilon_0 \partial \boldsymbol{E}/\partial t.
\end{aligned} \tag{5.1}$$

再退化为静电极限，只需要上面的第一个方程，即高斯定律或者泊松方程.

以上描述未提及麦克斯韦方程中电流和密度如何表出，这就需要统计力学描述. 假设系统中有 N 个粒子，则在 $6N$ 维的相空间中，粒子的运动方程或分布函数的演化方程精确等价于刘维尔方程

$$\frac{\mathrm{d}F}{\mathrm{d}t} = \frac{\partial F}{\partial t} + \sum_{j=1}^{N}\left(\boldsymbol{v}\cdot\frac{\partial F}{\partial \boldsymbol{x}} + \boldsymbol{a}\cdot\frac{\partial F}{\partial \boldsymbol{v}}\right) = 0. \tag{5.2}$$

以上方程，在等离子体中另一种精确的等价描述是 Klimontovich(1967) 的描述

$$\frac{\mathrm{d}N_s}{\mathrm{d}t} = \frac{\partial N_s}{\partial t} + \boldsymbol{v}\cdot\frac{\partial N_s}{\partial \boldsymbol{x}} + \frac{q}{m}[\boldsymbol{E}^m(\boldsymbol{x},t) + \boldsymbol{v}\times\boldsymbol{B}^m(\boldsymbol{x},t)]\frac{\partial N_s}{\partial \boldsymbol{v}} = 0. \tag{5.3}$$

相空间为 6 维，其中 $N_s(\boldsymbol{x},\boldsymbol{v},t) = \sum_{j=1}^{N}\delta(\boldsymbol{x}-\boldsymbol{x}_j(t))\delta(\boldsymbol{v}-\boldsymbol{v}_j(t))$. 取系综 (ensemble) 平均，$f(\boldsymbol{x},\boldsymbol{v},t) \equiv \langle N_s(\boldsymbol{x},\boldsymbol{v},t)\rangle$，$\boldsymbol{E}(\boldsymbol{x},t) \equiv \langle \boldsymbol{E}^m(\boldsymbol{x},t)\rangle$，$\boldsymbol{B}(\boldsymbol{x},t) \equiv \langle \boldsymbol{B}^m(\boldsymbol{x},t)\rangle$，相应的小尺度波动量 $\delta N_s = N_s - f$，$\delta\boldsymbol{E} = \boldsymbol{E} - \boldsymbol{E}^m$，$\delta\boldsymbol{B} = \boldsymbol{B} - \boldsymbol{B}^m$. 从而得到

$$\frac{\partial f}{\partial t} + \boldsymbol{v}\cdot\frac{\partial f}{\partial \boldsymbol{x}} + \frac{q}{m}(\boldsymbol{E}+\boldsymbol{v}\times\boldsymbol{B})\cdot\frac{\partial f}{\partial \boldsymbol{v}} = -\frac{q}{m}\left\langle(\delta\boldsymbol{E}+\boldsymbol{v}\times\delta\boldsymbol{B})\cdot\frac{\partial \delta N_s}{\partial \boldsymbol{v}}\right\rangle. \tag{5.4}$$

方程 (5.4) 右边的小尺度波动就是通常说的碰撞项 $\left(\dfrac{\partial f}{\partial t}\right)_c$. 不同的碰撞模型，该项的表述形式不同，最常见的算符形式是 Krook 碰撞、Fokker-Planck 碰撞、Landau 碰撞等. 对于高温等离子体，粒子间的库仑力导致的散射很小，碰撞频率很低，所以碰撞效应在短时间尺度时可忽略，因而等离子体中最常用的动理学方程是无碰撞的 Vlasov 方程

$$\frac{\partial f}{\partial t} + \boldsymbol{v} \cdot \frac{\partial f}{\partial \boldsymbol{x}} + \frac{q}{m}(\boldsymbol{E} + \boldsymbol{v} \times \boldsymbol{B}) \cdot \frac{\partial f}{\partial \boldsymbol{v}} = 0. \tag{5.5}$$

以上系综平均的过程便引入了近似, 其对应的尺度远小于宏观尺度, 但远大于原子尺寸的尺度. 电荷数密度 $\rho = \sum_s q_s \int f \mathrm{d}^3 \boldsymbol{v}$, 电流密度 $\boldsymbol{J} = \sum_s q_s \int f \boldsymbol{v} \mathrm{d}^3 \boldsymbol{v}$.

流体描述可以通过对动理学方程速度空间求矩得到, 零阶矩 $\int (\cdots) \mathrm{d}^3 \boldsymbol{v}$ 得到连续性 (密度守恒或密度流) 方程

$$\frac{\partial n_j}{\partial t} + \nabla \cdot (n_j \boldsymbol{u}_j) = 0, \tag{5.6}$$

一阶矩 $\int (\cdots) \boldsymbol{v} \mathrm{d}^3 \boldsymbol{v}$ 得到动量 (流) 方程

$$\frac{\partial \boldsymbol{u}_j}{\partial t} + \boldsymbol{u}_j \cdot \nabla \boldsymbol{u}_j = \frac{q_j}{m_j}(\boldsymbol{E} + \boldsymbol{u}_j \times \boldsymbol{B}) - \frac{\nabla \boldsymbol{P}_j}{m_j n_j} + \boldsymbol{R}_j, \tag{5.7}$$

其中, $\boldsymbol{R}_j$ 为粒子间碰撞引起的摩擦力, $\boldsymbol{P}_j = p_j \boldsymbol{I} + \boldsymbol{\Pi}_j$ 为压强张量. 以上求矩过程可以一直持续下去, 但是系统始终是不封闭的, 因而需要引入一个新的方程来截断. 通常对于粒子元 (或流体元) 的方程, 除了式 (5.6) 和式 (5.7) 外, 再引入状态方程. 状态方程根据需要可以取不同的形式, 比如垂直和平行各向异性的 CGL(Chew et al., 1956) 方程形式. 而最简单常用的是压强各向同性的方程

$$\frac{\mathrm{d}}{\mathrm{d}t} \frac{p}{(m_j n_j)^\gamma} = 0, \tag{5.8}$$

其中的系数 γ 根据不同情况取不同的值, 比如 $\gamma = 3$ 是最常见的. 等离子中较著名的流体输运方程 Braginskii 方程 (Braginskii, 1965) 不直接包含状态方程, 而是使用二阶矩的热流方程

$$\frac{3}{2} n_j \frac{\mathrm{d} T_j}{\mathrm{d}t} + n_j T_j \nabla \cdot \boldsymbol{u}_j = -(\boldsymbol{\Pi}_j \nabla) \cdot \boldsymbol{u}_j - \nabla \cdot \boldsymbol{q}_j + Q_j, \tag{5.9}$$

其中, $\mathrm{d}/\mathrm{d}t = \partial/\partial t + (\boldsymbol{u}_j \cdot \nabla)$, $p_j = n_j T_j$, $\boldsymbol{q}_j$ 为热流密度, Q_j 为碰撞引起的能量转移.

由于用来封闭的方程 (比如状态方程) 的任意性, 流体描述的结论通常只是粗略的, 可靠性需要额外的方式去检验.

以上流体方程中每种粒子依然是分开的, 再进一步忽略一些高频微观尺度物理, 可以化为单流体方程, 即常说的磁流体方程, 完整的封闭形式如下:

$$\begin{cases} \dfrac{\partial \rho}{\partial t} + \nabla \cdot (\rho \boldsymbol{u}) = 0, \text{(连续性方程)} \\ \rho \dfrac{\mathrm{d}\boldsymbol{u}}{\mathrm{d}t} = -\nabla p + \boldsymbol{j} \times \boldsymbol{B}, \text{(运动方程)} \\ \dfrac{\mathrm{d}}{\mathrm{d}t}(p\rho^{-\gamma}) = \dfrac{2}{3\sigma_c}\rho^{-\gamma}j^2, \text{(能量方程,状态方程)} \\ \nabla \times \boldsymbol{E} = -\dfrac{\partial \boldsymbol{B}}{\partial t}, \text{(法拉第定律)} \\ \nabla \times \boldsymbol{B} = \mu_0 \boldsymbol{j}, \text{(安培定律)} \\ \boldsymbol{j} = \sigma_c(\boldsymbol{E} + \boldsymbol{u} \times \boldsymbol{B}), \text{(欧姆定律)} \end{cases} \quad (5.10)$$

其中, $\mathrm{d}/\mathrm{d}t = \partial/\partial t + \boldsymbol{u} \cdot \nabla$ 为随流导数. 14 个方程, 14 个未知量, 方程组封闭. 麦克斯韦方程中两个散度方程是多余的, 只是初始条件, 无需列入. 安培定律中忽略了位移电流项, 因为磁流体中场可看成是缓变的.

若流体无黏性、绝热, 且为理想导体 ($\sigma_c \to \infty$), 则式 (5.10) 化为理想磁流体方程

$$\begin{cases} \dfrac{\partial \rho}{\partial t} + \nabla \cdot (\rho \boldsymbol{u}) = 0, \text{(连续性方程)} \\ \rho \dfrac{\mathrm{d}\boldsymbol{u}}{\mathrm{d}t} = -\nabla p + \boldsymbol{j} \times \boldsymbol{B}, \text{(运动方程)} \\ \dfrac{\mathrm{d}}{\mathrm{d}t}(p\rho^{-\gamma}) = 0, \text{(状态方程)} \\ \nabla \times (\boldsymbol{u} \times \boldsymbol{B}) = \dfrac{\partial \boldsymbol{B}}{\partial t}, \text{(法拉第定律)} \\ \nabla \times \boldsymbol{B} = \mu_0 \boldsymbol{j}, \text{(安培定律)} \\ \boldsymbol{E} + \boldsymbol{u} \times \boldsymbol{B} = 0, \text{(欧姆定律)} \end{cases} \quad (5.11)$$

在讨论磁流体平衡和稳定性问题时, 后续涉及的主要是以上的理想磁流体方程. 在研究具体问题时, 这里的方程常常是出发点, 但又会针对具体问题作其他简化. 比如, 常用的还有简化的动理学方程——回旋动理学或漂移动理学, 后文会有一定程度涉及.

5.2 常见的磁流体模式图示

想象一根软圆柱, 常见的形变方式会有: 拧 (扭曲)、横向箍压 (腊肠)、纵向挤压 (槽纹). 这也是除位移不稳定性外, 磁流体中最常见的三种不稳定性模式.

一般教材中未给出磁流体各种模式的整体直观图, 本章, 我们首先做这件事. 关于各种磁流体不稳定性模式的物理图景及如何控制的形象描述, 国内较好的可能是朱士尧 (1983) 的文献. 由于理想磁流体各量的扰动形式基本差不多, 尤其线

5.2 常见的磁流体模式图示

性阶段时, 一个在空间观测等实际情况下经过检验的例子是针对纯阿尔文态的所谓的瓦楞关系[①](Walen relation)

$$\frac{\delta \boldsymbol{u}}{v_A} = \pm \frac{\delta \boldsymbol{B}}{B_0}, \tag{5.12}$$

所以, 下面的结果可以用一个扰动量代替, 比如磁面的位移.

5.2.1 扭曲模

这里我们画理想扭曲 (kink) 模示意图, 磁面 (圆截面时用小半径代替) 的位移为如下形式:

$$r = r_0 + \Delta r \cos(m\theta - n\phi), \tag{5.13}$$

其中, 如果是柱位形, 则把其中的 ϕ 替换为 z/L. 结果见图 5.1.

```
1  R0=3.0;a=R0/3;r0=0.8*a;dr=0.3*r0;
2  [theta,phi]=meshgrid(0:2*pi/80:2*pi,0*pi:2*pi/80:2.0*pi); m=2;n=1;
3  r=r0+dr.*cos(m.*theta-n.*phi); R=R0+r.*cos(theta); Z=r.*sin(theta);
4  X=R.*cos(phi); Y=R.*sin(phi); surf(X,Y,Z); axis equal;
5  % shading interp;
6  % colormap(jet); alpha(0.5);
7  str=['(m=',num2str(m),', n=',num2str(n),') kink mode']; title(str);
8  print('-dpng',str);
```

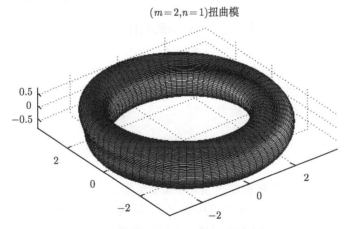

图 5.1 $(m=2, n=1)$ 的扭曲模 (低磁压比 (beta), 电流驱动) 示意图 (彩图扫封底二维码)

---

① Walen C. 1944, Ark. Mat. Astron. Fys. 30, 1. 或 Chen L, Alfvén waves: a journey between space and fusion plasmas, Plasma Phys. Control. Fusion, 2008, 50, 124001.

5.2.2 气球模

除了 m、n 较大外, 气球模的不同在于, 模主要集中在坏曲率的外侧, 而好曲率的内侧扰动较小. 因此, 相较于前面扭曲模的, 我们再在径向位移上附加一个 θ 的模结构, 由于是示意图, 用简单的高斯包络形式, 结果见图 5.2. 与画扭曲模代码的唯一不同之处如下所示.

```
[theta,phi]=meshgrid(0:2*pi/200:2*pi,-0.5.*pi:2*pi/100:1.2*pi);
m=15;n=10; envelope=exp(-0.8.*(abs(theta-pi)-pi).^2);
tmp=(theta-pi).^2-pi^2; r=r0+(dr.*envelope).*cos(m.*theta-n.*phi);
```

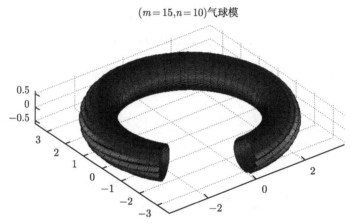

图 5.2 $(m=15, n=10)$ 的气球模示意图 (彩图扫封底二维码)

当然, 实际中, 模数应该更大, 理想磁流体理论计算用 $n \to \infty$, 一般认为 $n \geqslant 15$ 左右可算气球模.

对于典型的托卡马克微观不稳定性全局模, 如离子温度梯度模、捕获电子模、气球模, 文献中更多的是看它们的二维投影截面图. 考虑托卡马克位形中的任意场量, 如扰动静电势, 傅里叶变换为

$$\delta\phi(r,\theta,\zeta,t) = e^{-i(n\zeta-\omega t)} \sum_m \delta\hat{\phi}_m(r)e^{im\theta}, \tag{5.14}$$

以上假设了环向对称, 单环向模数 n、单振荡频率 ω. 对于典型气球模结构, 不同极向模数 m 对应的 $\delta\hat{\phi}_m(r-r_m)$ 很相似, 均局域聚集在有理面 r_m 的附近 (因为通常 $k_{\parallel} = (nq-m)/R_0 \simeq 0$ 的模最容易不稳定或阻尼最小), 其中 $nq(r_m) = m$. 作为示意, 我们可以用高斯形式 $\delta\hat{\phi}_m(r) = A(r)\exp[-(r-r_m)^2/\Delta r_c^2]$, 其中 Δr_c 代表每个傅里叶分量的模宽度, 我们这里假设相同. 包络 $A(r)$ 一般也接近高斯形式, 假设 $A(r) = \exp[-(r-r_c)^2/\Delta A^2]$, 其中 r_c 为模局域的径向位置, ΔA 为模宽度. 给定

5.2 常见的磁流体模式图示

$q(r)$ 等参数，再用上面形式的表达式，托卡马克中典型的气球模结构见图 5.3. 代码为 ballooning_3d.m. 对于真实的全局理想气球模本征解，参看本章后文的 AMC 代码，比如图 5.23.

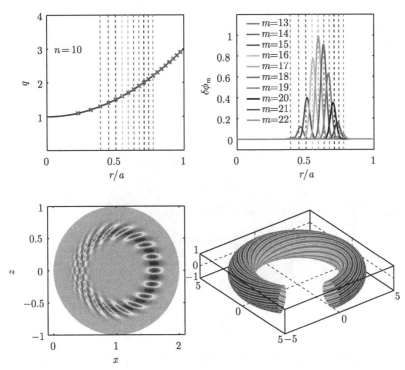

图 5.3 托卡马克中典型的气球模结构 (彩图扫封底二维码)

5.2.3 撕裂模 (磁岛)

磁流体撕裂模是非理想的，需要电阻，会产生磁岛，我们需要另外的画法，结果见图 5.4.

```
1  R0=3.0;a=R0/3;r0=0.8*a; n=1; m=3;
2  [theta1,theta2]=meshgrid(-0.15*pi:2*pi/200:1.75*pi,0*pi:2*pi/20:2.0*pi)
   ;
3  q=m/n; phi1=q.*theta1; x0=(R0+r0.*cos(theta1)).*cos(phi1);
4  y0=(R0+r0.*cos(theta1)).*sin(phi1); z0=r0.*sin(theta1);
5  RR0=sqrt(x0.^2+y0.^2);
6  
7  aa=0.8*r0;bb=0.4*aa;
8  R=aa.*cos(theta2).*sin(phi1)-bb.*sin(theta2).*cos(phi1)+RR0;
9  Z=aa.*cos(theta2).*cos(phi1)+bb.*sin(theta2).*sin(phi1)+z0;
10 X=R.*cos(phi1); Y=R.*sin(phi1);
11 
12 surf(X,Y,Z); axis equal;
```

```
13  % shading interp;
14  % colormap(jet); alpha(0.5);
15  str=['(m=',num2str(m),', n=',num2str(n),') magnetic island'];
16  title(str); print('-dpng',str);
```

只看环向截面[1], 就是几个封闭的小磁岛, 整体三维结构则应如图 5.4 所示, 极向磁力线在小岛内封闭, 环向磁力线基本不变, 总磁力线盘绕在图中画出的 (磁) 面上.

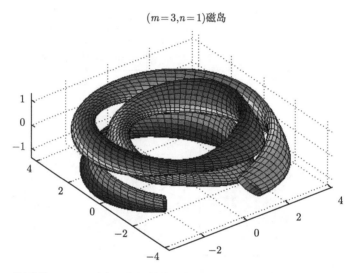

图 5.4 撕裂模, (3, 1) 磁岛, 此处轮廓用椭圆代替, 示意图 (彩图扫封底二维码)

5.3 线性问题数值解法

线性问题, 如果只判断系统是否稳定, 则通常可用能量原理或 Nyquist 方法. 前者在等离子体物理中主要用于磁流体, 即在小扰动下, 势能变化为正则稳定; 如果势能变化为负则不稳定. 这可用处于碗底和处于球面顶的小球来理解, 两者均处于平衡态, 前者处于势能最低态, 因而稳定; 后者不处于势能最低态, 因而不稳定. 关于能量原理, 读者可在几乎任何讲磁流体的教材中找到, 也可参考原始文献[2]. Nyquist 方法, 通常是在获得代数色散关系的情况下, 不用求解方程, 而能直接判断系统是否稳定的方法, 读者可参阅 Gurnett 和 Bhattacharjee (2005) 的文献.

---

[1] 许多实验专家都表示自己经过很长时间才想清文献中在环向截面上画的撕裂模磁岛, 其真实的整体磁力线究竟是怎样的. 可见直观的图 (三维) 对快速理解问题也是很必要的.

[2] Bernstein I B, Frieman E A, Kruskal M D, et al. An energy principle for hydromagnetic stability problems. Proc. Roy. Soc., 1958, 17: A244.

5.3 线性问题数值解法

为了求得系统中的波动频率或者不稳定增长率及模结构，通常有两种做法：初值模拟和本征值解．我们这里用初值法来模拟均匀平板中的磁流体波，线性化后的方程为

$$\begin{cases} \dfrac{\partial \delta \rho}{\partial t} = -\mathrm{i}\rho_0 \boldsymbol{k} \cdot \delta \boldsymbol{u}, \\ \rho_0 \dfrac{\partial \delta \boldsymbol{u}}{\partial t} = \dfrac{\mathrm{i}}{\mu_0}(\boldsymbol{k} \times \delta \boldsymbol{B}) \times \boldsymbol{B}_0 - \mathrm{i}\boldsymbol{k} v_s^2 \delta \rho, \\ \dfrac{\partial \delta \boldsymbol{B}}{\partial t} = \mathrm{i}\boldsymbol{k} \times (\delta \boldsymbol{u} \times \boldsymbol{B}_0). \end{cases} \quad (5.15)$$

其中，$\boldsymbol{B}_0 = (0, 0, B_0)$，$\boldsymbol{k} = (k\sin\theta, 0, k\cos\theta)$，$v_s^2 = \gamma p_0/\rho_0 = \gamma k T_0/m$，$v_A^2 = B_0^2/\mu_0\rho_0$，$v_p = \omega/k$．

除了 1 支零频解外，其他 3 支 (共 7 个方程，磁流体系统中实际共 $1+3\times 2 = 7$ 个解) 通常称为快模 (fast mode)、慢模 (slow mode) 和剪切阿尔文波 (shear Alfvén wave)

$$\begin{cases} v_p^2 = \dfrac{1}{2}(v_A^2 + v_s^2) + \dfrac{1}{2}\left[(v_A^2 - v_s^2)^2 + 4v_A^2 v_s^2 \sin^2\theta\right]^{1/2}, \\ v_p^2 = \dfrac{1}{2}(v_A^2 + v_s^2) - \dfrac{1}{2}\left[(v_A^2 - v_s^2)^2 + 4v_A^2 v_s^2 \sin^2\theta\right]^{1/2}, \\ v_p^2 = v_A^2 \cos^2\theta. \end{cases} \quad (5.16)$$

方程组 (5.15) 是简单的几个常微分方程，求解非常容易 (比如一阶欧拉格式可基本够用)，代码示例 mhd_waves.m，其中调用了 R-K 算法的 ode45 库函数．

```
1  function mhd_waves
2      close all; clear; clc;
3      global k theta B0 rho0 va vs va2 vs2 sinth costh
4      B0=1.0; rho0=1.0; va=2; vs=1; k=1.0; theta=pi/4;
5      va2=va^2; vs2=vs^2;
6      sinth=sin(theta); costh=cos(theta);
7      y0=[0.1,-0.1,0.1,0.2,0.1,0.1,-0.1i];
8
9      % three theory solutions, slow magnetosonic, alfven, fast
           magnetosonic
10     w1=k*sqrt((va2+vs2)/2-sqrt((va2-vs2)^2+4*va2*vs2*sinth^2)/2);
11     w2=k*sqrt(va2*costh^2);
12     w3=k*sqrt((va2+vs2)/2+sqrt((va2-vs2)^2+4*va2*vs2*sinth^2)/2);
13
14     [T,Y]=ode45(@push,0:0.02:1e2,y0);
15     tt=T;
16     drho=Y(:,1); dux=Y(:,2); duy=Y(:,3); duz=Y(:,4);
17     dBx=Y(:,5); dBy=Y(:,6); dBz=Y(:,7);
18
19     h=figure('unit','normalized','Position',[0.01 0.34 0.7 0.57]);
20     set(gcf,'DefaultAxesFontSize',15);
21
22     subplot(3,3,1:2); plot(tt,real(drho),tt,imag(drho),'LineWidth',2);
23     xlabel('t'); ylabel('\delta\rho'); axis tight; grid on;
```

```
24      title(['k=',num2str(k),', V_A=',num2str(va),', V_s=',num2str(vs))
           ,...
25           ', \theta=',num2str(theta*180/pi),'^\circ']);
26      subplot(334); plot(tt,real(dux),tt,imag(dux),'LineWidth',2);
27      xlabel('t'); ylabel('\delta{}ux'); axis tight; grid on;
28      subplot(335); plot(tt,real(duy),tt,imag(duy),'LineWidth',2);
29      xlabel('t'); ylabel('\delta{}uy'); axis tight; grid on;
30      subplot(336); plot(tt,real(duz),tt,imag(duz),'LineWidth',2);
31      xlabel('t'); ylabel('\delta{}uz'); axis tight; grid on;
32      subplot(337); plot(tt,real(dBx),tt,imag(dBx),'LineWidth',2);
33      xlabel('t'); ylabel('\delta{}Bx'); axis tight; grid on;
34      subplot(338); plot(tt,real(dBy),tt,imag(dBy),'LineWidth',2);
35      xlabel('t'); ylabel('\delta{}By'); axis tight; grid on;
36      subplot(339); plot(tt,real(dBz),tt,imag(dBz),'LineWidth',2);
37      xlabel('t'); ylabel('\delta{}Bz'); axis tight; grid on;
38
39      Lt=length(tt); % number of sampling
40      dfs=2*pi/(tt(end)-tt(1));
41      fs=0:dfs:dfs*(Lt-1);
42      drho_ft=fft(real(drho))/Lt*2; % *2 ?? need check
43      duy_ft=fft(real(duy))/Lt*2; % *2 ?? need check
44      ifs=round(tt(end)*k*sqrt(vs2+va2)/4);
45      subplot(333);
46      plot(fs(1:ifs),abs(drho_ft(1:ifs)+abs(duy_ft(1:ifs))),'LineWidth'
           ,2);
47    %     title('simulation frequency');
48      title(['\omega_{theory}=',num2str(w1),', ',...
49           num2str(w2),', ',num2str(w3)]);
50      ylabel('Amp'); xlabel('\omega');
51      xlim([0, fs(ifs)]); grid on;
52      Amax=1.5*max(abs(drho_ft(1:ifs))); ylim([0,Amax]);
53      hold on; plot([w1,w1],[0,Amax],'r—',[w2,w2],[0,Amax],'r—',...
54           [w3,w3],[0,Amax],'r—','LineWidth',2);
55
56  end
57  function dy=push(t,y)
58      global k B0 rho0 va2 vs2 sinth costh
59      % y —-> drho, dux, duy, duz, dBx, dBy, dBz
60      drho=y(1);dux=y(2);duy=y(3);duz=y(4);dBx=y(5);dBy=y(6);dBz=y(7);
61      dy=zeros(7,1);
62      dy(1)=-1i*k*rho0*(dux*sinth+duz*costh);
63      dy(2)=1i*k*va2*(costh*dBx/B0-sinth*dBz/B0)-1i*k*vs2*sinth*drho/rho0
           ;
64      dy(3)=1i*k*va2*costh*dBy/B0;
65      dy(4)=-1i*k*vs2*costh*drho/rho0;
66      dy(5)=1i*k*B0*dux*costh;
67      dy(6)=1i*k*B0*duy*costh;
68      dy(7)=-1i*k*B0*dux*sinth;
69  end
```

其中也显示了如何用傅里叶变换获得波动信号中的频率, 并与理论解对比, 结果见图 5.5.

对于本征解法(均匀或非均匀系统), 我们将在后面章节实例详解. 作为第 2 章数据处理的回应，这里模拟数据的频率是自动测量的，无需手动量取周期再计算频率.

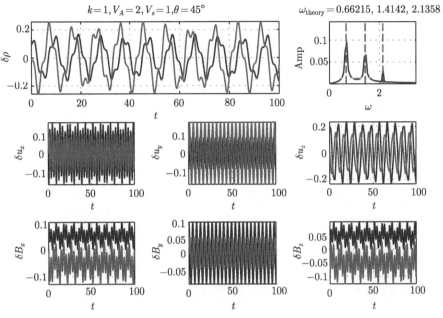

图 5.5 均匀平板中线性磁流体波的初值模拟 (彩图扫封底二维码)

5.4 磁流体模拟

本节讲与磁流体相关的模拟，但其中用的方程可能是简化的一般的 (无磁场) 流体方程.

5.4.1 一维激波模拟

为了简化，我们不考虑完整的磁流体模拟，而是用一维黎曼 (Riemann) 问题 (即一维可压缩无黏气体动力学激波管问题) 来示例激波及相应模拟中会遇到的困难，这是一个标准的算例，也有解析解.

一维欧拉方程组

$$\frac{\partial \boldsymbol{u}}{\partial t} + \frac{\partial \boldsymbol{f}}{\partial t} = 0, \quad -1 \leqslant x \leqslant 1, \tag{5.17}$$

其中，$\boldsymbol{u} = \{\rho, \rho u, E\}$, $\boldsymbol{f} = \{\rho u, \rho u^2 + p, (E+p)u\}$. 这里 ρ, u, p, E 分别为流体密度、速度、压强和单位体积总能，并用到理想气体状态方程 $p = (\gamma - 1)\rho e = (\gamma - 1)[E - \rho(u^2 + v^2)/2]$. 初始条件：$\rho_1 = 1$, $u_1 = 0$, $p_1 = 1$; $\rho_2 = 0.125$, $u_2 = 0$, $p_2 = 0.1$. 周期边界条件：$u_0 = u_1, u_N = u_{N-1}$.

shock1d_mac.m:

```matlab
% Code for solve 1D shock wave tube, MacCormack.
% function shock1d_mac
close all; clear; clc;
% global gama nx Lx dx rho p u E U;
gama=1.4;
nx=1000; Lx=2;
x=linspace(0,Lx,nx+1); dx=x(2)-x(1);

% init
rhoa=1.0; rhob=0.125;
ua=0; ub=0;
pa=1.0; pb=0.1;

ind=find(x>Lx/2);
rho=rhoa.*ones(1,nx+1); rho(ind)=rhob;
u=ua.*ones(1,nx+1); u(ind)=ub;
p=pa.*ones(1,nx+1); p(ind)=pb;

U(1,:)=rho;
U(2,:)=rho.*u;
U(3,:)=p./(gama-1)+0.5.*rho.*u.*u;
Ef=0.*U; E=0.*U; Uf=0.*U;

nt=100; TT=0.4;
T=0; it=0;

figure('Unit','Normalized','Position',[0.01 0.5 0.5 0.4]);
set(gcf,'DefaultAxesFontSize',15);
% for it=1:nt
while(T<=TT)

    % CFL
    vel=sqrt(gama.*p./rho)+abs(u);
    CFL=real(dx/max(vel));
    dt=0.8*CFL;

    T=T+dt;
    it=it+1;

    r=dt/dx;
    dnu=0.35;

    % 开关函数
    q=abs(abs(U(1,3:nx+1)-U(1,2:nx))-abs(U(1,2:nx) -...
        U(1,1:nx-1)))./abs(abs(U(1,3:nx+1)-U(1,2:nx))+...
        abs(U(1,2:nx)-U(1,1:nx-1))+1e-10);
    q=repmat(q,3,1);
    % artificial viscous
    Ef(:,2:nx)=U(:,2:nx)+0.5*dnu*q.*(U(:,3:nx+1)-2*U(:,2:nx)+U(:,1:nx
        -1));
    U(:,2:nx)=Ef(:,2:nx);
```

5.4 磁流体模拟

```
53      im=1; ip=nx+1;
54 %        Ef=U2E(U,im,ip);
55      rho(im:ip)=U(1,im:ip);
56      u(im:ip)=U(2,im:ip)./rho(im:ip);
57      p(im:ip)=(gama-1).*(U(3,im:ip)-0.5*rho(im:ip).*u(im:ip).*u(im:ip));
58      Ef(1,im:ip)=U(2,im:ip);
59      Ef(2,im:ip)=rho(im:ip).*u(im:ip).*u(im:ip)+p(im:ip);
60      Ef(3,im:ip)=(U(3,im:ip)+p(im:ip)).*u(im:ip);
61
62      % U(n+1/2,i+1/2)
63      Uf(:,1:nx)=U(:,1:nx)-r.*(Ef(:,2:nx+1)-Ef(:,1:nx));
64
65      im=1; ip=nx;
66      % E(n+1/2,i+1/2)
67 %        Ef=U2E(Uf,im,ip);
68      rho(im:ip)=Uf(1,im:ip);
69      u(im:ip)=Uf(2,im:ip)./rho(im:ip);
70      p(im:ip)=(gama-1).*(Uf(3,im:ip)-0.5*rho(im:ip).*u(im:ip).*u(im:ip))
            ;
71      Ef(1,im:ip)=Uf(2,im:ip);
72      Ef(2,im:ip)=rho(im:ip).*u(im:ip).*u(im:ip)+p(im:ip);
73      Ef(3,im:ip)=(Uf(3,im:ip)+p(im:ip)).*u(im:ip);
74
75      % U(n+1,i)
76      U(:,2:nx)=0.5*(U(:,2:nx)+Uf(:,2:nx))-0.5*r.*(Ef(:,2:nx)-Ef(:,1:nx
            -1));
77
78      % b.c.
79      U(:,1)=U(:,2);
80      U(:,nx+1)=U(:,nx);
81
82      % plot
83      if (mod(it,100)==1)
84          plot(x,real(rho),'g',x,real(u),'r:',x,real(p),'Linewidth',2);
85          legend('\rho','u','p');
86          xlabel('x');xlim([min(x),max(x)]);ylim([-0.1,1.5]);
87          title(['T=',num2str(T)]);
88          pause(0.1);
89      end
90
91  end
```

典型的计算结果见图 5.6.

对于一个简单的一维磁流体问题, 可参考 Boyd 和 Sanderson (2003) 著作中的习题 4.14.

5.4.2 撕裂模及磁重联

撕裂模或者磁重联受到如此广泛的研究和重视, 最早是因为它有望用来解释日冕反常加热机制问题. 再就是这种模式可能引起大尺度不稳定, 因此聚变中也不得不重视.

我们求解二维平板的撕裂模问题，从线性初值，到本征解，再到非线性模拟.

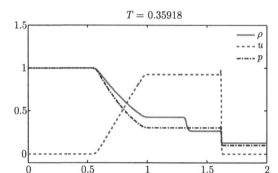

图 5.6 　一维激波示例

1. 线性初值模拟

我们求解以下线性化的方程 (Lee and Fu，1986；傅竹风和胡友秋，1995)：

$$\begin{cases} \dfrac{\partial \delta \rho}{\partial t} = -\dfrac{\partial \rho}{\partial x}\delta u_x - \rho \dfrac{\partial \delta u_x}{\partial x} - \mathrm{i}\alpha\rho\delta u_z, \\ \dfrac{\partial \delta u_x}{\partial t} = -\dfrac{\beta}{2\rho}\dfrac{\partial \delta p}{\partial x} - \dfrac{B_z}{\rho}\dfrac{\partial \delta B_z}{\partial x} - \dfrac{1}{\rho}\dfrac{\partial B_z}{\partial x}\delta B_z + \mathrm{i}\alpha\dfrac{B_z}{\rho}\delta B_x, \\ \dfrac{\partial \delta u_z}{\partial t} = -\mathrm{i}\alpha\dfrac{\beta\delta p}{2\rho} + \dfrac{1}{\rho}\dfrac{\partial B_z}{\partial x}\delta B_x, \\ \dfrac{\partial \delta B_x}{\partial t} = \mathrm{i}\alpha B_z\delta u_x + \dfrac{1}{R_m}\dfrac{\partial^2 \delta B_x}{\partial x^2} - \dfrac{\alpha^2}{R_m}\delta B_x, \\ \dfrac{\partial \delta B_z}{\partial t} = -\dfrac{\partial B_z}{\partial x}\delta u_x - B_z\dfrac{\partial \delta u_x}{\partial x} + \dfrac{1}{R_m}\dfrac{\partial^2 \delta B_z}{\partial x^2} - \dfrac{\alpha^2}{R_m}\delta B_z, \\ \dfrac{\partial \delta p}{\partial t} = -\dfrac{\partial p}{\partial x}\delta u_x - \gamma p\dfrac{\partial \delta u_x}{\partial x} - \mathrm{i}\alpha\gamma p\delta u_z. \end{cases} \quad (5.18)$$

参数 $\alpha = kl$, $\beta = 2\mu_0 p_\infty/B_\infty^2$, $R_m = v_A l/\eta$, γ 为比热压. 归一化用的量为 B_∞, ρ_∞, $v_A = B_\infty^2/\mu_0\rho_\infty$, p_∞, l, $t_0 = l/v_A$.

取 $k = 0.8$, $\beta = 0.2$, $R_m = 8$, $\gamma = 3$, 平衡分布 $\boldsymbol{B}_0(x) = B_\infty\tanh(x/\delta)\hat{z}$, $\rho_0(x) = \rho_\infty P_0(x)/P_\infty$, $P_0(x) = P_\infty + (B_\infty^2/2\mu_0)\mathrm{sech}^2(x/\delta)$, $\delta = 1$. 模拟结果见图 5.7.

2. 线性本征值求解

初值解法通常只能看到增长最快的几支模，本征解法可以得到系统中所有的模，并且虚部最大的本征值应该要与初值模拟增长最快的模一致. 求解结果见图 5.8，可以看到本征解 $\gamma^E = 0.0646$ 与初值模拟结果 $\gamma^I = 0.0656$ 基本一致，约 2% 的误差来自数值网格.

5.4 磁流体模拟

这部分代码见 tearing.tar.

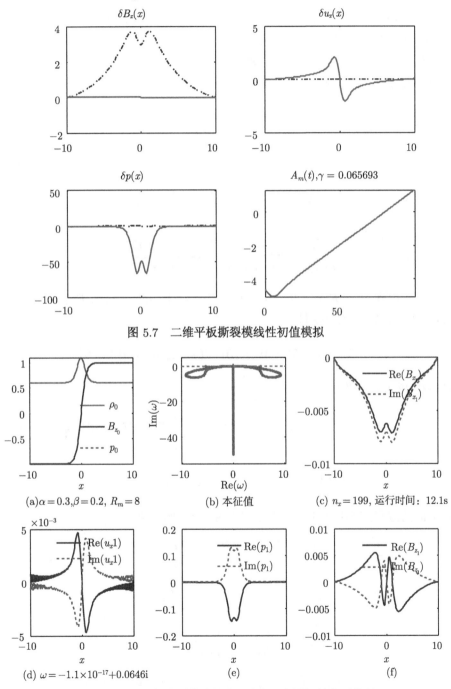

图 5.7 二维平板撕裂模线性初值模拟

图 5.8 二维平板撕裂模线性本征求解 (彩图扫封底二维码)

3. 非线性初值模拟

线性模拟,只能看到撕裂模的增长,无法看到后期的磁岛生成.因而,实际的磁重联模拟通常需要计算非线性. mhd2d.f90.

我们这里以二维可压磁流体方程为例,所有变量在 (x,z) 平面,$\partial/\partial y = 0$,原始方程 (无 Hall 项,η、γ、ν 为常数)

$$\frac{\partial \rho}{\partial t} = -\boldsymbol{u} \cdot \nabla \rho - \rho \nabla \cdot \boldsymbol{u}, \tag{5.19}$$

$$\frac{\partial p}{\partial t} = -\boldsymbol{u} \cdot \nabla p - \gamma p \nabla \cdot \boldsymbol{u}, \tag{5.20}$$

$$\rho \frac{\partial \boldsymbol{u}}{\partial t} = -\rho \boldsymbol{u} \cdot \nabla \boldsymbol{u} - \nabla p - \frac{1}{\mu_0} \nabla \frac{B^2}{2} + \frac{1}{\mu_0} \boldsymbol{B} \cdot \nabla \boldsymbol{B} + \nu \nabla^2 \boldsymbol{u}, \tag{5.21}$$

$$\frac{\partial \boldsymbol{B}}{\partial t} = \underbrace{\nabla \times \boldsymbol{u} \times \boldsymbol{B}}_{-\boldsymbol{u} \cdot \nabla \boldsymbol{B} - \boldsymbol{B} \nabla \cdot \boldsymbol{u} + \boldsymbol{B} \cdot \nabla \boldsymbol{u}} - \underbrace{\nabla \times [\eta(\nabla \times \boldsymbol{B})]}_{\eta \nabla^2 \boldsymbol{B}}, \tag{5.22}$$

其中,我们用到 $\nabla \times \boldsymbol{E} = -\partial \boldsymbol{B}/\partial t$,$\boldsymbol{J} = \nabla \times \boldsymbol{B}$ 和 $\boldsymbol{E} = -\boldsymbol{u} \times \boldsymbol{B} + \eta \boldsymbol{J}$. 考虑到 $\nabla \cdot \boldsymbol{B} = 0$,用 A_y 代替 $\boldsymbol{B}$,即

$$\boldsymbol{B} = \nabla \times \boldsymbol{A} = \nabla \times (0, A_y, 0) = (-\partial A_y/\partial z, 0, \partial A_y/\partial x). \tag{5.23}$$

这样方程 (5.22) 就变为

$$\nabla \times \left(\frac{\partial \boldsymbol{A}}{\partial t}\right) = \nabla \times \{\boldsymbol{u} \times (\nabla \times \boldsymbol{A}) - \eta[\nabla \times (\nabla \times \boldsymbol{A})]\}, \tag{5.24}$$

或者简化为

$$\frac{\partial \boldsymbol{A}}{\partial t} = \boldsymbol{u} \times (\nabla \times \boldsymbol{A}) - \eta[\nabla \times (\nabla \times \boldsymbol{A})]. \tag{5.25}$$

综合上面的方程,写出显式的二维方程组为 (已经归一化)

$$\frac{\partial \rho}{\partial t} = -u_x \frac{\partial \rho}{\partial x} - u_z \frac{\partial \rho}{\partial z} - \rho \left(\frac{\partial u_x}{\partial x} + \frac{\partial u_z}{\partial z}\right), \tag{5.26}$$

$$\frac{\partial p}{\partial t} = -u_x \frac{\partial p}{\partial x} - u_z \frac{\partial p}{\partial z} - \gamma p \left(\frac{\partial u_x}{\partial x} + \frac{\partial u_z}{\partial z}\right), \tag{5.27}$$

$$\frac{\partial u_x}{\partial t} = -u_x \frac{\partial u_x}{\partial x} - u_z \frac{\partial u_x}{\partial z} - \frac{1}{\rho} \frac{\partial}{\partial x} \left(p + \frac{B^2}{2}\right)$$

$$+ \frac{1}{\rho} \left(B_x \frac{\partial B_x}{\partial x} + B_z \frac{\partial B_x}{\partial z}\right) + \frac{1}{\rho} \nu_m \left(\frac{\partial^2 u_x}{\partial x^2} + \frac{\partial^2 u_x}{\partial z^2}\right), \tag{5.28}$$

5.4 磁流体模拟

$$\frac{\partial u_z}{\partial t} = -u_x \frac{\partial u_z}{\partial x} - u_z \frac{\partial u_z}{\partial z} - \frac{1}{\rho}\frac{\partial}{\partial z}\left(p + \frac{B^2}{2}\right)$$
$$+ \frac{1}{\rho}\left(B_x \frac{\partial B_z}{\partial x} + B_z \frac{\partial B_z}{\partial z}\right) + \frac{1}{\rho}\nu_m \left(\frac{\partial^2 u_z}{\partial x^2} + \frac{\partial^2 u_z}{\partial z^2}\right), \quad (5.29)$$

$$\frac{\partial A_y}{\partial t} = -u_x \frac{\partial A_y}{\partial x} - u_z \frac{\partial A_y}{\partial z} + \eta_m \left(\frac{\partial^2 A_y}{\partial x^2} + \frac{\partial^2 A_y}{\partial z^2}\right), \quad (5.30)$$

其中，对于密度、压强、长度、磁场、速度和时间的归一化为 ρ_0、p_0、L_0、B_0、$u_A = B_0/\sqrt{\mu_0\rho_0}$ 和 $\tau_A = L_0/u_A$，参数 $\nu_m \to \mu/(u_A L_0 \rho_0)$ 及 $\eta_m \to \eta/(u_A L_0)$，Lundquist 数 $S = 1/\eta_m$。空间用中心差分离散，时间用四阶 R-K，变量 $x(n_i, n_j, 5)$ 分别代表 ρ、p、u_x、u_z、A_y。一组典型的非线性模拟结果见图 5.9，其中我们可以看到初始扰动调整后，开始进入一段指数增长的线性阶段，然后达到非线性饱和，饱和后基本稳态演化。

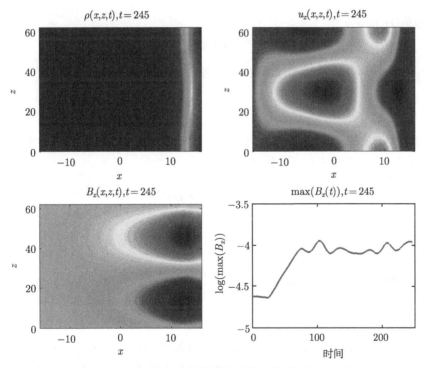

图 5.9　二维可压缩磁流体模拟撕裂模 (彩图扫封底二维码)

本节所用方程和代码的写法参考了傅竹风和胡友秋 (1995) 的著作，该书对相关方程和算法有更多细节讨论。

5.5 托卡马克中的平衡

5.5.1 Grad-Shafranov 方程

对于各向同性 (标量) 压强 p，理想磁流体平衡的基本方程为

$$\nabla p = \boldsymbol{J} \times \boldsymbol{B}, \tag{5.31}$$

$$\nabla \times \boldsymbol{B} = \mu_0 \boldsymbol{J}, \tag{5.32}$$

$$\nabla \cdot \boldsymbol{B} = 0, \tag{5.33}$$

环向对称，大柱坐标系 (R, ϕ, Z) 中，我们可以利用磁矢势的环向分量 A_ϕ 定义一个磁通函数 ψ

$$\psi = -R A_\phi. \tag{5.34}$$

磁场 $\boldsymbol{B}$ 可表示为

$$\boldsymbol{B} = \nabla \phi \times \nabla \psi + F \nabla \phi, \tag{5.35}$$

其中环向场 (极向电流) 函数 F 可由环向磁场 B_t 表示为

$$F = R B_t = \frac{\mu_0 I(\psi)}{2\pi}. \tag{5.36}$$

对称性消去环向角 ϕ，托卡马克中，关于磁通函数的二维平衡方程 (Grad-Shafranov 方程, G-S 方程) 化为

$$\Delta^* \psi = -\mu_0 R j_\phi, \tag{5.37}$$

其中

$$\Delta^* \equiv R \frac{\partial}{\partial R} \frac{1}{R} \frac{\partial}{\partial R} + \frac{\partial^2}{\partial Z^2} = \frac{\partial^2}{\partial R^2} + \frac{\partial^2}{\partial Z^2} - \frac{1}{R} \frac{\partial}{\partial R}, \tag{5.38}$$

磁流体平衡约束使得环向电流密度满足

$$j_\phi(R, \psi) = R \frac{\mathrm{d}p}{\mathrm{d}\psi} + \frac{1}{\mu_0 R} F(\psi) \frac{\mathrm{d}F}{\mathrm{d}\psi}. \tag{5.39}$$

关于 G-S 方程详细的解析讨论可参考胡希伟 (2006) 的文献，数值讨论可参考 Takeda 和 Tokuda(1991) 的综述文章. 国际上也有许多有名的平衡程序，如 CHAESE(Lutjens et al., 1996)，用于实验反演的 EFIT(Lao et al., 1985)，三维的 VMEC(Hirshman and Whitson, 1983). 第 4 章中用来对比 Shafranov 位移解析平衡的 VMOMS 采用的是傅里叶展开的矩方法. 平衡数值解目前依然是比较热门的研究，尤其集中在快速高精度计算方面，如 Lee 和 Cerfon(2015) 的文献.

5.5.2 G-S 方程的解析解

解析解提供解析表达式 (特殊情况下的精确解或较普适情况的近似解), 在用于解析研究其他问题或者初步数值计算时常常很方便、实用. 因此这里也提及一些实用的解析平衡, 以备参考.

最有名的应该是 Solovév 解, 此时假定了 p' 和 FF' 为常数, 我们有

$$\Delta^* 1 = \Delta^* R^2 = 0, \quad \Delta^* Z^2 = \Delta^* (R^2 \ln R) = 2, \quad \Delta^* (R^2 Z^2) = \Delta^* R^4/4 = 2R^2, \tag{5.40}$$

从而得到一整类解 (Zheng et al., 1996)

$$\Psi(R, Z) = c_1 + c_2 R^2 + c_3 R^4 + c_4 Z^2 R^2 + c_5 Z^2 + c_6 R^2 \ln(R^2/R_0^2), \tag{5.41}$$

这里的系数 c_1 和 c_2 任意, c_3 和 c_4 与常数 p' 相关, c_5 和 c_6 由 FF' 决定. 重写为几何意义较明确的形式

$$\begin{aligned}\Psi(R,Z) = \frac{\Psi_0}{R_0^4}\bigg[&(R^2 - R_0^2)^2 + \frac{Z^2}{E^2}(R^2 - R_x^2) \\ &- \tau R_0^2\left(r^2 \ln\frac{R^2}{R_0^2} - (R^2 - R_0^2) - \frac{(R^2 - R_0^2)^2}{2R_0^2}\right)\bigg],\end{aligned} \tag{5.42}$$

拉长比 $\kappa = \dfrac{2E}{\sqrt{1 - R_x^2/R_0^2}}$. $R = R_x$ 处 $B_R = 0$, τ 与 Shafranov 位移相关.

相应可得磁场形式 $\Psi = -R A_\phi$, $\boldsymbol{B}_p = -\dfrac{1}{R}\dfrac{\partial \Psi}{\partial Z}\hat{R} + \dfrac{1}{R}\dfrac{\partial \Psi}{\partial R}\hat{Z}$, 从而

$$B_R = -\frac{1}{R}\frac{\partial \Psi}{\partial Z} = \frac{2\Psi_0}{E^2 R_0^4}\frac{(R_x^2 - R^2)}{R}Z, \tag{5.43}$$

$$B_Z = \frac{1}{R}\frac{\partial \Psi}{\partial R} = \frac{2\Psi_0}{R_0^4}\left[2(R^2 - R_0^2) + \frac{Z^2}{E^2} - \tau R_0^2\left(\ln\frac{R^2}{R_0^2} - \frac{(R^2 - R_0^2)}{R_0^2}\right)\right]. \tag{5.44}$$

同样, 我们得到

$$\begin{aligned}\Delta^* \Psi &= \frac{\Psi_0}{R_0^4}\left[8R^2 + \frac{2R^2}{E^2} - \frac{2R_x^2}{E^2} - \tau R_0^2\left(2 - \frac{4R^2}{R_0^2}\right)\right] \\ &= \frac{\Psi_0}{R_0^4}\left[\left(8 + \frac{2}{E^2} + 4\tau\right)R^2 - \left(\frac{2R_x^2}{E^2} + 2\tau R_0^2\right)\right],\end{aligned} \tag{5.45}$$

得到

$$-\mu_0 \frac{\mathrm{d}p}{\mathrm{d}\Psi} = \frac{\Psi_0}{R_0^4}\left(8 + \frac{2}{E^2} + 4\tau\right) \equiv c_p \mu_0, \tag{5.46}$$

$$F\frac{\mathrm{d}F}{\mathrm{d}\Psi} = \frac{\Psi_0}{R_0^4}\left(\frac{2R_x^2}{E^2} + 2\tau R_0^2\right) \equiv c_I/2, \tag{5.47}$$

即
$$p(\Psi) = -c_p\Psi + c_{p1}, \tag{5.48}$$
$$I(\Psi) = \sqrt{c_I\Psi + c_{I1}}. \tag{5.49}$$

又 $B_t = I(\Psi)/R$,
$$\sqrt{C_{I1}}/R_0 = B_0 \;\Rightarrow\; c_{I1} = (R_0 B_0)^2 \;\Rightarrow\; B_t = \frac{\sqrt{c_I\Psi + (R_0 B_0)^2}}{R}.$$

场线方程 $\mathrm{d}l_\phi/B_\phi = \mathrm{d}l_p/B_p$, $\mathrm{d}l_\phi = R\mathrm{d}\phi$, 得到
$$\mathrm{d}\phi = \frac{I(\Psi)\mathrm{d}l_p}{R^2 B_p} = \sqrt{\left(\frac{\partial R}{\partial \theta}\right)_\Psi^2 + \left(\frac{\partial Z}{\partial \theta}\right)_\Psi^2} \frac{I(\Psi)\mathrm{d}\theta}{R|\nabla\Psi|}. \tag{5.50}$$

当 R 小时, $\mathrm{d}\phi/\mathrm{d}\theta$ 大
$$|\nabla\Psi| = \left|\frac{\partial \Psi}{\partial R}\hat{R} + \frac{\partial \Psi}{\partial Z}\hat{Z}\right| = \sqrt{\left(\frac{\partial \Psi}{\partial R}\right)^2 + \left(\frac{\partial \Psi}{\partial Z}\right)^2}$$
$$= \sqrt{(RB_Z)^2 + (-RB_R)^2} = |RB_p|. \tag{5.51}$$

大柱坐标下场线方程为
$$\mathrm{d}\phi = \frac{B_\phi}{B_p R}\mathrm{d}l_p, \quad \mathrm{d}R_l = \frac{B_R}{B_p}\mathrm{d}l_p, \quad \mathrm{d}Z_l = \frac{B_Z}{B_p}\mathrm{d}l_p. \tag{5.52}$$

安全因子 $q = \dfrac{\Delta\phi}{\Delta\theta} = \dfrac{\Delta\phi}{2m\pi}$.

以下代码可用来简单地求 q.

```
1  % cal and plot q(psi)
2  nqp=10;
3  for iq=1:nqp
4      Zq=0;Rq=R0-0.8*(iq/nqp)*(R0-Rx);phiq=0;
5      yq0=[Rq,phiq,Zq];
6      [lpq,Yq]=ode45(@fieldline,0:0.001*R0:10*R0,yq0);
7      Rlq=Yq(:,1);philq=Yq(:,2);Zlq=Yq(:,3);
8      % Find the corresponding indexes of the extreme max values
9      extrMaxIndex=find(diff(sign(diff(Zlq)))==-2)+1;
10     m=length(extrMaxIndex)-1; dtheta=m*2*pi;
11     philq1=philq(extrMaxIndex(1));philq2=philq(extrMaxIndex(end));
12     dphi=philq2-philq1;
13     qq(iq)=dphi/dtheta;
14     psiq(iq)=fPsi(Rq,Zq);
15 end
```

接近磁轴处 $R = R_0(1+\epsilon)$, $Z = R_0 z$, 其中 ϵ 和 z 为小量

$$\frac{\Psi(\epsilon,z)}{\Psi_0} = 4(\epsilon+\delta)^2 + \frac{z^2}{E^2}\left(1 - \frac{R_x^2}{R_0^2}\right) + O(\epsilon^4),$$

其中, $\delta(\epsilon,z) = (1-\tau/3)\epsilon^2 + z^2/(4E^2) \sim O(\epsilon^2)$,

$$\frac{\Psi(\epsilon,z)}{\Psi_0} \sim 4\epsilon^2 + \frac{z^2}{E^2}\left(1 - \frac{R_x^2}{R_0^2}\right) = 4\left(\epsilon^2 + \frac{z^2}{\kappa^2}\right),$$

为椭圆形状. 以上的推导参考 Helander 和 Sigmar(2001) 的文献.

另外, Cerfon 和 Freidberg(2010) 的文献中提供了一组可以拟合不同位形 (One size fits all) 的 G-S 方程解析解, 可以拟合标准托卡马克, 球状托卡马克 (spherical tokamaks), 球马克 (spheromaks) 和反场位形 (field reversed configuration, FRC), 作为解析讨论, 可能有实用价值.

关于 G-S 方程, 一个依然未解决的问题是, 电流或压强的剖面究竟是由什么决定的 (实际求解中我们是给定 q、p、J 的两个, 求第三个)? 它可能是输运过程与边界条件的双重效应, 或者可能还有其他因素. 还有一个问题是, 式 (5.37) 右端是非线性的, 是否可能在同一参数同一边界条件下找到多解? 比如类似于二次方程 $x^2 - 1 = 0$ 有两个根. Hsu (2015) 的文献中的 11.4 节确实通过数值求解找到了两支解, 称之为平衡解的分叉 (bifuration). 正因为如此, 甚至托卡马克中 30 多年依然未完全理解的 L-H 转换可能也与这里密切相关.

5.5.3 直接数值求解

方程 (5.37) 的求解本身并不复杂, 复杂在于如何选取和处理能代表真实情况的边界条件, 以及用求解出来的结果获得等离子体的各种参数值, 如磁场 B_t、B_p、安全因子 $q(\psi)$ 等. 再就是, 正确地理解和应用所获得的结果.

这里我们求解固定边界问题. 假设最后一个磁面有如下形式:

$$\begin{cases} R = R_0 + a\cos(\theta + d\sin\theta), \\ Z = ka\sin\theta, \end{cases} \tag{5.53}$$

其中, k 为拉长度, d 为三角形变因子.

压强和电流分布形式取为

$$p(\psi) = p_0\left(1 - \bar{\psi}^{n_p}\right)^{a_p}, \tag{5.54}$$

$$I(\psi) = I_0\left(1 - \bar{\psi}^{n_I}\right)^{a_I}. \tag{5.55}$$

其中, $\bar{\psi} = (\psi - \psi_0)/(\psi_b - \psi_0)$ 为归一化磁通, ψ_b 和 ψ_0 分别为边界和磁轴上的极向磁通. 此时, 式 (5.37) 的右边变为

$$S = -\left[\mu_0 R^2 \frac{\mathrm{d}p}{\mathrm{d}\psi} + \left(\frac{\mu_0}{2\pi}\right)^2 I(\psi)\frac{\mathrm{d}I}{\mathrm{d}\psi}\right]$$

$$= \left[\mu_0 R^2 p_0 a_p n_p \bar{\psi}^{n_p-1}\left(1-\bar{\psi}^{n_p}\right)^{a_p-1}\right.$$

$$\left.+\left(\frac{\mu_0}{2\pi}\right)^2 I_0^2 a_I n_I \bar{\psi}^{n_I-1}\left(1-\bar{\psi}^{n_I}\right)^{2a_I-1}\right]/(\psi_b-\psi_0). \tag{5.56}$$

使用正交矩形网格，中心差分离散式 (5.37)，得

$$\frac{\psi_{i-1,j}-2\psi_{i,j}+\psi_{i+1,j}}{(\Delta R)^2}+\frac{\psi_{i,j-1}-2\psi_{i,j}+\psi_{i,j+1}}{(\Delta Z)^2}+\frac{1}{R_i}\frac{\psi_{i-1,j}-\psi_{i+1,j}}{2\Delta R}=S_{i,j}, \tag{5.57}$$

$$\psi_{i,j}=\frac{\left[\frac{\psi_{i-1,j}+\psi_{i+1,j}}{(\Delta R)^2}+\frac{\psi_{i,j-1}+\psi_{i,j+1}}{(\Delta Z)^2}+\frac{1}{R_i}\frac{\psi_{i-1,j}-\psi_{i+1,j}}{2\Delta R}-S_{i,j}\right]}{\left[\frac{2}{(\Delta R)^2}+\frac{2}{(\Delta Z)^2}\right]}, \tag{5.58}$$

数值计算时，由于对称性 $\psi(R,Z)=\psi(R,-Z)$，只需计算上半平面，在 $Z=0$ 轴上边界条件为 $\partial\psi/\partial Z|_{Z=0}=0$，其他边界条件使用式 (5.53)，采取矩形近似。

实际计算中，可直接迭代解 (5.58)，相较于一般的椭圆方程 (如泊松方程)，这里较麻烦的在于边界处理以及电流和压强分布中 $\bar{\psi}$ 的 ψ_b 或 ψ_0 是事先未知的。边界处理在于定出矩形网格 R 和 Z 两个方向各处的起止点，在这里繁而不难。$\bar{\psi}$ 中可先取 $\psi_b=0$ 并把求解区域外的点也全部置为 ψ_b，任给一个初始猜测的 ψ_0，每求解一次 G-S 方程，用区域中极值点的值作为新的 ψ_0，多次迭代，直到误差小于一定值。

代码 gs.m:

```matlab
% Hua-sheng XIE, huashengxie@gmail.com, IFTS-ZJU, 2013-03-27 15:10
% Solve Grad-Shafranov equation for Tokamak equilibrium, with fixed boundary
% The treatment of the boundary grid is still too mess. Any better one?
close all; clear; clc;
runtime=cputime;

% keep ap>=1 and aI>=0.5
% R0=1.0; a=0.3; k=1.5; d=0.5; ap=2.0; aI=2.5;
R0=3.0; a=1.0; k=1.0; d=0.0; ap=2.0; aI=2.0; % circle

np=2; nI=2; mu0=4.0e-8*pi; p0=0.01e6; I0=1e6;
nR=51; nZ=51; Rlow=R0-a; Rup=R0+a; Zlow=0; Zup=k*a;

rr=linspace(Rlow,Rup,nR); zz=linspace(Zlow,Zup,nZ);
dR=rr(2)-rr(1); dZ=zz(2)-zz(1);
[R,Z]=meshgrid(rr,zz); dR2=dR*dR; dZ2=dZ*dZ;

%%
psi_n=0:0.02:1; p=p0.*(1-psi_n.^np).^ap; I=I0.*(1-psi_n.^nI).^aI;

hf=figure('unit','normalized','Position',[0.01 0.1 0.65 0.65],...
    'DefaultAxesFontSize',15);
subplot(231); plot(psi_n,p,'LineWidth',2); xlabel('\psi_n'); ylabel('p');
```

5.5 托卡马克中的平衡 · 117 ·

```
24  title(['p=p_0(1-\psi_n^{',num2str(np),'})^{',num2str(ap),'}']);
25  subplot(232); plot(psi_n,I,'LineWidth',2);  xlabel('\psi_n'); ylabel('I
        ');
26  title(['I=I_0(1-\psi_n^{',num2str(nI),'})^{',num2str(aI),'}']);
27
28  % plot grid
29  subplot(233);
30  plot(repmat(rr,length(zz),1),repmat(zz.',1,length(rr)),'b',...
31      repmat(rr.',1,length(zz)),repmat(zz,length(rr),1),'b');
32
33  % cal jend
34  the=0:pi/200:pi;
35  Rb=R0+a.*cos(the+d.*sin(the)); % boundary
36  Zb=k*a.*sin(the);
37  Rbg=rr; % R boundary on grid
38  Zbg=interp1(Rb,Zb,Rbg); % interp
39  jend=floor((Zbg-Zlow)./dZ)+1;
40  Zbg=Zlow+(jend-1).*dZ; % get the Z boundary on grid
41
42  hold on; plot(Rb,Zb,Rbg,Zbg,'r+','LineWidth',2);
43
44  % cal iend
45  the=0:pi/100:pi/2;
46  Rb=R0+a.*cos(the+d.*sin(the)); % boundary
47  Zb=k*a.*sin(the);
48  Zbg=zz; % Z boundary on grid
49  Rbg=interp1(Zb,Rb,Zbg); % interp
50  iend=floor((Rbg-Rlow)./dR)+1;
51  Rbg=Rlow+(iend-1).*dR; % get the Z boundary on grid
52  hold on; plot(Rbg,Zbg,'gx','LineWidth',2);
53
54  % cal istart
55  the=(pi/2-eps):pi/100:(pi+eps);
56  Rb=R0+a.*cos(the+d.*sin(the)); % boundary
57  Zb=k*a.*sin(the);
58  Zbg=zz; % Z boundary on grid
59  Rbg=interp1(Zb,Rb,Zbg,'cubic'); % interp
60  istart=ceil((Rbg-Rlow)./dR)+1;
61  istart(find(istart<=1))=2;
62  Rbg=Rlow+(istart-1).*dR; % get the Z boundary on grid
63  hold on; plot(Rbg,Zbg,'gx','LineWidth',2);
64  xlabel('R'); ylabel('Z'); axis equal; axis tight;
65  title('grid');
66
67  %% main
68  psib=0.0; % set psib=0
69  psi0=-10; % initial guess
70  psi0n=psi0+1;
71
72  ind=find(((R-R0).^2+(Z./k).^2)<a^2/4); % initial
73  psi=0.*R+psib;
74  psi(ind)=psi0.*exp(-(((R(ind)-R0)./a).^2+(Z(ind)./(k*a)).^2)*5);
75  % S=0.*psi;
76  itr=0;
77  while(itr<=40 && abs(psi0n-psi0)>1e-3) % iteration, for psi_n
78      psi0n=psi0;
```

```matlab
nt=1; % iterative times
psim1=max(max(abs(psi)));
psim2=psim1+1;
while(nt<=1000 && abs(psim1-psim2)/psim1>1e-3) % iteration, G-S eq
%    while(nt<=400)
    psim1=psim2;
    psi_bar=(psi-psi0)./(psib-psi0);
    S=(mu0.*R.^2.*p0.*ap.*np.*psi_bar.^(np-1).*(1-...
        psi_bar.^np).^(ap-1)+(mu0/2/pi*I0)^2.*aI.*nI.*psi_bar.^(nI...
        -1)*(1-psi_bar.^nI).^(2*aI-1))/(psib-psi0);

    for i=2:nR-1
        for j=2:jend(i)-1
            if((i>=istart(j))&&(i<=iend(j)))
                psi(j,i)=((psi(j,i-1)+psi(j,i+1))/dR2+...
                    (psi(j-1,i)+psi(j+1,i))/dZ2...
                    +(psi(j,i-1)-psi(j,i+1))/(2*dR)/R(j,i)-...
                    S(j,i))/(2.0/dR2+2.0/dZ2);
            end
        end
        psi(1,i)=psi(2,i);
    end
    nt=nt+1;
    psim2=max(max(abs(psi)));
end
%   psi0=max(max((psi)));
psi0=min(min((psi)));
itr=itr+1;
end
psi=psi-psi0; % reset psi to keep the on axis psi be zero
psib=psib-psi0;
indm=find(psi==0);
Rm=min(R(indm)); % find axis
Zm=min(Z(indm));

%% plot
v=psi0:(psib-psi0)/10:psib;
subplot(234); contour(R,Z,psi,10,'LineWidth',2);
hold on; plot(Rm,Zm,'rx','LineWidth',2,'MarkerSize',5);
xlabel('R'); ylabel('Z'); axis equal; axis tight;
title(['R0=',num2str(R0),', a=',num2str(a),', k=',...
    num2str(k),', d=',num2str(d)]);

subplot(235); surf(R,Z,psi);
xlabel('R'); ylabel('Z'); zlabel('\psi');
subplot(236); pcolor(R,Z,psi); shading interp;
xlabel('R'); ylabel('Z'); axis equal; axis tight;
```

对于圆边界和 D 形边界的求解典型结果见图 5.10 和图 5.11. 对于圆边界，一个重要的结论是 Shafranov 位移，从图中也可看到，磁轴相对于最外圆圆心确实有一定外移[1].

---

[1] 或者说，外圆相对于磁轴有 $\Delta(r)$ 的内移.

5.5 托卡马克中的平衡

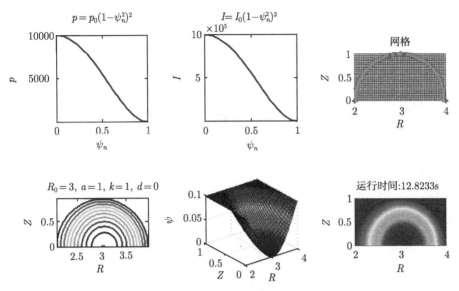

图 5.10 G-S 方程求解示例，圆边界 (彩图扫封底二维码)

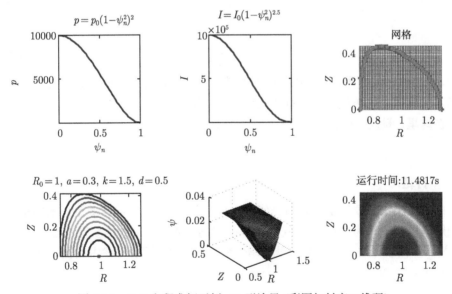

图 5.11 G-S 方程求解示例，D 形边界 (彩图扫封底二维码)

以上是所谓的 QSolver，另一种是给定安全因子 q 和压强 p 分布，求平衡电流，即 JSolver. 实际上有时后者应用得更多.

G-S 方程只是用来求 $\Psi(R,Z)$，实际中更需要的是利用它计算各种其他量，如磁场、安全因子等. 由于涉及的问题将比单纯数值求解平衡更烦琐，因而我们这里不再讨论数值平衡的应用. 感兴趣的读者可参考 Jardin (2010) 的文献.

5.6 局域气球模问题

局域 (local) 与全局 (global) 的区别在于: 局域的只算空间中某一点的值, 空间导数之类也只用参数表示, 并用这一点的值近似其他地方的值; 而全局, 则要考虑整个空间分布, 并且包含边界条件. 局域近似常用来降维, 并且许多情况能够包括关键的物理. 各种等离子体波的简正模 (normal mode) 就是局域近似, 当作全空间均匀来求解.

托卡马克中, 理想磁流体模型在 s-α 局域平衡下, 高环向模数 n 的气球模方程是

$$\frac{\mathrm{d}}{\mathrm{d}\theta}\left\{[1+(s\theta-\alpha\sin\theta)^2]\frac{\mathrm{d}f}{\mathrm{d}\theta}\right\}+\alpha[\cos\theta+(s\theta-\alpha\sin\theta)\sin\theta]f \\ +\left(\frac{\omega}{\omega_A}\right)^2[1+(s\theta-\alpha\sin\theta)^2]f=0, \tag{5.59}$$

其中

$$s=\frac{\rho}{q}\frac{\mathrm{d}q}{\mathrm{d}\rho}, \tag{5.60}$$

$$\alpha\equiv-q^2R\frac{\mathrm{d}\beta}{\mathrm{d}\rho}, \tag{5.61}$$

式中, s 为磁剪切参数; α 为压力梯度参数. 利用边界条件, 求解式 (5.59) 的本征值和本征模结构的传统方法是打靶 (shooting) 法.

在这里, 假设偶对称, 使用如下边界条件

$$\frac{\mathrm{d}\phi}{\mathrm{d}\theta}|_{\theta=0}=0, \quad \phi|_{\theta=0}=1, \quad \phi|_{\theta=\infty}=0. \tag{5.62}$$

5.6.1 打靶法

由于打靶法需要给定初始猜测值, 猜测值给得合适, 才能收敛到所需的根. 这里使用随机初值作为猜测解, 多次猜测, 只要有一次收敛, 就能获得原方程的本征解. 关于打靶法算法[1]的细节这里不作介绍, 不熟悉的读者可参考其他书籍.

Matlab 主文件, "shoot_main_newton_rand.m":

---

[1] 对于问题 $\frac{\mathrm{d}^2f}{\mathrm{d}x^2}+b\frac{\mathrm{d}f}{\mathrm{d}x}+\omega f=0, x\in[0,L]$, 如果给定了左边界 $f(0)$ 和 $f'(0)$, 那么根据微分方程理论, 这个方程的解是唯一的, 可以直接数值积分. 如果只给定左右边界的值 $f(0)$ 和 $f(L)$, 而不给定其导数值 $f'(0)$, 那么这个方程的根可能不唯一, 也可能无解. 打靶法的思想是从一边 (比如 $x=0$) 出发, 先给一个猜测的 $f'(0)$, 往另一边积分, 并与另一边的边界条件比较, 如果一致, 则猜测的 $f'(0)$ 是符合要求的, 如果不一致, 则修改初始猜测的 $f'(0)$, 不断迭代直到收敛. 这种方法在求解稳态输运问题 (比如往装置内充气, 求解稳态的等离子体密度分布) 时也常用到.

5.6 局域气球模问题

```matlab
% Hua-sheng XIE, IFTS-ZJU, huashengxie@gmail.com, 2012-02-19 10:29
% Ideal ballooning mode, shooting solver, using fun_newton_rand.m

close all; clear all; clc;

s=0.8; a=1.5; % s, alpha

nx=1001; xmin=0; xmax=40; dx=(xmax-xmin)/(nx-1); tol=1e-3;
y0=[1,0]; yn=0;

itmax=50;

found=0; for II=1:1000

    g(1)=2*(rand(1)-0.5)+2*(rand(1)-0.5)*1i; % rand initial guess
    g(2)=2*(rand(1)-0.5)+2*(rand(1)-0.5)*1i;

    for it=1:itmax
        w=g(it);
        [x,y]=ode45(@(x,y)fun_newton_rand(x,y,w,s,a),xmin:dx:xmax,y0);
        c(it)=y(end,1);
        if((abs(yn-c(it))<tol)&&(abs(y(end,2)-0)<tol)) break, end;
        if(it>=2)  % secant method
            g(it+1)=g(it)-(c(it)-yn)*(g(it)-g(it-1))/(c(it)-c(it-1));
        end
    end

    if(it<itmax)
        found=1;
        break
    end
end

set(gcf,'DefaultAxesFontSize',15);
plot(x,real(y(:,1)),x,imag(y(:,1)),'LineWidth',2);
xlim([xmin,xmax]); if(found)
    title(['s=',num2str(s),', alpha=',num2str(a),', \omega=',num2str(w)],...
        'fontsize',15);
    print(gcf,'-dpng',['s=',num2str(s),', alpha=',num2str(a),', omega=',...
        num2str(w),'.png']);
else
    title('Havenot found a solution');
end
```

函数文件,"fun_newton_rand.m":

```matlab
function dy=fun_newton_rand(x,y,w,s,a)
Veff=a*(cos(x)+(s*x-a*sin(x))*sin(x))/(1+(s*x-a*sin(x))^2)+w^2;
dy=[  y(2)
    -(2.0*(s*x-a*sin(x))*(s-a*cos(x))/(1+(s*x-a*sin(x))^2)*y(2)+Veff*y(1))];
```

典型的求解结果见图 5.14. 值得注意的是打靶法的计算速度强烈依赖于初始猜测值, 并且不同的初始猜测 ω 可能收敛到不同的根.

5.6.2 本征矩阵法

这是一种非传统的方法, 在这里, 可能是第一次被用来求解气球模方程 (5.59). 重写方程 (5.59)

$$-\frac{\mathrm{d}^2\phi}{\mathrm{d}\theta^2} + \frac{p}{r}\frac{\mathrm{d}\phi}{\mathrm{d}\theta} + \frac{q}{r}\phi = \lambda\phi, \tag{5.63}$$

其中

$$\begin{aligned}
p &= [2(s\theta - \alpha\sin\theta)(s - \alpha\cos\theta)], \\
q &= \alpha[\cos\theta + (s\theta - \alpha\sin\theta)\sin\theta], \\
r &= -[1 + (s\theta - \alpha\sin\theta)^2], \\
\lambda &= (\omega/\omega_A)^2.
\end{aligned} \tag{5.64}$$

对自变量 θ 进行离散, $\theta_j = j\Delta\theta$, $j = 1, 2, \cdots, N_\phi$. 把系统近似到 θ 的一阶精度

$$-\frac{\phi_{j+1} - 2\phi_j + \phi_{j-1}}{\Delta\theta^2} + \frac{p_j}{r_j}\frac{\phi_{j+1} - \phi_{j-1}}{2\Delta\theta} + \frac{q_j}{r_j}\phi_j = \lambda\phi_j, \tag{5.65}$$

$$\begin{aligned}
p_j &= [2(s\theta_j - \alpha\sin\theta_j)(s - \alpha\cos\theta_j)], \\
q_j &= \alpha[\cos\theta_j + (s\theta_j - \alpha\sin\theta_j)\sin\theta_j], \\
r_j &= -[1 + (s\theta_j - \alpha\sin\theta_j)^2].
\end{aligned} \tag{5.66}$$

其中, $\phi_j = \phi(\theta_j)$, 边界条件为 $\phi_1 = \phi_0(\phi'_0 = 0)$, $\phi_{N+1} = 0(\phi_\infty = 0)$.

把式 (5.65) 写成矩阵形式

$$\boldsymbol{M} \cdot \boldsymbol{X} = \lambda \boldsymbol{X}, \tag{5.67}$$

其中, $\boldsymbol{X}$ 是 $N(= N_\phi)$ 维矢量, $x_j = \phi_j$, $\boldsymbol{M}$ 是 N 维方形矩阵.

把式 (5.65) 显式写出

$$\begin{aligned}
&-\frac{1}{\Delta\theta^2}(\phi_2 - \phi_1) + \frac{p_1}{2\Delta\theta r_1}(\phi_2 - \phi_1) + \frac{q_1}{r_1}\phi_1 = \lambda\phi_1, \\
&-\frac{1}{\Delta\theta^2}(\phi_{j+1} - 2\phi_j + \phi_{j-1}) + \frac{p_j}{2\Delta\theta r_j}(\phi_{j+1} - \phi_{j-1}) + \frac{q_j}{r_j}\phi_j = \lambda\phi_j \quad (j = 2, \cdots, N-1) \\
&-\frac{1}{\Delta\theta^2}(-2\phi_N + \phi_{N-1}) + \frac{p_N}{2\Delta\theta r_N}(-\phi_{N-1}) + \frac{q_N}{r_N}\phi_N = \lambda\phi_N,
\end{aligned} \tag{5.68}$$

我们得到

$$M_{1,1} = \frac{1}{\Delta\theta^2} - \frac{p_1}{2\Delta\theta r_1} + \frac{q_1}{r_1},$$

5.6 局域气球模问题

$$M_{j,j} = \frac{2}{\Delta\theta^2} + \frac{q_j}{r_j} \quad (j = 2, 3, \cdots, N),$$

$$M_{j,j+1} = \frac{-1}{\Delta\theta^2} + \frac{p_j}{2\Delta\theta r_j} \quad (j = 1, 2, \cdots, N-1),$$

$$M_{j,j-1} = \frac{-1}{\Delta\theta^2} - \frac{p_j}{2\Delta\theta r_j} \quad (j = 2, 3, \cdots, N). \tag{5.69}$$

求解式 (5.67) 的本征值问题后, 得到 λ, 我们可通过 $\bar{\omega} = \pm\sqrt{\lambda}(\bar{\omega} = \omega/\omega_A)$ 得到理想磁流体气球模的本征值. 而求解矩阵本征值的问题, 在 Matlab 中用一个简单的函数 eig 就可.

扫描求解 s-α 平面各点气球模增长率的代码如下, "eigenvalue_ibm_scan.m":

```
% Hua-sheng XIE, IFTS-ZJU, huashengxie@gmail.com, 2011-10-30 18:25
% Ideal ballooning mode, eigenvalue solver
% Correction: 2012-02-18 20:01
close all; clear; clc; Nx=256*1; xmin=0; xmax=40; M=zeros(Nx);
dx=(xmax-xmin)/Nx; dx2=dx*dx; x=(xmin+dx):dx:xmax; na=41; ns=21;
amin=0.0; amax=4.0; smin=0.0; smax=2.0;
aa=amin:(amax-amin)/(na-1):amax; ss=smin:(smax-smin)/(ns-1):smax;
[AA,SS]=meshgrid(aa,ss); WW=0.*AA; for ia=1:na
    for is=1:ns
        a=aa(ia); s=ss(is); % alpha, s
        p=2.0.*(s.*x-a.*sin(x)).*(s-a.*cos(x));
        q=a.*(cos(x)+(s.*x-a.*sin(x)).*sin(x));
        r=-(1.0+(s.*x-a.*sin(x)).^2);
        M(1,1)=1.0/(dx2)-p(1)/(2.0*dx*r(1))+q(1)/r(1);
        for j=2:Nx
            M(j,j)=2.0/(dx2)+q(j)/r(j);
            M(j-1,j)=-1.0/(dx2)+p(j-1)/(2.0*dx*r(j-1));
            M(j,j-1)=-1.0/(dx2)-p(j)/(2.0*dx*r(j));
        end
        [V,D]=eig(M);
        w2=eig(M); % (omega/omega_A)^2
        w=sqrt(w2);
        gammamax=max(imag(w));
        ind=find(imag(w)==gammamax);
        omega=w(ind(1));
        WW(is,ia)=omega; % notWW(ia,is)!!
    end
end mesh(AA,SS,imag(WW)); xlabel('\alpha'); ylabel('s');
zlabel('\gamma_{MHD}/\omega_A'); title('Stable domain in s-\alpha space');  print(gcf,'-dpng',['stable_domain','.png']);
row=floor(0.8/smax*(ns-1))+1;
figure; plot(AA(row,:),imag(WW(row,:))); xlabel('\alpha');
ylabel('\gamma_{MHD}/\omega_A'); title(['s=',num2str(SS(row,1))]);
save;
```

求解结果见图 5.12. 矩阵法的优点在于速度快, 且无需给初始猜测值, 可直接运行.

对于 $s = 0.4$, $\alpha = 0.8$, 图 5.13∼ 图 5.15 分别显示了本书的矩阵法、标准打靶

法和初值模拟法 ($\omega^2 \to -\partial_t^2$) 给出的局域理想气球模的增长率和模结构, 可以看到它们基本一致, 增长率均在 $\gamma = 0.342$ 附近. 误差只在第三位有效数字, 这与网格收敛性有关. 这便验证了这里矩阵法的可靠性. 这里的初值法与前面计算撕裂模的类似, 只需改写方程 $\omega^2 = -\partial_t^2$.

如果只需要求解临界不稳定 $\gamma = 0$ 在 s-α 图中的边界轮廓线, 我们可以通过 $\omega^2 = 0$ 去掉方程中最后一项, 固定 α, 求对应的 s 作为本征值, 或者反过来, 示例结果见图 5.16. 注意, 对于 s 和 α 较小时, 求解的网格区间 θ 可能需要调较大才收敛.

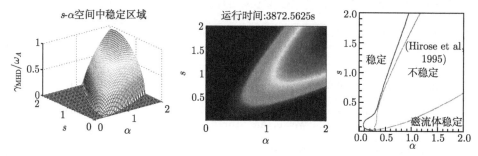

图 5.12　理想气球模增长率的扫描图, 并与 Hirose 等 (1995) 的文献对比 (彩图扫封底二维码)

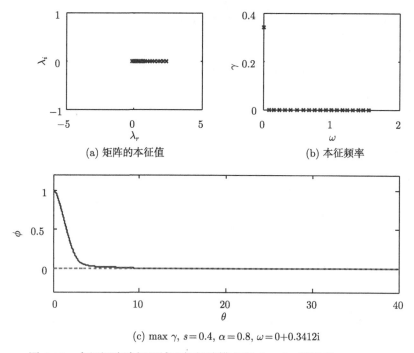

图 5.13　本征矩阵法解局域理想气球模方程 (5.59), 增长率 $\gamma = 0.341$

5.6 局域气球模问题

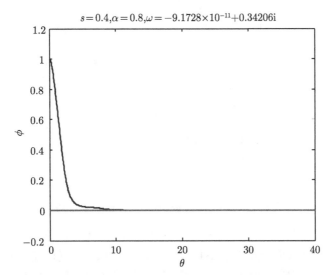

图 5.14 标准打靶法解局域理想气球模方程 (5.59)，增长率 $\gamma = 0.342$

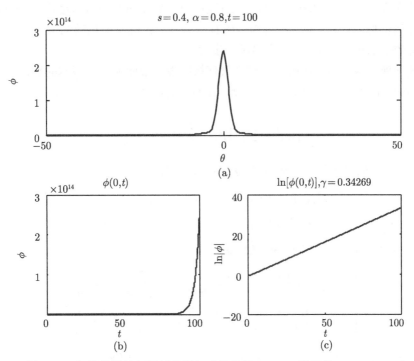

图 5.15 初值模拟法解局域理想气球模方程 (5.59)，增长率 $\gamma = 0.342$

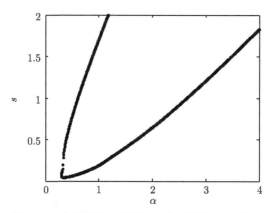

图 5.16 本征法求解局域理想气球模的 s-α 边界

物理上, 固定剪切 s, 当 α 很小时, 气球模是稳定的 (第一稳定区); 当压强梯度参数 α 增大时, 气球模会越来越不稳定; 但 α 继续增加, 气球模反而会变回稳定, 进入所谓的第二稳定区. 对于这个方程, 第二稳定区的出现, 关键在于 Shafranov 位移改变的磁场曲率, 从而致稳.

曲率项 $h(\theta)$ 中的参数 α 来自 Shafranov 位移 Δ 而非来自压强梯度. 所以在同心圆几何位形 ($\Delta = 0$) 中, 原方程中所有 $h = s\theta - \alpha \sin\theta$ 应该改为 $h = s\theta$. 或者在更精确的平衡模型中 $h(\theta)$ 还需要进一步改变.

关于理想磁流体气球模和动理学气球模的理论及此前各种版本的数值结果, 可参考 Hirose(2006) 的讲义和 Hirose 等 (1995) 的文章.

5.7 约化的磁流体方程

这里, 我们以求解柱位形中撕裂模问题为例,

$$\begin{cases} \partial_t \Psi = [\Psi, \phi] + \eta \nabla_\perp^2 \Psi + \partial_\varphi \phi, \\ \partial_t U = [U, \phi] + [\Psi, j_\varphi] + \partial_\varphi j_\varphi + \nu \nabla_\perp^2 U. \end{cases} \tag{5.70}$$

其中, $U = \nabla_\perp^2 \phi$, $j_\varphi = \nabla_\perp^2 \Psi$. 相应算符

$$\begin{cases} [f, g] = \dfrac{1}{r}\left(\dfrac{\partial f}{\partial r}\dfrac{\partial g}{\partial \theta} - \dfrac{\partial g}{\partial r}\dfrac{\partial f}{\partial \theta}\right) = \dfrac{im}{r}\left(g\dfrac{\partial f}{\partial r} - f\dfrac{\partial g}{\partial r}\right), \\ \nabla_\perp^2 = \dfrac{1}{r}\left(\dfrac{\partial}{\partial r} r \dfrac{\partial}{\partial r}\right) + \dfrac{1}{r^2}\dfrac{\partial^2}{\partial \theta^2} = \dfrac{1}{r}\left(\dfrac{\partial}{\partial r} r \dfrac{\partial}{\partial r}\right) - \dfrac{m^2}{r^2}. \end{cases} \tag{5.71}$$

平衡关系 $q^{-1} = -\dfrac{1}{r}\dfrac{\mathrm{d}}{\mathrm{d}r}\Psi_0$, $j_0 = \nabla_\perp^2 \Psi_0 = -\dfrac{1}{r}\dfrac{\mathrm{d}}{\mathrm{d}r}\dfrac{r^2}{q}$, $s = \dfrac{r}{q}\dfrac{\mathrm{d}q}{\mathrm{d}r}$, $U_0 = \phi_0 = 0$.

代码 rmhd_cylinder_eig.m:

5.7 约化的磁流体方程

```matlab
% Hua-sheng XIE, huashengxie@gmail.com, IFTS-ZJU, 2013-06-18 19:10
% Reduced MHD eigen solver, cylinder
% 2013-06-19 12:33 rewrite, seems OK

close all; clear; clc;

Nr=2^12;
r=linspace(0,1,Nr+2);
dr=r(2)-r(1);

% initial profiles
% q0=0.8; q1=-3.2; q2=4;
q0=1.1; q1=-1.8; q2=4;
% q0=0.8; q1=0; q2=1;
q=q0+q1*r+q2*r.^2;
qp=q1+2*q2.*r;
qpp=2*q2;
s=r.*qp./q;
sp=(r.*q.*qpp+q.*qp-qp.^2.*r)./q.^2;
eta=1e-6+0.*r;
nu=1e-6;
m=1; n=1;

rj=r(2:Nr+1); % define a temp radius parameter, r_j=j*dr, j=1,...,Nr
qj=q(2:Nr+1);
sj=s(2:Nr+1);
spj=sp(2:Nr+1);
etaj=eta(2:Nr+1);
rhojp=(1/dr^2+1./(2*rj*dr)); % rho_j^{+}
rhoj0=0.*rj-2/dr^2; % rho_j^{0}
rhojm=(1/dr^2-1./(2*rj*dr)); % rho_j^{-}


% set sparse matries DI, I, O, ...
j=1:Nr; jm=2:Nr; jp=1:(Nr-1);
DI = sparse(j,j,rhoj0,Nr,Nr)+sparse(jm,jp,rhojm(jm),Nr,Nr)+...
    sparse(jp,jm,rhojp(jp),Nr,Nr);

I=speye(Nr,Nr);
O=0.*DI;

tmp1=m^2./rj.^2;
Diag1 = sparse(j,j,tmp1,Nr,Nr);

tmp2=-m^2.*etaj./rj.^2;
Diag2 = sparse(j,j,tmp2,Nr,Nr);

tmp3=1i*(n-m./qj);
Diag3 = sparse(j,j,tmp3,Nr,Nr);

tmp4=-1i*((n-m./qj).*m^2./rj.^2+m./rj.*(spj./qj-sj.*(sj-2)./(rj.*qj)));
Diag4 = sparse(j,j,tmp4,Nr,Nr);

tmp5=m^4.*nu./rj.^4;
```

```matlab
Diag5 = sparse(j,j,tmp5,Nr,Nr);

tmp6=etaj;
Diag6 = sparse(j,j,tmp6,Nr,Nr);

% set matrice A and B
B=[I O; O DI-Diag1];
C=[Diag2 Diag3; Diag4 Diag5];
D=[Diag6*DI O; Diag3*DI nu*(DI*DI-Diag1*DI-DI*Diag1)]; % '*' not '.*'!!
A=C+D;

% solve
sigma=0.1; % search eigenvalues aroud this value
[V,M]=eigs(A,B,6,sigma);
% [V,M]=eigs(A,B,6,'lr');
[row,col] = find(real(M)==max(max(real(M))));
w=1i*M(row,col);
psi=V(1:Nr,col);
phi=V((Nr+1):2*Nr,col);
norm=real(psi(find(abs(psi)==max(abs(psi)))));
psi=psi/norm; phi=phi/norm;

h=figure('unit','normalized','Position',[0.01 0.47 0.5 0.45],...
    'DefaultAxesFontSize',15);
subplot(2,2,1);
plot(r,q,r,s,[0,1],[1,1],'r—','LineWidth',2);
xlabel('r'); xlim([0,1]); axis tight;
legend('q','s',2); legend('boxoff');
title(['(a) q=',num2str(q0),'+',num2str(q1),'r+',num2str(q2),...
    'r^2, \eta=',num2str(eta(1)),', \nu=',num2str(nu)]);

if(Nr<=2^8) % eig() supports only small dimensions, e.g., N<1000
    FA=full(A); FB=full(B); FC=full(C); FD=full(D);
    d=eig(FA,FB); wtmp=1i*d;
    subplot(2,2,2);
    ind=find(imag(wtmp)>0);
    xmax=1.1*max(abs(real(wtmp)));
    ymax=max(imag(wtmp)); ymin=min(imag(wtmp));
    plot(real(wtmp),imag(wtmp),'m.',real(wtmp(ind)),...
        imag(wtmp(ind)),'r+',[-xmax,xmax],[0,0],'g—','LineWidth',2);
    axis([-xmax,xmax 1.1*ymin-0.1*ymax 1.1*ymax-0.1*ymin]);
    xlabel('Re(\omega)'); ylabel('Im(\omega)');
    title('(b) eigenvalues');
end

subplot(2,2,3);
plot(rj,real(psi),rj,imag(psi),'r—','LineWidth',2); xlabel('r');
legend('Re(\psi)','Im(\psi)'); legend('boxoff');
title(['(c) Nr=',num2str(Nr),', m=',num2str(m),', n=',num2str(n)]);
subplot(2,2,4);
plot(rj,real(phi),rj,imag(phi),'r—','LineWidth',2); xlabel('r');
legend('Re(\phi)','Im(\phi)'); legend('boxoff');
title(['(d) \omega=',num2str(w,3)]);

print('-dpng',['Nr=',num2str(Nr),',m=',num2str(m),...
```

5.7 约化的磁流体方程

```
110        ',n=',num2str(n),',q=',num2str(q0),'+',num2str(q1),...
111       'r+',num2str(q2),'r^2.png']);
```

柱位形中单撕裂模和双撕裂模的本征解示例分别见图 5.17 和图 5.18. 可以看到单撕裂模只有一个不稳定本征值,双撕裂模有两个.

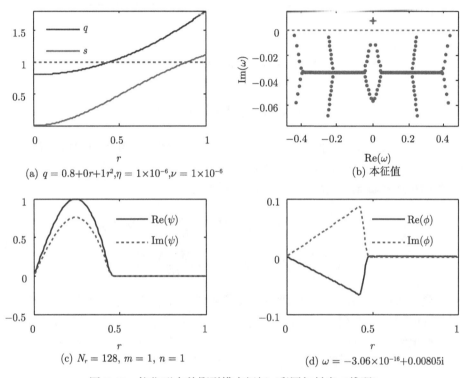

(a) $q = 0.8+0r+1r^2, \eta = 1\times 10^{-6}, \nu = 1\times 10^{-6}$

(b) 本征值

(c) $N_r = 128, m = 1, n = 1$

(d) $\omega = -3.06\times 10^{-16}+0.00805i$

图 5.17 柱位形中单撕裂模本征解 (彩图扫封底二维码)

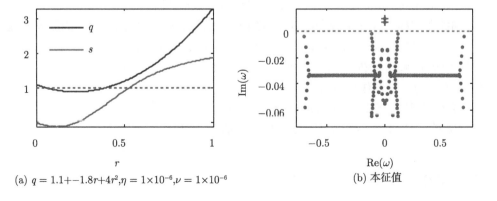

(a) $q = 1.1+-1.8r+4r^2, \eta = 1\times 10^{-6}, \nu = 1\times 10^{-6}$

(b) 本征值

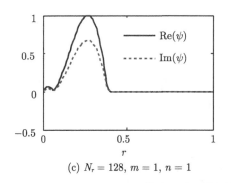 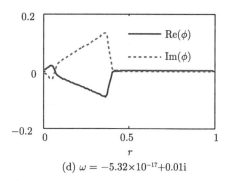

(c) $N_r = 128$, $m = 1$, $n = 1$ (d) $\omega = -5.32\times10^{-17}+0.01\mathrm{i}$

图 5.18　柱位形中双撕裂模本征解 (彩图扫封底二维码)

5.8　阿尔文连续谱和阿尔文本征模

本节讨论阿尔文本征模 (Alfvén eignmode, AE)，细节参考 AMC 代码 ((Xie and Xiao, 2015)，http://hsxie.me/codes/amc/)。

我们从理想磁流体涡度 (vorticity) 方程出发

$$\nabla \cdot \left[\frac{\omega^2}{v_A^2(r,\theta)} \nabla_\perp U \right] + \boldsymbol{B} \cdot \nabla \left(\frac{1}{B^2} \nabla \cdot B^2 \nabla_\perp Q \right) \\ - \nabla \left(\frac{J_\parallel}{B} \right) \cdot (\nabla Q \times \boldsymbol{B}) + 2 \frac{\boldsymbol{\kappa} \cdot (\boldsymbol{B} \times \nabla \delta P)}{B^2} = 0, \tag{5.72}$$

其中流函数 (stream function)U 通过等离子体位移矢量定义 $\boldsymbol{\xi} = (\nabla U \times \boldsymbol{b})/B$，$\boldsymbol{\kappa} = \boldsymbol{b} \cdot \nabla \boldsymbol{b} = (\nabla \times \boldsymbol{b}) \times \boldsymbol{b}$ 是磁场曲率，$\boldsymbol{b} = \boldsymbol{B}/B$ 是单位平衡磁场，$J_\parallel = (c/4\pi)\boldsymbol{b} \cdot \nabla \times \boldsymbol{B}$ 是平行平衡电流，$Q = (\boldsymbol{b} \cdot \nabla U)/B$ 及 $\delta P = (\boldsymbol{b} \times \nabla U \cdot \nabla P)/B + (\Gamma P \nabla U \cdot \boldsymbol{b} \times \boldsymbol{\kappa})/B$，其中取 $\Gamma P = P_e + 7P_i/4$ 使得我们可正确地处理测地压缩性 (geodesic compressibility)。方程 (5.72) 在小环径比 ($\epsilon = r/R_0 \ll 1$) 的托卡马克等离子体中精确到二阶，其中我们假定低 $\beta \sim O(\epsilon^2)$。方程 (5.72) 中第一项为惯性 (inertial) 项，第二项是场线弯曲 (field line bending) 项，第三项是扭曲 (kink) 项，最后一项是气球 (ballooning) 项。因此在方程 (5.72) 中各个物理项得到了很好的分离，从而比原始的磁流体方程 (比如在 NOVA(Cheng and Chance, 1986) 和 GTAW(Hu et al., 2014) 中用的方程) 更便于研究物理。另外注意由于静电势 $\delta\phi$ 通过 $\delta\phi = \partial U/\partial t$ 与 U 相关，因此 U 和 $\delta\phi$ 的模结构可以看作相似的。

我们考虑带位移的圆截面磁面平衡位形，假设 $U = \sum U_m(r) \exp(\mathrm{i}n\zeta - \mathrm{i}m\theta)$，同时展开方程 (5.72) 到 $O(\epsilon^2)$，得到如下的耦合方程：

$$L_{m,m-1}U_{m-1} + L_{m,m}U_m + L_{m,m+1}U_{m+1} = 0, \tag{5.73}$$

其中，算符 $L_{m,m}$ 和 $L_{m,m\pm1}$ 定义为

5.8 阿尔文连续谱和阿尔文本征模

$$L_{m,m} = \frac{\partial}{\partial r}\left[\frac{(1+4\epsilon\Delta')}{v_A^2}\bar{\omega}^2 - k_m^2 - c_s^2\right]r\frac{\partial}{\partial r} + (k_m^2)'$$
$$-\frac{m^2}{r}\left\{\frac{[1-4\epsilon(\epsilon+\Delta')]}{v_A^2}\bar{\omega}^2 - k_m^2 - c_s^2 - \bar{\kappa}_r\alpha/q^2\right\}, \tag{5.74}$$

$$L_{m,m\pm 1} = \bar{\omega}^2\left\{\frac{\partial}{\partial r}\frac{(2\epsilon+\Delta')}{v_A^2}r\frac{\partial}{\partial r} - \frac{(\epsilon-\Delta')}{v_A^2}\frac{m(m\pm 1)}{r}\right.$$
$$\left.+\frac{[\epsilon+(r\Delta')']}{v_A^2}m\frac{\partial}{\partial r}\right\} - \left\{\frac{\partial}{\partial r}r\Delta' k_m k_{m\pm 1}\frac{\partial}{\partial r}\right.$$
$$\left.-\frac{m^2}{r}(\epsilon+\Delta')k_m k_{m\pm 1} \mp m[\epsilon+(r\Delta')']k_m k_{m\pm 1}\frac{\partial}{\partial r}\right\}$$
$$-\frac{m\alpha}{2q^2}\left(\frac{m}{r}\mp\frac{\partial}{\partial r}\right). \tag{5.75}$$

这里，$\bar{\omega}=\omega/\omega_A$，$\omega_A = V_A/R_0$，$k_m = n-m/q$，$V_A = v_A(0)$ 是轴心阿尔文速度，$\alpha = -R_0 q^2 \mathrm{d}\beta/\mathrm{d}r$ 是归一化压力梯度，$\bar{\kappa}_r = \epsilon(1/2-1/q^2)+(r\Delta')'/2+\Delta'$ 是平均径向曲率分量. 归一化的离子声速 $c_s^2 = [2/(V_A^2 R_0^2)][T_e+(7/4)T_i]/m_i$ 代表测地声耦合，可以从动理学理论中计算得到.

以上方程的推导保留了理想磁流体方程精确的自伴性 (self-adjointness)，并且不限于高环向和极向模数. 细节对比这里的方程和其他文献中的方程, 自伴性的证明参考文献 Xie 和 Xiao (2015). 这组方程包含非常广的本征模, 如各种阿尔文本征模 (GAE, TAE, RSAE 等) 以及内扭曲 (kink) 模和理想气球模 (IBM).

方程 (5.73)~(5.75) 可以数值上求得连续谱和本征模. 连续谱通过使得二阶导数系数矩阵的行列式为零而得到 (Fu and van Dam, 1989). 本征模通过求解矩阵本征值问题 $\boldsymbol{AX} = \lambda \boldsymbol{BX}$ 得到, 其中 $\lambda = \omega^2$. 我们使用中心差分离散方程 (5.73), $\mathrm{d}f/\mathrm{d}r = (f_{j+1}-f_{j-1})/(2\Delta r)$ 及 $\mathrm{d}^2f/\mathrm{d}r^2 = (f_{j+1}-2f_j+f_{j-1})/\Delta r^2$. 计算中使用零边界条件. 本征矩阵维数为 $(N_m \times N_r)^2$, 其中 N_r 是径向网格数, $N_m = m_{\max}-m_{\min}+1$ 是极向傅里叶 m 模所保留的数目, 计算中取 $m \in [m_{\min}, m_{\max}]$.

基于以上算法, 我们发展了一个新的全局本征代码阿尔文模代码 (Alfvén mode code, AMC). 为了加快计算速度, 用了稀疏矩阵计算本征值 (模频率) 和本征矢 (模结构). 相较于其他代码 (通常使用迭代 root finding 寻根法), 如 NOVA(Cheng and Chance, 1986), KAEC (Yu et al., 2009) 和 GTAW (Hu et al., 2014), 这个新代码使用更容易并且计算更快. 比如对于网格数 $N_r = 512$ 和 $N_m = 10$ 的一个典型算例, AMC 可以在几秒或者不到一秒内找到本征模, 而 NOVA 和 KAEC 通常需要几分钟. 更进一步, AMC 能够在几分钟内找到所有 N_d ($N_d = N_r \times N_m$) 个本征值和本征模, 并且不会丢根. AMC 测试的模数范围到 $n=100$ 依然无数值困难, NOVA、KAEC 和 GTAW 等在高模数 $n>20$ 时通常无法获得好的计算结果. 这里如果是求完整的本征方程, 它既包含连续谱也包含物理上的本征模. 对于连续谱的根,模结构通常在某一径向位置奇异,而离散谱的模结构通常是全局的同时是光滑的,从而也是我们最感兴趣的.

5.8.1 柱全局阿尔文本征模

我们测试所谓的 GAE, 参数 $\rho = 1.0 - 0.98(r/a)^2$, $q = 1.001 + 2.0(r/a)^2$, $\beta = 0$, $n = 0$, $m = 2$ (Yu et al., 2009),结果见图 5.19.

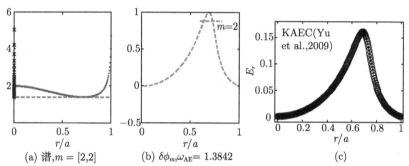

图 5.19 AMC 和 KAEC 代码计算的 GAE, $\omega_{\text{GAE}}^{\text{AMC}} = 1.3842$ 及 $\omega_{\text{GAE}}^{\text{KAEC}} = 1.3843$

5.8.2 环阿尔文本征模

TAE 是由于环耦合导致连续谱出现间隙 (gap),在间隙中存在的离散本征模.

1. Fu 和 van Dam(1989) 的文献参数中的环阿尔文本征模

参数 $q = 1.0 + 1.0(r/a)^2$, $\rho = 1.0$, $n=1$ 和 $R_0/a = 4$ (Fu and van Dam, 1989),结果见图 5.20.

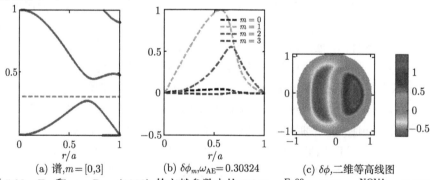

图 5.20 Fu 和 van Dam(1989) 的文献参数中的 TAE, $\omega_{\text{TAE}}^{\text{Fu89}} = 0.31$, $\omega_{\text{TAE}}^{\text{NOVA}} = 0.3127$, $\omega_{\text{TAE}}^{\text{KAEC}} = 0.302$, $\omega_{\text{TAE}}^{\text{AMC}} = 0.303$(彩图扫封底二维码)

2. 奇模和偶模环阿尔文本征模

间隙中 TAE 可能不止一支,比如有时既会有常规的偶 (even) 模,又可能找到奇 (odd) 模. 参数 $q = 1.35 + 1.2(r/a)^2$, $\rho = 1/[1 + 2.0(r/a)^2]$, $n = 1$ 和 $R_0/a = 4$,

结果见图 5.21.

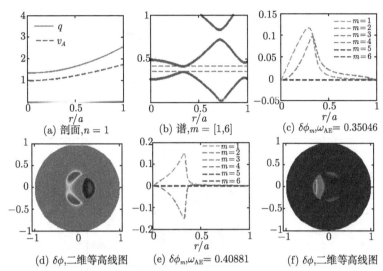

图 5.21 奇模和偶模 TAEs. $\omega_{\text{Odd}}^{\text{NOVA}} = 0.4050$, $\omega_{\text{Odd}}^{\text{KAEC}} = 0.4086$, $\omega_{\text{Odd}}^{\text{AMC}} = 0.4088$; $\omega_{\text{Even}}^{\text{NOVA}} = 0.3550$, $\omega_{\text{Even}}^{\text{KAEC}} = 0.3523$, $\omega_{\text{Even}}^{\text{AMC}} = 0.3505$(彩图扫封底二维码)

5.8.3 反剪切阿尔文本征模

对于反剪切位形,可能存在所谓的反剪切阿尔文本征模,用来对比的参数取自 Deng 等 (2010) 的文献,结果见图 5.22.

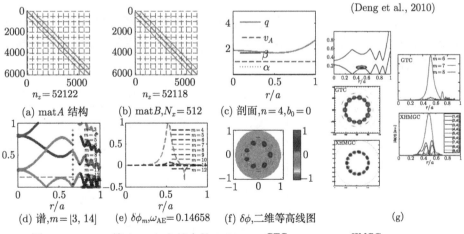

图 5.22 Deng 等 (2010) 文献中的 RSAE, $\omega_{\text{RSAE}}^{\text{GTC}} = 0.135$, $\omega_{\text{RSAE}}^{\text{HMGC}} = 0.160$, $\omega_{\text{RSAE}}^{\text{AMC}} = 0.147$, $\omega_{\text{RSAE}}^{\text{accum}} = 0.142$(彩图扫封底二维码)

5.8.4 全局气球模

如果我们关心磁流体中的不稳定性,在方程 (5.72) 中有两个来源,一个是第三项电流驱动的扭曲模,一个是第四项压强驱动的气球模.

气球模主要由压强梯度驱动,曲率在一定程度上可以致稳,一个示例见图 5.23,图中可以看到,当 n 越大时却说增长率 γ 逐渐趋近于常数,这与前面局域 s-α 的结论相近.

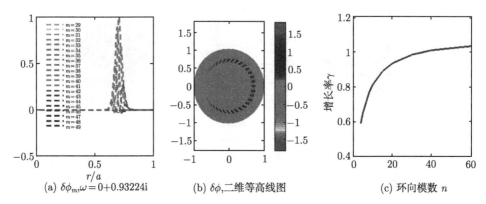

(a) $\delta\phi_m, \omega=0+0.93224i$ (b) $\delta\phi$,二维等高线图 (c) 环向模数 n

图 5.23 $n=20$ 的全局理想气球模的模结构 $\delta\phi_m(r)$ 和 $\delta\phi(r,\theta)$,及 γ 和 n 扫描 (彩图扫封底二维码)

5.8.5 内扭曲模

内扭曲模,是主要由平行平衡电流驱动的不稳定性. 图 5.24 显示了 AMC 中典型的柱位形的内扭曲模算例,由于 $q=1$ 面的存在,该模不稳定. 图中可看到,理想内扭曲模是纯增长的.

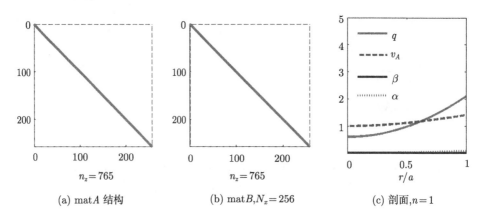

(a) mat$A$ 结构 (b) mat$B$,$N_x=256$ (c) 剖面,$n=1$

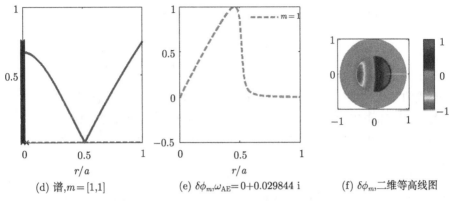

(d) 谱,$m=[1,1]$
(e) $\delta\phi_m, \omega_{AE}=0+0.029844\,i$
(f) $\delta\phi_m$,二维等高线图

图 5.24　内扭曲模本征解 (彩图扫封底二维码)

5.8.6　非圆阿尔文本征模

另外, 实际上连续谱的间隙不只有 m 与 $m\pm 1$ 相互耦合的, 还可以有与 $m\pm 2,3,\cdots$ 耦合的, 能导致高阶间隙, 从而可能找到高阶间隙对应的离散本征模, 这通常是所谓的椭圆或非圆本征模 (EAE 或 NAE), 图 5.25 给出了一个 AMC 找到的高阶间隙对应的离散本征模. 这里也表明, 所谓的 EAE 或 NAE 并不一定要求非圆位形, 因为 AMC 假定的就是同心圆, 且每组方程只保留了相邻模.

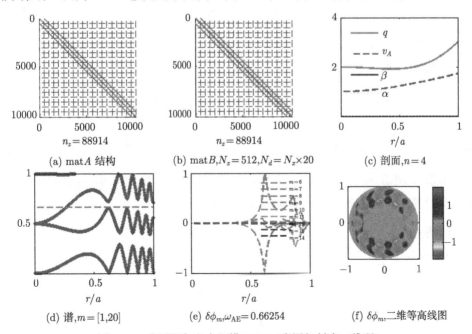

(a) mat A 结构
(b) mat $B, N_x=512, N_d=N_x\times 20$
(c) 剖面,$n=4$
(d) 谱,$m=[1,20]$
(e) $\delta\phi_m, \omega_{AE}=0.66254$
(f) $\delta\phi_m$,二维等高线图

图 5.25　非圆阿尔文本征模 NAE (彩图扫封底二维码)

以上模拟, 再简单加上 FLR 和阻尼导致的四阶项, 还可以用来算所谓的 BAE, 算法无需太多调整, 细节可参考 Rizvi 等 (2016) 的文献.

5.9 回旋朗道流体: 磁流体的拓展

一般的多流体属磁流体的拓展, 根据不同的物理需要, 单流体中也常常会加不同的项, 比如霍尔项、电子惯性项、抗磁漂移项. 以上不赘述. 我们这里直接跳到其动理学的拓展版本, 回旋流体, 也即用流体方程来建模 (朗道阻尼等) 动理学效应.

回旋朗道流体主要还是用来研究非线性的输运问题, 我们这里只介绍其基本思想, 不具体应用它. 主要思路参考 Hammett 和 Perkins(1990) 的文献.

我们只推导所谓的朗道流体模型, 它可以基于静电一维的 Vlasov 方程, 而暂不考虑更复杂的基于回旋动理学方程的回旋流体模型.

5.9.1 静电一维为例

静电一维 Vlasov-Poisson 方程, 只考虑电子

$$\frac{\partial f}{\partial t}+v\frac{\partial f}{\partial x}+\frac{eE}{m}\frac{\partial f}{\partial v}=0, \tag{5.76}$$

$$\nabla^2\phi=-\rho, \tag{5.77}$$

其中, $E=-\nabla\phi$; $\rho=e\int(f-f_0)\mathrm{d}v$.

线性化 $\mathrm{e}^{\mathrm{i}kx-\mathrm{i}\omega t}$,

$$\delta n=\int\delta f\mathrm{d}v=-n_0\frac{e\delta\phi}{T_0}R(\zeta)=-n_0\frac{e\delta\phi}{T_0}kv_t^2\int\frac{\partial_v f_0}{kv-\omega}\mathrm{d}v, \tag{5.78}$$

其中, $\zeta=\omega/(|k|\sqrt{2}v_t)$; $T_0=mv_t^2=m\int f_0v^2\mathrm{d}v/\int f_0\mathrm{d}v$. 对于麦氏分布 $f_0=f_M$, 响应函数为 $R(\zeta)=1+\zeta Z(\zeta)=-Z'(\zeta)/2$, 其中 $Z(\zeta)=\pi^{-1/2}\int\mathrm{d}t\exp(-t^2)/(t-\zeta)$ 是通常的等离子体色散函数, 具体在第 6 章将有介绍.

5.9.2 展开 R

关于 $|\zeta|\gg 1$,

$$\begin{aligned}Z'(\zeta)&=-\mathrm{i}\frac{k}{|k|}\sqrt{\pi}2\zeta\mathrm{e}^{-\zeta^2}+\frac{1}{\zeta^2}+\frac{3}{2}\frac{1}{\zeta^4}+\frac{15}{4}\frac{1}{\zeta^6}+\cdots\\ &\simeq\frac{1}{\zeta^2}+\frac{3}{2}\frac{1}{\zeta^4}+\frac{15}{4}\frac{1}{\zeta^6}+\cdots,\end{aligned} \tag{5.79}$$

关于 $|\zeta| \ll 1$,

$$Z'(\zeta) = -\mathrm{i}\frac{k}{|k|}\sqrt{\pi}2\zeta\mathrm{e}^{-\zeta^2} - 2 + 4\zeta^2 - \frac{8}{3}\zeta^4 + \cdots$$
$$\simeq -2 + \left(-\mathrm{i}\frac{k}{|k|}\sqrt{\pi}2\right)\zeta + 4\zeta^2 + \left(\mathrm{i}\frac{k}{|k|}\sqrt{\pi}2\right)\zeta^3 - \frac{8}{3}\zeta^4 + \left(-\mathrm{i}\frac{k}{|k|}\sqrt{\pi}\right)\zeta^5 + \cdots, \tag{5.80}$$

$R_3 = \dfrac{\chi_1 - \mathrm{i}\zeta}{\chi_1}.$

5.9.3 流体方程

粒子密度 $n = \int f \mathrm{d}v$, 动量密度 $mnu = m\int fv\mathrm{d}v$, 压强 $p = m\int f(v-u)^2\mathrm{d}v$:

$$\frac{\partial n}{\partial t} + \frac{\partial}{\partial z}(nu) = 0, \tag{5.81}$$

$$\frac{\partial}{\partial t}(mnu) + \frac{\partial}{\partial z}(umnu) = -\frac{\partial p}{\partial z} + enE - \frac{\partial S}{\partial z}, \tag{5.82}$$

$$\frac{\partial p}{\partial t} + \frac{\partial}{\partial z}(up) = -(\varGamma-1)(p+S)\frac{\partial u}{\partial z} - \frac{\partial q}{\partial z}, \tag{5.83}$$

热流矩 (heat flux moment) $q = m\int f(v-u)^3 \mathrm{d}v$. 假设

$$\begin{aligned}\tilde{q}_k &= -n_0\chi_1\frac{\sqrt{2}v_t}{|k|}\mathrm{i}k\tilde{T}_k,\\ \tilde{S}_k &= -mn_0\mu_1\frac{\sqrt{2}v_t}{|k|}\mathrm{i}k\tilde{u}_k,\end{aligned} \tag{5.84}$$

及 $\tilde{T} = (\tilde{p} - \tilde{n}T)/n_0$. 线性化 ($u_0 = 0$, $S_0 = 0$)

$$-\mathrm{i}\omega\tilde{n} + \mathrm{i}kn_0\tilde{u} = 0, \tag{5.85}$$
$$-\mathrm{i}\omega m n_0\tilde{u} = -\mathrm{i}k\tilde{p} - \mathrm{i}ken_0\tilde{\phi} - \mathrm{i}k\tilde{S}, \tag{5.86}$$
$$-\mathrm{i}\omega\tilde{p} + \mathrm{i}kp_0\tilde{u} = -(\varGamma-1)p_0\mathrm{i}k\tilde{u} - \mathrm{i}k\tilde{q}, \tag{5.87}$$

得到

$$\tilde{u} = \frac{\omega}{kn_0}\tilde{n}, \tilde{S} = -m\mu_1\sqrt{2}v_t\mathrm{i}\frac{\omega}{k}\tilde{n}, \tilde{q} = -n_0\chi_1\sqrt{2}v_t\mathrm{i}(\tilde{p}-\tilde{n}T_0)/n_0,$$

$$\omega\tilde{p} = \varGamma p_0 k\tilde{u} - k\chi_1\sqrt{2}v_t\mathrm{i}(\tilde{p}-\tilde{n}T_0) \longrightarrow (\omega + \mathrm{i}k\chi_1\sqrt{2}v_t)\tilde{p} = (\varGamma\omega + \mathrm{i}k\chi_1\sqrt{2}v_t)T_0\tilde{n}$$
$$\longrightarrow \tilde{p} = \frac{(\varGamma\omega + \mathrm{i}k\chi_1\sqrt{2}v_t)T_0}{(\omega + \mathrm{i}k\chi_1\sqrt{2}v_t)}\tilde{n},$$

$$\omega m n_0 \frac{\omega}{k n_0}\tilde{n} = k\frac{(\varGamma\omega + \mathrm{i}k\chi_1\sqrt{2}v_t)T_0}{(\omega + \mathrm{i}k\chi_1\sqrt{2}v_t)}\tilde{n} + k e n_0 \tilde{\phi} - k m\mu_1\sqrt{2}v_t\mathrm{i}\frac{\omega}{k}\tilde{n} \longrightarrow \left[\omega m \frac{\omega}{k}\right.$$

$$\left. + m\mu_1\sqrt{2}v_t\mathrm{i}\omega - k\frac{(\varGamma\omega + \mathrm{i}k\chi_1\sqrt{2}v_t)T_0}{(\omega + \mathrm{i}k\chi_1\sqrt{2}v_t)}\right]\tilde{n} = k e n_0 \tilde{\phi},$$

得到

$$\tilde{n} = \frac{(\omega + \mathrm{i}k\chi_1\sqrt{2}v_t)k e n_0}{[\omega m \frac{\omega}{k}(\omega + \mathrm{i}k\chi_1\sqrt{2}v_t) + m\mu_1\sqrt{2}v_t\mathrm{i}\omega(\omega + \mathrm{i}k\chi_1\sqrt{2}v_t) - k(\varGamma\omega + \mathrm{i}k\chi_1\sqrt{2}v_t)mv_t^2]}\tilde{\phi}. \tag{5.88}$$

$$\tilde{n} = \frac{(\omega + \mathrm{i}k\chi_1\sqrt{2}v_t)}{[\omega\frac{\omega}{k^2}(\omega + \mathrm{i}k\chi_1\sqrt{2}v_t)/v_t^2 + \mu_1\sqrt{2}\mathrm{i}\omega(\omega + \mathrm{i}k\chi_1\sqrt{2}v_t)/kv_t - (\varGamma\omega + \mathrm{i}k\chi_1\sqrt{2}v_t)]}\frac{e n_0}{T_0}\tilde{\phi} \tag{5.89}$$

$$\tilde{n} = \frac{(\chi_1 - \mathrm{i}\zeta)}{[2\zeta^2(\chi_1 - \mathrm{i}\zeta) + \mu_1 2\mathrm{i}\zeta(\chi_1 - \mathrm{i}\zeta) - (-\mathrm{i}\varGamma\zeta + \chi_1)]}\frac{e n_0}{T_0}\tilde{\phi}, \tag{5.90}$$

从而,响应函数

$$R_3 = \frac{\chi_1 - \mathrm{i}\zeta}{\chi_1 - \mathrm{i}\varGamma\zeta - 2\mathrm{i}\chi_1\mu_1\zeta - 2\chi_1\zeta^2 - 2\mu_1\zeta^2 + 2\mathrm{i}\zeta^3}. \tag{5.91}$$

在 $|\zeta| \gg 1$ 处作泰勒展开, 得到 $R_3 \sim \frac{-1}{2\zeta^2} + \frac{\mathrm{i}\mu_1}{2\zeta^3} + \cdots$, 从而 $\mu_1 = 0$, $R_3 \sim \frac{-1}{2\zeta^2} - \frac{\varGamma}{4\zeta^4} + \frac{\mathrm{i}(\varGamma - 1)\chi_1}{4\zeta^5} + \cdots$, 从而 $\varGamma = 3$. $|\zeta| \gg 1$, $R_3 \sim 1 + \mathrm{i}2\zeta/\chi_1$, 从而 $\chi_1 = 2/\sqrt{\pi}$. 这样我们就求得了朗道流体方程中的各个系数.

从上面的推导我们可以看出, 朗道流体或者回旋流体的基本思想是先构造一组矩形式的流体方程, 其中有部分未定系数. 再对这组方程线性化, 可以得到线性的色散关系, 为了在这组流体方程中包含动理学效应, 那么应该使得这组流体方程的色散关系的解尽可能靠近动理学色散关系的解, 通过这两个色散关系就可以拟合出流体方程中未定的系数. 而且, 最初假定的流体方程本身就是非线性的, 因此可以计算非线性问题①. 这保证了新的流体方程至少在线性情况下可以与动理学模型对比. 上述动理学和朗道流体的响应函数对比见图 5.26, 我们可以看到两者在部分区间比较接近, 但也有部分区间稍有差别. 这些差别可以通过保留更多的流体矩方程而降低.

对于流体或者回旋流体模拟, 由徐学桥和 B. D. Dudson 等发展的 BOUT++ 框架 (Dudson et al., 2009) 是目前磁约束聚变中应用较为广泛的一个代码; 大连理工大学王正汹教授组和核工业西南物理研究院李继全组都有丰富的经验并发展过

---

①注意: 朗道/回旋流体方程的最大价值是在非线性, 而不是线性! 因此, 构造矩方程对拟合对应系数更关键! 对于线性问题, 我们无需构造矩方程, 同样可以得到各种流体模型, 只需使用 Padé 近似来展开动理学色散关系, 这在第 6 章求动理学色散关系数值解时会有涉及.

相关对应代码；纯磁流体大规模模拟方面，浙江大学马志为教授组发展的空间物理系列代码和托卡马克的 CLT 代码 (王胜, 2016) 目前都已经有非常好的应用. 国际上，M3D/NIMROD 等也非常有名. 非托卡马克位形的较有名的磁流体开源代码有 Celeste3D[1]和 Athena[2]等. 对于线性问题，除了前面提及的 NOVA 是托卡马克磁流体不稳定性研究中用得较多的外，Liu Y. Q. 等发展的 MARS 代码 (Liu, 2007) 近年来也有较大影响力，尤其在电阻壁模等相关研究中，并且已经引入不少动理学效应.

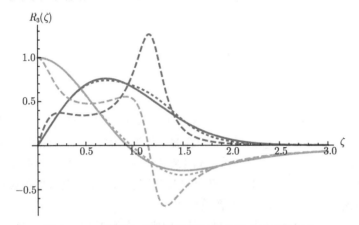

图 5.26　一维静电动理学和朗道流体的响应函数对比

习　题

1. 证明麦克斯韦方程组中四个方程，两个散度方程是两个时间演化方程的初始条件.
2. 参照 5.2.1 节，画出柱坐标下扭曲模的三维图.
3. 把 5.3 节中的方程，加上背景速度 $u_0 \neq 0$，验证多普勒关系 $\omega' = \omega - k \cdot u_0$ 对所有七支模 (含零频模) 均成立. 这证明，理想磁流体方程满足伽利略不变.
4. 对于 5.6 节中的局域气球模方程，取无 Shafranov 位移情况，重新求解，看第二稳定区是否消失.
5. 对如下 (x, y) 二维 Kelvin-Helmholtz 不稳定性问题进行线性化，并用文中任何一种方法 (如矩阵法或初值法) 数值求解：

$$\frac{\partial w}{\partial t} + \boldsymbol{v}_E \cdot \nabla w = 0, \quad w = -\nabla^2 \Phi, \quad \boldsymbol{v}_E = \hat{z} \times \nabla \Phi,$$

其中，$\Phi^{(0)} = \Phi_0 \cos y$, $\boldsymbol{B}^{(0)} = B_0 \hat{z}$. 画出增长率随波矢 k_x 的变化关系，并由此定出要出现 K-H 不稳定性，需要的最小系统长度 L_x，以及用初值法直接模拟上述非线性系统，进行检验.

---

[1] http://code.google.com/p/celeste/.
[2] https://trac.princeton.edu/Athena/.

第 6 章 等离子体中的波与不稳定性

"做学问, 应该与有学问的在一起."
——陈省身

与有学问的人在一起, 可能对于最简单的问题, 都能有新收获.

磁流体方程可以得到阿尔文波、磁声波等磁流体波. 双流体 (冷等离子体) 方程可以给出左旋、右旋的电子、离子回旋波, 等离子修正了的电磁波、朗缪尔波等, 在取极限情况下也能得到阿尔文波. 低混杂波、高混杂波、哨声波等也均可在冷等离子体框架下给出. 考虑动理学效应, 会出现伯恩斯坦波等无穷多项高次谐波, 同时会有无碰撞阻尼 (朗道阻尼) 等新效应出现.

这里, 不对各种色散关系作推导, 相关内容在各种基础等离子体物理教材中均可找到, 或者参考 Stix (1992) 的经典著作[1]. 这里的重点在一般教材中不讲的数值问题.

6.1 色散关系求根示例

无限均匀平板模型下的色散关系一般是代数方程, 求解色散关系等价于求解方程 $f(\omega) = 0$ 的根. 除了最简单的低次多项式方程等情况外, 通常的色散关系都是难于精确解析求解的, 甚至即使对于三次和四次多项式有求根公式, 我们实际中也会更倾向于近似解析解或者数值解.

因此我们碰到的第一个问题是, 如何求代数方程或函数方程的根. 对这个问题 (任意代数方程, 求出所有根), 事实上在复平面上目前并无普适的解决方案. 很简单的一个例子, $f(x) = \sin(x) - 0.6x = 0$ 有无穷多根, 我们一般只能做到划定一个区间, 找出其中所有根.

对于实函数的实根, 二分法是很有效的方法. 复平面上的根, 一般用迭代法 (牛顿迭代等). 复平面的二分法无法直接用, 主要麻烦在于无法像实轴上那样容易判

---

[1] 第一版出版于 1962 年, 当时等离子体物理线性波动理论处于初步成型阶段. 另, Thomas Howard Stix (1924.07.12—2001.04.16) 为我国著名等离子体物理学家蔡诗东先生的博士研究生导师.

6.1 色散关系求根示例

定区间内根的个数, 但借助柯西 (Cauthy) 围道积分原则上是可以给出区间内根的个数的, 这也已经发展成了一种求复平面给定区域所有根的一种方法, 参见 9.9 节.

对于多项式方程, 我们已经有现成的方法可以给出所有根, 比如常用 (Matlab 库函数 roots 即为这种) 的是转化成矩阵本征值问题, 再借助本征值求解算法. 作为示例, 我们这里求解静电束流 (beam-plasma) 不稳定性的色散关系,

$$1 = \frac{1}{\omega^2} + \frac{n_b}{(\omega - ku_0)^2}, \tag{6.1}$$

相应的代码如下.

```
1  nb=0.1; u0=1; w=[]; kk=-4:0.05:4;
2  for k=kk
3      p=[1, -2*k*u0, (k^2*u0^2-nb-1), 2*k*u0, -k^2*u0^2];
4      omg=roots(p); w=[w,omg];
5  end
6  wr1=real(w(1,:));wr2=real(w(2,:));wr3=real(w(3,:));wr4=real(w(4,:));
7  wi1=imag(w(1,:));wi2=imag(w(2,:));wi3=imag(w(3,:));wi4=imag(w(4,:));
8  plot(kk,wr1,'r.',kk,wi1,'g.',kk,wr2,'r.',kk,wi2,'g.',...
9      kk,wr3,'r.',kk,wi3,'g.',kk,wr4,'r.',kk,wi4,'g.');
```

结果见图 6.1. 对此方程的图解可参考胡希伟 (2006) 文章中的第 12.4.1 节, 并可与这里的结果对比. 这种方法也可以直接推广到多项式矩阵本征值问题 $\sum_{j=0}^{p-1} \omega^j M_j X = 0$, 通过变换得到所谓的伴侣 (companion) 矩阵, 把这个各矩阵 M_j 维度为 $n \times n$ 的多项式矩阵本征值问题化为维度更大的低阶矩阵 $\lambda AX = BX$ 本征值问题, 其中 A 和 B 的维度为 $(p \times n) \times (p \times n)$, 从而能直接调用标准解法得到系统中的所有根. 应用于流体离子温度梯度模的例子可见 Xie 和 Li (2016) 的文献. 本章的 PDRK 中将看到比多项式矩阵变换更复杂的有理分式变换.

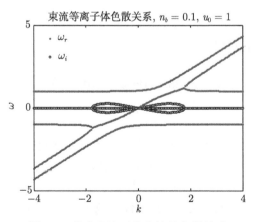

图 6.1 静电束流不稳定性的色散关系

6.2 冷等离子体色散关系

磁场 $\boldsymbol{B}_0 = (0, 0, B_0)$，一种广泛引用的冷等离子体色散关系是

$$\det[\overleftrightarrow{\boldsymbol{D}}(\boldsymbol{k}, \omega)] = 0, \tag{6.2}$$

其中，(定义 $\boldsymbol{n} \equiv c\boldsymbol{k}/\omega$, $\omega_{ps}^2 \equiv n_{s0}e_s^2/m_s$, $\omega_{cs} \equiv e_s B_0 m_s$, 注意 e_s 有正负之分)

$$\overleftrightarrow{\boldsymbol{D}}(\boldsymbol{k}, \omega) \equiv \begin{bmatrix} S - n^2\cos^2\theta & -\mathrm{i}D & n^2\sin\theta\cos\theta \\ \mathrm{i}D & S - n^2 & 0 \\ n^2\sin\theta\cos\theta & 0 & P - n^2\sin^2\theta \end{bmatrix}. \tag{6.3}$$

相应的量均为 Stix 记法 (Stix notation, (Stix, 1992))

$$\begin{aligned} S &= 1 - \sum_s \frac{\omega_{ps}^2}{\omega^2 - \omega_{cs}^2} = \frac{1}{2}(R + L), \\ D &= \sum_s \frac{\omega_{cs}\omega_{ps}^2}{\omega(\omega^2 - \omega_{cs}^2)} = \frac{1}{2}(R - L), \\ P &= 1 - \sum_s \frac{\omega_{ps}^2}{\omega^2}, \\ R &= 1 - \sum_s \frac{\omega_{ps}^2}{\omega(\omega + \omega_{cs})}, \\ L &= 1 - \sum_s \frac{\omega_{ps}^2}{\omega(\omega - \omega_{cs})}. \end{aligned} \tag{6.4}$$

波矢 $\boldsymbol{k} = (k\sin\theta, 0, k\cos\theta)$.

一组值得记住的数据是

$$\omega_{pe} \approx 2\pi(28.4\mathrm{GHz})[N_e/(10^{19}\mathrm{m}^3)]^{1/2},$$
$$\omega_{ce} \approx 2\pi(28.0\mathrm{GHz})[B_0/(1.0\mathrm{T})],$$

它们在目前的磁约束聚变 (托卡马克) 常见参数下非常接近.

在激光问题中，例如，粒子模拟激光与靶相互作用，会听到一个临界密度的概念. $\omega^2 = \omega_{pe}^2 + k^2 c^2$，当打入的激光频率是 ω 时，如果靶的密度如此之大以至于 $\omega_{pe}^2 > \omega^2$，那么波矢 k 将为虚数，激光很快衰减 (反射) 而无法传输. 临界密度就由 $\omega_{pe}^2 = \omega^2$ 计算. 这也是反射法测等离子体密度的方法，比如在磁约束装置中.

6.2.1 $k(\omega)$ 到 $\omega(k)$

由于式 (6.2) 显式直接写出, 得到的是 $k(\omega)$, 大多数书上也都是固定频率, 求解波矢. 但我们实际应用中, 通常更关心给定波矢 (如模拟中), 系统有多少频率满足色散关系及频率值. 这时, 写出 $\omega(k)$ 的显式形式更直观和易解.

当系统中除了电子外, 只有一种离子时, 色散关系 (6.2) 可化为

$$c_{10}\omega^{10} - c_8\omega^8 + c_6\omega^6 - c_4\omega^4 + c_2\omega^2 - c_0 = 0, \tag{6.5}$$

其中 (ω_{ce} 已经改为 $|\omega_{ce}|$)

$$\begin{aligned}
c_0 &= c^4 k^4 \omega_{ce}^4 \omega_{ci}^4 \omega_p^2 \cos^2\theta, \\
c_2 &= c^4 k^4 \left[\omega_p^2(\omega_{ce}^2 + \omega_{ci}^2 - \omega_{ci}\omega_{ce})\cos^2\theta + \omega_{ci}\omega_{ce}(\omega_p^2 + \omega_{ci}\omega_{ce})\right] \\
&\quad + c^2 k^2 \omega_p^2 \omega_{ci}\omega_{ce}(\omega_p^2 + \omega_{ci}\omega_{ce})(1+\cos^2\theta), \\
c_4 &= c^4 k^4 (\omega_{ce}^2 + \omega_{ci}^2 + \omega_p^2) + 2c^2 k^2 (\omega_p^2 + \omega_{ci}\omega_{ce})^2 \\
&\quad + c^2 k^2 \omega_p^2 (\omega_{ce}^2 + \omega_{ci}^2 - \omega_{ci}\omega_{ce})(1+\cos^2\theta) + \omega_p^2(\omega_p^2 + \omega_{ci}\omega_{ce})^2, \\
c_6 &= c^4 k^4 + (2c^2 k^2 + \omega_p^2)(\omega_{ce}^2 + \omega_{ci}^2 + 2\omega_p^2) + (\omega_p^2 + \omega_{ci}\omega_{ce})^2, \\
c_8 &= \left(2c^2 k^2 + \omega_{ce}^2 + \omega_{ci}^2 + 3\omega_p^2\right), \\
c_{10} &= 1.
\end{aligned} \tag{6.6}$$

以上结果也可在 Swanson (2003) 的文献 [1] 中找到. 这是一个关于 ω^2 的五次方程, 一般情况下有五组根, 也即其他参数固定时, 对应于一个波矢 k, 有五支波. 由于冷等离子体中无自由能, 所以五支根应该均为实数 (思考题: 如何直接从最后的表达式证明此结论?).

6.2.2 数值求解

由于是多项式方程, 可以一次性求出所有根, 如使用 Matlab 中的 roots 函数.

图 6.2 和图 6.3 是冷等离子体色散关系的数值解和色散面, 结果均是用精确表达式计算所得. 一般教科书上的解都是简化情况的近似解, 或者示意图. 以上结果取自 PPLU 冷等离子体色散关系模块, 可以固定参数求根, 扫描波矢 k, 扫描夹角 θ, 以及画色散面. 这里不再列出求解的具体代码. 对于各支波的详细讨论可参考 Swanson (2003) 的文献或其他基础教材.

---

[1] 等离子体波与不稳定性中, Stix (1992) 的著作无疑是经典之作, 适合进阶; Swanson (2003) 的著作则更适合入门和教学, 里面有许多详尽清晰实用的描述, 尤其适合空间物理方面的研究人员. Donald Gary Swanson (1935—) 的另一本适合入门的书是 *Plasma kinetic theory* (CRC Press, 2008). 一本简练的书是 Chen (1987). *Waves and instabilities of plasmas* (World Scientific, 1987), 可以当作你是否适合做等离子体物理理论研究的试金石, 能在一两年内就读懂那么就适合; 如果不行, 那么做理论于你可能不是一个好选择.

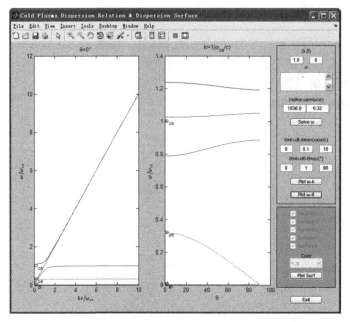

图 6.2　冷等离子体色散关系的数值解

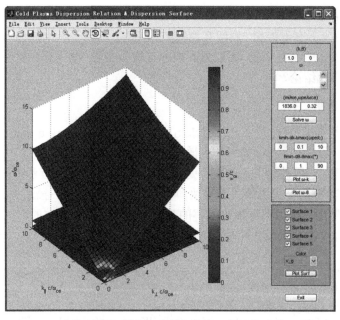

图 6.3　冷等离子体色散关系的色散面 (彩图扫封底二维码)

6.2.3 静电还是电磁

有必要提一下电磁波与静电波是如何区分的. 一般而言, 电磁波已经特指, 必须既有电扰动又有磁扰动, 光波和阿尔文波均是如此, 因此静电波不能归为电磁波. 简单的判据是 $k \times E$ 与 $k \cdot E$ 的相对大小, 如果 $k \cdot E$ 相对较大, 那么只需泊松方程就可基本描述该波; 如果 $k \times E$ 较显著, 那么法拉第定律的方程不能少, 必然有较大的磁扰动, 因而是电磁波. 这个判断下, 你可以发现低杂波是准静电波, 磁扰动很小. 这也是我们常能看到做低杂波传播的模拟的研究者可以不使用完整双流体方程而使用大大简化后的方程的一个重要原因.

本质上, 这里利用的是 Helmholtz[①] 分解[②]

$$E = E_{\mathrm{irr}} + E_{\mathrm{rot}}, \tag{6.7}$$

其中

$$\nabla \times E_{\mathrm{irr}} = 0, \quad \nabla \cdot E_{\mathrm{rot}} = 0. \tag{6.8}$$

其实也就是纵场 ($\nabla \times E_L = 0$) 和横场 ($\nabla \cdot E_T = 0$) 分解, 静电模保留纵场.

6.2.4 等离子体波传播模拟示例

本节, 我们给出一个等离子体波的简单模拟示例: 一束电磁波从真空传入等离子体再传出的反射、透射过程. 这个一维例子更为直观易懂, 更复杂的例子见 9.8 节的光迹追踪.

假设未磁化等离子体, 无零级磁场. 对高频电磁波, 忽略离子运动, 仅由电子速度扰动提供电流. 密度不均匀只在电磁波传播的 z 方向, 电场只计算分量 E_y, 磁场只计算分量 B_x. 简化得到的方程组为

$$\begin{cases} \dfrac{\partial B_y}{\partial t} = -\dfrac{\partial E_x}{\partial z}, \\ \dfrac{\partial E_x}{\partial t} = -c^2 \dfrac{\partial B_y}{\partial z} - \dfrac{en_0(z)}{\epsilon_0} u_x, \\ \dfrac{\partial u_x}{\partial t} = -\dfrac{e}{m} E_x. \end{cases} \tag{6.9}$$

在真空区, $n_0(z) = 0$; 在第一个等离子体区, 这里取 $n_0(z) = n_0$; 第二个等离子体区取递增的密度. 一组模拟结果见图 6.4. 一束高斯包络的电磁波 ($\omega = 1, c = 1$)

[①] Helmholtz H, Crelles J. 1858, 55: 25. 其基本思想可追溯到 Stokes (1849). 均早于麦克斯韦方程 (1865).

[②] 在场 (电磁场、量子场, 等) 的分析中, 除了 Helmholtz 分解外, 另一种常用的分解是螺旋分解. 它利用旋度算符 ($\nabla \times$) 的本征函数把矢量场分解为左右螺旋 ($\kappa = \pm 1$) 和不旋 ($\kappa = \pm 0$) 三个部分. 详细可见 Moses (1970, 1971) 和 Diver (2001) 的文献. 在等离子体物理中, 螺旋分解在求非线性精确解中已经有一些尝试.

从左侧注入，传输到第一个等离子体区时，密度 $n_0 = 0.8$，从而 $k = \sqrt{\omega^2 - n_0} > 0$，可以正常传输，但波长变长，部分反射，部分透射. 传到第二个等离子体区时，密度最大值 $n = 8$，趋肤深度 $\lambda_h = 2\pi/k = 2\pi/\sqrt{7} < 10$，比等离子体区窄，指数衰减，绝大部分被吸收. 从模拟图中也可看到.

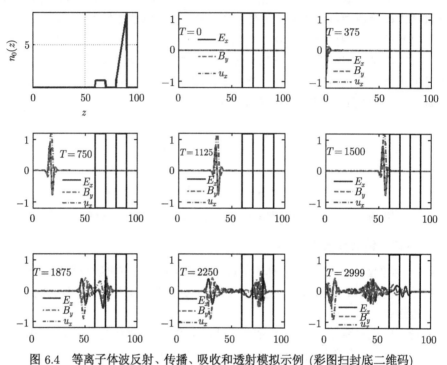

图 6.4 等离子体波反射、传播、吸收和透射模拟示例 (彩图扫封底二维码)

显然，此例的色散关系为 $\omega^2 = \omega_p^2 + k^2 c^2$，等效的介电常数 (dielectric constant) 为

$$\epsilon = \epsilon_0 - \frac{\omega_p^2}{\omega^2}. \tag{6.10}$$

对于等离子体、金属或其他介质，也常用介电常数模型来研究其中的电磁波传播，常见的有 Drude[①]模型

$$\epsilon = \epsilon_0 - \frac{\omega_p^2}{\omega(\mathrm{i}\nu_c + \omega)}, \tag{6.11}$$

及洛伦兹模型、Deybe 模型和 Sellmeier 模型等.

此例，自己运行代码 plss1d.m，看连续动画作图，会更直观. 经简单拓展到二维，此例还可用来模拟电磁波的折射，留给读者作练习.

---

① Paul Drude, 1863—1906, 德国物理学家, 选为普鲁士科学院成员后自杀, 原因不明.

6.3 CMA 图

CMA(Clemmow-Mullaly-Allis) 图常用来分析等离子体波的传播, 在空间物理及磁约束聚变波加热问题中常用. 它的基本内容在 Chen (1984) 的教材及 Stix (1992) 的专著中有清晰详尽的讨论, 研究波传播的读者最好能熟悉. 要注意, 只有在冷等离子体条件下才能画出好的 CMA 图.

这里提供一个画 CMA 图的程序[①], 已集成在 PPLU 中, 示例见图 6.5. 对于 CMA 图, 需要用的人会很熟悉; 用不着的人则基本不会去管它. 因此本节只介绍这么多, 以期让不需要的人只看图也有些直观印象.

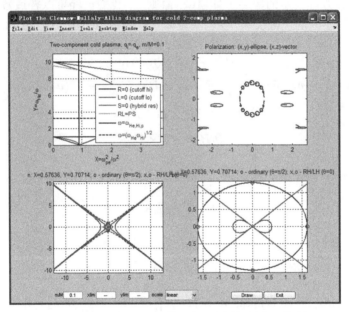

图 6.5 描画 CMA 图程序示例 (彩图扫封底二维码)

6.4 流体色散关系普适解

原则上, 所有的均匀平板位形的等离子体色散关系都已经获得. 但问题是, 除了少数简化情况外, 大部分都极复杂, 表达式中不仅求解析解麻烦, 甚至求数值解也不一定能有效求解我们需要的根. 或者, 有的并未显式写出过最终的色散关系.

[①] 取自 N. Lehtinen 的 "plotcma.m" for plotting the Clemmow-Mullaly-Allis diagram for cold 2-comp plasma.

以上使得传统的求解色散关系的途径 (即, 先推导出色散关系表达式 $D(\omega, k) = 0$, 再解析或数值求解) 通常没有普适性. 比如, 每研究一种新的波或不稳定性, 可能都得推导一遍新的色散关系, 而且推导过程可能并不简单, 或者写出来的表达式极烦琐. 前面的冷等离子体色散关系, 如果有两种离子 (加电子, 三组分), 或者有本底的束流, 或者想考虑温度效应, 读者很容易发现, 一下子又变烦琐了, 表达式无法直接写出来. 或者, 即使写出来, 用原始的色散关系求解, 在回旋频率附近求根, 很可能会数值发散. 再就是, 给定波矢 k, 无法直接知道系统中有多少个 ω 符合条件, 以及如何把它们全部解出来.

6.4.1 普适数值方法

对于流体方程表示的等离子体模型, 原则上, 我们已经可以普适数值求解, 不必一遍遍推导不同的色散关系. 我们从流体方程开始 (PDRF(Xie, 2014a))

$$\partial_t n_j = -\nabla \cdot (n_j \boldsymbol{v}_j), \tag{6.12a}$$

$$\partial_t \boldsymbol{u}_j = -\boldsymbol{v}_j \cdot \nabla \boldsymbol{u}_j + \frac{q_j}{m_j}(\boldsymbol{E} + \boldsymbol{v}_j \times \boldsymbol{B}) - \frac{\nabla \boldsymbol{P}_j}{\rho_j} - \sum_i (\boldsymbol{u}_i - \boldsymbol{u}_j)\nu_{ij}, \tag{6.12b}$$

$$\partial_t \boldsymbol{E} = c^2 \nabla \times \boldsymbol{B} - \boldsymbol{J}/\epsilon_0, \tag{6.12c}$$

$$\partial_t \boldsymbol{B} = -\nabla \times \boldsymbol{E}, \tag{6.12d}$$

其中, $\boldsymbol{u}_j = \gamma_j \boldsymbol{v}_j$, 并且有

$$\boldsymbol{J} = \sum_j q_j n_j \boldsymbol{v}_j, \tag{6.13a}$$

$$d_t(P_{\|j}\rho_j^{-\gamma_{\|j}}) = 0, \tag{6.13b}$$

$$d_t(P_{\perp j}\rho_j^{-\gamma_{\perp j}}) = 0, \tag{6.13c}$$

其中, $\rho_j \equiv m_j n_j$, $c^2 = 1/\mu_0\epsilon_0$, $\gamma_j = (1 - v_j^2/c^2)^{-1/2}$, $\gamma_{\|j}$ 和 $\gamma_{\perp j}$ 分别是平行和垂直方向的绝热系数. 另外, $P_{\|,\perp} = nT_{\|,\perp}$, $\boldsymbol{P} = P_\| \hat{\boldsymbol{b}}\hat{\boldsymbol{b}} + P_\perp(\boldsymbol{I} - \hat{\boldsymbol{b}}\hat{\boldsymbol{b}})$, $\hat{\boldsymbol{b}} = \boldsymbol{B}/B$. 需要注意的是, 我们的各向异性模型与 CGL (Chew et al., 1956) 的不同, 但通过令 $\gamma_{\|j} = \gamma_{\perp j} = \gamma_{Tj}$ 可以简化得到 Bret 的结果 (Bret and Deutsch, 2006). 继续令 $T_{\perp j} = T_{\|j}$, 就能够重现各向同性压强的情形.

线性化后, 方程 (6.13) 得到

$$\boldsymbol{J} = \sum_j q_j(n_{j0}\boldsymbol{v}_{j1} + n_{j1}\boldsymbol{v}_{j0}), \tag{6.14a}$$

$$P_{\|,\perp j1} = c_{\|,\perp j}^2 m_j n_{j1}, \tag{6.14b}$$

其中, $c_{\|,\perp j}^2 = \gamma_{\|,\perp j} P_{\|,\perp j0}/\rho_{j0}$, $\boldsymbol{P}_{j0} = n_{j0}\boldsymbol{T}_{j0}$.

6.4 流体色散关系普适解

注意到

$$\nabla \cdot \boldsymbol{P}_{j1} = (\mathrm{i}k_x, 0, \mathrm{i}k_z) \cdot \begin{bmatrix} P_{\perp j1} & 0 & \Delta_j B_{x1} \\ 0 & P_{\perp j1} & \Delta_j B_{y1} \\ \Delta_j B_{x1} & \Delta_j B_{y1} & P_{\| j1} \end{bmatrix}, \tag{6.15}$$

其中, $\Delta_j \equiv (P_{\|j0} - P_{\perp j0})/B_0$, $\beta_{\|,\perp j} = 2\mu_0 P_{\|,\perp j}/B_0^2$. 非对角项来自于从 $\boldsymbol{b}_0$ 到 $\boldsymbol{b}$ 的张量旋转 (参考 Krall 和 Trivelpiece (1973) 或 Xie (2014a) 的附录类似表述), 它与能量交换相关并对于各向异性不稳定性很重要. 不正确地处理或直接忽略这些非对角项, 会导致水龙带或其他各向异性不稳定性的缺失.

令 $f = f_0 + f_1 \mathrm{e}^{\mathrm{i}\boldsymbol{k} \cdot \boldsymbol{r} - \mathrm{i}\omega t}$, $f_1 \ll f_0$, 将方程 (6.12) 线性化的结果等同于一个矩阵特征值问题

$$\lambda \boldsymbol{A} \boldsymbol{X} = \boldsymbol{M} \boldsymbol{X}, \tag{6.16}$$

其中, $\lambda = -\mathrm{i}\omega$ 是本征值并且 $\boldsymbol{X}$ 是对应的本征向量, 并且还会得到简正/本征模解的偏振. 类似的处理方法在 Goedbloed 和 Poedts (2004) 处理磁流体方程和 Hakim (2008) 处理十矩方程时也能找到.

于是我们有 $\boldsymbol{X} = (n_{j1}, v_{j1x}, v_{j1y}, v_{j1z}, E_{1x}, E_{1y}, E_{1z}, B_{1x}, B_{1y}, B_{1z})^{\mathrm{T}}$, $\boldsymbol{u}_{j1} = \gamma_{j0}[\boldsymbol{v}_{j1} + \gamma_{j0}^2(\boldsymbol{v}_{j0} \cdot \boldsymbol{v}_{j1})\boldsymbol{v}_{j0}/c^2] = \{a_{jpq}\} \cdot \boldsymbol{v}_{j1}$ $(p, q = x, y, z)$, $\gamma_{j0} = (1 - v_{j0}^2/c^2)^{-1/2}$, 并且 $\boldsymbol{A}$ 的形式是

$$\begin{bmatrix} \{1 & 0 & 0 & 0 & 0 & 0 & 0 & 0 & 0 & 0 \\ 0 & a_{jxx} & a_{jxy} & a_{jxz} & 0 & 0 & 0 & 0 & 0 & 0 \\ 0 & a_{jyx} & a_{jyy} & a_{jyz} & 0 & 0 & 0 & 0 & 0 & 0 \\ 0 & a_{jzx} & a_{jzy} & a_{jzz}\} & 0 & 0 & 0 & 0 & 0 & 0 \\ 0 & 0 & 0 & 0 & 1 & 0 & 0 & 0 & 0 & 0 \\ 0 & 0 & 0 & 0 & 0 & 1 & 0 & 0 & 0 & 0 \\ 0 & 0 & 0 & 0 & 0 & 0 & 1 & 0 & 0 & 0 \\ 0 & 0 & 0 & 0 & 0 & 0 & 0 & 1 & 0 & 0 \\ 0 & 0 & 0 & 0 & 0 & 0 & 0 & 0 & 1 & 0 \\ 0 & 0 & 0 & 0 & 0 & 0 & 0 & 0 & 0 & 1 \end{bmatrix}. \tag{6.17}$$

为了简化, 摩擦项 ν_{ij} 中的相对论效应被忽略. 矩阵 $\boldsymbol{M}$ 的形式是方程 (6.19) (当 $i \neq j$ 时, ν_{ij} 项在这里并没有特别给出).

$$\{a_{jpq}\} \equiv \begin{bmatrix} a_{jxx} & a_{jxy} & a_{jxz} \\ a_{jyx} & a_{jyy} & a_{jyz} \\ a_{jzx} & a_{jzy} & a_{jzz} \end{bmatrix}$$

$$= \begin{bmatrix} \gamma_{j0} + \gamma_{j0}^3 v_{j0x}^2/c^2 & \gamma_{j0}^3 v_{j0x} v_{j0y}/c^2 & \gamma_{j0}^3 v_{j0x} v_{j0z}/c^2 \\ \gamma_{j0}^3 v_{j0x} v_{j0y}/c^2 & \gamma_{j0} + \gamma_{j0}^3 v_{j0y}^2/c^2 & \gamma_{j0}^3 v_{j0y} v_{j0z}/c^2 \\ \gamma_{j0}^3 v_{j0x} v_{j0z}/c^2 & \gamma_{j0}^3 v_{j0z} v_{j0y}/c^2 & \gamma_{j0} + \gamma_{j0}^3 v_{j0z}^2/c^2 \end{bmatrix}. \quad (6.18)$$

其中, $\omega_{cj} = q_j B_0/m_j$, $q_e = -e$, $\omega_{pj}^2 = n_{j0} q_j^2/\epsilon_0 m_j$, $\{b_{jpq}\} = \nu_{jj} - i(\boldsymbol{k} \cdot \boldsymbol{v}_{j0}) \cdot \{a_{jpq}\}$. 对于有 s 种组分粒子的等离子体, $\boldsymbol{A}$ 和 $\boldsymbol{M}$ 的维度是 $(4s+6) \times (4s+6)$. 我们可以利用标准的矩阵本征值求解方法得到系统所有的线性简谐波解并且不会有不收敛的问题. 本征值求解可以利用 LAPACK 或者 Matlab 中的函数 eig( ). 在这里提供了 Matlab 的代码 PDRF 用以求解上文所述的本征值问题. 通过设 γ_j 的值为 1, 即 $\boldsymbol{A} = \boldsymbol{I}$ 并且 $\{a_{jpq}\} = \boldsymbol{I}$, PDRF 简化到非相对论情形.

$$\begin{bmatrix} -i\boldsymbol{k}\cdot\boldsymbol{v}_{j0} & -ik_x n_{j0} - \epsilon_{njx}n_{j0} & -\epsilon_{njy}n_{j0} & -ik_z n_{j0} & 0 & 0 & 0 & 0 & 0 \\ -\dfrac{ik_x c_{\perp j}^2}{n_{j0}} & b_{jxx} & b_{jxy} + \omega_{cj} & b_{jxz} & \dfrac{q_j}{m_j} & 0 & \dfrac{ik_z \Delta_j}{m_j n_{j0}} & -\dfrac{q_j v_{j0z}}{m_j} & \dfrac{q_j v_{j0y}}{m_j} \\ 0 & b_{jyx} - \omega_{cj} & b_{jyy} & b_{jyz} & 0 & \dfrac{q_j}{m_j} & \dfrac{q_j v_{j0z}}{m_j} & -\dfrac{ik_z \Delta_j}{m_j n_{j0}} & -\dfrac{q_j v_{j0x}}{m_j} \\ -\dfrac{ik_x c_{\parallel j}^2}{n_{j0}} & b_{jzx} & b_{jzy} & b_{jzz} & 0 & 0 & \dfrac{q_j}{m_j} - \dfrac{q_j v_{j0y}}{m_j} - \dfrac{ik_x \Delta_j}{m_j n_{j0}} & \dfrac{q_j v_{j0x}}{m_j} & 0 \\ \dfrac{q_j v_{j0x}}{\epsilon_0} & -\dfrac{q_j n_{j0}}{\epsilon_0} & 0 & 0 & 0 & 0 & 0 & 0 & -ik_z c^2 \\ \dfrac{q_j v_{j0y}}{\epsilon_0} & 0 & -\dfrac{q_j n_{j0}}{\epsilon_0} & 0 & 0 & 0 & -ik_z c^2 & 0 & -ik_x c^2 \\ \dfrac{q_j v_{j0z}}{\epsilon_0} & 0 & 0 & -\dfrac{q_j n_{j0}}{\epsilon_0} & 0 & 0 & 0 & ik_x c^2 & 0 \\ 0 & 0 & 0 & 0 & 0 & ik_z & 0 & 0 & 0 \\ 0 & 0 & 0 & 0 & -ik_z & 0 & ik_x & 0 & 0 & 0 \\ 0 & 0 & 0 & 0 & 0 & -ik_x & 0 & 0 & 0 \end{bmatrix}$$

(6.19)

6.4.2 冷等离子体

在没有外加粒子束条件下, 两组分冷等离子体方程 (6.16) 的数值解 ω^M 和用 Swanson 五阶多项式方法 (Swanson, 2003) 得到的解 ω^S 如表 6.1 所示, 其中 $kc = 0.1$, $\theta = \pi/3$, $m_i/m_e = 1836$, $\omega_{pe} = 10\omega_{ce}$ (注意: 在此之后 $\omega_{cj} = |\omega_{cj}|$). 可以看出两组结果十分一致. 有些细微的差别 ($< 10^{-15}$) 可以认为是由数值计算误差导致. 色散曲线 $\omega_{r,i}$ 和 k, θ 的关系由图 6.6 给出, 其中 $m_i/m_e = 4$, $\omega_{pe} = 2\omega_{ce}$.

我们现在检测 Bret (Bret, 2007) 的结果. 离子不动, 对于电子束流, $\gamma_b = 4.0$, $n_b = 0.1 n_p$, 下标 b 和 p 分别表示束流和背景电子的量. 对于背景电子我们有 $v_p = -v_b n_b/n_p$. 令 $(Z_x, 0, Z_z) = \boldsymbol{k} v_b/\omega_{pp} = (0.3, 0, 3.0)$, PDRF 结果 ω^M 和 Bret 的结果 ω^B 列在表 6.2. 可以看见对于磁化 ($B_0 \neq 0$, $\omega_{ce} = \omega_{pp}$) 和非磁化 ($B_0 = 0$) 等

6.4 流体色散关系普适解

离子体它们都是相同的.

表 6.1 用矩阵方法和 Swanson 多项式方法 (Swanson, 2003) 求解冷等离子体的结果比较

ω^M	±10.5152	±10.0031	±9.5158	$\pm(2.4020\times 10^{-4} - i8\times 10^{-19})$	$\pm(1.1330\times 10^{-4} - i1\times 10^{-16})$	±0	±0
ω^S	±10.5152	±10.0031	±9.5158	$\pm 2.4020\times 10^{-4}$	$\pm 1.1330\times 10^{-4}$	—	—

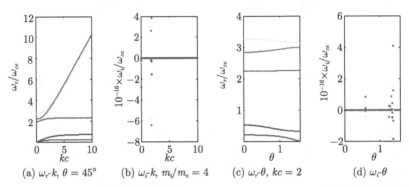

图 6.6 $\omega_{r,i}$ 和 k,θ 的色散关系曲线, $m_i/m_e=4$, $\omega_{pe}=2\omega_{ce}$ (彩图扫封底二维码)

表 6.2 用 PDRF 和 Bret 的代码 (Bret, 2007) 求解相对论情形下等离子体束的结果比较

$B_0=0$ Un-magnetized	ω^M	3.2736	3.2731	0.9934	0.3000	0.3000	0.2890−i0.1664	0.2890+i0.1664
	ω^B	3.2736	3.2731	0.9934	0.3000	0.3000	0.2890−i0.1664	0.2890+i0.1664
	ω^M	$\times 10^{-16}$	0.0000	−0.0300	−0.0300	−1.0313	−3.2732	−3.2736
	ω^B	0	0	−0.0300	−0.0300	−1.0313	−3.2732	−3.2736
$B_0\neq 0$ Magnetized	ω^M	3.2945	3.2693	1.3427	0.5168	0.0771	0.2999+i0.0034	0.2999−i0.0034
	ω^B	3.2945	3.2693	1.3427	0.5168	0.0771	0.2999+i0.0034	0.2999−i0.0034
	ω^M	0.0440	$\times 10^{-16}$	$\times 10^{-16}$	−0.1019	−1.3983	−3.2732	−3.2910
	ω^B	0.0440	0	0	−0.1019	−1.3983	−3.2732	−3.2910

图 6.7 显示了束流模的最大增长率. 为得到图 6.7 的结果, 在 Mathematica 中利用 Bret 的方法大概需要一分钟, 而用 Matlab 使用 PDRF 只需要几秒.

在 http://hsxie.me/codes/pdrf/ 中可以找到 PDRF 代码的细节、更多应用算例和更新. 注意, PDRF 更主要的是提供一种普适的处理流体色散关系的算法, 对应的代码针对不同流体模型, 读者最好通过自己的方式去实现, 这样可以避免归一化等错误. 另外需要注意的一点是当矩阵中最大非零元素与最小非零元素绝对值相差太大时, 因为计算精度问题可能出现截尾误差. 对于 PDRF 代码, 用国际单位制时可能会遇到这个问题, 这时可以把求解用的 "d=eig(M,A);" 改为 "MA=A\M;d0=vpa(eig(MA),16);d=double(d0);".

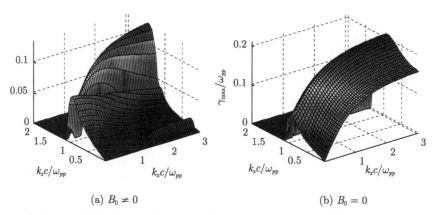

(a) $B_0 \neq 0$ (b) $B_0 = 0$

图 6.7 在有和没有背景磁场 B_0 的情况下, 相对论情形下电子束流模的最大增长率 $\gamma_{\max}$ 和 (k_x, k_z) 的关系 (彩图扫封底二维码)

对于动理学模型, 其色散关系更复杂; 目前我们依然还不能普适求解, 后文提及的 WHAMP 只部分地解决, PDRK 将尝试作一个近似的普适求解. 以上也说明, 尽管说等离子体物理主要复杂在丰富的非线性, 但对于线性问题, 其实我们也依然还有不少困难.

6.5 热等离子体中的波与不稳定性

流体方程中热效应包含在温度或压强中, 但未有易用的普适色散关系, 各种波动均是不同特定假设下在一定参数区间所求得的, 比如离子声波、气球模不稳定. 流体波与不稳定性的部分结果可在第 5 章中找到. 这里我们限于讨论动理学的色散关系, 它具有广泛的普适性, 且有完整的色散关系可用.

6.5.1 色散关系

均匀、磁化高温等离子体物理 (动理学) 的色散关系, 在许多书中均能找到, 如 Stix (1992) 的书、Swanson (2003) 书的或胡希伟 (2006) 的 10.1.3 小节. 这里不再写出. 不过, 有一条要提醒的是, 大多数用的分布函数 $f_0(v)$ 都写着是普适的, 但我们细究推导的本原, 会发现如果分布函数带漂移, 使得总电流不为零, 那么线性化的过程会有问题.

问题出在安培定律

$$\nabla \times \boldsymbol{B}_1 + \underbrace{\nabla \times \boldsymbol{B}_0}_{} = \mu_0 \boldsymbol{J}_1 + \underbrace{\mu_0 \boldsymbol{J}_0}_{\neq 0!} + \mu_0 \varepsilon_0 \frac{\partial \boldsymbol{E}_1}{\partial t} + \underbrace{\mu_0 \varepsilon_0 \frac{\partial \boldsymbol{E}_0}{\partial t}}_{}, \tag{6.20}$$

线性化过程中, 假设了背景磁场是均匀的, 无背景电场, 因此关于 $\boldsymbol{B}_0$ 和 $\boldsymbol{E}_0$ 的项为 0 而可扔掉. 但是, 背景电流 $\boldsymbol{J}_0 = \sum n_s q_s \boldsymbol{v}_s$ 非零时, 在线性化的表达式中无法消去, 通常会产生非均匀磁场, 而且系统无穷大的假设也会变得有问题.

关于这个问题, 目前未见真正有人认真讨论过[①], 包括它究竟会给我们的实际研究带来多少问题, 也暂无人回答. 这个电流麻烦还在于无法通过平移变换之类消去. 因此, 文献作者要么不知道这个问题, 要么避而不谈, 要么加一句说暂无视这一点或者假设在零电流系统中讨论.

本书只能提到这一点, 等待阅读本书的读者去解决, 可能会有大发现, 可能没有.

6.5.2 等离子体色散函数

热等离子体中最重要的发现无疑是所谓无碰撞 (collisionless) 阻尼的朗道阻尼[②](Landau damping).

这里我们就会遇到后来称为等离子体色散函数[③](plasma dispersion function) $Z(\zeta)$[④] 的概念, 在上半平面的定义是

$$Z(\zeta) = \pi^{-1/2} \int_{-\infty}^{\infty} \mathrm{d}x \exp(-x^2)/(x-\zeta), \quad \mathrm{Im}\,\zeta > 0 \qquad (6.21)$$

通过解析延拓[⑤] 到 $\mathrm{Im}\,\zeta \leqslant 0$, 全平面的表达式为

$$Z(\zeta) = \pi^{-1/2} \int_C \mathrm{d}x \exp(-x^2)/(x-\zeta)$$

[①] 笔者曾试图考虑过该问题, 但尚无成型的结论, 因此很可惜这里暂无法为读者解开这一问题了.

[②] 列夫·达维多维奇·朗道 (1908.01.22—1968.04.01), 苏联物理学家, "科学怪杰", 全能理论物理学家. 苏联原子能研究所庆贺他 50 寿辰时, 送给他一块大理石板, 刻了朗道平生工作中 10 项最重要的科学成果, 把他在物理学上的贡献总结为"朗道十诫", 主要为凝聚态理论方面, 这也是他 1962 年获得诺贝尔奖的理由. 不过, 当时朗道阻尼 (1946) 尚未被实验确认, 因而并未能列入. 他对等离子体物理另一项重要的工作是"朗道碰撞算符" (1937). 尽管等离子体物理发展已经半个世纪了, 一般认为最漂亮的结果依然是朗道阻尼. 并且, 朗道阻尼至今依然未被完全理解, 2010 年菲尔兹奖 (Fields medal) 得主维拉尼 (Cédric Villani, 1973.10.05—) 的主要工作就是这一主题, 有新进展, 但远未彻底解决. 朗道的另一重要贡献是所谓的理论物理学教程的"朗道十卷". "朗道势垒"的 43 人名单中有等离子体物理中后来的知名人物 R. Z. Sagdeev(1932.12.26—), 通过时间为 1955 年, 副博士学位. Vladimir E. Zakharov(1939.8.1—) 和 A. A. Galeev 又均是 Sagdeev 的学生. 可见朗道学派在等离子体物理领域中也有着极强的谱系.

[③] (Fried, 1961) Fried B D, Conte S D. The plasma dispersion function — the hilbert transform of the gaussian. New York, London: Academic Press, 1961. Erratum: Math. Comp., 1972, 26(119): 814. Reviews and Descriptions of Tables and Books, Math. Comp., 1963, 17: 94, 95.

[④] 另一个更有名的 Z 函数是黎曼 $\zeta(s)$ 函数: 复数 s, 当 $\mathrm{Re}(s) > 1$ 时, $\zeta(s) = \sum_{n=1}^{\infty} 1/n^s$, 其他区间由解析延拓定义. 一个与此相关, 却依然未解决的问题 (也属于希尔伯特的 23 个问题之一) 是黎曼猜想: $\zeta(s)$ 的非平凡 (除 $s = -2, -4, -6, \cdots$ 以外的) 零点都位于临界线 $\mathrm{Re}(s) = 1/2$ 上. 它最初与数论很有关, 在物理中也已经发现可能有潜在重要应用价值.

[⑤] 朗道阻尼的发现最关键的一点就在此. 相信我, 这并非一个平庸的 (trivial) 问题. 绝大部分学完等离子体物理基础的人乃至于已经有教职的, 并未真正弄清朗道阻尼是如何严格算出来的, 许多教材中的描述也是有问题的. 关于数学处理, 除了看 Landau (1946)(Landau L D. On the vibration of the electronic plasma. Journal of Physics, 1946, 10: 25) 的原文外, 也可以看 Nicholson (1983)(Nicholson D R. Introduction to Plasma Theory. Wiley, 1983) 的教材, 它是数学上讲解较清晰和严谨的.

$$= 2\mathrm{i}\exp(-\zeta^2)\int_{-\infty} \mathrm{i}\zeta\exp(-t^2)\mathrm{d}t$$
$$= \mathrm{i}\pi^{1/2}\exp(-\zeta^2)[1+\mathrm{erf}(\mathrm{i}\zeta)]. \tag{6.22}$$

式 (6.22) 显示 $Z(\zeta)$ 与复数误差函数密切相关. 在等离子体物理的应用中 $\zeta = x+\mathrm{i}y = \omega/kv_{th}$ 代表相速度与热速度的比值. 对比 Faddeeva 函数①,

$$w(\zeta) = Z(\zeta)/\mathrm{i}\pi^{1/2}. \tag{6.23}$$

因此, 可用 Faddeeva 函数来算等离子体色散函数. 另注意, $Z' = -2(1+\zeta Z)$.

关于等离子体色散函数的数学性质、渐近展开、近似数值计算公式等, 可在 NRL 等离子体手册 (Huba, 2009) 及各种教材中找到, 不再赘述. 一份详细的讲解该函数各种数值计算附带应用范例的文档是 Xie (2011) 的文献②, 本小节后面的部分直接取材于该文档, 详见原文.

第一件事是, 等离子体色散函数形状如何. 二维图、等高线图和三维图分别见图 6.8、图 6.9 和图 6.10. 这里调用的是现成的 Matlab 函数文件 "faddeeva.m". 相关模块也集成在 PPLU 程序包中.

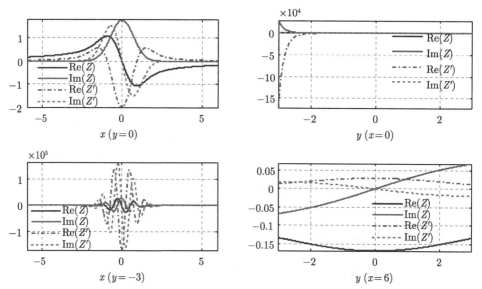

图 6.8 画 $\mathrm{Re}(Z)$、$\mathrm{Im}(Z)$、$\mathrm{Re}(Z')$ 和 $\mathrm{Im}(Z')$, 四幅图分别对应 $y=0$、$x=0$、$y=-3$、$x=6$ (彩图扫封底二维码)

---

① (Faddeeva, 1954) Faddeeva V N, Terentév N M. Tables of values of the probability integral for complex arguments, state publishing house for technical theoretical literature. Moscow, 1954.

② Xie H S. On numerical calculation of the plasma dispersion function. update, 2011-10-09. http://hsxie.me/codes/gpdf/. 里面修正了 Fried 和 Conte (1961) 书中的错误, 并详细讨论了连续分数展开、递推公式、函数性质及 Fortran、Matlab、Mathematica 等各种代码如何计算该函数的问题.

6.5 热等离子体中的波与不稳定性

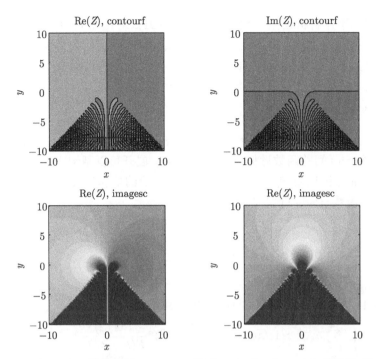

图 6.9 Re(Z) 和 Im(Z) 的等高线 (contour) 图, $[-10, 10] \times [-10, 10]$ (彩图扫封底二维码)

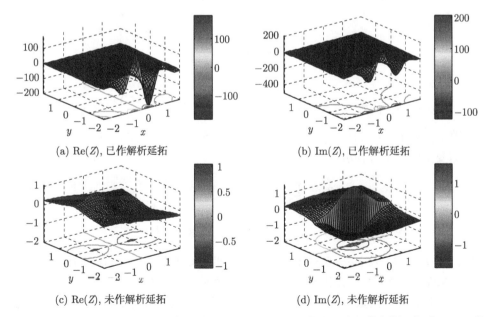

(a) Re(Z), 已作解析延拓

(b) Im(Z), 已作解析延拓

(c) Re(Z), 未作解析延拓

(d) Im(Z), 未作解析延拓

图 6.10 Re(Z) 和 Im(Z) 的三维图, $[-2, 2] \times [-2, 2]$, (a) 和 (b) 为已作解析延拓式 (6.22) 的函数图, (c) 和 (d) 为未作解析延拓的函数图 (彩图扫封底二维码)

如果我们不作解析延拓, 全平面都用式 (6.21), 对比图 6.10(c) 和 (d). 可以看到, 虚部是明显不连续的, 这不是一个解析函数该有的性质. 为了使它连续, 也可以从下平面向上平面延拓, 但是在推导等离子体色散关系的过程中, 首先得到的函数是定义在上半平面的, 所以要向下延拓才代表正确的物理.

6.5.3 等离子体色散函数的 Padé 近似或多点展开

Padé 近似是通过有理分式多项式, 分别在自变量为大量和小量时拟合泰勒展开, 从而得到全区间的函数近似. 多点 (J-pole) 展开可以基于 Padé 近似, 它把分母的零点全部找出来, 把有理分式多项式化为最简的求和形式.

对于 Z 函数, Padé 近似 J-pole 展开

$$Z(\zeta) \simeq Z_A^J(\zeta) = \frac{\sum_{k=0}^{J-1} p_k \zeta^k}{q_0 + \sum_{k=1}^{J} q_k \zeta^k}, \tag{6.24}$$

其中, $q_0 = 1$, 需要满足能够匹配两边的泰勒展开

$$Z(\zeta) \simeq \begin{cases} \sum_{k=0}^{\infty} a_k \zeta^k \simeq i\sqrt{\pi} e^{-\zeta^2} - \zeta \sum_{n=0}^{\infty} (-\zeta^2)^n \dfrac{\Gamma(1/2)}{\Gamma(n+3/2)}, & \zeta \to 0, \\ \sum_{k=0}^{\infty} a_{-k} \zeta^{-k} \simeq i\sigma\sqrt{\pi} e^{-\zeta^2} - \sum_{n=0}^{\infty} \dfrac{\Gamma(n+1/2)}{\Gamma(1/2)\zeta^{2n+1}}, & \zeta \to \infty, \end{cases} \tag{6.25}$$

其中

$$\sigma = \begin{cases} 0, & \text{Im}(\zeta) > 0, \\ 1, & \text{Im}(\zeta) = 0, \\ 2, & \text{Im}(\zeta) < 0, \end{cases} \tag{6.26}$$

及 Γ 是欧拉-伽马函数. 进一步的一个展开是 $e^{-\zeta^2} = \sum_{n=0}^{\infty} \dfrac{(-\zeta^2)^n}{n!}$. 不过, $i\sigma\sqrt{\pi} e^{-\zeta^2}$ 被忽略了, 从而以上展开在 $y < \sqrt{\pi} x^2 e^{-x^2}$ 且 $x \gg 1$ ($\zeta = x + iy$) 的区间近似不佳. 我们需要求解以下方程组:

$$p_j = \sum_{k=0}^{j} a_k q_{j-k}, \quad 1 \leqslant j \leqslant I, \tag{6.27a}$$

$$p_{L-j} = \sum_{k=0}^{j} a_{-k} q_{L+k-j}, \quad 1 \leqslant j \leqslant K, \tag{6.27b}$$

其中, $I + K = 2J$ 及 $p_j = 0$ 对于 $j > J-1$ 和 $j < 0$, 以及 $q_j = 0$ 对于 $j > J$ 和 $j < 0$. 从而 $2J$ 个方程决定方程 (6.24) 中 $2J$ 个系数 p_j 和 q_j.

计算各种其他函数, 或者后文推广的等离子体色散函数的 Padé 近似也是直接的, 只需替换方程 (6.25) 中的系数 a_k 和 a_{-k}. 以上细节见 Xie 和 Xiao (2016) 的附录. 这部分内容后续将在 PDRK 部分用到.

6.5.4 朗道阻尼

对于等离子体色散函数, 第二件事是, 求出朗道阻尼.

对于一维静电朗缪尔[1]波, 色散关系是

$$D(\omega,k) = 1 - \frac{\omega_p^2}{k^2}\int_{-\infty}^{\infty}\frac{\partial_v f_0}{v-\omega/k}\mathrm{d}v = 0. \qquad (6.28)$$

当 f_0 是麦克斯韦分布时[2],

$$f_0 = \left(\frac{m}{2\pi kT}\right)^{1/2}\exp\left(-\frac{mv^2}{2kT}\right), \qquad (6.29)$$

等价的色散关系是

$$D(\zeta,k) = 1 + \frac{1}{(k\lambda_\mathrm{D})^2}[1+\zeta Z(\zeta)] = 0. \qquad (6.30)$$

朗道阻尼就包含在式 (6.30) 中, 它最早是用渐近展开方法近似求解的, 由于我们已经能数值计算等离子体色散函数 $Z(\zeta)$, 数值解可用牛顿迭代求根等方法得到. 这里我们直接用 Matlab 的 fsolve 函数.

```
1  clear;clc;
2  zeta=@(x)faddeeva(x)*1i*sqrt(pi);
3  f=@(x,k)1+k*k+x*zeta(x);w=[];
4  kmin=0.1;dk1=0.1;kmid=1;dk2=1;kmax=10.0;
5  k=[kmin:dk1:kmid,(kmid+dk2):dk2:kmax];
6  for kk=k
7      options=optimset('Display','off');
8      x=fsolve(f,1-0.1i,options,kk)*sqrt(2)*kk;
9      w=[w,x];
10 end
11 wre=real(w);wie=imag(w);
12 wrt=1.0+1.5.*k.*k; %or, wrt=sqrt(1.0+3*k.*k);
13 wit=-sqrt(pi/8).*exp(-1.0./(2.0.*k.^2)-1.5)./(k.^3);
14 loglog(k,wre,'-*r',k,-wie,'+r--',k,wrt,'b-',k,-wit,'b--');
15 legend('\omega_r','-\gamma','\omega_r','-\gamma','Location','SouthEast'
       );grid on;
16 title(strcat('Langmuir Wave Dispersion Relation, approximate analytical
```

---

[1] Irving Langmuir(1881.01.31—1957.08.16), 美国化学家和物理学家, 1932 年获得诺贝尔化学奖, 最早在研究电离气体时把其命名为 plasma, 这是本书所讨论的这一学科的名称的由来. 朗缪尔振荡、朗缪尔波、Child-Langmuir law 和朗缪尔探针是做等离子体物理人常听到的关于他的名词. Tonks L 和 Langmuir I 的 *A general theory of the plasma of an Arc* (Phys. Rev., 1929, 34: 876–922) 是这一领域的一篇经典文献.

[2] 注意, 归一化后的分布是 $f_0 = \left(\frac{1}{2\pi}\right)^{1/2}\exp(-v^2/2)$ 而非 $f_0 = \left(\frac{1}{\pi}\right)^{1/2}\exp(-v^2)$.

```
17          ,...
            ,10,'solution (dashed lines) and exact numerical computation (solid
               lines)'));
18  xlabel('k\lambda_D');ylabel('\omega/\omega_p');
19  xlim([kmin,kmax]);
20  ylim([0.0001,100]);
```

结果大致如图 6.11 所示. 这里我们可看到在 $k\lambda_D \sim 1$ 附近, 近似解误差已经很大, 这也是实际应用中 (比如与模拟和实验对比), 我们要尽量求精确数值解的原因. 在上面的代码中, 我们固定了 fsolve 每次求解用的初始猜测值 1-0.1i; 由于 fsolve 采取的迭代法求根强烈依赖初值, 所以更好的方式是用上一步求得的根作为下一个 k 的初值, 读者可自行修改代码, 以及对于 k 非常小的时候, 可能需要增加代码 options 选项中的控制精度, Matlab 默认的 fsolve 精度是 10^{-6}, 类似 options=optimset ('Display', 'off', 'TolFun', 1e-10).

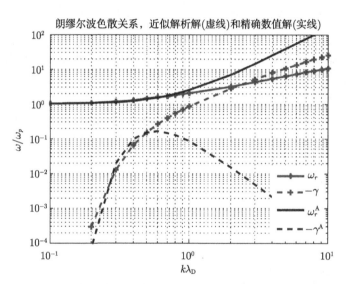

图 6.11 求解朗缪尔波色散关系, 近似的解析解与精确的数值解, 虚部即为所谓的朗道阻尼(彩图扫封底二维码)

其实, 对于以上结果, J. D. Jackson[1] 最早用查表法就给出了一张非常精确的色散关系数值解图, 不得不让人叹服. 作为参考, 部分解的具体数值见表 6.3.

---

[1] Jackson J D. Longitudinal plasma oscillations. Journal of Nuclear Energy. Part C, Plasma Physics, Accelerators, Thermonuclear Research, 1960, 1: 171. Jackson(1925.01.19—), 最有名的当属其经典教材 *Classical Electrodynamics* (1962 年第一版), 从 Jackson (1960) 这篇在等离子体物理领域中留下来的文章也可见其功底的深厚与作风的严谨, 值得后辈学习. 他还是另一张很有名的图 (图 10.4) 的幕后作者.

6.5 热等离子体中的波与不稳定性

表 6.3 朗道阻尼数值解结果

波矢 $k\lambda_D$	实部 ω_r/ω_{pe}	虚部 γ_r/ω_{pe}
0.1	1.0152	-4.75613×10^{-15}
0.2	1.06398	-5.51074×10^{-5}
0.3	1.15985	-0.0126204
0.4	1.28506	-0.066128
0.5	1.41566	-0.153359
0.0	1.54571	-0.26411
0.7	1.67387	-0.392401
0.8	1.7999	-0.534552
0.9	1.92387	-0.688109
1.0	2.0459	-0.85133
1.5	2.63233	-1.77571
2	3.18914	-2.8272

值得注意的是，方程 (6.30) 对于同一 k 其实是有多根的，可作 $f(\omega_r, \omega_i) = |D(\zeta, k)|$ 的图，从等高线图中可以很容易看出它与 $f(x,y) = 0$ 的平面的接触点 (交点) 不止一个，而每个交点都是原方程的一个根。见 6.5.8 节，或图 6.18 或图 9.14。

进一步的例子是求解束流等离子体 (beam-plasma)，分布函数

$$f_0 = (1-n_b)\left(\frac{m}{2\pi T_e}\right)^{3/2}\exp\left(-\frac{mv^2}{2T_e}\right) + n_b\left(\frac{m}{2\pi T_b}\right)^{3/2}\exp\left[-\frac{m(v-v_d)^2}{2T_b}\right], \quad (6.31)$$

色散关系

$$D(\omega,k) = 1 + \frac{\omega_{pe}^2}{k^2 v_{Te}^2}[1 + \xi_e Z(\xi_e)] + \frac{\omega_{pb}^2}{k^2 v_{Tb}^2}[1 + \xi_b Z(\xi_b)] = 0, \quad (6.32)$$

$$\xi_\alpha = (\omega - k v_{d\alpha})/k v_{T\alpha}.$$

其解见图 6.12.

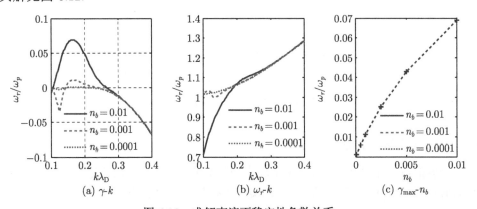

图 6.12 求解束流不稳定性色散关系

6.5.5 离子声波

色散关系为

$$D(\omega,k)=1+\frac{\omega_{pe}^2}{k^2 v_{Te}^2}[1+\xi_e Z(\xi_e)]+\frac{\omega_{pi}^2}{k^2 v_{Ti}^2}[1+\xi_i Z(\xi_i)]=0, \quad (6.33)$$
$$\xi_\alpha=\omega/kv_{T\alpha}.$$

如果取绝热电子, $\delta n_e = e\delta\phi/T_e$, 泊松方程改为准中性条件 $\delta n_i = \delta n_e$, 从而 (假定了 $q_i = -q_e = e$)

$$\frac{1}{\tau}e\delta\phi/T_i = \delta n_i = \int \delta f_i \mathrm{d}v \quad (\tau=T_e/T_i). \quad (6.34)$$

得到色散关系

$$D(\omega,k)=1-\frac{\tau}{2}Z'(\zeta_i). \quad (6.35)$$

数值求解式 (6.33) 的困难主要在于寻找合适的初值, 大部分初值容易收敛到电子分支的朗缪尔波, 理论的离子声波分支 $\omega^2 \simeq k^2 c_s^2, c_s^2=T_e/m_i$, 因而对于阻尼不大时可以根据理论近似解设置初值, 一组典型的结果见图 6.13. 数值求解式 (6.35) 比较容易, 因为已经滤掉了高频的电子分支, 可直接改写前面的代码.

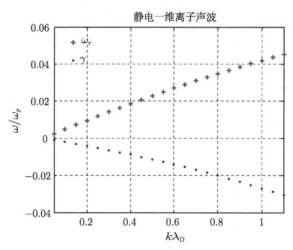

图 6.13 静电一维离子声波解

6.5.6 广义等离子体色散函数

一般的等离子体色散函数, 限于麦克斯韦分布. 如果要求任意分布的色散关系, 我们通常会遇到多个麻烦: ① 积分在实轴上奇异; ② 如何解析延拓; ③ 积分从负无穷到正无穷, 如何保证数值积分尽可能快且精确.

6.5 热等离子体中的波与不稳定性

广义等离子体色散函数 (generalized plasma dispersion function, GPDF) 定义如下：

$$Z(\zeta) = Z(\zeta, F) = \int_C \frac{F}{z - \zeta} dz, \quad (6.36)$$

其导数

$$Z_p(\zeta) = \int_C \frac{\partial F/\partial z}{z - \zeta} dz = Z'(\zeta, F), \quad (6.37)$$

其中, $F = e^{-z^2}/\sqrt{\pi}$ 时退回到原来的等离子体色散函数.

普适地快速精确计算上面两个函数, 已经通过基函数展开再利用快速傅里叶变换解决 (Xie, 2013b). 该方法适用于几乎任意给定的分布函数 F, 其中的解析延拓通过基函数求解析延拓自动统一地解决, 不必对不同的分布函数进行不同的延拓.

除麦克斯韦分布外, 空间物理中常见的是 κ-分布 (广义洛伦兹分布, 也等价于概率论中的 t 分布)

$$F_\kappa = A_\kappa \left[1 + \frac{1}{\kappa} \frac{v^2}{v_t^2}\right]^{-\kappa}, \quad (6.38)$$

其中归一化常数

$$A_\kappa = \frac{1}{v_t} \frac{\Gamma(\kappa)}{\Gamma(\kappa - 1/2)} \frac{1}{\sqrt{\pi \kappa}}. \quad (6.39)$$

另外一个较特殊的例子是不完全麦克斯韦分布

$$F_{\text{IM}}(v) = H(v - \nu) \frac{1}{\sqrt{\pi}} e^{-v^2}, \quad (6.40)$$

这个分布可以用来演示分布函数中不连续点的效应, 一个例子见图 6.14.

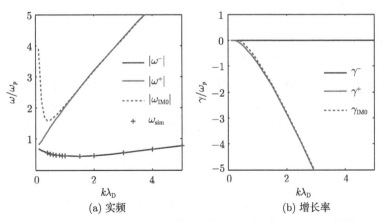

(a) 实频 (b) 增长率

图 6.14 非完整的麦克斯韦分布下, 寻根求解色散关系得到的结果, 和模拟结果符合得很好, $\nu = -0.1 v_t$ (彩图扫封底二维码)

一些不同的分布函数下朗缪尔波的频率和衰减率见图 6.15.

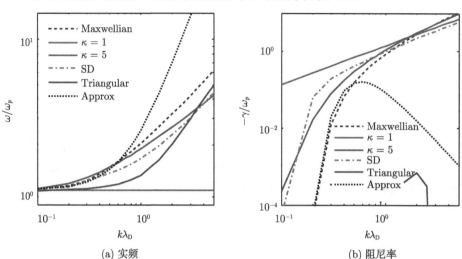

(a) 实频 (b) 阻尼率

图 6.15　不同的初始分布下, 分布函数对朗道阻尼的影响 (彩图扫封底二维码)

这部分具体算法的求解过程主要在公式推导和解析延拓等细节上稍烦琐, 不再列出, 可以参考 Xie (2013b) 的原文 ①. 如果不用这里的算法, 通常求解的精度会比较低或者速度极慢, 问题主要出在实轴的奇点. 比如, 经测试, 应用较广的高斯求积公式 (10.4 节) 应用于 Z 函数效果不佳, 误差极大.

6.5.7　WHAMP 代码

解决了 $Z(\zeta)$ 的精确数值求解问题, 我们就已经迈出了很重要的一步. 但是, 等离子体物理中色散关系求解的麻烦远不止这点. 考察全动理学的色散关系, 它里面有无穷项的贝塞尔函数叠加, 还有分母 $\omega - n\omega_c - k_\parallel v_\parallel = 0$ 的回旋共振奇异. 数值求解很容易遇到各种不收敛问题.

如何真正地把所有想要的根都找出来, 依然是困扰研究人员的一个问题. 这里介绍一个适用范围较广的数值求解代码 WHAMP②. 它针对磁化、均匀、各向异性 (用双麦克斯韦分布并含损失锥的形式拟合)、多组分的全动理学等离子体色散关系. 为了加快运算速度同时保证精度, 等离子体色散函数用较高阶的 Padé 近似给出, 只在强阻尼的情况下失效; 贝塞尔函数叠加到基本收敛 (一般前几十项就够).

---

① GPDF 代码http://hsxie.me/codes/gpdf/, 其中同时介绍了常规 Z 函数的各种计算方法.
② Kjell Ronnmark, WHAMP-Waves in Homogeneous, Anisotropic Multi component Plasmas, KGI Report NO. 179, June 1982. 整理好的代码和说明文档可在 https:// launchpad.net/whamp 中找到.

6.5 热等离子体中的波与不稳定性

一张 WHAMP 求解的色散面 (dispersion surfaces) 结果[①] 见图 6.16. 可以看到, WHAMP 确实是很强大的.

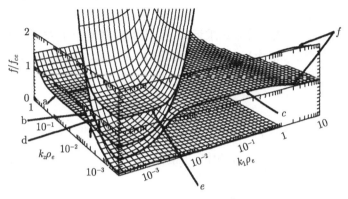

图 6.16　WHAMP 求解的色散面示例

WHAMP 原始代码是 Fortran77 语言所写, 后续中其他人有给一些更易用或直观的版本, 比如 IDL 版、Java 版. Richard Denton[②] 开发的 JWHAMP(Java 版) 的界面示例见图 6.17. WHAMP 应该会是空间等离子体物理中研究波动问题较多的人的得力助手, 尽管它还有无法求强阻尼及经常不收敛等局限性.

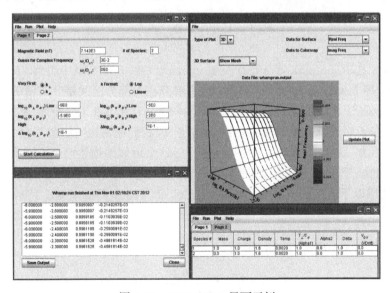

图 6.17　JWHAMP 界面示例

[①] 取自 André (1985) 的文献 (André M. Dispersion surfaces. Journal of Plasma Physics, 1985, 33: 1-19), 这也是色散面这个名词的来源.

[②] http://www.dartmouth.edu/~rdenton/.

6.5.8 PDRK 代码

是否有可能像 PDRF 那样, 对于动理学的色散关系, 也能一次性求出所有主要的根? 答案是有可能. 但由于动理学的解有无穷多个, 因而一般有两个限定条件, 比如只求某个区间的所有根, 或者只求近似 (但依然高精度) 的主要根. 前一种, 可以通过柯西围道积分法 (9.9 节). 这里我们讨论后一种, 通过 Padé 近似再转换为类似 PDRF 的矩阵本征值问题来实现.

1. 静电一维

我们依然以前面最简单的静电一维的多组分带漂移的麦克斯韦分布函数 $f_{s0} = \left(\frac{m_s}{2\pi k_B T_s}\right)^{1/2} \exp\left[-\frac{(v-v_{s0})^2}{2k_B T_s}\right]$ 为例. 色散关系为

$$D = 1 + \sum_{s=1}^{S} \frac{1}{(k\lambda_{Ds})^2}[1 + \zeta_s Z(\zeta_s)] = 0, \qquad (6.41)$$

其中, $\lambda_{Ds}^2 = \frac{\epsilon_0 k_B T_s}{n_s q_s^2}$, $v_{ts} = \sqrt{\frac{2k_B T_s}{m_s}}$ 和 $\zeta_s = \frac{\omega - kv_{s0}}{kv_{ts}}$. 等离子体色散函数 $Z(\zeta) = \frac{1}{\sqrt{\pi}} \int_{-\infty}^{\infty} \frac{e^{-z^2}}{z-\zeta} dz$ 可以通过多点展开来近似

$$Z(\zeta) \simeq Z_J(\zeta) = \sum_{j=1}^{J} \frac{b_j}{\zeta - c_j}, \qquad (6.42)$$

其中, $J = 8$ 在 Ronnmark 等(1982) 及 Ronnmark (1983) 的文献中用到, $J = 2$、3、4 在 Martin 等 (1980) 的文献中可找到. 这个展开在大部分区间是非常精确的 (除了对于 $y < \sqrt{\pi}x^2 e^{-x^2}$, 且当 $x \gg 1$ 时, 其中 $\zeta = x + iy$, 尤其在上半平面. 这个近似主要的缺点在于对于强阻尼的模不能准确描述, 但我们通常也对强阻尼模并无兴趣, 所以问题不大. 后文实测表明, 对于朗道阻尼, 这个近似的描述已经足够准确. 通过前文提及的展开方法, 我们计算的系数 c_j 和 b_j ($J = 4$, $J = 8$ 和 $J = 12$) 列在表 6.4 中. 注意以下有用的关系式 (Ronnmark et al., 1982) $\sum_j b_j = -1$, $\sum_j b_j c_j = 0$ 和 $\sum_j b_j c_j^2 = -1/2$.

组合式 (6.41) 和式 (6.42), 得到

$$1 + \sum_s \sum_j \frac{b_{sj}}{\omega - c_{sj}} = 0, \qquad (6.43)$$

其中, $b_{sj} = \frac{b_j c_j v_{ts}}{k\lambda_{Ds}^2}$ 及 $c_{sj} = k(v_{s0} + v_{ts}c_j)$. 频率的根 $\omega = \omega_r + i\omega_i = \omega_r + i\gamma$ 通常是复数. 一个等价的线性系统可以是

6.5 热等离子体中的波与不稳定性

表 6.4 对 J-pole 近似 $Z(\zeta)$ 函数，$J=4$ (Martin et al., 1980)，$J=8$ (Ronnmark et al., 1982) 和 $J=12$ 的系数 c_j 和 b_j，其中星号为复共轭

$J=4$	$b_1=0.5467968598340320 + 0.0371965052392771i$ $b_2=-1.0467968598340270 + 2.1018525680385181i$ $b(3:4)=b^*(1:2)$	$c_1=1.2358876534359200-1.2149821325573100i$ $c_2=-0.3786116123862770-1.3509435854327300i$ $c(3:4)=-c^*(1:2)$
$J=8$	$b_1=-1.734012457471826\times10^{-2}-4.6306392916803220\text{E}{-}2i$ $b_2=-7.399169923225014\times10^{-1}+8.3951799780998440\text{E}{-}1i$ $b_3=5.840628642184073+9.5360090576436670\text{E}{-}1i$ $b_4=-5.583371525286853-1.1208543191265990\text{E}1i$ $b(5:8)=b^*(1:4)$	$c_1=2.2376877892019000-1.6259408561737271i$ $c_2=1.4652341261060040-1.7896201291624441i$ $c_3=0.8392539817232638-1.8919950457652061i$ $c_4=0.2739362226285564-1.9417868758447131i$ $c(5:8)=-c^*(1:4)$
$J=12$	$b_1=-0.00454786121684 + 0.00062109622987 79i$ $b_2=0.2151557290594030-0.2015054017057631i$ $b_3=0.4395450434577674-4.1610846850924051i$ $b_4=-20.21696730817741 + 12.8855035282449771i$ $b_5=67.081488119986460-20.846345891864550i$ $b_6=-4.801467372237129\text{e}+01-1.072756140299431\text{e}+02i$ $b(7:12)=b^*(1:6)$	$c_1=2.978429162453205-2.049696664409721i$ $c_2=-2.256783783969929-2.208618411911446i$ $c_3=1.673799856114519-2.324085194217706i$ $c_4=1.159032034062764-2.406739403567887i$ $c_5=-0.682287637027822-2.460365014999888i$ $c_6=0.225365375295874-2.486779417872603i$ $c(7:12)=-c^*(1:6)$

$$\omega n_{sj} = c_{sj} n_{sj} + b_{sj} E, \tag{6.44a}$$

$$E = -\sum_{sj} n_{sj}, \tag{6.44b}$$

它是一个 $SJ \times SJ$ 维的本征系统, 本征矩阵 M, 即 $\omega X = MX$, 其中 $SJ = S \times J$ 及 $X = \{n_{sj}\}$. 这里的符号 n_{sj} 和 E 没有明确的物理意义, 不过可以类比于流体推导朗缪尔波的扰动密度和电场. 方程 (6.43) 的分母的奇异在常规求解方法中会遇到, 但是在这里通过变换 (6.44) 后消去了. 从而这里的矩阵方法可以很容易处理多组分色散关系.

该算法的核心代码如下.

```
1    SJ=S*J;
2
3    sj=0;
4    M=zeros(SJ,SJ);
5    for s=1:S
6        for j=1:J;
7            sj=sj+1;
8            csj(sj)=k*(czj(j)*vts(s)+vs0(s));
9            bsj(sj)=vts(s)*bzj(j)*czj(j)*(kDs(s)^2/k);
10       end
11   end
12
13   for sj=1:SJ
14       M(sj,:)=-bsj(sj);
15       M(sj,sj)=-bsj(sj)+csj(sj);
16   end
17
18   d=eig(M);
19   omega=d;
20   [wi,ind]=sort(imag(omega),'descend');
21   w=omega(ind);
```

表 6.5 中显示了对于朗缪尔波朗道阻尼问题, 通过矩阵方法 (ω^M) 和前文原始的 $Z(\zeta)$ 函数方法 (ω^Z) (Xie, 2013b) 求得的虚部最大的根的对比, 我们可以看到对于 $J=8$ 精度达到了 10^{-4}, 而对于 $J=4$ 误差也并不大 (10%). 从而, 我们验证了这种方法的可行性. 原则上, 对于固定 k, 有无穷多个频率满足色散关系 (物理的讨论见 Xie (2013b) 的相关文献及其引用的文献). 图 6.18 显示了矩阵法的所有根和 $Z(\zeta)$ 函数方法的零点, 取 $k\lambda_{De} = 0.8$. 两种方法得到的虚部最大 (阻尼最小) 的根 (第一个根) 几乎重合, 这符合我们的需要. 不过, 对于其他阻尼较大的根, 我们可以看到符合并不好, 这是由于这里的近似不佳, 因此在矩阵法中应该排除. 比如, 对于第二个根, $J=8$ 的根误差约 10%, 而第三个根已经完全不对. 幸运的是, 对于大部分情况, 这些强阻尼根我们几乎不感兴趣, 因为阻尼过大, 很难存在. 对于 $J=12$, 结果可以稍微更精确 (10^{-7}), 如表 6.5 和图 6.18 所示. 原则上, 对于方程 (6.41), 只

6.5 热等离子体中的波与不稳定性

要 $k \neq 0$, 没有任何奇异. 而对于常规的求根方法, 如果初值不佳, 可能很难收敛到想要的根. 更关键的是, 如果没有其他方式 (比如理论) 估计根的大致范围, 那么很可能漏根.

表 6.5 对于原始的 $Z(\zeta)$ 函数法和矩阵法求解的朗道阻尼根, 这里 ω 通过 $\omega_{pe} = \sqrt{n_e e^2/\epsilon_0 m_e}$ 归一

$k\lambda_{De}$	$\omega_r^M(J=4)$	$\omega_i^M(J=4)$	$\omega_r^M(J=8)$	$\omega_i^M(J=8)$	$\omega_r^M(J=12)$	$\omega_i^M(J=12)$	ω_r^Z	ω_i^Z
0.1	0.9956	9.5×10^{-3}	1.0152	1.7×10^{-5}	1.0152	9.5×10^{-8}	1.0152	-4.8×10^{-15}
0.5	1.4235	-0.1699	1.4156	-0.1534	1.4157	-0.1534	1.4157	-0.1534
1.0	2.0170	-0.8439	2.0459	-0.8514	2.0458	-0.8513	2.0458	-0.8513
2.0	3.2948	-2.6741	3.1893	-2.8272	3.1891	-2.8272	3.1891	-2.8272

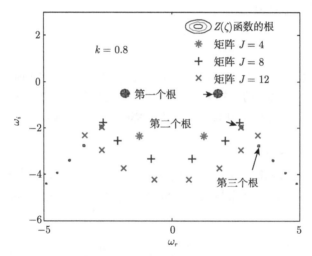

图 6.18 对比 $Z(\zeta)$ 法和矩阵法求解的所有根. 为了防止漏根, $Z(\zeta)$ 函数的根是通过画方程 (6.41) $|D(\omega_r, \omega_i)| = 0$ 在复平面的等高图展示, 它可以直接地大致显示复平面区域上的所有零点. 图中的箭头指出前三个根. 我们可以看到 $J=4$、8、12 均能求得第一个根, 但只有 $J=12$ 能较精确地得到第二个根

对于有两个频率尺度 ($s=e$、i, $m_e \ll m_i$) 的离子声波 (ion acoustic mode) 问题, 除了朗缪尔解 $\omega = 2.0459 - 0.8513i$ 外, $J = 8$ 矩阵法得到的虚部最大的根与 $Z(\zeta)$ 函数法也一致, 如 $T_i = T_e$, $m_i = 1836 m_e$, $k\lambda_{De} = 1$, 得到 $\omega = 0.0420 - 0.0269i$. 通常, 默认用 $J = 8$ 便足够.

我们进一步检验前文的电子束流不稳定性 (bump-on-tail mode) ($s = e, b$), 参数 $T_b = T_e$, $v_b = 5v_{te}$ 及 $n_b = 0.1 n_0$ ($n_e = n_0 - n_b$). $J = 8$ 矩阵法和 $Z(\zeta)$ 函数求根法均给出相同的虚部最大的根 $\omega = 0.9785 + 0.2000i$, $k\lambda_{De} = 0.2$. 而 $J = 4$ 矩阵法给出 $\omega = 0.9772 + 0.2076i$, 也差不多. 图 6.19 显示 ω 和 γ 随 k 在以上参数的扫描

图,其中 $J = 8$ 矩阵法画了虚部最大的前三支根,$Z(\zeta)$ 函数法画了一支根,ω^Z 与 ω^M 重合. 其中,$Z(\zeta)$ 的根需要测试不同的初值才能找到我们需要的根. 相反,矩阵法无需给初值[①]. 从而,矩阵法不会漏掉任何重要的根.

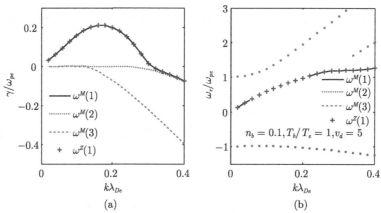

图 6.19 对比束流不稳定性中通过 $J = 8$ 矩阵法 (ω^M) 得到的虚部最大的三个根和 $Z(\zeta)$ 函数法 (ω^Z) 得到的一个根. 矩阵法可以精确地得到 $Z(\zeta)$ 函数法的根,并且可以同时得到其他根(彩图扫封底二维码)

2. Harris 色散关系

我们进一步求解稍微更复杂的包含 n ($n = -\infty \sim \infty$) 阶回旋频率的问题,即,静电三维 (electrostaic 3D, ES3D) 磁化 Harris 色散关系 (Gurnett and Bhattacharjee, 2005)

$$D = 1 + \sum_{s=1}^{S} \frac{1}{(k\lambda_{Ds})^2}\left[1 + \frac{\omega - k_z v_{s0} - n\Omega_s + \lambda_T n\Omega_s}{k_z v_{zts}} \sum_{n=-\infty}^{\infty} \Gamma_n(b_s) Z(\zeta_{sn})\right] = 0, \tag{6.45}$$

其中,$\lambda_{Ds}^2 = \frac{\epsilon_0 k_B T_{zs}}{n_{s0} q_s^2}$, $v_{ts} = \sqrt{\frac{2k_B T_s}{m_s}}$, $\lambda_T = T_z/T_\perp$, $\zeta_{sn} = \frac{\omega - k_z v_{s0} - n\Omega_s}{k_z v_{zts}}$, $\Gamma_n(b) = I_n(b)e^{-b}$, $b_s = k_\perp^2 \rho_{cs}^2$, $\rho_{cs} = \sqrt{\frac{v_{\perp ts}^2}{\Omega_s}}$, I_n 是修改的贝塞尔函数,平衡分布假定为漂移双麦克斯韦分布 $f_{s0} = f_\perp(v_\perp)f_z(v_z)$,其中 $f_\perp = \frac{m_s}{2\pi k_B T_{s\perp}}\exp\left[-\frac{m_s v_\perp^2}{2k_B T_{s\perp}}\right]$ 及 $f_z = \left(\frac{m_s}{2\pi k_B T_{s\perp}}\right)^{1/2}\exp\left[-\frac{m_s(v_\parallel - v_{s0})^2}{2k_B T_{sz}}\right]$. 背景磁场假定为 $\boldsymbol{B}_0 = (0,0,B_0)$,波矢

[①] 如果矩阵维度较小,可以直接用 eig( ) 求所有根;如果矩阵维度较大,或者只需要初值附近的根,可用 eigs( ). eigs( ) 可以在初值附近搜索一个或多个根,从而比一般的迭代法更容易求根,且速度比 eig( ) 求所有根快,内存要求也小. 本书中从流体到动理学的许多本征值问题,在矩阵维度较大时,推荐使用 eigs( ),它还可以直接求矩阵中实部、虚部最大或最小的根.

$\boldsymbol{k} = (k_x, 0, k_z) = (k\sin\theta, 0, k\cos\theta)$，得到 $k_\perp = k_x$ 和 $k_\parallel = k_z$.

这个色散关系包含无穷阶贝塞尔函数求和. 不过, 方程 (6.45) 与方程 (6.41) 非常相似. 从而, 变换到等价的线性系统或矩阵依然很直接. 实际计算中, 我们只保留前面 N 个贝塞尔函数, 即 $n = -N \sim N$. 本征矩阵的维度为 $SNJ \times SNJ$, 其中 $SNJ = S \times (2N+1) \times J$. 方程 (6.45) 在 $k_z \to 0$ 时 $\omega - n\Omega_{cs} \to 0$ 的奇异通过变换移除了.

3. 电子伯恩斯坦模

我们可以测试电子伯恩斯坦模 (Bernstein modes) ($s = e$). 结果显示在图 6.20(a) 中, 参数 $\omega_{pe} = 2.5\omega_{ce}$. 对于模的频率 $\omega < 6\omega_c$, 只保留 $N = 10$ 阶贝塞尔函数已经足够精确. 冷等离子体极限下计算的高杂波频率为 $\omega_{UH} = \sqrt{\omega_c^2 + \omega_p^2} = 2.69$, 与矩阵法在 $k_\perp\rho_c \to 0$ 极限下计算的一致. 图 6.20(a) 也与 Gurnett 和 Bhattacharjee (2005) 文献中的图 9.8 一致. 图 6.20(b) 中, 我们同时也给出相应的静电粒子模拟 (ES1D3V particle-in-cell, 细节见 8.1.5 节, 离子不动, $k = k_\perp$) 的验证结果, 我们可以看到符合也很好. 这里用的是标准粒子模拟方法 (Birdsall and Langdon, 1991), 具体见后面的章节 (第 8 章). 谱图的等高线是通过傅里叶变换静电势 $\delta\phi(x,t)$ 到 $\delta\hat{\phi}(k,\omega)$ 得到的. 模拟与色散关系相符, 也表明色散关系的推导是正确的.

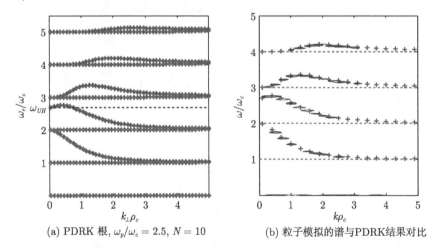

(a) PDRK 根, $\omega_p/\omega_c = 2.5$, $N = 10$ (b) 粒子模拟的谱与PDRK结果对比

图 6.20   矩阵法求解 Harris 色散关系得到的电子伯恩斯坦模 (红 "+"). 绿色虚线是 $\omega = n\omega_c$. 冷等离子体极限下的高杂波频率为 $\omega_{UH} = \sqrt{\omega_c^2 + \omega_p^2} = 2.69$ (蓝色虚线). 等离子体色散关系的解也与粒子模拟的谱相符 (b) (彩图扫封底二维码)

6.5.9 电磁色散关系

前文我们演示了矩阵法可以很好地求解动理学色散关系, 并且表明 Z 的 Padé

近似足够精确，这给了我们把这种方法推广到更复杂的电磁三维 (electromagnetic 3D, EM3D) 问题的信心. 如前文所述，EM3D 的色散关系，目前通过常规方法还并没有很好的解决.

1. 色散关系

平衡分布依然假定为漂移麦克斯韦分布，$\boldsymbol{B}_0 = (0, 0, B_0)$ 及 $\boldsymbol{k} = (k_x, 0, k_z)$. 色散关系可推导如下 (Stix, 1992), (Miyamoto, 2004).

$$\begin{vmatrix} K_{xx} - \dfrac{c^2 k^2}{\omega^2} \cos^2\theta & K_{xy} & K_{xz} + \dfrac{c^2 k^2}{\omega^2} \sin\theta\cos\theta \\ K_{yx} & K_{yy} - \dfrac{c^2 k^2}{\omega^2} & K_{yz} \\ K_{zx} + \dfrac{c^2 k^2}{\omega^2} \sin\theta\cos\theta & K_{zy} & K_{zz} - \dfrac{c^2 k^2}{\omega^2} \sin^2\theta \end{vmatrix} = 0, \qquad (6.46)$$

其中，$\boldsymbol{K} = \boldsymbol{I} + \sum\limits_s \dfrac{\omega_{ps}^2}{\omega^2} \left[\sum\limits_n \left\{ \zeta_0 Z(\zeta_n) - \left(1 - \dfrac{1}{\lambda_T}\right)[1 + \zeta_n Z(\zeta_n)] \right\} \boldsymbol{X}_n + 2\eta_0^2 \lambda_T \boldsymbol{L} \right]$，及

$$\boldsymbol{X}_n = \begin{pmatrix} n^2 \Gamma_n / b & \mathrm{i} n \Gamma_n' & -(2\lambda_T)^{1/2} \eta_n \dfrac{n}{\alpha} \Gamma_n \\ -\mathrm{i} n \Gamma_n' & n^2/b \Gamma_n - 2b\Gamma_n' & \mathrm{i}(2\lambda_T)^{1/2} \eta_n \alpha \Gamma_n' \\ -(2\lambda_T)^{1/2} \eta_n \dfrac{n}{\alpha} \Gamma_n & -\mathrm{i}(2\lambda_T)^{1/2} \eta_n \alpha \Gamma_n' & 2\lambda_T \eta_n^2 \Gamma_n \end{pmatrix}, \qquad (6.47)$$

$\eta_n = \dfrac{\omega + n\Omega}{k_z v_{Tz}}$, $\lambda_T = \dfrac{T_z}{T_\perp}$, $b = \left(\dfrac{k_x v_{T\perp}}{\Omega}\right)^2$, $\alpha = \dfrac{k_x v_{T\perp}}{\Omega}$, $v_{Tz}^2 = \dfrac{k_B T_z}{m}$, $v_{T\perp}^2 = \dfrac{k_B T_\perp}{m}$, $\boldsymbol{L}$ 的矩阵元除了 $L_{zz} = 1$ 外均为零.

2. 线性变换

为了寻找等价的线性变换，麦克斯韦方程

$$\partial_t \boldsymbol{E} = c^2 \nabla \times \boldsymbol{B} - \boldsymbol{J}/\epsilon_0, \qquad (6.48\mathrm{a})$$

$$\partial_t \boldsymbol{B} = -\nabla \times \boldsymbol{E}, \qquad (6.48\mathrm{b})$$

不需要改变. 我们只需要寻找一个新的线性系统 $\boldsymbol{J} = \overleftrightarrow{\sigma} \cdot \boldsymbol{E}$. 通过 J-pole 展开后，可以很容易发现 $\boldsymbol{J}$ 和 $\boldsymbol{E}$ 有如下形式的关系:

$$\begin{pmatrix} J_x \\ J_y \\ J_z \end{pmatrix} = \begin{pmatrix} a_{11} + \sum\limits_{snjm} \dfrac{b_{snjm11}}{\omega - c_{snjm11}} & a_{12} + \sum\limits_{snjm} \dfrac{b_{snjm12}}{\omega - c_{snjm12}} & a_{13} + \sum\limits_{snjm} \dfrac{b_{snjm13}}{\omega - c_{snjm13}} \\ a_{21} + \sum\limits_{snjm} \dfrac{b_{snjm21}}{\omega - c_{snjm21}} & a_{22} + \sum\limits_{snjm} \dfrac{b_{snjm22}}{\omega - c_{snjm22}} & a_{23} + \sum\limits_{snjm} \dfrac{b_{snjm23}}{\omega - c_{snjm23}} \\ a_{31} + \sum\limits_{snjm} \dfrac{b_{snjm31}}{\omega - c_{snjm31}} & a_{32} + \sum\limits_{snjm} \dfrac{b_{snjm32}}{\omega - c_{snjm32}} & a_{33} + \sum\limits_{snjm} \dfrac{b_{snjm33}}{\omega - c_{snjm33}} + d_{33}\omega \end{pmatrix} \begin{pmatrix} E_x \\ E_y \\ E_z \end{pmatrix}.$$

$$(6.49)$$

6.5 热等离子体中的波与不稳定性

幸运的是, 注意到 Z 函数中的关系 $\left(\sum_j b_j = -1, \sum_j b_j c_j = 0 \text{ 及 } \sum_j b_j c_j^2 = -1/2\right)$ 和贝塞尔函数 $\left[\sum_{n=-\infty}^{\infty} I_n(b) = e^b, \sum_{n=-\infty}^{\infty} n I_n(b) = 0, \sum_{n=-\infty}^{\infty} n^2 I_n(b) = b e^b\right]$, 我们发现 $a_{ij} = 0$ $(i, j = 1、2、3)$ 及 $d_{33} = 0$. 方程 (6.49) 进一步变为

$$\begin{pmatrix} J_x \\ J_y \\ J_z \end{pmatrix} = -\begin{pmatrix} \dfrac{b_{11}}{\omega} + \sum_{snj} \dfrac{b_{snj11}}{\omega - c_{snj}} & \dfrac{b_{12}}{\omega} + \sum_{snj} \dfrac{b_{snj12}}{\omega - c_{snj}} & \dfrac{b_{13}}{\omega} + \sum_{snj} \dfrac{b_{snj13}}{\omega - c_{snj}} \\ \dfrac{b_{21}}{\omega} + \sum_{snj} \dfrac{b_{snj21}}{\omega - c_{snj}} & \dfrac{b_{22}}{\omega} + \sum_{snj} \dfrac{b_{snj22}}{\omega - c_{snj}} & \dfrac{b_{23}}{\omega} + \sum_{snj} \dfrac{b_{snj23}}{\omega - c_{snj}} \\ \dfrac{b_{31}}{\omega} + \sum_{snj} \dfrac{b_{snj31}}{\omega - c_{snj}} & \dfrac{b_{32}}{\omega} + \sum_{snj} \dfrac{b_{snj32}}{\omega - c_{snj}} & \dfrac{b_{33}}{\omega} + \sum_{snj} \dfrac{b_{snj33}}{\omega - c_{snj}} \end{pmatrix} \begin{pmatrix} E_x \\ E_y \\ E_z \end{pmatrix}.$$
(6.50)

组合方程 (6.48) 和式 (6.50), 对式 (6.46) 等价的线性系统可以为

$$\begin{cases} \omega v_{snjx} = c_{snj} v_{snjx} + b_{snj11} E_x + b_{snj12} E_y + b_{snj13} E_z, \\ \omega j_x = b_{11} E_x + b_{12} E_y + b_{13} E_z, \\ J_x = j_x + \sum_{snj} v_{snjx}, \\ \omega v_{snjy} = c_{snj} v_{snjy} + b_{snj21} E_x + b_{snj22} E_y + b_{snj23} E_z, \\ \omega j_y = b_{21} E_x + b_{22} E_y + b_{23} E_z, \\ J_y = j_y + \sum_{snj} v_{snjy}, \\ \omega v_{snjz} = c_{snj} v_{snjz} + b_{snj31} E_x + b_{snj32} E_y + b_{snj33} E_z, \\ \omega j_z = b_{31} E_x + b_{32} E_y + b_{33} E_z, \\ J_z = j_z + \sum_{snj} v_{snjz}, \\ \omega E_x = -c^2 k_z B_y - J_x/\epsilon_0, \\ \omega E_y = c^2 k_z B_x - c^2 k_x B_z - J_y/\epsilon_0, \\ \omega E_z = c^2 k_x B_y - J_z/\epsilon_0, \\ \omega B_x = k_z E_y, \\ \omega B_y = -k_z E_x + k_x E_z, \\ \omega B_z = -k_z E_y, \end{cases}$$
(6.51)

它变为一个稀疏矩阵的本征值问题. 再次, 符号 v_{snjx}, $j_{x,y,z}$ 和 $J_{x,y,z}$ 在这里并无直接的物理意义但可以类比为前文流体 PDRF 推导的扰动速度、电流. 而矩阵中的本征矢量 $(E_x, E_y, E_z, B_x, B_y, B_z)$ 却依然代表原始的电场和磁场扰动. 从而, 可以像 PDRF 一样, 能直接得到偏振关系. 矩阵维度为 $NN = 3 \times (SNJ + 1) + 6 =$

$3 \times [S \times (2 \times N + 1) \times J + 1] + 6$. 系数为

$$\begin{cases}
b_{snj11} = \omega_{ps}^2 b_j (1 - k_z b_{j0}/c_{snj}) n^2 \Gamma_n / b_s, \\
b_{11} = \sum_{snj} \omega_{ps}^2 b_j (k_z b_{j0}/c_{snj}) n^2 \Gamma_n / b_s, \\
b_{snj12} = \omega_{ps}^2 b_j (1 - k_z b_{j0}/c_{snj}) i n \Gamma_n', \\
b_{12} = \sum_{snj} \omega_{ps}^2 b_j (k_z b_{j0}/c_{snj}) i n \Gamma_n', \\
b_{snj21} = -b_{snj12}, \quad b_{21} = -b_{12}, \\
b_{snj22} = \omega_{ps}^2 b_j (1 - k_z b_{j0}/c_{snj})(n^2 \Gamma_n / b_s - 2 b_s \Gamma_n'), \\
b_{22} = \sum_{snj} \omega_{ps}^2 b_j (k_z b_{j0}/c_{snj})(n^2 \Gamma_n / b_s - 2 b_s \Gamma_n'), \\
b_{snj13} = \omega_{ps}^2 b_j [c_j/\lambda_{Ts} - n\omega_{cs} b_{j0}/(c_{snj} v_{tzs})] \Gamma_n \sqrt{(2\lambda_{Ts})}/b_s, \\
b_{13} = \sum_{snj} \omega_{ps}^2 b_j [n\omega_{cs} b_{j0}/(c_{snj} v_{tzs})] \Gamma_n \sqrt{(2\lambda_{Ts})}/b_s, \\
b_{snj31} = b_{snj13}, \quad b_{31} = b_{13}, \\
b_{snj23} = -i\omega_{ps}^2 b_j [c_j/\lambda_{Ts} - n\omega_{cs} b_{j0}/(c_{snj} v_{tzs})] \sqrt{(2\lambda_{Ts})} \Gamma_n' b_s, \\
b_{23} = -i \sum_{snj} \omega_{ps}^2 b_j [n\omega_{cs} b_{j0}/(c_{snj} v_{tzs})] \sqrt{(2\lambda_{Ts})} \Gamma_n' b_s, \\
b_{snj32} = -b_{snj23}, \quad b_{32} = -b_{23}, \\
b_{snj33} = \omega_{ps}^2 b_j [(v_{s0}/v_{tzs} + c_j) c_j / \lambda_{Ts} - n\omega_{cs} b_{j0}((1 + n\omega_{cs}/c_{snj}) v_{tzs}^2)/k_z] 2\lambda_{Ts} \Gamma_n, \\
b_{33} = \sum_{snj} \omega_{ps}^2 b_j [n^2 b_{j0}/(c_{snj} v_{tzs}^2 k_z)] 2\lambda_{Ts} \Gamma_n, \\
c_{snj} = k_z c_j v_{tzs} + k_z v_{s0} - n\omega_{cs},
\end{cases} \tag{6.52}$$

其中, $b_{j0} = v_{s0} + (1 - 1/\lambda_{Ts}) c_j v_{tzs}$.

如果 $a_{ij} \neq 0$, 以上线性系统依然可直接得到. 不过, 对应的本征矩阵不再稀疏 (sparse) (ES1D 和 ES3D 的本征矩阵也非稀疏, 但是可以变换为稀疏的, 见 Xie 和 Xiao (2016) 的原文). 如果 $d_{33} \neq 0$, 对应的等价线性系统较为复杂, 对于现在的问题, 我们暂不讨论.

对于 PDRK 的测试和具体应用, 可以参考 Xie 和 Xiao (2016) 的原文[①], 这里不再细讲, 图 6.21 给出一个求解色散面的例子.

PDRK 主要的缺点在于增根太多, 需要过滤掉. 对于不稳定问题, PDRK 有明显优势, 因为所有虚部大于零的根都是真实根, PDRK 求解不会遗漏也不会给出假根. PDRK 提供了一个求解动理学色散关系所有根的尝试, 增根问题表明它也依然没有完全解决普适高效求解动理学色散关系的困难.

[①] 本节 PDRK 代码http://hsxie.me/codes/pdrk/, 其中同时给了 Z 函数高阶 Padé展开系数的计算代码.

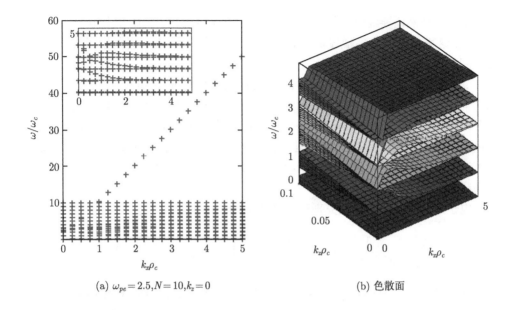

图 6.21　PDRK-EM3D 得到的色散面 (b),用了图 6.20 相同参数及 $c^2=10^2$. 这里 ω-$k_\perp$ (a) 与前面图 6.20 的 ES3D 结果相近,表明 EBW 是 (准) 静电的 (彩图扫封底二维码)

6.5.10　相对论性问题

前面的例子均未讨论相对论的情况, 这对低温、磁约束及大部分空间研究, 基本够用. 但激光聚变和部分天文物理中, 相对论情况是无法避免的. 它会引入一些新效应. 另外, 对于非相对论情况, 整个磁流体方程组 (去掉了位移电流) 是伽利略不变的; 但其他如双流体和弗拉索夫–麦克斯韦 (Vlasov-Maxwell) 系统, 运动方程是伽利略不变的, 场方程却是洛伦兹不变的, 使得整个系统既非伽利略不变, 又非洛伦兹不变. 对于非相对论等离子体物理方程中这种不自洽究竟会对研究的问题带来多大影响, 比如带来多大误差或者是否遗漏了重要物理这些问题, 暂未有人真正研究过. 已经研究成型的是, 给出了全相对论的磁流体、Vlasov-Maxwell 等方程组.

本书主要讲数值问题, 对此无法细讨论. 另一点是不同的研究者使用的相对论模型可能均不一样, 各自采用了不同的简化假设, 这也导致相对论的模型不统一, 不易给出普适求解器, 感兴趣者可自行研究.

6.6　回旋动理学色散关系

鉴于回旋动理学 (gyro-kinetic) 对于初学者门槛较高, 通常在学完等离子体物理基础课后依然需要经过一年以上才能略懂，要在自己的研究中派上用场则还需一些工夫，这里提供一个门槛较低且直接可用的色散关系. 入门者仿照推导一遍, 应可对回旋动理学有大致印象.

非线性是复杂的, 因此先限于线性; 然后, 非均匀也是烦琐的, 因此进一步缩小到均匀情况. 在这两条原则下得到的回旋动理学色散关系应该就能保证既简单又有普适性了. 它可以看成是与冷等离子体色散关系和全动理学色散关系并列的一套色散关系, 三者各有优劣: 全动理学精确, 但烦琐; 冷等离子体简单, 但无热效应; 回旋动理学复杂度和精确度均介于两者之间, 做解析解和数值解均有优势, 但忽略了高频波 (Ω_c), 且限于 $k_\parallel \ll k_\perp$ [1].

电子离子均假设为双麦克斯韦分布 (bi-Maxwellian)

$$F_0 = \frac{1}{\pi^{3/2}\alpha_\perp^2 \alpha_\parallel} \exp\left(-\frac{v_\perp^2}{\alpha_\perp^2} - \frac{v_\parallel^2}{\alpha_\parallel^2}\right), \quad \alpha_{\perp,\parallel} = \left(\frac{2T_{\perp,\parallel}}{m}\right)^{1/2}. \tag{6.53}$$

使用 Chen 和 Hasegawa (1991) 的文献 [2] 的框架, 我们把线性化的准中性条件 (quasi-neutrality condition)、平行安培定律 (parallel Ampere's law 或涡量方程 (vorticity equation)) 和垂直安培定律 (perpendicular Ampere's law) 三个方程写成矩阵形式

$$\vec{C}\begin{bmatrix} \delta\phi_\parallel \\ \delta\psi \\ \frac{\delta B_\parallel}{B_0}\frac{T_{\perp i}}{q_i} \end{bmatrix} \equiv \begin{pmatrix} c_{SS} & c_{AS} & c_{MS} \\ c_{SA} & c_{AA} & c_{MA} \\ c_{SM} & c_{AM} & c_{MM} \end{pmatrix} \begin{bmatrix} \delta\phi_\parallel \\ \delta\psi \\ \frac{\delta B_\parallel}{B_0}\frac{T_{\perp i}}{q_i} \end{bmatrix} = 0. \tag{6.54}$$

这里用到库仑规范 (Coulomb gauge) $\nabla \cdot \boldsymbol{A} = 0$. $\delta\phi$ 是扰动静电势 (electrostatic potential), $\delta\psi = \delta A_\parallel \cdot \omega/ck_\parallel$ 是平行扰动磁矢势 (magnetic vector potential) 相应的量, $\delta B_\parallel$ 是平行扰动磁场 (magnetic field). 最终色散矩阵 (dispersion matrix) 写为

$$\vec{C} \equiv \begin{pmatrix} c_{SS} & c_{AS} & c_{MS} \\ c_{SA} & c_{AA} & c_{MA} \\ c_{SM} & c_{AM} & c_{MM} \end{pmatrix}$$

---

[1] $k_\parallel \ll k_\perp$ 这条限制看起来是毫无理由的, 因为所谓的回旋动理学就是作回旋平均, 只考虑回旋中心的运动, 自动滤掉高频, 而并未要求波矢怎样. 不过, 这个假设在推导回旋动理学方程分出各种量级时有用到, 确实无法去掉. 包括 A.J.Brizard 在内, 依然有人在考虑如何去掉这一限制, 但尚无明显突破. 相反, 人们却已经得到了可处理高于回旋频率的回旋动理学方程.

[2] Chen L, Hasegawa A. Kinetic theory of geomagnetic pulsations, 1. Internal excitations by energetic particles. Journal of Geophysical Research, AIP, 1991, 96: 1503–1512. 另, 在磁约束中可用 Zonca 和 Chen (2006) 的文献, Zonca F, Chen L. Resonant and non-resonant particle dynamics in Alfvén mode excitations. Plasma Physics and Controlled Fusion, 2006, 48(5): 537.

6.6 回旋动理学色散关系

$$= \begin{pmatrix} -\lambda_1 + \lambda_2 & -\eta_i \lambda_5 & -\lambda_3 - \lambda_4 \\ -\eta_i \lambda_5 & \dfrac{\eta_i b_i}{\bar{\omega}^2}(1+\Delta) - \eta_i \lambda_5 & \eta_i \lambda_6 \\ -\lambda_3 - \lambda_4 & \eta_i \lambda_6 & \dfrac{2\eta_i}{\beta_{\perp i}} - \lambda_7 - \lambda_8 \end{pmatrix} \tag{6.55}$$

其中

$$\Delta = \frac{\beta_{\perp i}}{2b_i}(1-\eta_i)[1-\Gamma_0(b_i)] + \frac{\beta_{\perp e}}{2b_e}(1 \quad \eta_e)[1-\Gamma_0(b_e)],$$

$$\lambda_1 = [1 + \xi_i Z(\xi_i)\Gamma_0(b_i)] + \tau[1 + \xi_e Z(\xi_e)\Gamma_0(b_e)],$$

$$\lambda_2 = (1-\eta_i)[1-\Gamma_0(b_i)] + \tau(1-\eta_e)[1-\Gamma_0(b_e)],$$

$$\lambda_3 = (1-\eta_i)\Gamma_1(b_i) - \frac{\eta_i}{\eta_e}(1-\eta_e)\Gamma_1(b_e),$$

$$\lambda_4 = \xi_i Z(\xi_i)\Gamma_1(b_i) - \frac{\eta_i}{\eta_e}\xi_e Z(\xi_e)\Gamma_1(b_e),$$

$$\lambda_5 = [1-\Gamma_0(b_i)] + \tau_\perp [1-\Gamma_0(b_e)],$$

$$\lambda_6 = \Gamma_1(b_i) - \Gamma_1(b_e),$$

$$\lambda_7 = (1-\eta_i)\Gamma_2(b_i) + \frac{\eta_i}{\eta_e \tau_\perp}(1-\eta_e)\Gamma_2(b_e),$$

$$\lambda_8 = \xi_i Z(\xi_i)\Gamma_2(b_i) + \frac{\eta_i}{\eta_e \tau_\perp}\xi_e Z(\xi_e)\Gamma_2(b_e),$$

及

$$\eta \equiv \frac{T_\parallel}{T_\perp}, \quad \tau \equiv \frac{T_{\parallel i}}{T_{\parallel e}}, \quad \tau_\perp \equiv \frac{T_{\perp i}}{T_{\perp e}}, \quad \beta \equiv \frac{8\pi n_0 T}{B_0^2},$$

$$b \equiv \frac{k_\perp^2 \rho^2}{2}, \quad \bar{\omega}^2 \equiv \frac{\omega^2}{k_\parallel^2 v_A^2},$$

$$\delta\phi_\parallel \equiv \delta\phi - \delta\psi \quad (E_\parallel = -\mathrm{i}k_\parallel \delta\phi_\parallel),$$

$$\Gamma_0(b) = I_0(b)\mathrm{e}^{-b},$$

$$\Gamma_1(b) = [I_0(b) - I_1(b)]\mathrm{e}^{-b}, \quad \Gamma_2(b) = 2\Gamma_1(b).$$

其中, I_n 是第一类修正的贝塞尔函数 (first kind modified Bessel function).

最终色散关系是

$$\det \left| \vec{C} \right| = 0 \tag{6.56}$$

我们可以从式 (6.55) 看到, 矩阵是对称的, 即 $c_{AS} = c_{SA}$、$c_{AM} = c_{MA}$ 和 $c_{MS} = c_{SM}$. 这与全动理学中的结论一致. 写成式 (6.55) 的形式还在于讨论各支波的耦合很管用, 每个矩阵元均能找到明确的物理对应, 其中, S 为声波、A 为剪切阿尔文波及 M 代表磁镜模或压缩阿尔文波.

以上结果取自 Xie 和 Chen (2012) 的文献 [①], 其中详细讨论了上述色散关系退化到各向同性的情况, 对比了全动理学的色散关系以及应用到具体实例, 比如磁模镜 (mirror mode) 与火舌管模 (firehose) 的耦合, 基本上提供了一个较完整的框架, 这里不再详述.

6.7 半谱法模拟

求解线性 (波与不稳定性), 传统一般有两种做法, 一种是解析得到色散关系, 求根, 或曰本征解法; 另一种是初值模拟法. 本征法一般可以获得系统的所有根, 但不直观, 且有时求根也较烦琐; 初值法, 它更反映一个系统的真实演化情况, 但是一般只有增长率最大的根能明显体现. 传统的初值法求解原始的非线性偏微分解方程, 常会需要较多计算资源, 或者易碰到数值耗散等麻烦问题.

我们实际上有一种折中的处理方法, 综合两种方法的优势, 这里称为半谱法 (semi-spectral method), 它依然是一种初值法, 不过利用了系统的线性, 实现降维. 它可以大大节省计算资源, 同时可以使非增长率最大的根也在一定程度上能明显体现. 它是一种模拟方法, 但却有本征求解器的特征.

半谱法最关键的思想是, 时间导数 $\partial/\partial t$ 保持不变, 但对空间的线性部分作谱变换, $\nabla \to i\boldsymbol{k}$. 如果有动理学 $\partial/\partial v$ 项, 也不作变换. 事实上这种方法我们在第 5 章的流体问题中已经用到, 也即对色散关系的 ω 反变换为 $i\partial_t$, 转换为初值问题.

6.7.1 流体简正模模拟

1. 简单例子

我们首先构造一个简单的例子, 方程

$$\begin{cases} \dfrac{\partial f_1}{\partial t} + u_a \dfrac{\partial f_1}{\partial x} + u_b \dfrac{\partial f_2}{\partial x} = 0, \\ \dfrac{\partial f_2}{\partial t} + u_b \dfrac{\partial f_1}{\partial x} + u_a \dfrac{\partial f_2}{\partial x} = 0. \end{cases} \quad (6.57)$$

---

① Xie H S, Chen L. Linear kinetic coupling of firehose (KAW) and mirror mode. 2012 arXiv:1210.4441.

6.7 半谱法模拟

半谱法求解

$$\begin{cases} \partial f_1/\partial t = -(iku_a f_1 + iku_b f_2), \\ \partial f_2/\partial t = -(iku_a f_1 + iku_b f_2). \end{cases} \quad (6.58)$$

色散关系

$$\begin{cases} (\omega - ku_a)f_1 = ku_b f_2, \\ (\omega - ku_a)f_2 = ku_b f_1. \end{cases} \quad (6.59)$$

得到 $\omega_\pm = k(u_a \pm u_b)$, $f_1 = \pm f_2$.

如果我们假设初始 $f_1 = y f_2$, 则两支模 $\omega_\pm$ 各占的比例分别为 x 和 $1-x$, 得到 $x - (1-x) = y \Rightarrow x = (y+1)/2$, 从而 $\omega_\pm$ 的幅度占比

$$\frac{A_+}{A_-} = \left|\frac{x}{1-x}\right| = \left|\frac{y+1}{y-1}\right|, \quad (6.60)$$

这表明我们可以通过设定不同初值来精确控制两支模的幅度.

我们用四阶 R-K 模拟来求解方程 (6.58), simple_hs.m.

```
% Hua-sheng XIE, huashengxie@gmail.com, IFTS-ZJU, 2012-11-16 15:16
% simple example to show half spectral method
% the results match the theory predicts perfectly
function simple_hs
    close all; clear; clc;
    global ua ub k
    ua=1.0; ub=0.2; k=0.2;
    y=3;
    f10=0.1; f20=y*f10;
    
    [T,Y]=ode45(@push,0:0.01:6e2,[f10,f20]);
    tt=T;
    f1=Y(:,1); f2=Y(:,2);
    
    we=[k*(ua+ub), k*(ua-ub)];
    A_w1=f10*abs(y+1)/2; A_w2=f10*abs(y-1)/2; % *f10 ?? need check
    
    h=figure('unit','normalized','Position',[0.01 0.47 0.6 0.45]);
    set(gcf,'DefaultAxesFontSize',15);
    
    subplot(311); plot(tt,real(f1),tt,imag(f1),'LineWidth',2);
    xlabel('t'); ylabel('f1'); axis tight; grid on;
    title(['k=',num2str(k),', ua=',num2str(ua),', ub=',num2str(ub),...
        ', f1(0)=',num2str(f10),', f2(0)=',num2str(f20)]);
    subplot(312); plot(tt,real(f2),tt,imag(f2),'LineWidth',2);
    xlabel('t'); ylabel('f2'); axis tight; grid on;
    title(['theory w_{\pm}=',num2str(we(1)),', ',num2str(we(2)),...
        ', A_{\pm}=',num2str(A_w1),', ',num2str(A_w2)]);
    
    Lt=length(tt); % number of sampling
    dfs=2*pi/(tt(end)-tt(1));
    fs=0:dfs:dfs*(Lt-1);
```

```
33        f1_ft=fft(real(f1))/Lt*2; % *2 ?? need check
34        ifs=30;
35        subplot(313); plot(fs(1:ifs),abs(f1_ft(1:ifs)),'LineWidth',2);
36        title('simulation frequency'); ylabel('Amp'); xlabel('\omega');
37        xlim([0, fs(ifs)]); grid on;
38        Amax=1.5*max(abs(f1_ft(1:ifs))); ylim([0,Amax]);
39        hold on; plot([we(1),we(1)],[0,Amax],'r—',[we(2),we(2)],[0,Amax],'
              r—',...
40            'LineWidth',2);
41
42   %      fid = fopen ('yt_t.txt','w'); out=[tt';real(f1')];
43   %      fprintf(fid,'%6.2f%12.8f\n', out);
44   %      fclose (fid);
45   end
46
47   function dy=push(t,y)
48        global ua ub k
49        % y —> f1, f2
50        dy=zeros(2,1);
51        dy(1)=-1i*k*ua*y(1)-1i*k*ub*y(2);
52        dy(2)=-1i*k*ub*y(1)-1i*k*ua*y(2);
53   end
```

结果显示在图 6.22 中,我们可以看到两支模的频率和幅值与预期完全一致 ($\omega_\pm = 0.24, 0.16$, $A_\pm = 0.2, 0.1$),微小的差别来自数值离散.

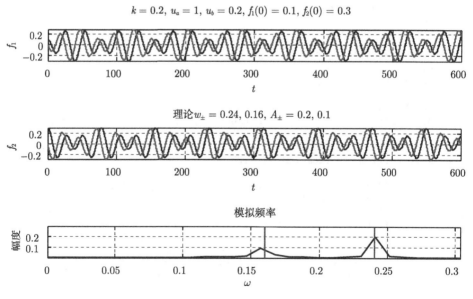

图 6.22 四阶 R-K 模拟求解方程 (6.58),作为半谱法的演示,红色实线为
        色散关系解(彩图扫封底二维码)

6.7 半谱法模拟

2. 冷等离子体波

第 5 章, 我们用这种方法模拟过磁流体波, 也求解过局域气球模. 这里给出冷等离子体波的算例.

方程

$$\begin{cases} \dfrac{\partial \delta \boldsymbol{v}_s}{\partial t} = \dfrac{e_s}{m_s}[\delta \boldsymbol{E} + \delta \boldsymbol{v}_s \times \delta \boldsymbol{B}], \\ \dfrac{\partial \delta \boldsymbol{E}}{\partial t} = \mathrm{i}c^2 \boldsymbol{k} \times \delta \boldsymbol{B} - \delta \boldsymbol{J}/\epsilon_0, \\ \dfrac{\partial \delta \boldsymbol{B}}{\partial t} = -\mathrm{i}\boldsymbol{k} \times \delta \boldsymbol{E}. \end{cases} \quad (6.61)$$

其中, $\delta \boldsymbol{J} = \sum_s n_{s0} e_s \delta \boldsymbol{v}_s$ 及 $\boldsymbol{B}_0 = (0,0,B_0)$, $\boldsymbol{k} = (k\sin\theta, 0, k\cos\theta)$, $\omega_{cs} = e_s B_0/m_s$ 和 $\omega_{ps} = n_s q_s^2/\epsilon_0 m_s$.

前文求解过对应的色散关系, 我们这里用半谱法来求解, 代码更为容易, 只有一种离子时, 一组结果显示在图 6.23, 代码 em_cold_waves.m.

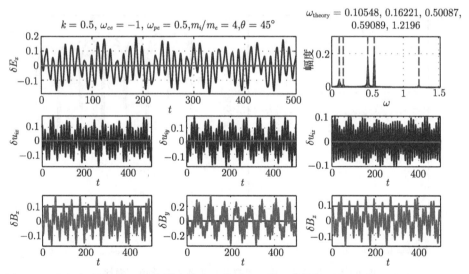

图 6.23 求解方程 (6.61) 的电磁冷等离子体波, 红线是色散关系的解 (彩图扫封底二维码)

如果多于一种离子, 色散关系很难推导或求解, 但是前面 PDRF 的算法可以处理, 这里的半谱法也很容易求解.

6.7.2 动理学简正模模拟

我们来看如何用不到十行代码, 精确地模拟线性朗道阻尼问题.

只需求解如下线性方程:

$$\partial_t \delta f = -\mathrm{i}kv\delta f + \delta E \partial_v f_0, \tag{6.62a}$$
$$\mathrm{i}k\delta E = -\int \delta f \mathrm{d}v, \tag{6.62b}$$

示例代码.

```
k=0.4; dt=0.01; nt=8000; dv=0.1; vv=-8:dv:8;
df0dv=-vv.*exp(-vv.^2./2)/sqrt(2*pi);
df=0.*vv+0.1.*exp(-(vv-2.0).^2); tt=linspace(0,nt*dt,nt+1);
dE=zeros(1,nt+1); dE(1)=0.01;
for it=1:nt
    df=df+dt.*(-1i*k.*vv.*df+dE(it).*df0dv);
    dE(it+1)=(1i/k)*sum(df)*dv;
end
plot(tt,real(dE)); xlabel('t'); ylabel('Re(dE)');
```

模拟结果见图 6.24, 可见与前面色散关系的数值解精确一致. 这也证明了前面色散关系的求解无误. 注意, 为了结果精确, 图中实际上用了四阶 R-K 算法.

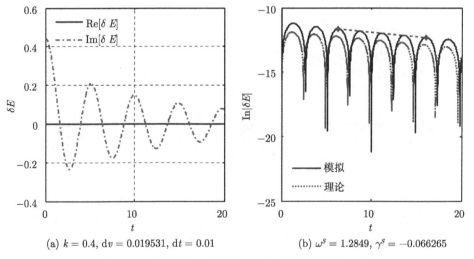

图 6.24 朗道阻尼线性模拟及与色散关系数值解对比

6.7.3 本征模模拟

半谱法不限于求解前两小节的流体或动理学简正模的常微分方程, 也同样能求解含模结构的偏微分方程, 这在第 5 章的撕裂模和气球模问题中我们已经看到, 后文 (第 8 章) 还将用它来模拟动理学漂移不稳定性.

习 题

1. 验证式 (6.5) 和式 (6.6). 提示：手算将极为复杂，有数百项，任何一项出现错误都将可能导致化简失败，可借助 Mathematica 软件的自动推导功能辅助化简.

2. 自己写代码或参考本书提供的代码，求解本章的各个色散关系.

3. 证明低杂波是准静电波.

4. 利用本章 6.5 节的知识，数值求解离子伯恩斯坦波色散关系 (方程见胡希伟 (2006) 文献中的 10.4.3 节)，理解其物理图像，比如各阶的共振及峰值包络变化的趋势.

5. 根据 Chen 和 Hasegawa (1991) 和 Xie 和 Chen (2012) 的相关文献，推导出式 (6.55)，大致理解回旋动理学的初步计算.

6. 用正文中模拟线性朗道阻尼的方法，加上离子方程，模拟离子声波，并与色散关系数值解 (也用正文解朗道阻尼的方法求解) 对比.

7. 用正文中 PDRK 类似的矩阵变换方法求解任意一个自己知道的动理学色散关系的所有主要根.

第 7 章 等离子体中的碰撞与输运

"Anomalous transport theory is not, at present (or in the foreseeable future) a complete, self-contained corpus. One could therefore consider that today is not yet the right time for writing a book on anomalous transport theory. (Maybe there never will be a 'right time' for a complete theory!)"
(反常输运理论在目前或者可见的将来并非一个完整的自足的体系. 人们可能会认为写一本反常输运的书并不是时候, 甚至可能永远不会有"正确的时候"达到一个完整的理论.)

——R Balesc, Aspects of Anomalous Transport in Plasmas

反常输运什么时候能被彻底解决?

我们知道, 中性气体碰撞, 温度越高碰撞越频繁. 在等离子体中却经常会听到相反的结论. 不直观的解释是, 温度越高 (速度越快), 等离子体中的碰撞截面越小. 这里的差别在于, 中性粒子原子或分子很大, 基本上可用硬球模型来类比, 当背景粒子分布不变时, 粒子速度越快, 碰撞时间越短, 碰撞越频繁; 而在等离子体中, 处于电离态, 原子核大小相较于原子, 小约四个数量级, 粒子的碰撞主要是库仑碰撞 (散射), 速度越快, 相互作用时间越短, 碰撞导致的角度偏转越小, 因而碰撞越弱. 当然, 温度再增高时, 原子核的大小也将产生影响, 此时碰撞频率又会增大. 正因为如此, 尘埃等离子体就不见得温度越高碰撞也越弱.

碰撞会导致输运, 包括粒子、动量或能量等的输运, 实验室等离子体中通常看到的输运远大于基于碰撞理论得到的输运. 尤其在聚变实验中, 输运通常大几个数量级, 这对聚变的实现不利. 这种输运, 部分可以通过所谓的新经典输运理论解释, 托卡马克中的粒子碰撞等效长度不是回旋半径量级而是更大的香蕉轨道宽度量级. 但是新经典理论计算的输运依然比实验小很多, 不能解释的部分我们称为反常输运. 目前认为反常输运是微观不稳定性产生的湍流导致的. 等离子体中最早或者最知名的反常输运模型是 Bohm[①] 输运 $D_\perp = \frac{1}{16}\frac{KT_e}{eB} = D_B$, 它并非来自第一性的理

[①] David Joseph Bohm (1917.12.20—1992.10.27), 20 世纪最有影响力的理论物理学家之一, 尤其是他在量子理论、量子哲学等方面的工作, 如知名的 Aharonov-Bohm 效应. 他也被认为是 20 世纪后半叶最重要的量子物理学家. 他在等离子体物理中的工作尽管短暂甚至部分并未正式发表, 但也有着深远的影响力, 如 Bohm 扩散、Bohm-Gross 波、Bohm 判据. 由于政治原因, 他的后半生较为坎坷. 在一定程度上, 他对等离子体物理的影响与 Landau 类似, 他并非全职的等离子体物理学家, 最知名的身份也是在其他领域, 但却在等离子体物理中留下了重量级的经典工作.

论推导, 而在一定程度上带有经验的拟合特性, 当时 Bohm 等就已经注意到了湍流扰动的可能影响.

本书主要定位于数值计算, 介绍一些可以直观感受并易于初学者入手的问题. 由于详尽的模拟输运问题较为复杂, 比如即使流体模型的 Braginskii 方程 (见第 5 章) 完整地三维求解, 但还需处理相关的几何坐标系 (如托卡马克磁面坐标) 时, 至少需要超级计算机作大规模并行, BOUT/BOUT++ 是这方面的代表之一; 动理学模型目前在磁约束聚变中也主要是基于回旋动理学, 一般也需要大规模并行. 另外, 关于碰撞输运、新经典输运等物理背景及理论推导在许多其他理论教材中已经有许多参考, 本书不打算重复. 对于动理学计算微观不稳定性导致的输运, 我们将在第 8 章给出一个例子. 由于上面的原因, 这章涵盖的内容相对较少.

7.1 二体库仑碰撞

这部分在一般教材上均有详细讨论, 尤其 Spitzer (1956) 的书中, 讨论非常细致也非常经典, 我们不再详述. 这里只给出库仑碰撞的图示. 假定中心离子不动 (质量极大), 电子从远处飞过来导致的散射. 我们忽略归一化, 只计算在 $1/r^2$ 的中心力场的散射.

```
1  % Hua-sheng XIE, 2017-01-05 20:28
2  close all; clear; clc;
3
4  xv0=[-2.0, 0.5, 1.0, 0.0;
5       -2.0, 1.0, 1.0, 0.0;
6       -2.0, 1.5, 1.0, 0.0;
7       -2.0, 2.0, 1.0, 0.0;
8       -2.0, 1.0, 0.5, 0.0;
9       -2.0, 1.0, 1.5, 0.0;
10      -2.0, 1.0, 2.0, 0.0;
11      -3.0, 1.5, 1.0, 0.0];
12
13 h=figure('unit','normalized','Position',[0.01 0.17 0.4 0.45],...
14     'DefaultAxesFontSize',15);
15
16 cmap=colormap('jet'); ncmap=length(cmap); clra=min(xv0(:,3));
17 clrb=max(xv0(:,3));
18
19 for jp=1:length(xv0)
20 %    x=-2.0; y=0.5; vx=1.0; vy=0.0;
21     x=xv0(jp,1);y=xv0(jp,2);vx=xv0(jp,3);vy=xv0(jp,4);
22     nt=1200; dt=0.005;
23     tmp=4;
24     dt=dt/tmp; nt=nt*tmp;
25     xx=[];yy=[];vxx=[];vyy=[];tt=[];
26
```

```
27      plot([x,-x],[0,0],'m—',[x,-x],[y,y],'k:',0,0,'ro',...
28          'MarkerSize',5,'MarkerFaceColor','r'); hold on;
29      for it=1:nt
30          r3=(sqrt(x^2+y^2))^3;
31          Fx=-x/r3;
32          Fy=-y/r3;
33          x=x+vx*dt;
34          y=y+vy*dt;
35          vx=vx+Fx*dt;
36          vy=vy+Fy*dt;
37          tt=[tt,it*dt];
38          xx=[xx,x];
39          yy=[yy,y];
40      end
41      plot(xx,yy,'linewidth',2,'color',cmap(floor((xv0(jp,3)-clra)/(clrb-
            clra)*(ncmap-1))+1,:)); hold on;
42  end %%
43  dclr=(clrb-clra)/7;
44  colorbar('YTickLabel',{num2str(clra+1*dclr,2),num2str(clra+2*dclr,2)
        ,...
45      num2str(clra+3*dclr,2),num2str(clra+4*dclr,2),num2str(clra+5*dclr
        ,2),...
46      num2str(clra+6*dclr,2)});
47  xlabel('x');ylabel('y');title('coulomb scatter');axis tight;
48  print(gcf,'-dpng','coulomb_scatter.png');
```

结果见图 7.1, 图中我们大致可以得到一些结论: 同一速度, 不同的初始距离, 后续轨道不会相交; 不同速度抛射的轨道最多只相交一次. 事实上, 如果我们计入初始位置前的轨道, 会发现任意两条轨道都会相交. 这是一个很有意思的现象, 目前暂不清楚是否有更深层含义 (双曲线的本身特性?).

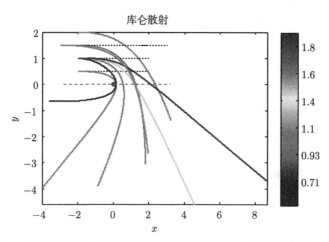

图 7.1 库仑散射图示, 其中颜色代表初始速度大小 (彩图扫封底二维码)

7.2 一维平板和柱位形中的扩散

直观的理解,以密度分布为例,我们知道柱位形或环位形中通常看到的都是密度中间高边缘低.温度的分布通常也如此.可是加料和加热时,一般都是从边界很局域的一处加入,而不是从中间加的.那么是什么原因导致我们看到的分布多为中间高外面低呢?其实,这由简单的扩散方程加上边界条件就可很好地解释.相关的理论分析可参考 Chen (1984) 或 Freidberg (2007) 的文献,有很好的讲解,包括有源和无源情况.简言之,通过分离时间和空间变量,加上边界条件,方程的根可分解成各个模式,均随时间指数衰减,平板位形为正余弦形式,柱位形为贝塞尔函数形式,高阶模衰减快于低阶模,最后看到的将只有最低阶模,即,最低阶的余弦解 $\cos(x/L)$ 和贝塞尔函数解 J_0,均为中间高、外面低的形式.

不过,要注意,尽管电流分布理论上也可用扩散方程来处理,但在等离子体中,情况太复杂,边界条件和各处的扩散系数都很复杂,大部分情况,电流不是从中间到外部的递减,而常见的是中空分布等其他复杂情况.

此处,我们通过数值求解扩散方程来验证解析计算的结论.我们来看最简单的扩散输运模型

$$\partial n/\partial t = D\nabla^2 n, \tag{7.1}$$

对于一维平板 $\nabla^2 = \dfrac{\mathrm{d}^2}{\mathrm{d}x^2}$,对于一维柱 $\nabla^2 = \dfrac{\mathrm{d}^2}{\mathrm{d}r^2} + \dfrac{1}{r}\dfrac{\mathrm{d}}{\mathrm{d}r}$.

这个方程可以通过分离变量得到解析解

$$n = n_0\left(\sum_l a_l \mathrm{e}^{-t/\tau_l}\cos\frac{(l+1/2)\pi x}{L} + \sum_m b_m \mathrm{e}^{-t/\tau_m}\sin\frac{m\pi x}{L}\right), \tag{7.2}$$

其中,$\tau_l = \left[\dfrac{L}{(l+1/2)\pi}\right]^2\dfrac{1}{D}$,$\tau_m$ 类似.可以看到高阶解,即 l, m 大的,$\tau_{l,m}$ 小,也即在很快的时间内就会衰减掉,从而只有零阶在最后最明显,这也是扩散的剖面通常是单调的的原因.对于柱位形,解由贝塞尔函数叠加,也是最低阶阻尼最慢.这部分的解析讨论,可以参考 Chen (1984) 的文献.

简单差分离散 (第 3 章),对于平板 diffusion1d_x.m:

```
1  close all;clear;clc;
2  D=1.0; nt=1001; dt=0.0001; L=1.0; nj=30; dx=L/nj; x=0:dx:L;
3  n=zeros(nt+1,nj+1);
4  n(1,:)=2.0.*sin(pi.*x./L)+1.0.*sin(3*pi.*x./L)+0.5.*sin(5*pi.*x./L);
5  set(gcf,'DefaultAxesFontSize',15);
6  for it=1:nt
7      if(mod(it,floor(nt/10))==1)
8          if(it<=1)
9              plot(x,n(1,:),'r:','LineWidth',2);hold on;
```

```
10          else
11              plot(x,n(it,:),'g','LineWidth',2);
12          end
13          xlabel('x');ylabel('n');
14          title(['1D diffusion, D=',num2str(D),', dt=',num2str(dt),...
15              ', dx=',num2str(dx,3),', L=',num2str(L)]);%ylim([0,2.5]);
16          [ym,idx]=max(n(it,:),[],2);
17          text(x(idx),ym,['t=',num2str((it-1)*dt)]);
18      end
19      for j=2:nj
20          n(it+1,j)=n(it,j)+D*(n(it,j+1)+n(it,j-1)-2*n(it,j))/(dx^2)*dt;
21      end
22      n(it+1,1)=0; n(it+1,nj+1)=0; pause(0.01);
23  end
24  print(gcf,'-dpng','diffusion_1d_x.png');
```

对于柱位形 diffusion1d_r.m, 简单修改差分部分以及边界条件和避开 $r=0$ 的奇点.

```
1  for j=2:nj
2      n(it+1,j)=n(it,j)+D*((n(it,j+1)+n(it,j-1)-2*n(it,j))/(dr^2)+(n(it,j
         +1)-n(it,j-1))/(2*r(j)*dr))*dt;
3  end
4  n(it+1,1)=n(it+1,2);
5  n(it+1,nj+1)=0;
```

图 7.2 显示了平板解, 可以看到初始的高阶模确实很快阻尼掉, 最后只剩下最低阶的剖面. 图 7.3 显示的是柱位形的解, 其中对于外边界强制使用了零边界条件, 可以看到剖面的逐渐展平过程.

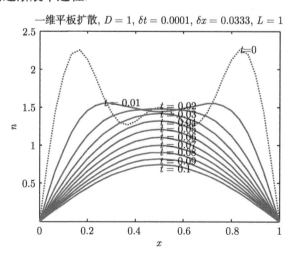

图 7.2　一维扩散的剖面演化, 可以看到高阶模很快阻尼掉

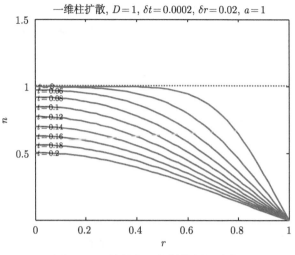

图 7.3 一维柱位形扩散的剖面演化

7.3 随机行走和蒙特卡罗模拟

输运过程可以用最简单的随机行走 (rand walk) 模型来考察.

7.3.1 基于随机函数的输运基本理论

最早的理论突破来自爱因斯坦 1905 年关于布朗运动的论文, 及此后的朗之万方程. 我们先讨论一些基本理论.

1. 中心极限定理

中心极限定理: 设随机变量 $x_1, x_2, \cdots, x_n$ 相互独立同分布, 且具有数学期望 $E(x_i) = \sum p_i x_i = \mu$ 和方差 $D(x_i) = \sum p_i (x_i - \mu)^2 = \sigma^2 \neq 0 (i = 1, 2, \cdots, n)$. 记 $y_n = \sum_{i=1}^{n} x_i$, $z_n = \frac{y_n - n\mu}{\sqrt{D(y_n)}} = \frac{y_n - n\mu}{\sqrt{n}\sigma}$, 则 $\lim_{n \to \infty} z_n \to N(0,1)$, 其中 $N(\mu, \sigma^2) = \frac{1}{\sqrt{2\pi\sigma^2}} e^{-\frac{(z-\mu)^2}{2\sigma^2}}$ 为正态分布. [证略]

该定理表明, 在极限情况下, 任何随机变量的平均趋于正态分布, 这是高斯正态分布常见的一个原因.

2. 一维随机行走

经典一维随机行走: 粒子从原点 0 开始, 每步等概率左右移动一格 $x_i = \Delta x$ 或 $x_i = -\Delta x$, 第 n 步位置 $y_n = \sum_i x_i$.

根据中心极限定理, $\mu = \sum p_i x_i = 0.5\Delta x - 0.5\Delta x = 0$, $\sigma^2 = 0.5(\Delta x)^2 + 0.5(\Delta x)^2 = (\Delta x)^2$, 当 n 足够大时, 粒子的位置 y_n 满足概率分布

$$P(y) = N(0, n(\Delta x)^2). \tag{7.3}$$

3. 扩散方程

我们再来看一维扩散方程

$$\frac{\partial u(x,t)}{\partial t} = D\frac{\partial^2 u}{\partial x^2}. \tag{7.4}$$

基本解

$$u_0(x,t) = \frac{1}{\sqrt{4\pi Dt}}e^{-\frac{x^2}{4Dt}}, \tag{7.5}$$

初始条件为 δ 函数. 由于方程为线性, 其他任何解都可以为基本解的叠加, 由于初条件为 δ 函数, 这也是格林函数法. 以上的解可以代入原方程直接验证, 也可以通过傅里叶变换方法求得.

对比方程 (7.3) 和 (7.5), 可知在初始点放足够多的粒子的随机行走过程在 $\Delta t \to 0$ 和 $\Delta x \to 0$ 下就是扩散过程, 扩散系数 $D = \dfrac{(\Delta x)^2}{2\Delta t}$.

对于稍修改的随机行走问题: 以均匀概率 $\Delta x \in [-0.5, 0.5]$, 每次移动 $s\Delta x$ 步, 方差 $\sigma^2 = \displaystyle\int_{-0.5}^{0.5}(s\Delta x - 0)^2 \mathrm{d}(\Delta x) = s^2/12$, 得到扩散系数 $D = \dfrac{s^2}{24\Delta t}$. 要使 $D = 1$, 需 $s = \sqrt{24D\Delta t} = \sqrt{24\Delta t}$.

以上可作为用蒙特卡罗方法求解输运方程的理论背景. Boozer 和 Kuo (1981) 发展了一种用于计算等离子体中更实际的输运系数的蒙特卡罗方法.

4. 二项式分布

对于前述随机行走过程, 精确的概率分布是二项式分布. 第 n 步共有 2^n 种可能, 位于位置 $m\Delta x$ 的概率 $\omega(m,n) = \dfrac{n!}{p!(n-p)!2^n}$, 其中 $p = \dfrac{n+m}{2}$. 可定义二项式系数 $\binom{n}{k} \equiv \dfrac{n!}{k!(n-k)!}$, 满足 $\binom{n+1}{k} = \binom{n}{k} + \binom{n}{k-1}$.

对于阶乘, 有 Stirling 级数公式

$$\ln n! \sim \frac{1}{2}\ln(2\pi) + \left(n + \frac{1}{2}\right)\ln n - n + \frac{1}{12n} - \frac{1}{360n^3} + \cdots, \tag{7.6}$$

主项给出 $n! \sim \sqrt{2\pi n}\, n^n e^{-n}$. 因此 (对于 $m \ll n$)[试证]

$$\omega(m,n) \sim \left(\frac{2}{\pi n}\right)^{1/2}\exp\left(-\frac{m^2}{2n}\right), \tag{7.7}$$

取 $m = y/\Delta x$, 上式与中心极限定理的结果式 (7.3) 一致.

5. 差分方程变微分方程

差分方程的微分逼近. 原始随机行走过程可以用差分方程表示

$$\omega(x, t+\Delta t) = \frac{1}{2}\omega(x-\Delta x, t) + \frac{1}{2}\omega(x+\Delta x, t), \quad (7.8)$$

即

$$\frac{\omega(x, t+\Delta t) - \omega(x,t)}{\Delta t} = \frac{(\Delta x)^2}{2\Delta t} \frac{\omega(x-\Delta x, t) - 2\omega(x,t) + \omega(x+\Delta x, t)}{(\Delta x)^2}, \quad (7.9)$$

其中, $x = m\Delta x$, $t = n\Delta t$, 初始条件 $\omega(0,0) = 1$, $\omega(x \neq 0, 0) = 0$. 对于小的 Δx 和 Δt, 以上方程就是一维扩散方程 (7.4) 的离散形式, 得到的扩散系数 $D = \dfrac{(\Delta x)^2}{2\Delta t}$ 与前述的基本解得到的一致.

7.3.2 一维随机行走计算输运系数

基于前面的理论讨论, 我们知道随机行走并非只是一个演示示例, 它可以用来实实在在地作计算. 一维模拟结果见图 7.4.

代码 randwalk1d.m.

```
1  % 2013-03-04 09:49
2  % ref: MIT OpenCourse - Plasma Transport Theory, Fall 2003, ex 1.5
3  close all; clear; clc;
4  Np=10000; Nt=1000;
5
6  si=[1:1:10,sqrt(24)];
7  Di_theory=si.^2/24; Di=0.0.*si;
8  ns=length(si);
9  for is=1:ns
10     xp=zeros(1,Np);
11     for it=1:Nt
12        Rn=(rand(1,Np)-0.5); % rand number in (-0.5, 0.5)
13        dxn=si(is)*Rn;
14        xp=xp+dxn;
15     end
16     xp2_avg=mean(xp.^2);
17     Di(is)=xp2_avg/(2*Nt); % diffusion coefficient
18  end
19
20  h=figure('unit','normalized','Position',[0.01 0.57 0.5 0.35]);
21  set(gcf,'DefaultAxesFontSize',15);
22
23  subplot(211); histfit(xp);
24  [mu,sigma,muci,sigmaci] = normfit(xp);
25  xlabel('X'); ylabel('P');
26  title(['s^2=',num2str(si(ns)^2),', N=',num2str(Nt),', <X^2>=',num2str(
          xp2_avg),...
```

```
27          ',D=',num2str(Di(ns)),', D_{theory}=',num2str(Di_theory(ns))]);
28     legend('hist','normfit, P \propto e^{-(x-\mu)^2/\sigma^2}');
29     legend('boxoff');
30
31     subplot(212);plot(si(1:ns-1),Di(1:ns-1),'g-*',si(1:ns-1),Di_theory(1:ns
            -1),'r—','LineWidth',2);
32     % hold on; plot(si(ns),Di(ns),'o',si(ns),Di_theory(ns),'*');
33     title('D=s^2/24'); xlabel('s'); ylabel('D');
34     legend('Rand Walk','Theory',2); legend('boxoff');
35
36     print('-dpng','randwalk1d.png');
```

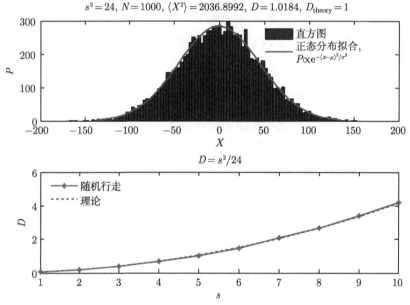

图 7.4 一维随机行走计算输运系数并与理论值对比

7.3.3 二维随机行走演示

取等步长, 游走方向随机且各方向机会均等, 二维的模拟结果见图 7.5.

代码 randwalk2d.m.

```
1   % 2013-03-04 11:14
2   close all; clear; clc;
3   nNt=4; icase=1;
4   Nti=[20,100,100,1000];
5   figure; set(gcf,'DefaultAxesFontSize',15);
6   for iNt=1:nNt
7       Nt=Nti(iNt); x(1)=0; y(1)=0;
```

7.3 随机行走和蒙特卡罗模拟

```
8       for it=1:Nt
9           if(icase==1) % fixed step size
10              dr=1;
11          elseif(icase==2)
12              dr=randn(); % Guassian step size
13          else
14              dr=tan((rand()-0.5)*pi); % Cauchy step size
15          end
16          the=2*pi*rand();
17          dx=dr*cos(the);
18          dy=dr*sin(the);
19          x(it+1)=x(it)+dx;
20          y(it+1)=y(it)+dy;
21      end
22      subplot(2,2,iNt);plot(x,y,'--*',x(1),y(1),'ro',x(end),y(end),'rs','LineWidth',2);
23      xymax=1.1*max(max(abs(x),abs(y)));axis equal;
24      xlim([-xymax,xymax]);ylim([-xymax,xymax]);
25      xlabel('x'); ylabel('y');
26      title(['\Delta{r}=',num2str(dr),', Nt=',num2str(Nt)]);
27  end
28  print('-dpng',['randwalk2d_icase=',num2str(icase),'_',num2str(randi(99,1)),'.png']);
```

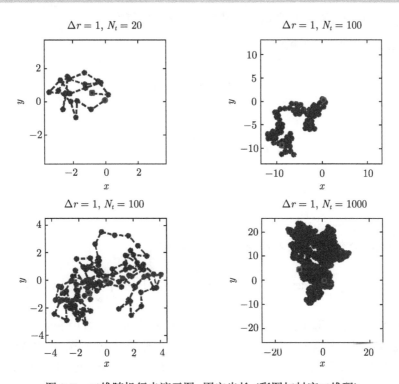

图 7.5 二维随机行走演示图, 固定步长 (彩图扫封底二维码)

对于一维随机行走, 理论上可以证明 $\int_0^\infty \mathrm{d}t$, 粒子一定回到初始点; 而三维回到初始点的概率为零; 二维情况较为复杂, 积分值难定, 类似于我们下一节要讨论的一个积分.

7.3.4 列维飞行

在前面的讨论中, 我们注意到中心极限定理存在的条件需要方差存在. 如果方差不存在, 中心极限定理将不满足, 从而随机变量的和不一定再是正态分布. 这种随机行走通常称为所谓的列维飞行 (Lévy flight), 尤其指概率分布存在肥尾 (fat-tail) 时, 也即随机变量 x 在 $x \to \infty$ 处的分布函数 $f(x) \sim x^{-(1+\alpha)}$, 其中 $\alpha > 0$. 典型的例子如柯西分布

$$f(x) = \frac{1}{\pi a} \frac{a^2}{(x-x_0)^2 + a^2},$$

标准柯西分布 $a = 1$, $x_0 = 0$. 这个分布形式上就是我们在傅里叶谱展宽中遇到的洛伦兹分布 (第 2 章); 在回旋动理学色散关系 (第 6 章) 中, 我们也常用它作为平衡分布函数来解析算朗道阻尼.

基于简单的猜测, 我们会认为标准柯西分布的均值为 $E[x] = \int_{-\infty}^{\infty} x f(x) \mathrm{d}x = 0$, 但实际上比较麻烦, 考虑积分

$$E_1 = \lim_{b \to \infty} \int_{-b}^{b} x f(x) \mathrm{d}x \tag{7.10}$$

和

$$E_2 = \lim_{b \to \infty} \int_{-2b}^{b} x f(x) \mathrm{d}x \tag{7.11}$$

会发现 $E_1 = 0$, 而 $E_2 = \lim_{b \to \infty} \frac{1}{2\pi} [\ln(b^2+1) - \ln(4b^2+1)] = -\ln 2 \neq 0$, 其中用到不定积分 $\int \frac{x}{1+x^2} \mathrm{d}x = \frac{1}{2} \ln(1+x^2) + c$ (c 为常数).

对于柯西分布的方差, 容易得到方差为无穷大

$$E[x^2] \propto \int_{-\infty}^{\infty} \frac{x^2}{1+x^2} \mathrm{d}x = \int_{-\infty}^{\infty} \mathrm{d}x - \int_{-\infty}^{\infty} \frac{1}{1+x^2} \mathrm{d}x = \int_{-\infty}^{\infty} \mathrm{d}x - \pi = \infty. \tag{7.12}$$

我们来演示柯西随机步长时的随机行走, 柯西分布随机数由变化法从 $[0,1]$ 均匀随机数 x 产生, 变换形式是 $y = \tan[(x-0.5)\pi]$, 理论见 10.3 节. 代码依然是前面的二维等步长的, 只是把 icase=1 换成 icase=3, 典型的一组结果见图 7.6, 我们可以看到粒子聚集在某个地方运动一会儿后会突然跑到很远的地方. 而图 7.7 用的是高斯分布的随机步长 icase=3, 它更像实际中的布朗运动, 粒子不太会突然跑很远.

7.3 随机行走和蒙特卡罗模拟

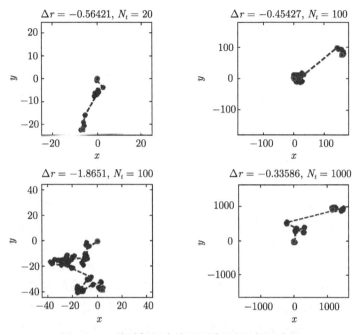

图 7.6 二维随机行走演示列维飞行, 柯西步长

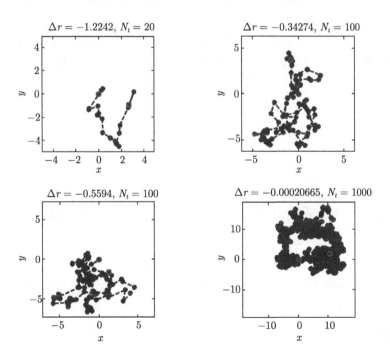

图 7.7 二维随机行走演示布朗运动, 高斯步长

列维飞行在实际中也经常可以看到, 比如鲨鱼觅食, 可能在一个地方游一段时间后, 突然换个很远的其他地方再觅食.

关于随机理论, 在数学上已经有许多研究, 如随机微分方程 (stochastic differential equation, SDE)、马尔可夫过程, 一些概念也逐步在等离子体中有些应用, 但目前还主要是用于定性的讨论以大致理解物理图像; 定量的讨论, 我们依然还是基于那些常用的等离子体流体或动理学模型.

7.4 蒙特卡罗法的更多应用

在第 3 章的最后, 我们提及数值求解可以有直接法, 但也有剑走偏锋的间接法, 有时间接法更精妙有效. 我们前两节也已经看到了蒙特卡罗可以等价于扩散方程的解, 也熟悉最早的蒲丰投针问题求 π, 以及蒙特卡罗求高维积分. 我们这里完全可以提出一个问题: 蒙特卡罗方法是否有可能用来求解所有偏微分方程? 也即, 是否对各种不同形式的确定性的偏微分方程, 都能设计出对应的等价的基于随机数概率的蒙特卡罗过程? 如果说得更哲学一些, 量子力学决定的宇宙本身就是基于概率的, 那么是否借助概率有望解决所有问题, 比如解所有偏微分方程. 这个问题事实上在 20 世纪 40 年代蒙特卡罗方法诞生起, 就一直在被追问, 并且在持续取得进展, 越来越多的问题可以通过蒙特卡罗方法去解决, 这也包括当前非常热门的人工智能、机器学习. 这一节, 我们给出两个通过蒙特卡罗法求解偏微分方程的例子. 对于应用纯蒙特卡罗方法模拟等离子体物理问题的初步尝试可以参考 Xie (2012) 的文献.

7.4.1 对流扩散方程

许多方程有如下形式

$$\frac{\partial f}{\partial t} + \mu(x,t)\frac{\partial f}{\partial x} - \frac{1}{2}\sigma^2(x,t)\frac{\partial^2 f}{\partial x^2} - V(x,t)f + p(x,t) = 0. \tag{7.13}$$

Feynman-Kac 公式告诉我们, 以上方程在 $V, p = 0$ 时等价于随机过程

$$\mathrm{d}X = \mu(X,t)\mathrm{d}t + \sigma(X,t)\mathrm{d}W_t, \tag{7.14}$$

其中 W_t 是 Wiener 过程 (布朗运动), 由高斯正态分布描述. 上面的过程也可以推广到 $V, p \neq 0$ 以及高维. 理论方面可以用随机微分方程中著名的伊藤公式证明. 对于 $V, p = 0, \mu = a, \sigma^2/2 = D$, 上面的方程就是对流扩散方程

$$\frac{\partial f}{\partial t} + a\frac{\partial f}{\partial x} - D\frac{\partial^2 f}{\partial x^2} = 0. \tag{7.15}$$

7.4 蒙特卡罗法的更多应用

其基于差分法的确定性解法可以用第 3 章的常规解法，其基于蒙特卡罗过程的扩散方程部分可以直接用前面的随机行走解法. 这里我们用蒙特卡罗法来完整求解给定初值的上述问题. 对于 $f(x,0) = f_0(x)$，我们以 N 个采样点 $\xi_1^0, \xi_2^0, \cdots, \xi_N^0$ 来构造 $f_0(x)$，接下来的每步通过下面步骤更新

$$\xi_i^{t+\mathrm{d}t} = \xi_i^t + a\mathrm{d}t + \sqrt{2D\mathrm{d}t}\eta_i, \quad i = 1, 2, \cdots, N, \tag{7.16}$$

其中，η_i 是均值为零，方差为 1 的标准正态分布. 对于 $a = 0$，我们得到纯扩散过程；$D = 0$，纯对流过程. 以上方程的精确解可以由前面的格林函数得到

$$f(x,t) = \int G_t(x-y) f_0(y-at) \mathrm{d}y = G_t * f_0(x-at), \tag{7.17}$$

其中

$$G_t(x-y) = \frac{1}{(4\pi Dt)^{1/2}} e^{-\frac{(x-y)^2}{4Dt}}. \tag{7.18}$$

代码 convdiff.m:

```
1   M=200; Nt=100; a=1; D=0.1; N=1e5; dt=0.01;
2   x=linspace(-5,5,M);
3   dx=x(2)-x(1);
4   ue=0.5*((x>-4)&(x<-2))+((x>-0.5)&(x<0.5));
5   ue=ue/(dx*sum(ue));
6   xi=-4+2*rand(1,N/2);
7   xi(N/2+1:N)=-0.5+rand(1,N-N/2);
8
9   m=1/(N*dx);
10  u=m*hist(xi,x);
11
12  lambda2=D*dt/(dx)^2;
13  lambda1=a*dt/(2*dx);
14
15  subplot(121); plot(x,u,'r:o',x,ue,'-','LineWidth',2);
16  title(['a=',num2str(a),', D=',num2str(D),', dt=',num2str(dt)]);
17  text(-4,0.4,'t=0','FontSize',15);
18  axis([-5 5 0 0.6]); xlabel('x');ylabel('f');
19
20  for  t=1:Nt
21      ue(2:M-1)= lambda1*(ue(1:M-2)-ue(3:M))+(1-2*lambda2)*ue(2:M-1)+
              lambda2*(ue(1:M-2)+ue(3:M));
22      xi=xi+a*dt+sqrt(2*D*dt)*randn(1,N);
23      u=m*hist(xi,x);
24      subplot(122);plot(x,u,'r:o',x,ue,'-','LineWidth',2);
25      title(['N=',num2str(N),', M=',num2str(M)]);
26      text(-4,0.4,['t=',num2str(dt*t)],'FontSize',15);
```

```
27        axis([-5 5 0 0.6]);xlabel('x');ylabel('f');
28        legend('MC','exact');legend('boxoff');
29        drawnow;
30        pause(.01);
31 %      e1(t)=sum((ue-u).^2);
32 end
33 % figure;
34 % semilogy((1:Nt)*dt,e1);
```

典型结果见图 7.8, 可以看到蒙特卡罗的解与精确解吻合得非常好. 除了蒙特卡罗法外, 上述代码中另外较有趣的是基于格林函数构造精确解的部分.

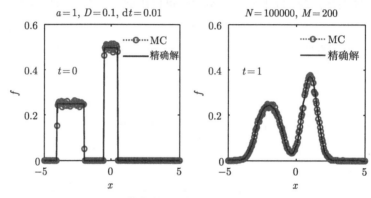

图 7.8　蒙特卡罗法解一维输运扩散方程

7.4.2　泊松方程

我们在第 3 章讨论过泊松方程的求解, 在第 8 章中将继续碰到泊松方程. 这里再来看蒙特卡罗法如何求解泊松方程

$$\nabla^2 \phi(\boldsymbol{x}) = -\rho(\boldsymbol{x}), \quad \boldsymbol{x} \in D. \tag{7.19}$$

如果 $\rho = 0$, 我们得到拉普拉斯方程. 蒙特卡罗过程解泊松方程较好的介绍可以参考 Delaurentis 和 Romero (1990) 的文献, 其中的方法也可用拓展的 Feynman-Kac 公式. 对于固定边界 $\phi(\boldsymbol{x}) = f(\boldsymbol{x})$, $\boldsymbol{x} \in \partial D$, 借助 SDE 的语言, 标准的方法求解位置 $\boldsymbol{x}_0$ 处的 ϕ 值的公式是

$$\phi(\boldsymbol{x}_0) = \frac{1}{2} E\Big[\int_0^{\tau_{\partial D}} \rho(W_t) dt\Big] + E[f(W_{\tau_{\partial D}})], \tag{7.20}$$

其中, $\tau_{\partial D} = \inf\{t : W_t \in \partial D\}$ 是第一次通过的时间 (first-passage time), $W_t \in \partial D$ 是第一次通过的位于边界的位置 (first-passage location), E 取平均. 假定 $\rho = 4$, 边界 $V = x^2 + y^2$, 二维泊松方程解为 $\phi = x^2 + y^2$. 以上抽象的过程用代码实现如下 (poisson_2d.m):

7.4 蒙特卡罗法的更多应用

```
1  N=1e4; tol=1e-3;
2  Xlow=0; Xup=1;
3  Ylow=0; Yup=2;
4  [xx,yy]=meshgrid(Xlow:0.1*(Xup-Xlow):Xup,Ylow:0.1*(Yup-Ylow):Yup);
5  [nrow,ncol]=size(xx);
6  for irow=1:nrow
7      for icol=1:ncol
8          xstart=xx(irow,icol); ystart=yy(irow,icol);
9          sum_u=zeros(1,N);
10         Vb=zeros(1,N);
11         uxy=0;
12         % for each of the N walks
13         for i=1:N
14             x=xstart; % start at the same point
15             y=ystart;
16             rad=mindist(x,y,Xlow,Xup,Ylow,Yup);
17             % each walk continues till u get a min distance close to a
                     boundary
18             while(rad>=tol)
19                 theta=rand*2*pi;
20                 x=x+rad*cos(theta);
21                 y=y+rad*sin(theta);
22                 % plot(x,y,'*-'); hold on; xlabel('x'); ylabel('y');
23                 % record g(x,y) *r*r
24 %                    sum_u(i)=sum_u(i)+(2*pi^2*sin(pi*x)*sin(pi*y)*rad
   *rad);
25 %                    sum_u(i)=sum_u(i)+(2*((1-6*x^2)*y^2*(1-y^2)+(1-6*y^2)
   *x^2*(1-x^2))*rad*rad);
26                 sum_u(i)=sum_u(i)+(-4*rad*rad);
27                 rad=mindist(x,y,Xlow,Xup,Ylow,Yup);
28             end
29             % determine which boundary is reached if ≠Vb0
30             bnd= [x-Xlow, Xup-x, y-Ylow, Yup-y];
31             [bd,j]=min(bnd);
32 %                 Vb(1,i)=(j==1)*(0)+(j==2)*(0)+(j==3)*(0)+(j==4)*(0);
33 %                 Vb(1,i)=0;
34             Vb(i)=x^2+y^2;
35         end
36         for i=1:N
37             uxy=uxy+(Vb(i)+sum_u(i)/4);
38         end
39         uxy=uxy/N;
40         uu(irow,icol)=uxy;
41     end
42 end
43 figure; set(gcf,'DefaultAxesFontSize',15);
44 % uue=sin(pi.*xx).*sin(pi.*yy);
45 % uue=-(xx.^2-xx.^4).*(yy.^2-yy.^4);
46 uue=xx.^2+yy.^2;
47 % minue=min(min(uue)); maxue=max(max(uue));
48 subplot(121); surf(xx,yy,uu);
49 title('MC \phi{(x,y)}=x^2+y^2'); xlabel('x'); ylabel('y');
50 % zlim([1.1*minue-0.1*maxue,-0.1*minue+1.1*maxue]);
51 subplot(122);
52 % surf(xx,yy,uue); title('exact'); xlabel('x'); ylabel('y');
```

```
53  % zlim([1.1*minue-0.1*maxue,-0.2*minue+1.1*maxue]);
54  % figure;
55  midx=floor(nrow/2);
56  plot(xx(midx,:),uu(midx,:),'ro',xx(midx,:),uue(midx,:),':','LineWidth'
       ,2);
57  xlabel('x');ylabel(['\phi(x,',num2str(yy(midx,1)),')']);
58  title(['N=',num2str(N),' for per point']);
59  legend('MC','exact');legend('boxoff');
```

其中 mindist.m 函数:

```
1  % Find the minimum distance from any boundary
2  function r=mindist(x,y,x_low,x_up,y_low,y_up)
3      ymin=min((y_up-y),(y-y_low));
4      xmin=min((x_up-x),(x-x_low));
5      r=min(xmin,ymin);
6  end
```

结果见图 7.9, 我们可以看到蒙特卡罗解与解析解完全吻合.

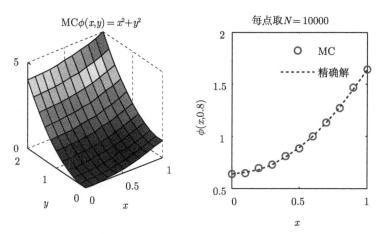

图 7.9　蒙特卡罗法解二维泊松方程 (彩图扫封底二维码)

蒙特卡罗有更广泛的应用, 本书无法涉及太多, 本节希望给读者提供另一个看问题的角度, 可能在发展新的算法方面会有所启发.

习　题

1. 数值求解 Freidberg (2007) 的文献中 chap14 的简化流体输运模型

$$\frac{\partial n}{\partial t} = \frac{1}{r}\frac{\partial}{\partial r}\Big[rD_n\Big(\frac{\partial n}{\partial r} + \frac{n}{T}\frac{\partial T}{\partial r} + \frac{2\eta_\parallel}{\beta_p\eta_\perp}\frac{n}{rB_\theta}\frac{\partial(rB_\theta)}{\partial r}\Big)\Big], \tag{7.21}$$

$$3n\frac{\partial T}{\partial t} = \frac{1}{r}\frac{\partial}{\partial r}\Big(rn\chi\frac{\partial T}{\partial r}\Big) + S, \tag{7.22}$$

$$\frac{\partial(rB_\theta)}{\partial t} = r\frac{\partial}{\partial r}\Big(\frac{D_B}{r}\frac{\partial(rB_\theta)}{\partial r}\Big), \tag{7.23}$$

其中，$\beta_p = 4\mu_0 nT/B_\theta^2 \sim 1$；磁场扩散系数 $D_B = \eta_\parallel/\mu_0$ 及离子扩散系数 $D_n = 2nT\eta_\perp/B_0^2$. 磁场形式为 $\boldsymbol{B} = B_\theta \boldsymbol{e}_\theta + B_z \boldsymbol{e}_z$，压强 $p = 2nT$.

第 8 章 动理学模拟

"An expert is a man who has made all the mistakes, which can be made, in a very narrow field."
(专家是在一个狭窄领域内犯过所有能犯的错误的人.)
——Bohr (1885—1962)

动理学模拟几十年的发展便是这样不断试错的过程, 也成就了许多专家.

"动理学" (kinetic[①]) 这个词是指 "与运动相关的" (pertaining to motion), 目前是处理 "非平衡态统计" 的主要框架. 与流体处理的不同在于, 那里自变量只有位置 r 和时间 t, 而这里还需加上速度空间 v. 前者可看成是后者取速度空间积分平均后的结果. 这里的速度是自变量, 与位置 r 相互独立; 流体中的速度 u 是流体元的整体速度, 与位置 r 相关.

动理学模拟在于体现出速度作为自变量的影响. 最自然的想法是直接解动理学的偏微分方程, 比如无碰撞的 Vlasov 方程. 但是 Vlasov 方程的直接求解是相当耗时的, 尤其考虑多于一维且需要模拟精细结构时, 离散网格将非常大, 而且还不见得管用, 即使是现今每秒上千万亿次浮点运算的大集群, 除了少数的快速小尺度问题外, 也很难真正模拟一个七维的 Vlasov 系统. 另一种是回归物理过程的本原, 直接模拟系统中 (带电) 粒子的粒子模拟方法. 鉴于 PIC 的发展且实用性得到广泛检验, 等离子体物理中 PIC 基本成了 "粒子模拟" 的代名词.

Vlasov 解法是欧拉流体的观点, 站在岸边看水流如何变化; PIC 是拉格朗日流体的观点, 跟着流体一起跑, 看周围如何变化. 本章主要介绍这两种算法, 及其各种变体. 我们在第 6 章处理了动理学波与不稳定性相关的色散关系, 以及用半谱法作了线性的初值模拟, 那里用的主要是欧拉形式的方程. 这一章我们来讨论更完整的动理学模拟.

8.1 Particle-in-cell 模拟

粒子模拟 (particle-in-cell, PIC), 直译为 "栅格中的粒子", 起源于 20 世纪 50

---
①kinetic, 早期翻译成 "动力学", 但会与 dynamic 混淆, 现统译为 "动理学". 新一辈均已接受该词, 但部分空间或天文物理的人习惯旧词, 因此还会有一些混译的情况, 读者注意区分.

8.1 Particle-in-cell 模拟

年代晚期. 为了解决近程相互作用及噪声等问题, 引入了 "粒子云" 的概念. 实践表明有效, 初期用几千个粒子便已经能模拟出较好的结果; 再经过后续不断发展, 就成了等离子体物理中最知名的算法.

8.1.1 最短的 PIC 代码

如前, 本书依然无意于详细介绍 PIC 的各种细节, 而采取实用的处理办法. 首先给出一个尽可能短的 PIC 代码, 让读者直接就能上手. 在实践的过程中慢慢理解细节. 在 Birdsall 和 Langdon (1991)、Dawson (1983)、Hockney 和 Eastwood (1988), 及邵福球 (2002) 等的文献中都详论了 PIC 相关问题. 空间等离子体可参考 Büchner 等 (2003) 的文献, 激光物理可参考 Wu (2011) 的文献 [1]. 一些代码也能在网上找到, 如 ES1D[2]、KEMPO[3]、pic1d.f90[4]; PSTG[5] 则提供了更多更复杂的版本, 如 XOOPIC, 可用于低温及激光方面的一些模拟. Fitzpatrick[6] 提供了一个易于入门的介绍. 一份简短的 PIC 发展历史的介绍可参考早期 PIC 技术的发展者之一 A.B.Langdon 的回忆 (Langdon, 2014).

要做到尽可能短, 那么应该考虑最简单的系统, 也即一维静电模拟 (对应于 Vlasov-Poisson 系统); 再就是用尽可能便捷的编程语言. 这里选用的依然是 Matlab. 如果用 C、C++、Fortran 等, 同样的代码通常会数倍、数十倍长, 尽管在运行效率上可能会占优. 图 8.1 是典型静电 PIC 的大致流程, 求解粒子 (等离子体) 的运动方程和 (电磁) 场的演化方程, 以及两者间 (通过求积分和插值) 的耦合.

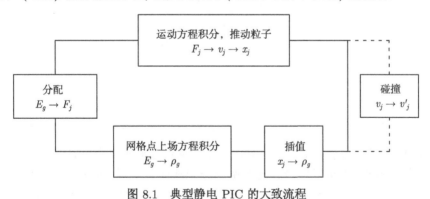

图 8.1 典型静电 PIC 的大致流程

---

[1] Wu H C. JPIC & How to make a PIC code. arXiv, 2011, http://arxiv.org/abs/1104.3163.
[2] http://www.crcpress.com/product/isbn/9780750310253.
[3] http://www.rish.kyoto-u.ac.jp/isss7/KEMPO/.
[4] http://phoenix.ps.uci.edu/zlin/pic1d/.
[5] http://ptsg.egr.msu.edu/.
[6] Fitzpatrick R. Computational physics: An introductory course, The university of texas at austin. 2006, Chapter8, Particle-in-Cell Codes, http://farside.ph.utexas.edu/teaching/329/lectures/node96.html.

归一化方程, 拉格朗日方法 (Lagrangian approach)

$$d_t x_i = v_i, \tag{8.1a}$$

$$d_t v_i = -E(x_i), \tag{8.1b}$$

$$d_x E(x_j) = 1 - n(x_j), \tag{8.1c}$$

其中, $i = 1, 2, \cdots, N_p$ 是粒子 (particle 或 marker) 标志, $j = 0, 1, \cdots, N_g - 1$ 是网格标志. 粒子的位置 i 可以是任何值, 但场只能在离散的网格上 $x_j = j\Delta x$, 其中 $\Delta x = L/N_g$. 上面的方程在区间 $0 < x < L$ $\left(\text{注意}: \int n(x)\mathrm{d}x = L\right)$ 中求解, 并考虑周期性边界条件 $n(0) = n(L)$ 和 $\langle E(x)\rangle_x = 0$. 任何从求解区域右边界跑出去的粒子将重新让它保持原来的速度从左边界跑进来, 对从左边界跑出去的粒子作类似处理. 初始的分布函数 $\left(\text{比如}, f_0 = \dfrac{1}{\sqrt{2\pi}}\mathrm{e}^{-\frac{v^2}{2}}\right)$ 是由代表 N_p 个粒子的随机数形成的.

PIC 两个最主要的步骤是: ① 网格上的场 $E(x_j)$ 如何分配到粒子位置的场 $E(x_i)$; ② 粒子位置处的密度 $n(x_i)$ 如何分配到网格 $n(x_j)$ 上. 这也是所谓 particle-in-cell(栅格中的粒子) 名称的来源. 假设第 i 个电子处在第 j 和 $j+1$ 个网格之间, 即 $x_j < x_i \leqslant x_{j+1}$. 通常, 上面两个关键步骤都可用下面的线性插值处理

$$n_j = n_j + \frac{x_{j+1} - x_i}{x_{j+1} - x_j} \frac{1}{N_p}, \tag{8.2a}$$

$$n_{j+1} = n_{j+1} + \frac{x_i - x_j}{x_{j+1} - x_j} \frac{1}{N_p}. \tag{8.2b}$$

其中, $1/N_p$ 来自密度的归一化. 上面的过程对每个粒子都算一遍, 把密度信息分配到临近的网格上. 对于场 $E(x_j)$ 也是用类似的插值分配到网格内的粒子 $E(x_i)$ 上.

以上的插值, 也可以用最邻近网格的分配法或者用更高阶的插值 (比如考虑 $j \pm 2$ 格点的插值). 不过实测中发现最邻近的网格插值效果不佳, 而高阶的插值烦琐并且也不见得好. 因此用的最广的分配方式是上面介绍的那种.

8.1.2 朗道阻尼

我们首先来模拟朗道阻尼 [①], 代码 pices1d.m [②]:

[①] 本章及第 6 章中关于朗道阻尼相关内容的简版介绍见 http://hsxie.me/codes/landaudamping/, 其中同时提供了不同算法的计算代码.

[②] 代码有部分参考 G. Lapenta 的 Particle In Cell Method: A brief description of the PIC Method.

8.1 Particle-in-cell 模拟

```
close all;clear all;clc;
data = [0.1      1.0152      -4.75613E-15
 0.2      1.06398     -5.51074E-05
 0.3      1.15985     -0.0126204
 0.4      1.28506     -0.066128
 0.5      1.41566     -0.153359
 0.6      1.54571     -0.26411
 0.7      1.67387     -0.392401
 0.8      1.7999      -0.534552
 0.9      1.92387     -0.688109
 1.0      2.0459      -0.85133
 1.5      2.63233     -1.77571
 2        3.18914     -2.8272];
id=7;
k=data(id,1);
wr=data(id,2); wi=data(id,3);

% parameters
L=2*pi/k; dt=.01; nt=1000; ntout=100; ng=32; np=50000;
vb=1.0; xp1=5.0e-1; vp1=0.0;
vt=1; % note: the normalization sqrt(2) will be found in randn()
wp=1; qm=-1;
q=wp^2/(qm*np/L); rho_back=-q*np/L; dx=L/ng;

% initial loading for the 2 Stream instability
xp=linspace(0,L,np)';
% vp=vt*randn(np,1)+(1-2*mod([1:np]',2)).*vb;
vp=vt*randn(np,1); % randn is {exp[-(x-mu)^2/(2*sgm^2)]}/[sgm*sqrt(2*pi
    )]

% Perturbation
vp=vp+vp1*cos(k*xp);
xp=xp+xp1*cos(k*xp);
p=1:np;p=[p p];

% Main computational cycle
for it=1:nt
    % apply periodic bc on the particle positions
    xp=xp./L+10.0; xp=L.*(xp-floor(xp));

    % diagnosing
    if(mod(it,ntout)==0)
        plot(xp,vp,'b.','Markersize',2);
        axis([0,L,-3*(abs(vt)+abs(vb)),3*(abs(vt)+abs(vb))]);
        title(['Phase space plotting, vp-x, t=',num2str(it*dt)]);
        xlabel('xp');ylabel('vp'); pause(0.2);
%           print(gcf,'-dpng',['vp-x,t=',num2str(it*dt),'.png']);
    end

    % update xp
    xp=xp+vp*dt;

    % projection p->g
    g1=floor(xp/dx-.5)+1;g=[g1;g1+1];
    fraz1=1-abs(xp/dx-g1+.5);
```

```matlab
55      fraz=[fraz1;1-fraz1];
56
57      % apply bc on the projection
58      out=(g<1);g(out)=g(out)+ng;
59      out=(g>ng);g(out)=g(out)-ng;
60      mat=sparse(p,g,fraz,np,ng);
61      rho=full((q/dx)*sum(mat))'+rho_back;
62
63      % computing fields, dE/dx
64      Eg=zeros(ng,1);
65      for j=1:ng-1
66          Eg(j+1)=Eg(j)+(rho(j)+rho(j+1))*dx/2;
67      end
68      Eg(1)=Eg(ng)+rho(ng)*dx;
69      Eg=Eg-mean(Eg);
70
71      % projection q->p and update of vp
72      vp=vp+mat*qm*Eg*dt;
73
74      EEk(it)=0.5*abs(q)*sum(vp.^2); % kinetic energy
75      EEf(it)=0.5*sum(Eg.^2)*dx; % potential energy
76      t(it)=it*dt;
77  end
78
79  %%
80  h = figure('Unit','Normalized','position',...
81          [0.02 0.4 0.6 0.3],'DefaultAxesFontSize',15);
82  subplot(121);plot(t,EEk,t,EEf,t,EEk+EEf,'r:','LineWidth',2);
83  title(['(a) k=',num2str(k),', \omega_{theory}=',...
84      num2str(wr+1i*wi)],'fontsize',15);
85  xlabel('t'); ylabel('Energy');legend('E_k','E_e','E_{tot}',4);
86  legend('boxoff');
87
88  subplot(122);
89
90  % Find the corresponding indexes of the extreme max values
91  lndE=log(sqrt(real((EEf(1:nt))))); % EEf=E^2=[exp(gam*t)]^2=exp(2*gam*t
        )
92  it0=floor(nt*1/20); it1=floor(nt*17/20);
93  yy=lndE(it0:it1);
94  extrMaxIndex = find(diff(sign(diff(yy)))==-2)+1;
95  t1=t(it0+extrMaxIndex(1));t2=t(it0+extrMaxIndex(end));
96  y1=yy(extrMaxIndex(1));y2=yy(extrMaxIndex(end));
97  plot(t,lndE,[t1,t2],[y1,y2],'r*--','LineWidth',2);
98  omega=pi/((t2-t1)/(length(extrMaxIndex)-1));
99  gammas=(real(y2)-real(y1))/(t2-t1);
100 title(['(b) \omega^S=',num2str(omega),', \gamma^S=',num2str(gammas)]);
101 axis tight;
```

结果见图 8.2. 可见能量守恒性基本保持, 实频和增长率与朗道阻尼理论值大致相同. 这里的误差来自噪声, 这也是 PIC 最主要的一个问题, 通常需要用很大的粒子数 N_p 来克服, 而噪声正比于 $1/\sqrt{N_p}$[①], 也即粒子数增加 100 倍, 噪声只下降

[①] 这需要从蒙特卡罗的角度来论证, 可参见 Aydemir (1994) 的文献.

到原来的 1/10.

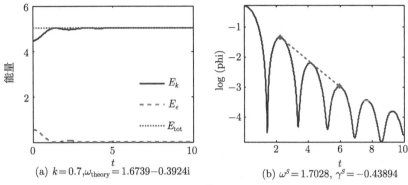

(a) $k=0.7, \omega_{\text{theory}} = 1.6739 - 0.3924i$

(b) $\omega^s = 1.7028, \gamma^s = -0.43894$

图 8.2　粒子模拟朗道阻尼

8.1.3 双流不稳定性

上面的代码, 简单地修改初始分布函数的部分就可以用来模拟其他算例, 比如束流或双流不稳定性.

改用前述代码中注释的初始速度 v_p, 模拟双流不稳定性结果见图 8.3 和图 8.4.

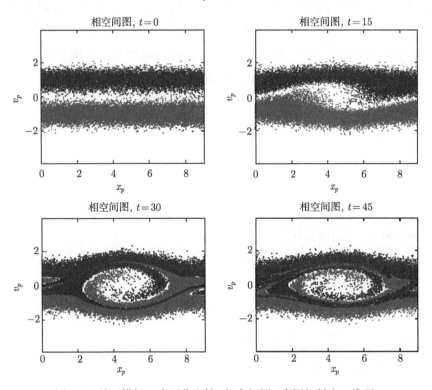

图 8.3　粒子模拟双流不稳定性, 相空间图 (彩图扫封底二维码)

线性和非线性饱和显示得很清晰. (习题: 用第 6 章的方法求解对应的色散关系, 与模拟结果对比. 看最不稳定的模的增长率是否与理论一致, 以及为什么.)

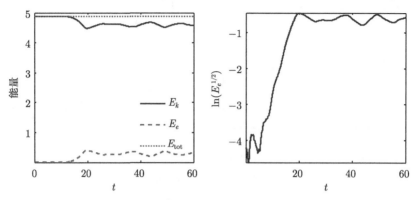

图 8.4 粒子模拟双流不稳定性, 时间演化图

8.1.4 含碰撞情况

碰撞过程, 在粒子模拟中, 一般就是蒙特卡罗过程. 简单的情况可参考 Shanny 等(1967)的文献. 洛伦兹算符小角散射(基于 Spitzer 公式): $P(\theta)\mathrm{d}\theta = (\theta\mathrm{d}\theta/(\langle\theta^2\rangle\Delta t))\exp[-\theta^2/(2\langle\theta^2\rangle\Delta t)]$, 这里 $\langle\theta^2\rangle = (3\omega_p/2\Lambda) = 2\nu_{ei}$, Λ 为库仑对数, ν_{ei} 为电子离子碰撞频率. $R_1 = \alpha(\theta) = \int_0^\theta P(\theta')\mathrm{d}\theta'$, $\theta = \alpha^{-1}(R_1) = [-2\nu_{ei}\Delta t \ln(1-R_1)]^{1/2}$, $\phi = 2\pi R_2$, 其中 R_1 和 R_2 为 $(0,1)$ 间的随机数, 从而我们得到每次碰撞导致的速度改变

$$v'_x = v_x[1-\theta^2]^{1/2} - v_\perp \theta \sin\phi, \tag{8.3}$$

$$v'_\perp = [v_x^2 + v_\perp^2 - v_x'^2]^{1/2}. \tag{8.4}$$

示例代码如下.

```
% collision
    c=nu*DT;
    vperp=sqrt(max(eps,mu));
    vtotal=sqrt(vp.*vp+vperp.*vperp);
    pitch=vp./vtotal;
    pitch=max(-1.0,min(1.0,pitch.*(1.0-c)+(rand(N,1)-0.5).*sqrt(12.0*c
       .*(1.0-pitch.*pitch)))); % new pitch angle
    vp=vtotal.*pitch;
    mu=max(eps,vperp.*vperp);
```

可以加到前面无碰撞的静电 PIC 代码中.

8.1.5 1D3V, 伯恩斯坦模

在前面的模拟中, 只包含平行速度因而只能处理平行动理学, 也即只能算 $k_\perp =$

8.1 Particle-in-cell 模拟

0 的波动. 事实上, 空间一维的 PIC 同样能模拟 $k_\perp \neq 0$ 的波动, 比如伯恩斯坦波, 只需要速度空间用三维, 这就是我们所谓的 1D3V 模拟. 这里假定粒子运动限定在空间坐标 x 上, 均匀磁场与 x 的夹角为 θ, 即 $\boldsymbol{B} = B_0(\cos\theta \hat{x} + \sin\theta \hat{y})$. 这样粒子的运动方程变为 $d\boldsymbol{v}/dt = (q/m)(\boldsymbol{E} + \boldsymbol{v} \times \boldsymbol{B})$, 我们需要计算速度的三个分量的演化投影到 x 上以计算粒子位置 x 的变化. 这种方式相当于固定了波矢 $\boldsymbol{k}$ 的方向, 使得其与磁场的夹角为 θ.

我们以电子伯恩斯坦波为例, 它是垂直的波动 $\theta = \pi/2$, $\boldsymbol{k} = \boldsymbol{k}_\perp$, 参考代码 pices1d3v_fix_k.m 如下:[①]

```
1   close all;clear all;clc;
2
3   kwc=2.5; % k*rho_c
4
5   wp=1; qm=-1; wc=1/2.5; theta = pi/2; B0=wc/qm; Bx0=B0*cos(theta);
6   By0=B0*sin(theta);
7
8   k=kwc*wc; % k*lambda_D
9
10  % parameters
11  L=2*pi/k; dt=.05; nt=20000; ntout=nt/2; ng=32; np=10000; vb=1.0;
12  xp1=5.0e-1; vp1=0.0;
13  vt=1; % note: the normalization sqrt(2) will be found in randn()
14  q=wp^2/(qm*np/L); rho_back=-q*np/L; dx=L/ng;
15
16  % initial loading for the 2 Stream instability
17  xp=linspace(0,L,np)';
18  % vp=vt*randn(np,1)+(1-2*mod([1:np]',2)).*vb;
19  vpx=vt*randn(np,1); % randn is {exp[-(x-mu)^2/(2*sgm^2)]}/[sgm*sqrt(2*
        pi)]
20  vpy=vt*randn(np,1); vpz=vt*randn(np,1);
21
22  % Perturbation
23  % vpx=vpx+vp1*cos(k*xp);
24  xp=xp+xp1*cos(k*xp); p=1:np;p=[p p];
25
26  % Main computational cycle
27  h = figure('Unit','Normalized','position',...
28      [0.02 0.3 0.6 0.6],'DefaultAxesFontSize',15);
29  for it=1:nt
30      % apply periodic bc on the particle positions
31      xp=xp./L+10.0; xp=L.*(xp-floor(xp));
32
33      % diagnosing
34      if(mod(it,ntout)==0)
35          subplot(221);plot(xp,vpx,'b.','Markersize',2);
36          axis([0,L,-3*(abs(vt)+abs(vb)),3*(abs(vt)+abs(vb))]);
37          title(['(a) phase space, t=',num2str(it*dt),', np',num2str(np)
              ]);
```

[①]实际上可以看到, 这里的代码只用到 1D2V.

```matlab
            xlabel('xp');ylabel('vpx'); pause(0.2);
%           print(gcf,'-dpng',['vpx-x,t=',num2str(it*dt),'.png']);
    end

    % update xp
    xp=xp+vpx*dt;

    % projection p->g
    g1=floor(xp/dx-.5)+1;g=[g1;g1+1];
    fraz1=1-abs(xp/dx-g1+.5);
    fraz=[fraz1;1-fraz1];

    % apply bc on the projection
    out=(g<1);g(out)=g(out)+ng;
    out=(g>ng);g(out)=g(out)-ng;
    mat=sparse(p,g,fraz,np,ng);
    rho=full((q/dx)*sum(mat))'+rho_back;

    % computing fields, dE/dx
    Eg=zeros(ng,1);
    for j=1:ng-1
        Eg(j+1)=Eg(j)+(rho(j)+rho(j+1))*dx/2;
    end
    Eg(1)=Eg(ng)+rho(ng)*dx;
    Eg=Eg-mean(Eg);

    % projection q->p and update of vp
    vpx=vpx+qm*(mat*Eg+vpy*0-vpz*By0)*dt;
    vpy=vpy+qm*(vpz*Bx0-vpx*0)*dt;
    vpz=vpz+qm*(vpx*By0-vpy*Bx0)*dt;

    EEk(it)=0.5*abs(q)*sum(vpx.^2+vpy.^2+vpz.^2); % kinetic energy
    EEf(it)=0.5*sum(Eg.^2)*dx; % potential energy
    Et(it)=Eg(floor(ng/2));
    t(it)=it*dt;
end %%
subplot(222);plot(t,EEk,t,EEf,t,EEk+EEf,'r:','LineWidth',2);
title(['(b) \omega_c/\omega_p=',num2str(wc),', nt=',num2str(nt)]);
xlabel('t'); ylabel('Energy');legend('E_k','E_e','E_{tot}',4);
legend('boxoff');

nt=length(t); y=Et; yf=fft(y); tf=1/dt.*linspace(0,1,nt);
tf=tf/wc*2*pi; %
subplot(223); plot(t,y,'LineWidth',2); title(['(c) Et(ng/2)',',',...
dt=',num2str(dt)]); xlabel('t\omega_p^{-1}'); subplot(224);
plot(tf,abs(yf),'LineWidth',2); for jp=1:10
    hold on; plot([jp,jp],[0,max(abs(yf))],'g—','LineWidth',2);
end xlabel('\omega/\omega_c'); title(['(d) spectral,
k\rho_c=',num2str(kwc),...
    ', \Delta\omega=',num2str(tf(2)-tf(1))]);
% xlim([0,tf(floor(nt/5))]);
xlim([0,10]);

print(gcf,'-dpng',['pices1d3v_np',num2str(np),'_wc',num2str(wc),...
    '_k',num2str(kwc),'_dt',num2str(dt),'_nt',num2str(nt),'.png']);
```

读者可以与前面 1D1V 代码作对比, 看看作了哪些修改. 典型的计算结果见图 8.5, 可以看到傅里叶谱图中在每个回旋频率附近确实有不同的峰, 它们对应于不同阶回旋的伯恩斯坦模. 在第 6 章中, 与 PDRK 的静电模拟对比的粒子模拟谱图就是用上面这个代码计算的.

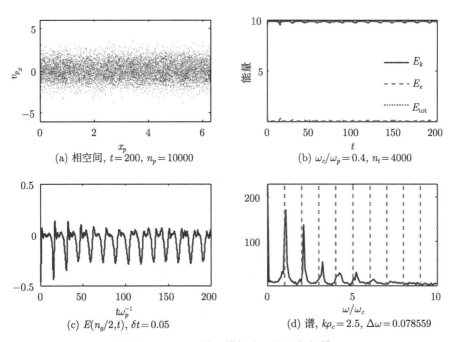

图 8.5 1D3V 粒子模拟电子伯恩斯坦模

8.1.6 其他

以上代码经过适当的修改, 可以模拟其他问题, 比如可以加上多种粒子 (电子 + 离子), 模拟多个尺度共存; 或者用绝热电子, 把场方程改用准中性条件 (见第 6 章), 可以去掉朗缪尔波只模拟离子声波.

8.2 Vlasov 模拟

Vlasov 模拟是所谓的欧拉解法 (Euler approach), 这里用最简单的中心差分来求解.

Vlasov 方程

$$\partial_t f(x,v,t) = -v\partial_x f - \partial_x \phi \partial_v f, \tag{8.5}$$

离散

$$\frac{f_{i,j}^{n+1} - f_{i,j}^n}{\Delta t} = -v_j \frac{f_{i+1,j}^n - f_{i-1,j}^n}{2\Delta x} - \frac{\phi_{i+1}^n - \phi_{i-1}^n}{2\Delta x} \frac{f_{i,j+1}^n - f_{i,j-1}^n}{2\Delta v}, \tag{8.6}$$

得到

$$f_{i,j}^{n+1} = f_{i,j}^n - v_j \frac{f_{i+1,j}^n - f_{i-1,j}^n}{2} \frac{\Delta t}{\Delta x} - \frac{\phi_{i+1}^n - \phi_{i-1}^n}{2\Delta x} \frac{f_{i,j+1}^n - f_{i,j-1}^n}{2} \frac{\Delta t}{\Delta v}. \tag{8.7}$$

泊松方程

$$\partial_x^2 \phi = \int f \mathrm{d}v - 1. \tag{8.8}$$

离散

$$\frac{\phi_{i+1} - 2\phi_i + \phi_{i-1}}{\Delta x^2} = \sum_j f_{i,j} \Delta v - 1 \equiv \rho_i, \tag{8.9}$$

即

$$\begin{bmatrix} -2 & 1 & 0 & \cdots & 0 & 1 \\ 1 & -2 & 1 & \cdots & 0 & 0 \\ 0 & 1 & -2 & \cdots & 0 & 0 \\ \vdots & \vdots & \vdots & & \vdots & \vdots \\ 1 & 0 & 0 & \cdots & 1 & -2 \end{bmatrix} \begin{bmatrix} \phi_1 \\ \phi_2 \\ \vdots \\ \phi_N \end{bmatrix} = \begin{bmatrix} \rho_1 \\ \rho_2 \\ \vdots \\ \rho_N \end{bmatrix} \Delta x^2, \tag{8.10}$$

其中用了周期性边界条件 $\phi(0) = \phi(L)$, 即 $\phi_1 = \phi_{N+1}$ 和 $\phi_0 = \phi_N$. 我们注意到上述泊松方程左边矩阵的行列式是为零的, 因而求得的 ϕ_j 还有未定值, 所有 ϕ_j 都可以同时扣除这个未定值, 也即 ϕ 本身的大小没有参考价值, 有参考价值的是其相对值.

以上是把 Vlasov-Poisson 系统当作一般的耦合偏微分方程组看待, 因而用普适的偏微分方程解法就可解决. 但, 这种普适的方法通常会在实用上遇到一些障碍, 比如计算效率、守恒性 (能量、动量、粒子数等)、长时间计算的稳定性和精确性等.

关于 Vlasov 模拟, 到目前为止最知名和引用最多的是 Cheng 和 Knorr(1976) 的文章.

8.2.1 朗道阻尼

以上的中心差分格式, 足够精确地模拟出线性朗道阻尼, 见图 8.6 和图 8.7.

8.2 Vlasov 模拟

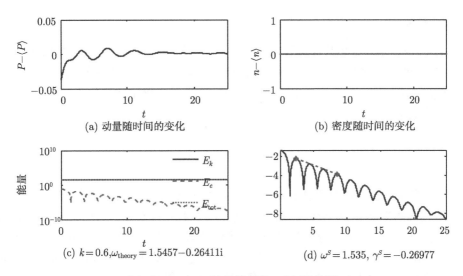

图 8.6 Vlasov 连续性模拟, 时间演化图

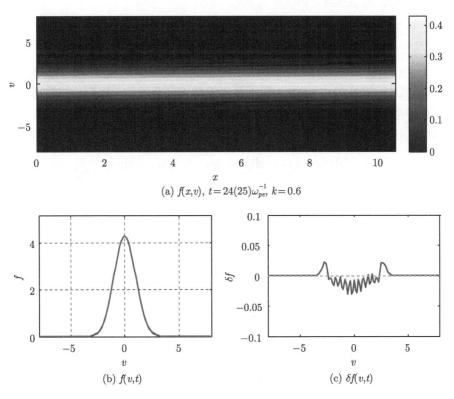

图 8.7 Vlasov 连续性模拟, 分布函数演化 (彩图扫封底二维码)

8.2.2 其他

以上代码同样可以用来模拟束流不稳定性等各种其他问题. 有名的 Berk-Breizman 非线性 AE 模型 (Berk, 1990a; 1990b; 1990c), 可以通过对上述方程进行简单的修改来模拟, vlasov_bbmodel.f90, 其中泊松方程用安培定律替代了, 同时加了碰撞等阻尼效应.

8.3 δf 算法

我们前面提到, 粒子模拟主要是噪声问题, 需要非常多的粒子数 N 才能克服. 对于演化偏离平衡态分布不远的情况, 我们可以用所谓的 δf 算法, 它把平衡部分和扰动部分分离, 平衡部分解析计算, 粒子模拟只算扰动部分, 这样 $\delta f/f_0 \ll 1$ 时可以大幅降低噪声. 这种方法在 20 世纪 90 年代发展成型, 并得到广泛应用, 尤其在磁约束聚变模拟中几乎是近一二十年默认采用的算法.

我们考虑无碰撞模型, Vlasov 方程

$$\frac{\mathrm{d}f}{\mathrm{d}t} = \frac{\partial f}{\partial t} + \dot{\boldsymbol{z}}\frac{\partial f}{\partial \boldsymbol{z}} = 0, \tag{8.11}$$

式中, $\boldsymbol{z} = (\boldsymbol{x}, \boldsymbol{v}), \dot{\boldsymbol{z}} = (\boldsymbol{v}, \boldsymbol{F}), f(\boldsymbol{z},t) = f_0(\boldsymbol{z}) + \delta f(\boldsymbol{z},t), \boldsymbol{F} = \boldsymbol{F}_0 + \delta\boldsymbol{F}, f_0 = pg,$ $\delta f = wg$, 其中 $g = \Sigma\delta(\boldsymbol{z} - \boldsymbol{z}_i)$, 为粒子读入的初始分布函数. 我们从拉格朗日角度考虑, 沿着粒子轨道 g 不变, 所以 $\frac{\mathrm{d}g}{\mathrm{d}t} = 0$.

由 $\mathrm{d}f/\mathrm{d}t = 0$

$$\frac{\mathrm{d}f}{\mathrm{d}t} = \frac{\mathrm{d}(f_0 + \delta f)}{\mathrm{d}t} = \frac{\mathrm{d}(pg + wg)}{\mathrm{d}t} = g\left(\frac{\mathrm{d}p}{\mathrm{d}t} + \frac{\mathrm{d}w}{\mathrm{d}t}\right) = 0, \tag{8.12}$$

得到

$$\frac{\mathrm{d}p}{\mathrm{d}t} = -\frac{\mathrm{d}w}{\mathrm{d}t}, \tag{8.13}$$

即

$$p(t) + w(t) = p(0) + w(0) = c(c \text{ 为常数}), \quad \mathrm{d}\delta f/\mathrm{d}t = -\mathrm{d}f_0/\mathrm{d}t,$$

$$\frac{\mathrm{d}\delta f}{\mathrm{d}t} = \frac{\partial \delta f}{\partial t} + \dot{\boldsymbol{z}}\frac{\partial \delta f}{\partial \boldsymbol{z}} = -\left[\frac{\partial f_0}{\partial t} + \dot{\boldsymbol{z}}\frac{\partial f_0}{\partial \boldsymbol{z}}\right] = -f_0\frac{\mathrm{d}\ln f_0}{\mathrm{d}t}, \tag{8.14}$$

式中, $\delta f = \sum w_i \delta(\boldsymbol{z} - \boldsymbol{z}_i)$,

$$\dot{w} = -p\frac{\mathrm{d}\ln f_0}{\mathrm{d}t} = -p\dot{\boldsymbol{z}}\frac{\partial \ln f_0}{\partial \boldsymbol{z}}, \tag{8.15}$$

从上面的推导可以看到, 我们只是额外定义了权重变量 p 和 w, 整个方程依然是非线性的, 与原始的方程等价.

8.3.1 δf 模型

基于前面的推导, 我们可以直接写出粒子的运动方程

$$\frac{\mathrm{d}\boldsymbol{x}}{\mathrm{d}t} = \boldsymbol{v}, \tag{8.16}$$

$$\frac{\mathrm{d}\boldsymbol{v}}{\mathrm{d}t} = \boldsymbol{F}_0 + \delta \boldsymbol{F}, \tag{8.17}$$

$$\frac{\mathrm{d}w}{\mathrm{d}t} = -p\frac{\mathrm{d}\ln f_0}{\mathrm{d}t} = -\left(\frac{f}{g} - w\right)\frac{\mathrm{d}\ln f_0}{\mathrm{d}t}, \tag{8.18}$$

$$\frac{\mathrm{d}p}{\mathrm{d}t} = p\frac{\mathrm{d}\ln f_0}{\mathrm{d}t}, \tag{8.19}$$

它相比原始的 full-f 粒子模拟方法除了粒子位置和速度外还多了两个权重变量. 对于 p 和 w, 其设置是比较自由的, 常用的有以下两种:

"As f/g is time-invariant, it can be computed initially and stored for each particle. Among many options, two opposite choices are often made: (1) setting $f/g=1$, and a density of macro-particles proportional to the physical particle density (2) set a waterbag distribution g for the macro-particles (uniform probability between two values v_{min} and v_{max} and null outside) and compute a specific value $(f/g)_i$ for each particle. The first option requires less storage, but the second option is much less noisy." (Hess and Mottez, 2009)

(1) 用 $g = f, p(t) + w(t) = p(0) + w(0) = 1$, 最后两个权重方程变为

$$\frac{\mathrm{d}w}{\mathrm{d}t} = -(1-w)\frac{\mathrm{d}\ln f_0}{\mathrm{d}t}, \tag{8.20}$$

权重演化变为

$$\frac{\mathrm{d}w_i}{\mathrm{d}t} = -(1-w_i)\dot{\boldsymbol{z}}\frac{\partial \ln f_0}{\partial \boldsymbol{z}}, \tag{8.21}$$

(2) 水袋 (waterbag), 用 $g = 1$, $g(v) = c$(c 为常数), $p = f_0$, $\mathrm{d}p/\mathrm{d}t = \mathrm{d}f_0/\mathrm{d}t$, 权重演化变为

$$\frac{\mathrm{d}p_i}{\mathrm{d}t} = 0, \tag{8.22}$$

$$\frac{\mathrm{d}w_i}{\mathrm{d}t} = -(p_i - w_i)\dot{\boldsymbol{z}}\frac{\partial \ln f_0}{\partial \boldsymbol{z}}, \tag{8.23}$$

这种方法是初始权重 p 用初始分布函数 f_0 的解析形式给出, 而速度 v 用 $[v_{\min}, v_{\max}]$ 均匀随机数生成, 这使得随机数的产生更简单.

8.3.2 线性模拟

前述的方程是非线性的, 如果我们只想模拟线性部分, 那么其他方程可以不变,

速度 v 不演化, 即 $\dot{v}=0$, 同时对权重方程去掉非线性部分, 得到

$$\frac{\mathrm{d}w_i}{\mathrm{d}t} = -\dot{z}\frac{\partial \ln f_0}{\partial z}. \tag{8.24}$$

这是 δf 模型相较于 full-f 粒子模拟算法的另一个优点: 可以很容易地去掉非线性部分, 只进行线性模拟.

8.3.3 静电一维

我们依然以前面的静电一维模型为例, 粒子在位置空间 x 均匀分布, 粒子速度 v 满足麦克斯韦分布 $f_0 = \left(\frac{m}{2\pi T}\right)^{1/2} \mathrm{e}^{-v^2/v_t^2}$, $v_t = \sqrt{2T/m}$, $\partial \ln f_0/\partial v = -2v/v_t^2$, 得到粒子演化方程为

$$\frac{\mathrm{d}x_i}{\mathrm{d}t} = v_i, \tag{8.25}$$

$$\frac{\mathrm{d}v_i}{\mathrm{d}t} = E, \tag{8.26}$$

$$\frac{\mathrm{d}w_i}{\mathrm{d}t} = (1-w_i)Ev_i/T, \tag{8.27}$$

以上权重方程能这么简单, 也得益于初始分布函数为麦克斯韦分布, 因而 $\partial \ln f_0/\partial v$ 较为简单, 对于其他分布, 如束流分布, 形式要稍复杂.

8.3.4 离子声波

我们这里以绝热电子、动理学离子的离子声波线性模拟为例, 演示 δf 粒子模拟算法.

这次我们也对前文 PIC 代码的写法作改变, 包括: 插值用单独的函数去实现; 设置波矢 k 时不必通过初值设定, 而通过 FFT 滤模, 这样可以保证确实只有单模; 时间推进算法改用二阶 R-K. pic1d_dfg_iaw.m:

```
% Hua-sheng XIE, FSC-PKU, huashengxie@gmail.com, 2016-04-20 13:34
% Delta-f PIC for IAW, electron adiabatic
% Test OK, 2016-04-20 20:43
% 16-08-17 12:32 modify for f/g=1, ref: 16-04-24 pic1d_dfg_iaw.f90
close all;
clear; clc;
dat2 = [1,2.04590486664825,-0.851330458171737; % sqrt(2)
    2,2.37997049716181,-0.568627785772305;
    3,2.62647608379667,-0.411054266743725;
    4,2.83132357729409,-0.306718776560365;
    5,3.01110302739500,-0.232235873041931;
    6,3.17397204092200,-0.176905646874478;
    7,3.32463253189007,-0.134880072940063;
    8,3.46607414950534,-0.102578518320425;
    9,3.60032687530566,-0.0776243048338077;
    10,3.72883249481195,-0.0583410544450318];
```

8.3 δf 算法

```
17  runtime=cputime;
18  k=1.0; nfilter=1; deltaf=1; linear=0;
19  id=2;
20  tau=dat2(id,1); wr=dat2(id,2); wi=dat2(id,3);
21
22  np = 160000/4;
23  dt=0.01/2;
24  nt=1000;
25  ng=16;
26  L=2*pi/k;
27  dx=L/ng;
28  vt=1.0; % vt=sqrt(T/m)
29  vmax=6.0;
30
31  zp=zeros(np,4); % x, v, p, w
32  zp(:,1)=rand(np,1)*L;
33  % zp(:,2)=(rand(np,1)*2-1)*vmax;
34  % zp(:,3)=exp(-zp(:,2).^2/2)/sqrt(2*pi);
35  zp(:,2)=randn(np,1)*vt;
36  zp(:,3)=1.0;
37  zp(:,4)=0.00001*zp(:,3).*cos(k*zp(:,1));
38  pgmat=pginterp(zp,ng,dx,np);
39  rhozero=sum(pgmat'*zp(:,3))/ng; % rhozero=np/ng;
40
41  xg=(0:ng-1)'*dx;
42
43  %
44  figure;
45  for it=1:nt
46
47      zp(:,1)=mod(zp(:,1)+L,L); % keep particles in [0,L]
48
49      % RK-2, 1st step
50      pgmat=pginterp(zp,ng,dx,np);
51      rho=pgmat'*zp(:,4)/rhozero;
52
53      if(nfilter==1)
54          rhof=fft(rho)/ng;
55          af1=real(rhof(2)+rhof(ng)); bf1=imag(-rhof(2)+rhof(ng));
56          Eg=-tau*(-af1*sin(2*pi/L*xg)+bf1*cos(2*pi/L*xg));
57      else
58          phi=tau*[rho(end);rho;rho(1)];
59          Eg=-(phi(3:end)-phi(1:ng))/dx/2;
60      end
61
62      vdot=pgmat*Eg;
63      wdot=(zp(:,3)-(1-linear)*zp(:,4)).*vdot.*zp(:,2);
64      czp(:,1)=zp(:,1)+zp(:,2)*dt/2;
65      czp(:,2)=zp(:,2)+vdot*dt/2;
66      czp(:,3)=zp(:,3);
67      czp(:,4)=zp(:,4)+wdot*dt/2;
68
69      czp(:,1)=mod(czp(:,1)+L,L);
70      % RK-2, 2nd step
```

```
71        pgmat=pginterp(czp,ng,dx,np);
72        rho=pgmat'*czp(:,4)/rhozero;
73        if(nfilter==1)
74            rhof=fft(rho)/ng;
75            af1=real(rhof(2)+rhof(ng)); bf1=imag(-rhof(2)+rhof(ng));
76            Eg=-tau*(-af1*sin(2*pi/L*xg)+bf1*cos(2*pi/L*xg));
77        else
78            phi=tau*[rho(end);rho;rho(1)];
79            Eg=-(phi(3:end)-phi(1:ng))/dx/2;
80        end
81
82        vdot=pgmat*Eg;
83        wdot=(czp(:,3)-(1-linear)*czp(:,4)).*vdot.*czp(:,2);
84        zp(:,1)=zp(:,1)+czp(:,2)*dt;
85        zp(:,2)=zp(:,2)+vdot*dt;
86        zp(:,3)=zp(:,3);
87        zp(:,4)=zp(:,4)+wdot*dt;
88
89        %diagnosis
90        subplot(121);
91        plot(xg,rho,'LineWidth',2);
92        title(['xhs, \rho, it=',num2str(it),'/',num2str(nt)]);
93        subplot(122);
94        plot(xg,Eg,'LineWidth',2);
95        title('Eg');
96
97        EEk(it)=0.5*sum(zp(:,2).^2)/np*L; % kinetic energy
98        EEf(it)=0.5*sum(Eg.^2)*dx; % potential energy
99        drawnow;
100   end
101
102   runtime=cputime-runtime;
103
104   %
105   close all;
106   h = figure('Unit','Normalized','position',...
107       [0.02 0.2 0.6 0.4],'DefaultAxesFontSize',15);
108   t=(1:nt)*dt;
109   EEf1=EEf/tau;
110   subplot(121);
111   plot(t,EEf1,t,EEk,t,EEk+EEf1,'r—','LineWidth',2);
112   title(['(a) \tau=',num2str(tau),', runtime=',num2str(runtime)]);
113   xlabel('t');
114   subplot(122);
115   % Find the corresponding indexes of the extreme max values
116   lndE=log(sqrt(real((EEf(1:nt))))); % EEf=E^2=[exp(gam*t)]^2=exp(2*gam*t)
117   % lndE=log(real((Egt(1:nt))));
118   it0=floor(nt*1/20); it1=floor(nt*18/20);
119   yy=lndE(it0:it1);
120   plot(t,lndE,'LineWidth',2);
121   hold on;
122   extrMaxIndex = find(diff(sign(diff(yy)))==-2)+1;
123   t1=t(it0+extrMaxIndex(1));t2=t(it0+extrMaxIndex(end));
124   y1=yy(extrMaxIndex(1));y2=yy(extrMaxIndex(end));
```

8.3 δf 算法

```
125    plot([t1,t2],[y1,y2],'r*--','LineWidth',2);
126    nw=length(extrMaxIndex)-1;
127    omega=pi/((t2-t1)/nw);
128    gammas=(real(y2)-real(y1))/(t2-t1);
129    title(['(b) \omega^S=',num2str(omega),', \gamma^S=',num2str(gammas),...
130        ', nw=',num2str(nw)]);
131    axis tight;
132    xlabel(['\omega^T=',num2str(wr+1i*wi,3)]);
133
134    str=['pic1d_dfg_iaw_k=',num2str(k),',ng=',num2str(ng),'np=',num2str(np)
            ,',nt=',num2str(nt),...
135        ',dt=',num2str(dt),',tau=',num2str(tau),',nfilter=',num2str(nfilter
            )];
136    print(gcf,'-dpng',[str,'_history.png']);
```

把代码中初始设置的部分zp(:,2)和zp(:,3)换用代码中注释掉的部分 (第 33 行附近), 它就是前面的水袋法. 其中用来作粒子与网格间插值的函数pginterp.m 为

```
1  % Hua-sheng XIE, 2016-04-20 15;43
2  function pgmat = pginterp(zp,ng,dx,np)
3  % interpolation between partilce positions and grids
4      Ip=zeros(2*np,1); Jg=zeros(2*np,1); Wpg=zeros(2*np,1);
5      for ip = 1:np
6          ind=2*(ip-1);
7          lindex=floor(zp(ip,1)/dx)+1; % fisrt grid xg(1)=0
8  %         dxleft=zp(ip,1)-lindex*dx; % wrong
9          dxleft=zp(ip,1)-(lindex-1)*dx;
10
11         % left weight
12         Ip(ind+1)=ip;
13         Jg(ind+1)=lindex;
14         Wpg(ind+1)=1-dxleft/dx;
15
16         % right weight
17         Ip(ind+2)=ip;
18         Jg(ind+2)=lindex*(lindex<ng)+1;% lindex=ng, last grid # ng+1 ->
                1
19         Wpg(ind+2)=dxleft/dx;
20     end
21     pgmat=sparse(Ip,Jg,Wpg,np,ng); % matrix for interpolation
22 end
```

一组典型的模拟结果见图 8.8, 可以看到模拟结果 $\omega^S = 2.37 - 0.578i$ 与理论值 $\omega^T = 2.38 - 0.569i$ 基本接近.

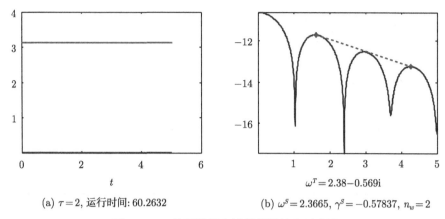

(a) $\tau=2$, 运行时间: 60.2632

(b) $\omega^s = 2.3665$, $\gamma^s = -0.57837$, $n_w = 2$

图 8.8　δf 粒子模拟方法模拟线性离子声波

8.3.5　束流不稳定性

对于非线性束流不稳定性, 我们可以稍微修改运动方程和权重方程, 类似完整代码见 pic1d_df_beam.m, 典型结果见图 8.9, 其中我们只显示了线性增长部分. 对于束流分布, 我们也可以把分布函数拆分成本底和束流两组分分别模拟.

```
1    dlnf0dv=-(czp(:,2).*(1-nb).*exp(-czp(:,2).^2/2)+(czp(:,2)-...
2         vdb).*nb.*exp(-(czp(:,2)-vdb).^2/2))./((1-nb).*exp(-czp(:,2)
         .^2/2)+...
3         nb.*exp(-(czp(:,2)-vdb).^2/2));
4    wdot=-(czp(:,3)-nonlinear*czp(:,4)).*vdot.*dlnf0dv;
5    zp(:,1)=zp(:,1)+czp(:,2)*dt;
6    zp(:,2)=zp(:,2)+nonlinear*vdot*dt;
7    zp(:,3)=zp(:,3);
8    zp(:,4)=zp(:,4)+wdot*dt;
```

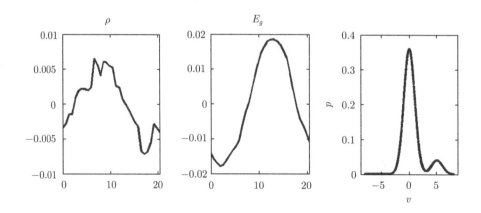

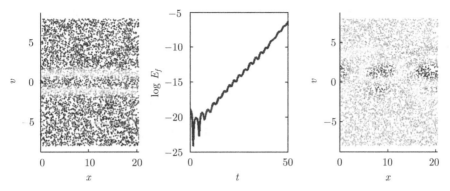

图 8.9　δf 粒子模拟方法模拟束流不稳定性 (彩图扫封底二维码)

8.4　电磁模拟和 Darwin 模型

为了简化, 前面介绍的内容是以静电模型为基础的. 由于电磁模的波矢 k 的方向通常与本底磁场 B 的方向不平行, 最简化的电磁模拟通常是从 1D3V(实空间一维, 速度空间三维) 开始, 这足够模拟许多电磁波动了, 如电子离子回旋波、阿尔文波等. 电磁模拟相较于静电模拟除了需要增加对电流的处理外无需原则上的改变.

我们这里不再详述电磁模拟细节, KEMPO 代码可以作为极好的入门, Birdsall 的书中对电磁一维的细节作了很好的介绍. 我们只额外稍评述所谓的 Darwin 模型.

等离子体中 Darwin[①] 模拟, 源自 Darwin 拉氏量. 在 Darwin 模型中, 所有场变量都分为两部分 (Busnardo-Neto et al., 1977): 横场 (T, 散度为零) 部分和纵场 (L, 旋度为零) 部分.

$$\begin{aligned}&\boldsymbol{E} = \boldsymbol{E}_L + \boldsymbol{E}_T, \quad \nabla \cdot \boldsymbol{E}_T = 0, \quad \nabla \times \boldsymbol{E}_L = 0,\\ &\boldsymbol{B} = \boldsymbol{B}_T, \quad \nabla \cdot \boldsymbol{B}_T = 0,\\ &\boldsymbol{J} = \boldsymbol{J}_L + \boldsymbol{J}_T, \quad \nabla \cdot \boldsymbol{J}_T = 0, \quad \nabla \times \boldsymbol{J}_L = 0.\end{aligned} \quad (8.28)$$

麦克斯韦方程为

$$\begin{aligned}&\nabla \cdot \boldsymbol{E}_L = \rho/\varepsilon_0,\\ &\nabla \cdot \boldsymbol{B} = 0,\\ &\nabla \times \boldsymbol{E}_T = -\partial \boldsymbol{B}/\partial t \quad (\text{或}\nabla \times \boldsymbol{E} = -\partial \boldsymbol{B}/\partial t),\\ &\nabla \times \boldsymbol{B} = \mu_0 \boldsymbol{J} + \mu_0\varepsilon_0\partial \boldsymbol{E}_L/\partial t + \underbrace{\mu_0\varepsilon_0\partial \boldsymbol{E}_T/\partial t}_{\text{Darwin模型中该项去掉}}.\end{aligned} \quad (8.29)$$

[①]Charles Galton Darwin (1887.12.18—1962.12.31), 物理学家, 《物种起源》作者 Charles Darwin 的孙子. 另, 我国早期知名物理学家束星北 (1907.10.01—1983.10.30) 在欧洲求学时曾师从 Charles Galton Darwin.

对于 PIC, 人们常用

$$\nabla \cdot \boldsymbol{E}_L = \rho/\varepsilon_0,$$
$$\nabla^2 \boldsymbol{B} = -\mu_0 \nabla \times \boldsymbol{J}, \tag{8.30}$$
$$\nabla^2 \boldsymbol{E}_T = \mu_0 \partial \boldsymbol{J}/\partial t + \mu_0 \varepsilon_0 \partial^2 \boldsymbol{E}_L/\partial t^2.$$

对于 Darwin 模型, $\omega(k) = 0$ 的冷等离子体色散关系为

$$c_6 \omega^6 - c_4 \omega^4 + c_2 \omega^2 - c_0 = 0, \tag{8.31}$$

其中

$$\begin{aligned}
c_0 &= c^4 k^4 \omega_{ce}^4 \omega_{ci}^4 \omega_p^2 \cos^2\theta, \\
c_2 &= c^4 k^4 \left[\omega_{ci}^2 \omega_p^2 + \omega_{ce}^2 \omega_{ci}^2 + \omega_{ce}^2 \omega_p^2 - \omega_p^2 \left(\omega_{ce}^2 + \omega_{ci}^2 - \omega_{ce}\omega_{ci} \right) \sin^2\theta \right] \\
&\quad + c^2 k^2 \omega_p^2 \omega_{ce} \omega_{ci} \left[\omega_{ce}\omega_{ci}\sin^2\theta + \omega_p^2(1+\cos^2\theta) \right], \\
c_4 &= c^4 k^4 \left(\omega_{ce}^2 + \omega_{ci}^2 + \omega_p^2 \right) \\
&\quad + c^2 k^2 \omega_p^2 \left[2\omega_p^2 + 2\omega_{ce}\omega_{ci} + \left(\omega_{ce}^2 + \omega_{ci}^2 - \omega_{ce}\omega_{ci} \right) \sin^2\theta \right] \\
&\quad + \omega_p^4 \left[\omega_{ce}\omega_{ci}\sin^2\theta + \omega_p^2 \right], \\
c_6 &= \left(c^2 k^2 + \omega_p^2 \right)^2.
\end{aligned} \tag{8.32}$$

方程 (8.31) 是 ω^2 的三次方程, 因而只有三组解. 可以很容易证明消去的恰是两组高频的电磁模, 在大 k 条件下对应的是 $\omega^2 \sim k^2 c^2$ 的. 同样可以证明, 对于 $k \to 0$ 时, 这个模型无法正确计算朗缪尔波. 读者可对比 6.2 节完整的无达尔文近似的冷等离子体色散关系.

C++ 版本pic_em.cpp和 pic_darwin.cpp分别实现全电磁和 Darwin 模型的 1D 3V 模拟, 代码由祝佳提供.

8.5 漂移不稳定性及输运

我们这一节在前面的基础上再进一步, 除了使用 δf 算法外, 还同时模拟动理学电子和离子, 也包含梯度驱动的微观不稳定性, 及计算对应的湍流 (反常) 输运通量或系数.

这里的模型基于 Parker 和 Lee(1993) 的文献, 但是我们额外加了温度梯度. $f_0 = \dfrac{n_0(x)}{\sqrt{2\pi T_0 x/m}} \cdot e^{-\frac{mv_\parallel^2}{2T_0(x)}}$, $v_t = \sqrt{T/m}$, $\mathrm{d}\ln f_0/\mathrm{d}x = -\kappa_n + \dfrac{1}{2}\kappa_t - \dfrac{1}{2}\dfrac{v_\parallel^2}{v_t^2}\kappa_t$, $E = v - \partial_y \phi$,

8.5 漂移不稳定性及输运

$v_\parallel = v$, $k_y = k$, $\alpha = \text{sgn}(q) m_i/m$, $\alpha_i = 1$, $\alpha_e = -m_i/m_e$.

我们求解的 δf 方程为

$$\partial_t \delta f + \theta v \partial_y \delta f + \alpha \theta E \partial_v \delta f = \left(\kappa_n - \frac{1}{2} \kappa_t + \frac{1}{2} \frac{v_\parallel^2}{v_t^2} \kappa_t \right) E f_0 + \alpha \theta E \frac{v}{v_t^2} f_0, \quad (8.33)$$

$$\partial_y E = \delta n_i - \delta n_e. \quad (8.34)$$

对应的线性色散关系很容易推导, 为

$$1 + \frac{1}{\sqrt{2} k_y^2 \theta v_{ti}} \left\{ (\kappa_n - \kappa_t/2) Z(\zeta_i) + \kappa_t \zeta_i [1 + \zeta_i Z(\zeta_i)] + \frac{\sqrt{2} \alpha_i \theta}{v_{ti}} [1 + \zeta_i Z(\zeta_i)] \right\} \quad (8.35)$$

$$- \frac{1}{\sqrt{2} k_y^2 \theta v_{te}} \left\{ (\kappa_n - \kappa_t/2) Z(\zeta_e) + \kappa_t \zeta_e [1 + \zeta_e Z(\zeta_e)] + \frac{\sqrt{2} \alpha_e \theta}{v_{te}} [1 + \zeta_e Z(\zeta_e)] \right\} = 0.$$

其中, Z 为等离子体色散函数, $\zeta = \omega/(\sqrt{2} k_y \theta v_t)$.

算法与前文算离子声波的无本质差别, 代码gkpic1d_df.m, 一组计算结果见图 8.10, 其中我们注意到计算粒子通量的为

```
denflux(is,it)=mean(vdot2(1,:,:).*czp(is,:,4)); % density flux
```

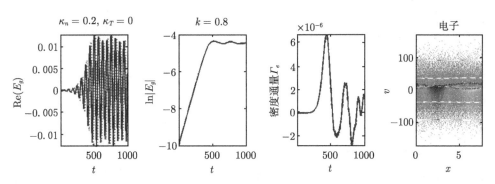

图 8.10 粒子模拟漂移微观不稳定性及计算湍流 (导致的反常) 输运系数 (彩图扫封底二维码)

对于线性模拟, 读者可自行与色散关系对比. 在初始设置部分, 我们还可以用静启动①.

```
1  if(nload==1)
2          zp=zeros(ns,np,4); % x, v, p, w
3          czp=zp;
4          for is=1:ns
```

---

①Lee W W. 2008 lecture notes, APAM 4990: Kinetic theory and modeling of plasmas.

```matlab
            zp(is,:,1)=rand(np,1)*L;
%           zp(is,:,2)=randn(np,1);
%           zp(is,:,2)=randn(np,1)*vts(is)/sqrt(2); % randn
            is exp(-v^2/2)
            zp(is,:,2)=randn(np,1)*vts(is);
            zp(is,:,3)=1.0;
            zp(is,:,4)=0.0001*zp(is,:,3).*sin(k*zp(is,:,1));
            rhozero(is)=sum(zp(is,:,3))/ng; % rhozero=np/ng;
        end
    else % fobanacci loading
        M=22; % M=23;
        [xp,vp,np]=fun_fobanacci(M);
        zp=zeros(ns,np,4); % x, v, p, w
        czp=zp;
        for is=1:ns
            zp(is,:,1)=xp*L;
            zp(is,:,2)=vp*vts(is);
            zp(is,:,3)=1.0;
            zp(is,:,4)=0.0001*zp(is,:,3).*sin(k*zp(is,:,1));
            rhozero(is)=sum(zp(is,:,3))/ng; % rhozero=np/ng;
        end
    end
```

其中 Fobanacci 数生成初始速度部分fun_fobanacci.m为:

```matlab
% Hua-sheng XIE, FSC-PKU, huashengxie@gmail.com, 2016-08-06 13:23
% Uniform loading in x and with non-random loading of Gaussian in v
    with
% Fobanacci numbers
% 16-10-24 10:37
function [x,v,N]=fun_fobanacci(M)
% M=23;
alpha=ones(1,M+1);
for m=3:M+1
    alpha(m)=alpha(m-1)+alpha(m-2);
end
alpha(1)=[];
N=alpha(M);
vth=1.0;
x=zeros(1,N); y=0.*x; v=0.*x;
method=2; %
for i=1:N
    x(i)=(2*i-1)/(2*alpha(M));
    y(i)=alpha(M-1)*x(i);
    if(method==1)
        v(i)=sqrt(2)*vth*erfcinv(2*x(i));
    else
        y(i)=mod(y(i),1);
        v(i)=sqrt(2)*vth*erfcinv(2*y(i));
    end
end
v(v==Inf)=0.0;
```

对于该例子, 静启动确实可以进一步降噪, 从而减少非线性模拟时需要的粒子数. 这里的输运系数直接由通量计算 $D_e = \Gamma_e/\kappa_n$.

事实上, 目前国际上的大规模回旋动理学粒子模拟代码计算磁约束聚变的湍流输运的基本模式在这个例子中均已包括, 只是它们在位形、求解的方程、输出的诊断量等方面更为复杂. 这里的反常输运特指湍流输运.

8.6 回旋动理学模拟

我们对回旋动理学模拟作简单讨论. 8.5 节模拟漂移不稳定性的方程事实上来自于回旋动理学方程在 $k_\perp \rho_i \ll 1$ 上的简化, 回旋中心与粒子中心基本等价, 但泊松方程中保留了部分回旋动理学的有限拉莫尔半径 (finite Lamor radius, FLR) 效应, 它通过 $1 - \Gamma_0 = b_i^2 \to -\nabla_\perp^2$ 进入, 这使得 8.5 节的泊松方程形式上与朗道阻尼用的方程类似, 但是实际物理含义并不同. 这一节, 我们讨论更完整的 FLR 效应.

8.6.1 使用贝塞尔函数

在线性情况下, FLR 可以通过贝塞尔函数 J_0 和 Γ_0 引入. 我们来看静电回旋动理学在局域平板位形下的色散关系 (Ricci et al., 2006), $k_\parallel = 0$, $k = k_\perp$:

$$D(\omega, k) = \sum_\alpha \frac{1}{T_\alpha} \left\{ 1 - \left(\frac{m_\alpha}{2\pi T_\alpha}\right)^{3/2} \int J_0^2\left(\frac{kv_\perp}{\Omega_\alpha}\right) \frac{\omega - \Omega_{*\alpha}}{\omega - \Omega_{d\alpha}} \exp\left(-\frac{m_\alpha v^2}{2T_\alpha}\right) d^3v \right\}, \quad (8.36)$$

其中, $\alpha = e, i$, $\Omega_{*\alpha} = \omega_{d\alpha}[\kappa_n + \kappa_T(v^2/2v_{t\alpha}^2 - 3/2)]$, $\Omega_{d\alpha} = \omega_{d\alpha}(v_\parallel^2/v_{t\alpha}^2 + v_\perp^2/2v_{t\alpha}^2)$, $v_{t\alpha} = \sqrt{T_\alpha/m_\alpha}$, $\Omega_\alpha = q_\alpha B/m_\alpha c$, $\rho_\alpha = v_{t\alpha}/\Omega_\alpha$ (注意: $\rho_e < 0$), $\kappa_n = RL_n^{-1}$, $\kappa_T = RL_T^{-1}$, $L_n^{-1} = -d\ln n_0/dr$, $L_T^{-1} = -d\ln T_0/dr$, $\omega_{*\alpha} = k\rho_\alpha v_{t\alpha}/L_n$, $\omega_{d\alpha} = k\rho_\alpha v_{t\alpha}/R = \omega_{*\alpha}/\kappa_n$. 以上我们已经用了麦克斯韦平衡分布函数.

1. 色散关系

对于前面的积分, 定义 $y = v/v_{t\alpha}$, 则归一化的色散关系为

$$D(\omega, k) = \sum_\alpha \frac{1}{T_\alpha} \Big\{ 1 - \frac{1}{\sqrt{2\pi}} \int J_0^2(k\rho_\alpha y_\perp)$$
$$\frac{\omega - \omega_{d\alpha}[\kappa_n + \kappa_T(y^2/2 - 3/2)]}{\omega - \omega_{d\alpha}(y_\parallel^2 + y_\perp^2/2)} \exp\left(-\frac{y^2}{2}\right) y_\perp dy_\perp dy_\parallel \Big\}, \quad (8.37)$$

其中, $\tau = \tau_e = T_e/T_i$, $v_{te} = v_{ti}\sqrt{\tau m_i/m_e}$, $\Omega_e = \frac{q_e m_i}{q_i m_e}\Omega_i$, $\rho_e = \rho_i \frac{q_i}{q_e}\sqrt{\tau \frac{m_e}{m_i}}$, 同时定义 $k_\alpha = k\rho_\alpha$. 以上是我们将求解的方程.

假设热离子, 那么我们可以用离子热速度作归一化, $\omega_0 = v_0/R_0$, 其中用 $v_0 = v_{ti}$ 及 $R_0 = R$; 频率 $\omega \to \omega/\omega_0$, $\omega_{*\alpha} \to \omega_{*\alpha}/\omega_0$, $\omega_{d\alpha} \to \omega_{d\alpha}/\omega_0$; 波矢 $k \to k\rho_i$. 从而

得到 $\omega_{di} = k$, $\omega_{de} = k\tau q_i/q_e$. 贝塞尔函数中 $k_i = k$, $k_e = k\dfrac{q_i}{q_e}\sqrt{\tau\dfrac{m_e}{m_i}}$. 如果 $q_e = -q_i$, 我们可以进一步通过 $q_i/q_e = -1$ 来简化 ω_{de} 和 k_e.

在第 6 章, 我们处理了等离子体色散函数, 那里只有 $\mathrm{d}v_\parallel$ 的一重积分, 这里出现 $\mathrm{d}v_\perp \mathrm{d}v_\parallel$ 双重积分, 计算量会更大. 不过有一个好处是, 我们将主要关注不稳定性, 因而对实轴和下半平面可以不作解析延拓处理, 暂时不考虑实轴的奇异. 这里的双重积分可以通过 Simpson 自适应求积来处理, 比如在 Matlab 中可直接用 `dblquad()`. `fun_entropy_dr.m`.

```
1  function fdr=fun_entropy_dr(w,k,wd,kapn,kapt,kz,tol,xmax,ymax)
2  nw=length(w); fdr=0.*w;
3
4  for jw=1:nw
5      f=@(x,y) besselj(0,k*abs(y)).^2.*(w(jw)-wd*(kapn+...
6          kapt*((x.^2+y.^2)/2-3/2))).*abs(y)./(w(jw)-kz*x-wd*(x.^2+...
7          y.^2/2)).*exp(-(x.^2+y.^2)/2);
8
9      xmin=-xmax; ymin=0;
10     fdr(jw)=1.0-1.0/sqrt(2*pi)*dblquad(f,xmin,xmax,ymin,ymax,tol);
11 end
```

求根主程序 main_solve_R.m, 求解 Ricci 等, (2006) 文献中的熵模结果见图 8.11, 图中几十个 k 求根的总用时也只在秒的量级, 速度可以接受. 事实上, 上面的积分还可以有更快的计算方法, 它在平行方向的计算基于此前的等离子体色散函数, 在垂直方向用高斯求积, 只是求积的基函数需要小心选择, 参考 Gurcan (2014) 的文献. 本例用 Gauss-Kronrod 作垂直积分, 用第 6 章 Z 函数方法作平行积分的代码见 fun_gz_gk_Inm.m, 大约可比上述 Simpson 积分快约 200 倍, 不过缺点在于对于 $\omega \to 0$ 的值其精度较难控制.

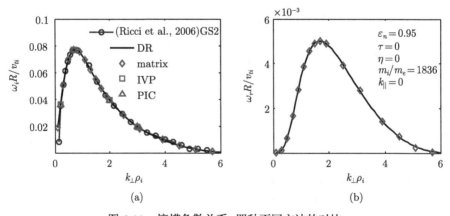

图 8.11 熵模色散关系, 四种不同方法的对比

2. 初值模拟及矩阵法

前面的色散关系等价于下面的初值问题

$$\partial_t g_i(y_\|, y_\perp) = -\mathrm{i}\omega_{Di}(y)g_i - \mathrm{i}[\omega_{Di}(y) - \Omega_{Ti}(y)]\delta\phi J_0^2(k_i y_\perp)\exp(-y^2/2), \quad (8.38)$$

$$\partial_t g_e(y_\|, y_\perp) = -\mathrm{i}\omega_{De}(y)g_e - \mathrm{i}[\omega_{De}(y) - \Omega_{Te}(y)]\delta\phi J_0^2(k_e y_\perp)\exp(-y^2/2), \quad (8.39)$$

$$\delta\phi = \frac{1}{(1-\Gamma_{0i})+(1-\Gamma_{0e})/\tau}\frac{1}{\sqrt{2\pi}}\int (g_i+g_e/\tau)y_\perp \mathrm{d}y_\perp \mathrm{d}y_\|, \quad (8.40)$$

其中, $\omega_{T\alpha}(y) = \omega_{d\alpha}[\kappa_n+\kappa_T(y^2/2-3/2)]$, $\omega_{D\alpha}(y) = \omega_{d\alpha}(y_\|^2+y_\perp^2/2)$, $\Gamma_{0\alpha} = I_0(b_\alpha)\mathrm{e}^{-b_\alpha}$, $b_\alpha = k_\perp^2\rho_\alpha^2 = k^2$, 注意到其中用到 $\int_{-\infty}^{\infty}\mathrm{e}^{-x^2}\mathrm{d}x = \sqrt{\pi}$ 和 $\int_0^{\infty}x\mathrm{e}^{-x^2}J_p^2(\sqrt{2b}x)\mathrm{d}x = \frac{1}{2}\mathrm{e}^{-b}I_p(b)$.

以上方程的求解与第 6 章的相比没有原则上的不同, 典型结果见图 8.12, 同样, 我们可以化成一个矩阵系统, 典型结果见图 8.13.

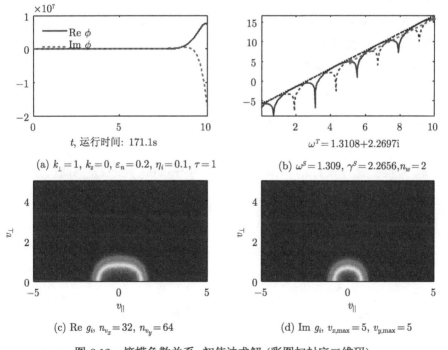

图 8.12 熵模色散关系, 初值法求解 (彩图扫封底二维码)

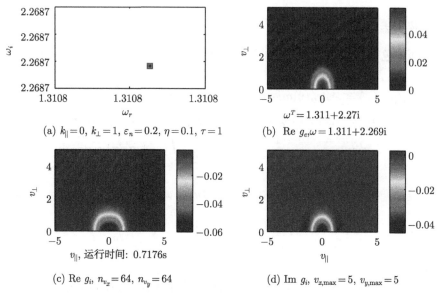

图 8.13 熵模色散关系, 矩阵法求解 (彩图扫封底二维码)

3. 粒子模拟

鉴于我们已经在前面描述了 δf 的粒子模拟方法, 我们同样可以尝试用这种方法来模拟上面这个线性问题. 定义粒子权重 $w_\alpha = g_\alpha/F_0$, 其中 $F_0 = \exp(-y^2/2)$, 用高斯随机数加载初始分布函数 $g_\alpha(y_\parallel, y_\perp, w)$

$$y_{\parallel j} = \text{randn}(n_p, 1),$$
$$y_{\perp j} = \sqrt{\text{randn}(n_p, 1)^2 + \text{randn}(n_p, 1)^2},$$
$$w_j = 0.0001,$$

式中, n_p 为粒子数, $j=1,2,\cdots,n_p$ 是粒子编号, randn( ) 生成正态随机分布 $F_0 = \dfrac{1}{\sqrt{2\pi}}\mathrm{e}^{-x^2/2}$. 粒子和场的演化方程为

$$\dot{y}_{\parallel j} = 0, \tag{8.41}$$

$$\dot{y}_{\perp j} = 0, \tag{8.42}$$

$$\dot{w}_j = -\mathrm{i}\omega_{D\alpha}(y)w_j - \mathrm{i}[\omega_{D\alpha}(y) - \omega_{T\alpha}(y)]\delta\phi J_0^2(k_\alpha y_\perp), \tag{8.43}$$

$$\delta\phi = \frac{1}{(1-\varGamma_{0i}) + (1-\varGamma_{0e})/\tau}\sum_j(w_{ij} + w_{ej}/\tau). \tag{8.44}$$

以上模拟对空间是零维局域的, 因而没有空间网格, 也就无需处理粒子坐标和场网格相互插值. 我们同时注意到这里的模拟电子与离子可以用同一个时间尺度, 速度

8.6 回旋动理学模拟

全部用各自本身的热速度归一化掉了,这样也就没有电子跑很快、离子跑较慢导致时间步长要极小的问题. 能够这样做, 依然是因为这里是零维. gkpic0d_entropy.m, 一组典型结果见图 8.14.

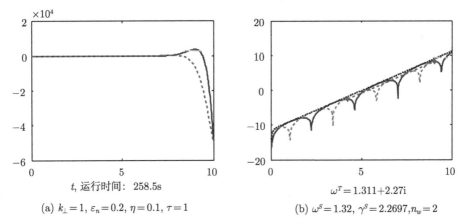

图 8.14 熵模色散关系, 粒子模拟法求解

8.6.2 使用多点回旋平均

我们首先来看所谓的回旋平均算符, 在线性情况, 它就是 $J_0(k_\perp\rho)$, 在非线性情况需要叠加所有的 $k_\perp$, 那么有没有办法直接算非线性回旋平均算符呢? 目前最有效的方法依然是最早 Lee(1987) 提出的多点平均算法. 其原理较为自然, 导心的运动等价于以导心为中心的在半径为回旋半径的圆上运动的一系列子粒子的平均. 因而回旋平均也可以通过把导心分解为一系列子粒子, 然后再求和. 可以在线性情况下证明如下求和等式

$$\langle\exp(\mathrm{i}\boldsymbol{k}\cdot\boldsymbol{\rho})\rangle_\phi = \langle\exp(\mathrm{i}k_\perp\rho\sin\phi)\rangle_\phi = \sum_{n=-\infty}^{\infty} J_n(k_\perp\rho)\langle\mathrm{e}^{\mathrm{i}n\phi}\rangle_\phi = J_0(k_\perp\rho), \quad (8.45)$$

又

$$\langle\exp(\mathrm{i}\boldsymbol{k}\cdot\boldsymbol{\rho})\rangle_\phi = \frac{1}{2\pi}\int \mathrm{e}^{\mathrm{i}k_\perp\rho\sin\phi}\mathrm{d}\phi \simeq \frac{1}{N}\sum_{l=1}^{N}\exp(\mathrm{i}k_\perp\rho\sin\phi_l), \quad (8.46)$$

其中 $\phi_l = \dfrac{2l\pi}{N}$, 从而有

$$J_0(k_\perp\rho) \simeq \frac{1}{N}\sum_{l=1}^{N}\exp(\mathrm{i}k_\perp\rho\sin\phi_l), \quad (8.47)$$

以上对 $N\to\infty$ 是精确成立的.

1. 多点回旋平均的精度

我们的问题是 N 需要多大就能成为很好的近似，这里的 N 代表每个导心需要多少个子粒子. 下面可直接参考代码 gk_n_ring.m.

```matlab
% Hua-sheng XIE, huashengxie@gmail.com, FSC-PKU, 2016-06-28 11:48
% Compare J0 and N-ring average, with kx=ky=k_perp/sqrt(2)
% Ref: Lee1987, Broemstrup2008 thesis p37
close all; clear; clc;
figure('unit','normalized','position',[0.02,0.2,0.4,0.6],...
    'DefaultAxesFontSize',14);

plt=2;
if(plt==1)
% 1.
M=4;
kp=0:0.1:10;
nk=length(kp);
Jm=0.*kp;
for ik=1:nk
    for jm=1:M
        kx=kp(ik)*cos(jm*2*pi/M)/sqrt(2);
        ky=kp(ik)*sin(jm*2*pi/M)/sqrt(2);
        Jm(ik)=Jm(ik)+exp(1i*(kx+ky))/M;
    end
end
J0=besselj(0,kp);
plot(kp,J0,'-',kp,real(Jm),'r--','Linewidth',2);
legend('J_0',['N=',num2str(M)]); legend('boxoff');
print(gcf,'-dpng',['gk_n_ring_n=',num2str(M),'.png']);
max(abs(imag(Jm))) % if M \neq 2^n, imag(Jm) \neq 0
else
% 2.
kp=0:0.1:30;
nk=length(kp);
calstr=['Jm=0.*kp;for ik=1:nk, for jm=1:M, kx=kp(ik)*cos(jm*2*pi/M)/sqrt(2);',...
    'ky=kp(ik)*sin(jm*2*pi/M)/sqrt(2);Jm(ik)=Jm(ik)+exp(1i*(kx+ky))/M;end,end'];
J0=besselj(0,kp);
M=4;eval(calstr);Jm4=Jm;
M=8;eval(calstr);Jm8=Jm;
M=16;eval(calstr);Jm16=Jm;
M=32;eval(calstr);Jm32=Jm;

plot(kp,J0,'k-',kp,real(Jm4),'g.',kp,real(Jm8),'r--',...
    kp,real(Jm16),'b-.',kp,real(Jm32),'m:','Linewidth',2);
legend('J_0','N=4','N=8','N=16','N=32'); legend('boxoff');
ylim([-1.2,2.4]); xlabel('k_\perp\rho_i'); title('J_0 vs. N-ring average');
print(gcf,'-dpng',['gk_n_ring_cmp.png']);

end
```

8.6 回旋动理学模拟

结果见图 8.15，可以看到对于 $N=4$ 时，只 $k_\perp\rho<2$ 时较准，这对托卡马克模拟中的大部分情况够用. 如果需要 $k_\perp\rho<25$ 均准确，则需要 $N=32$，这表明假如原来需要 $N_p=10^6$ 个导心粒子，则精确计算 FLR 效应需要子粒子 $N_p'=3.2\times10^7$，计算强度需要增加一个量级以上.

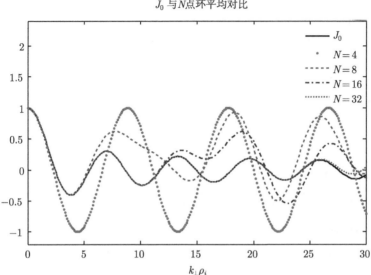

图 8.15 贝塞尔函数与多点回旋平均对比

2. 粒子模拟代码中的实现

基于上面的近似，我们可以用多点平均来实现贝塞尔函数 J_0 的效果，并且由于不限定单 k，从而可以直接用于非线性模型中. 其实现的方式并不复杂，比如平板位形中，对于粒子导心到子粒子，可以见 zctop.m:

```
% Hua-sheng XIE, 2016-08-30 16;34
% 16-10-02 14:41
function zpring = zctop(zp,np,nring,L)
% np guiding center to np*nring particles
zpring=zeros(np*nring,2);

% wgt=[1/3,1/6,1/6,1/3]; % not [1/4,1/4,1/4,1/4] ref Cummings thesis p65

wgtequal=2;
if(wgtequal==1) % 2D version, not accurate for 1D
    ang=(1:1:nring).*2*pi/nring;
    wgt=0.*ang+1/nring;
    xxt=sin(ang);
elseif(wgtequal==2)
    ang=(2*(1:1:nring)-1)/nring*pi;
```

```
16      ang2=(2*(1:1:nring)+1)/nring*pi;
17      xxt=(sin(ang2)-sin(ang))./(ang2-ang);
18      wgt=0.*ang+1/nring;
19  else % Cummings' nring=4
20      wgt=[1/3,1/6,1/6,1/3];
21      ang=[-pi/3,-pi/12,pi/12,pi/3];
22      xxt=sin(ang);
23  end
24
25  for ip = 1:np
26      ind=nring*(ip-1);
27      for ir=1:nring % 16-10-02 rhoi=sqrt(2)*v_perp, not 1*v_verp!
28          zpring(ind+ir,1)=zp(ip,1)+sqrt(2)*zp(ip,3)*xxt(ir); % rhoi=sqrt
                (2)*zp(:,3);
29          zpring(ind+ir,2)=zp(ip,5)*wgt(ir); % weight
30      end
31  end
32  zpring(:,1)=mod(zpring(:,1)+10*L,L);
```

对于场可见 Eptoc.m:

```
1  function Ep = Eptoc(Epring,np,nring)
2  % np*nring particles E to np guiding center E
3  Ep=zeros(np,1);
4
5  for ip = 1:np
6      ind=nring*(ip-1);
7      for ir=1:nring
8          Ep(ip)=Ep(ip)+Epring(ind+ir);
9      end
10 end
11 Ep=Ep/nring;
```

以上代码组合到一个完整的线性静电 ITG 的粒子模拟代码 gkpic1d_itg_flr.m 中，典型结果见图 8.16，可以看到得到的频率和增长率与通过贝塞尔函数计算的色散关系的理论值基本一致.

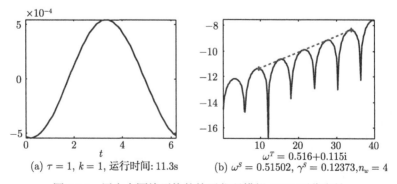

(a) $\tau=1$, $k=1$, 运行时间: 11.3s (b) $\omega^s = 0.51502$, $\gamma^s = 0.12373$, $n_w = 4$
$\omega^T = 0.516 + 0.115i$

图 8.16 用多点回旋平均的粒子代码模拟 ITG 不稳定性

8.6 回旋动理学模拟

完整地应用到一个非线性回旋动理学模型中, 还需处理 Γ_0, 这在 Lin 和 Lee (1995) 的文献中有较好的处理, 此处不再详述. 国际上比较有名的非线性回旋动理学代码有 GTC/GS2/ GENE/GKW/ GEM/GYRO/GKV/ORB5 /XGC/AstroGK 等.

8.6.3 线性本征模问题

我们来讨论托卡马克中的离子温度梯度模 ITG1D, 它与所谓的 Cyclone based case 紧密相关, 几乎所有托卡马克回旋动理学代码都会把它作为第一个测试算例. 我们这里只讨论一维气球模表象中的 ITG 方程 (Dong et al., 1992):

$$\frac{iv_\parallel}{qR}\frac{\partial}{\partial \theta}h + (\omega - \omega_D)h = (\omega - \omega_{*T})J_0(\beta)F_M \frac{en_{0i}}{T_i}\phi(\theta), \tag{8.48}$$

$$(1 + 1/\tau_e)\frac{en_{0i}}{T_i}\phi = \int d^3 v J_0(\beta)h, \tag{8.49}$$

其中, $\beta = k_\perp v_\perp/\Omega_{ci}$, $q_i = -q_e = e$, $b_i = k_\perp^2 \rho_{ti}^2$, $\rho_{ti} = v_{ti}/\Omega_{ci}$, $v_{ti} = (T_i/m_i)^{1/2}$, $\Omega_{ci} = eB/m_i c$, h 是离子的非绝热响应, $\omega_{*T} = \omega_{*i}\{1 + \eta_i[v_\perp^2/(2v_{ti}^2) + v_\parallel^2/(2v_{ti}^2) - 3/2]\}$, $\omega_D = 2\epsilon_n \omega_{*i}[\cos\theta + s(\theta - \theta_k)\sin\theta](v_\perp^2/2 + v_\parallel^2)/(2v_{ti}^2)$, $\omega_{*i} = -(ck_\theta T_i)/(eBL_n)$, $L_n = -(d\ln n/dr)^{-1}$, $\eta_i = L_n/L_{T_i}$, $\epsilon_n = L_n/R$, $\tau_e = T_e/T_i$, $s = (r/q)(dq/dr)$, $F_M = \left(\frac{m_i}{2\pi T_i}\right)^{3/2} e^{-m_i v^2/2T_i}$, $k_\perp^2 = k_\theta^2[1 + s^2(\theta - \theta_k)^2]$, θ_k 是气球角参数. 我们只考虑通行粒子, 并且不考虑 $v_\parallel$ 沿磁力线的变化.

归一化 $\hat{\omega} = \omega/\omega_0, \omega_0 = v_0/r_0, v_0 = v_{ti}, r_0 = R, \hat{k} = k\rho_{ti}, \hat{v} = v/v_{ti}, \hat{\phi} = e\phi/T_i, \hat{h} = hv_{ti}^3/n_{0i}$. 以下我们去掉 "^" 符号, 归一化方程变为

$$\frac{iv_\parallel}{q}\frac{\partial}{\partial\theta}h + (\omega - \omega_D)h = (\omega - \omega_{*T})J_0(\beta)F_M\phi(\theta), \tag{8.50}$$

$$(1 + 1/\tau_e)\phi = \int d^3 v J_0(\beta)h, \tag{8.51}$$

其中, $\beta = k_\perp v_\perp$, $b_i = k_\perp^2$, $\omega_{*T} = \omega_{*i}[1 + \eta_i(v_\perp^2 + v_\parallel^2 - 3)/2]$, $\omega_D = \omega_{di}[\cos\theta + s(\theta - \theta_k)\sin\theta](v_\perp^2/2 + v_\parallel^2)$, $\omega_{*i} = -k_\theta/\epsilon_n$, $\omega_{di} = -k_\theta$ 和 $F_M = (2\pi)^{-3/2}e^{-v^2/2}$, $\int d^3 v = 2\pi \int_{-\infty}^{\infty} dv_\parallel \int_0^\infty v_\perp dv_\perp$.

定义 $g(\theta, v_\parallel, v_\perp) \equiv h(\theta, v_\parallel, v_\perp) - J_0(\beta)F_M(v_\parallel, v_\perp)\phi(\theta)$, 以及用 $\omega = i\partial_t$, 我们得到

$$\partial_t g = -\frac{v_\parallel}{q}[\partial_\theta g + J_0 F_M \partial_\theta \phi + (\partial_\theta J_0)F_M \phi]$$
$$-i\omega_D g + i(\omega_{*T} - \omega_D)J_0 F_M \phi, \tag{8.52}$$

$$\phi = \frac{1}{(1 + 1/\tau_e - \Gamma_0)}\int d^3 v J_0 g, \tag{8.53}$$

其中, $\partial_\theta J_0 = -J_1(\beta)k_\theta v_\perp s^2(\theta-\theta_k)/\sqrt{1+s^2(\theta-\theta_k)^2}$, 因为 $J_0'(x) = -J_1(x)$, $k_\perp^2 = k_\theta^2(1+s^2\theta^2)$. 如果 $\partial/\partial\theta \to \mathrm{i}qRk_\parallel$, 以上方程简化为前面求解的零维模型. 以上形式可以用前面零维时类似的欧拉初值法或矩阵法求解. 同样, 其粒子模拟方法也容易构造. 其积分方程形式也并不困难, 参照 Dong 等 (1992) 的文献.

以上问题在 Dong 等 (1992) 的原文中采用的是推导积分方程再求根的方法, 这些方法可以互补. 本节的一维模型和前面零维熵模模型的四种独立 (积分色散关系、欧拉初值、欧拉本征值、粒子模拟) 的线性算法都已经在 mgk 代码系列中实现, 详细的介绍和代码见 Xie 等 (2017) 的文献. 经验证, 四种算法确实可以给出相同的解, 在收敛情况下相互误差小于 1%. 图 8.17 是对比 Dong 等 (1992) 的文献的一组参数 $k_\perp\rho_i = 0.45/\sqrt{2}$, $s = q = \tau = 1.0$, $\epsilon_n = 0.25$, $\eta_i = 2.5$ 的结果, 四种算法结果几乎相同, 并且模结构和频率均与 HD7 代码一致. 对于 Cyclone 参数 ($s = 0.78$, $q = 1.4$, $\tau = 1$, $\eta_i = 3.13$, $\epsilon_n = 0.45$) 下各解法的 ITG 结果对比显示在图 8.18 中.

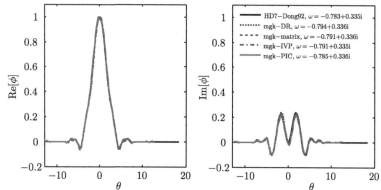

图 8.17 对比积分方程法、欧拉初值法、矩阵法和粒子模拟法求解 ITG 方程, 并与 Dong 等 (1992) 的文献中的 HD7 代码结果对比

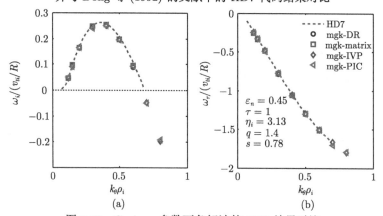

图 8.18 Cyclone 参数下各解法的 ITG 结果对比

习 题

1. PIC 会有噪声存在, 因此测量频率和增长率得到的色散关系可能每次均会有差别. 进行多次模拟, 画出正文中任一算例的频率和增长率的误差棒.

2. 思考, 本章介绍的 PIC 中粒子的速度是否需要满足 CFL 条件, 即其在一个时间步长 Δt 内是否能跑过一个场网格 Δx, 以及为什么.

3. 在正文中静电一维 PIC 或 Vlasov 模拟代码中加上离子, 模拟出离子声波, 并与色散关系对比 (色散关系的数值解法参考第 6 章).

4. 在绪论中我们提及了混合 (hybrid) 模拟, 但是本书我们并未讨论具体实例, 我们这里以习题形式给出一个线性束流不稳定性的混合模拟简单例子. 考虑离子很重, 作为本底不运动 ($m_i \gg m_e$), 电子分为本底和束流两部分. 电场为 $\delta E(x,t) = \delta E(t)\mathrm{e}^{\mathrm{i}kx} + \mathrm{c.c.}$. 本底 (背景) 电子用流体描述

$$\frac{\partial}{\partial t}\delta n_c(t) = -\mathrm{i}k n_{0c}\delta v_c(t),$$
$$\frac{\partial}{\partial t}\delta v_c(t) = \frac{q_e}{m_e}\delta E(t),$$

束流电子用动理学描述

$$\frac{\partial}{\partial t}\delta f_b(v,t) = -\mathrm{i}kv\delta f_b + \frac{q_e}{m_e}\delta E \frac{\partial}{\partial v}f_{0b},$$

泊松方程

$$\mathrm{i}k\delta E = 4\pi q_e(\delta n_c + \delta n_b),$$

其中, $\delta n_b = n_{0b}\int \mathrm{d}v \delta f_b(v,t)$, $n_0 = n_{0c} + n_{0b} = n_{0c}(1 + n_{0b}/n_{0c})$, 束流用洛伦兹分布 $f_{0b} = \frac{v_t}{\pi}\frac{1}{(v-v_b)^2 + v_t^2}$. 归一化 $n_{0c} = 1, m_e = 1, q_e = -1, v_b = 1$. 推导对应的色散关系, 并用差分离散速度空间, 模拟上述束流系统, 对比模拟结果和色散关系的解. 这里的模拟方法其实就是第 6 章的半谱法, 仅是模型不同.

第 9 章 部分非线性问题及其他问题

"分析一个普适的两自由度势能系统, 已经超出现代科学的能力."
—— 阿诺尔德,《经典力学的数学方法》

非线性问题的复杂程度使得其普适的解决或许超越了我们现代科学的能力.

"I don't know where I am going, but I am on my way."
(我不清楚我将去哪里, 但我在路上.)
——Carl Sagan (1934—1996)

"We must know, we will know!"
(我们必须知道, 我们终将知道.)
—— 希尔伯特退休演讲的最后六个单词 (1930)

这是鼓舞①一代数学家的六个单词, 也希望能鼓舞年轻一代的等离子体物理学家.

"All my best thoughts were stolen by the ancients."
(我所有最好的想法都是从前人那偷来的.)
——Ralph Waldo Emerson, 18 岁毕业于哈佛

"Good artists borrow. Great artists steal."
(好的艺术家借鉴, 伟大的艺术家偷窃.)
——Picasso

等离子体中存在长程相互作用 (如库仑力), 不仅有传统流体中的特性, 还有自生和外加电磁场的影响, 因此, 通常比传统流体还要复杂一个量级. 比如, 其中的湍流②、反常输运等问题. 不过, 事情不是绝对的, 另一方面, 等离子体中有各种振荡模式, 这些结构是很规整的, 它使得等离子体物理的研究在某些方面又变得容易了.

---

①希尔伯特这句话 (德文 Wir müssen wissen, wir werden wissen!) 反对的是此前流行一时的德国生理学家 Emil du Bois-Reymond (1818.11.07—1896.12.26) 的令人沮丧的不可知论 we do not know and will not know.

②弦论被认为是 21 世纪的物理偶然落入 20 世纪, 湍流被认为是 19 世纪的物理拖延到 21 世纪.

我们在前面的章节已经涉及不少非线性问题,这里我们再选择部分特定的非线性问题作介绍.

9.1 标准映射

Chirikov 标准映射 (Chirikov standard mapping) 的迭代方程为

$$p_{j+1} = p_j + K\sin(q_j), \quad q_{j+1} = q_j + p_j. \tag{9.1}$$

上面的方程类似于差分离散化的单摆方程,但是物理意义不完全相同,p 类似速度,q 类似位置,K 为扰动强度. 这里的 q_j 是每次经过固定截面 (比如对于环面,经过 $\zeta = 0$ 时) 时的坐标 (比如 r 坐标值),因此这是一个差分系统,不是微分系统. 每次经过固定截面时的 q_j (及 p_j) 均记录下来,画出来的图通常称为庞加莱截面 (Poincaré sections).

代码 standardmapping.m 较为简单.

```
1  close all; clear; clc;
2  L=2*pi; N=50; Nt=400;
3  kk=[0.1,0.2,0.5,1.0,1.5,2.0];
4  h = figure('Unit','Normalized','position',...
5      [0.02 0.1 0.6 0.6],'DefaultAxesFontSize',15);
6  for jk=1:length(kk)
7      K=kk(jk);
8      subplot(2,3,jk);
9      q=L.*rand(N,1); p=L.*rand(N,1);
10     strtitle=['K=',num2str(K)];
11     % plot(q,p,'ro','MarkerSize',3);hold on;
12     for j=1:Nt
13     %    ptmp=p;
14         p=p+K.*sin(q);
15     %    q=q+ptmp;
16         q=q+p;
17         q=mod(q+10*L,L); p=mod(p+10*L,L);
18         plot(q,p,'.','MarkerSize',3);hold on;
19         xlim([0,L]);ylim([0,L]);
20     end
21     xlabel('q');ylabel('p');title(strtitle);
22 end
23 print(gcf,'-dpng',['standard_mapping.png']);
```

结果见图 9.1,可以看到某些 K 值,具有明显的更小的分离的岛 (island). 标准映射 ① 的方程看起来很简单,但背后的理论并不简单. 在等离子体中常用来类比磁岛以及来研究各种共振岛. 另外有意思的是,Balescu 等 (1998a, 1998b) 发展了所谓的 Tokamap,在环位形中用哈密顿构造缠绕的磁力线 (Hamiltonian twist map).

---
①另一个有意思的是,事实上在早期,映射与 10.3 节的赝随机数的产生是相互启发的.

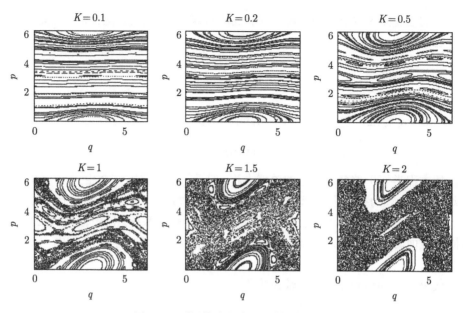

图 9.1　不同扰动强度 K 的标准映射

9.2　捕食者–被捕食者模型

捕食者–被捕食者 (predator-prey) 模型来自生物学, 可以用来建模生物种群的数量演化. 例如, 草原上的狼与兔子, 狼少时, 兔子增加, 此时狼捕食兔子变得容易, 也开始增加, 当狼增加较多时, 兔子开始被大量捕食而减少, 兔子的减少使得狼群捕猎变得困难也不得不衰落, 两种都衰落到一定程度后又开始新的循环. 以上是两系统的情况, 对于多系统, 可类似建模. 在等离子体物理 (尤其磁约束聚变) 中, 用该模型来建模的较常见, 例如, 20 世纪 80 年代的鱼骨模振荡 (Chen, 1984), 及后来的漂移波–带状流相互竞争的系统.

我们以 Kim 和 Diamond(2003) 文献中的 L-H 转换模型为例

$$\partial_t \varepsilon = N\varepsilon - a_1 \varepsilon^2 - a_2 V^2 \varepsilon - a_3 V_{ZF}^2 \varepsilon, \tag{9.2}$$

$$\partial_t V_{ZF} = b_1 \varepsilon V_{ZF}/(1 + b_2 V^2) - b_3 V_{ZF}, \tag{9.3}$$

$$\partial_t N = -c_1 \varepsilon N - c_2 N + Q, \tag{9.4}$$

其中, $V = dN^2$, $Q = 0.01t$ 为持续输入的外源. 以上模型是简单的零维系统, 也即只是耦合的常微分方程, 很容易求解 Kim03.m.

9.2 捕食者-被捕食者模型

```matlab
% Hua-sheng XIE, IFTS-ZJU, huashengxie@gmail.com, 2013-10-17 19:48
% Solve the L-H equation in Kim & Diamond, 2003, PRL
function Kim03
    close all; clear; clc;
    global a1 a2 a3 b1 b2 b3 c1 c2 d;
    a1=0.2; a2=0.7; a3=0.7; b1=1.5; b2=1; b3=1; c1=1; c2=0.5; d=1;
    options = odeset('RelTol',1e-5,'AbsTol',[1e-4 1e-4 1e-5]);
    [t,y] = ode45(@rhs,[0 200],[0.01 0.01 0],options);
    E=y(:,1); Vzf=y(:,2); N=y(:,3); Q=0.01*t;
    
    figure('unit','normalized','Position',[0.01 0.47 0.6 0.45],...
        'DefaultAxesFontSize',15);
    plot(Q,E,'-',Q,Vzf,'-.',Q,N/5,'--','LineWidth',2);
    legend('E','V_{ZF}','N/5'); legend('boxoff');
    xlabel('Q=0.01t');
    ylim([0,1.5]);
    str=['a1=',num2str(a1),', a2=',num2str(a2),', a3=',num2str(a3),...
        ', b1=',num2str(b1),', b2=',num2str(b2),', b3=',num2str(b3),...
        ', c1=',num2str(c1),', c2=',num2str(c2),', d=',num2str(d)];
    title(str);
    print('-dpng',['Kim03_',str,'.png']);
end

function dy=rhs(t,y)
    dy=zeros(3,1);
    global a1 a2 a3 b1 b2 b3 c1 c2 d;
    E=y(1); Vzf=y(2); N=y(3); V=d*N^2; Q=0.01*t;
    dy(1)=E*N-a1*E^2-a2*V^2*E-a3*Vzf^2*E;
    dy(2)=b1*E*Vzf/(1+b2*V^2)-b3*Vzf;
    dy(3)=-c1*E*N-c2*N+Q;
end
```

结果见图 9.2.

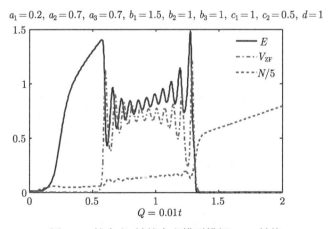

图 9.2 捕食者-被捕食者模型模拟 L-H 转换

9.3 Burgers 方程

作为 Navier-Stokes 方程的特殊简化版，Burgers 方程

$$u_t + uu_x = \nu u_{xx}, \tag{9.5}$$

含有扩散项 νu_{xx} 和非线性对流项 uu_x，常被用来解析和数值演示波破碎、湍流，以上只是方程的一维形式。经过简单的分析可以看出，如果没有扩散项，即 $\nu = 0$，以上方程中 u 越大其对流速度越大，从而运动更快，它会导致波形扭曲以致破裂。当有扩散项时，在一定程度上可以平衡对流项导致的奇异。以上方程很容易写成差分形式，对于 $\nu = 0.02$，一个典型的模拟结果见图 9.3，可以看到随着时间推移波前越来越陡峭，类似于激波结构。代码 burger_1d.m。

```
1  nu=0.02; nt=1001; dt=0.02; dx=0.05; x=-8:dx:8; L=max(x)-min(x);
2  u0=exp(-(x+3).^2); u=u0; nx=length(x)-1; utmp=u;
3  figure('unit','normalized','position',[0.1,0.1,0.4,0.5],...
4      'DefaultAxesFontSize',12);
5  for it=1:nt
6      utmp(2:nx)=u(2:nx)-u(2:nx).*(u(3:(nx+1))-u(1:(nx-1)))*dt/(2*dx)+...
7          nu*(u(3:(nx+1))-2*u(2:nx)+u(1:(nx-1)))*dt/(dx*dx);
8      u=utmp;
9      if(mod(it,floor(nt/5))==1)
10         if(it<=1)
11             plot(x,u,'r:','LineWidth',2);hold on;
12         else
13             plot(x,u,'b','LineWidth',2);hold on;
14         end
15         [ym,idx]=max(u);
16         text(x(idx),ym+0.05,['t=',num2str((it-1)*dt)]);
17     end
18 end
19 title(['Burgers, \nu=',num2str(nu),', L=',num2str(L),', dx=',num2str(dx),', dt=',num2str(dt),...
20     ', nt=',num2str(nt)]);
```

Burgers 方程的高精度数值求解有许多技巧。目前一般认为，求解本小节的 Burgers 方程及接下来两小节的 KdV 方程和非线性薛定谔方程的更好解法是谱方法，可参考张晓 (2016) 和 Shen 等 (2011) 的文献。作为参考，我们也以谱方法求解一维 Burgers 方程，方程的傅里叶谱形式为

$$\frac{\partial \hat{u}}{\partial t} = -\nu k_x^2 \hat{u} - F\{F^{-1}[\hat{u}] \cdot F^{-1}[\mathrm{i}k_x \hat{u}]\}. \tag{9.6}$$

其中 $\hat{u}$ 是 u 的傅里叶变换，F 和 F^{-1} 分别为正逆傅里叶变换算符。代码 burgers_1d_fft.m。

9.3 Burgers 方程

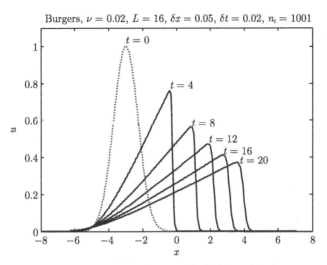

图 9.3 一维 Burgers 方程的典型解, 差分法

```matlab
function burgers_1d_fft()
    global nu kx;
    close all;
    nu=0.02; nt=1001; dt=0.02;
    L=16; N=256*1;
    x=L/N*[-N/2:N/2-1]; dx=x(2)-x(1);
    kx=(2*pi/L)*[0:N/2-1 -N/2:-1].';
    u=exp(-(x+3).^2); ut=fft(u);
    t=(1:nt)*dt;
    [t,utsol]=ode45(@burgers_rhs,t,ut);
    usol=ifft(utsol,[],2);

    figure('unit','normalized','position',[0.1,0.1,0.4,0.5],...
        'DefaultAxesFontSize',12);
    for it=1:floor(nt/5):nt
        if(it<=1)
            plot(x,usol(it,:),'r:','LineWidth',2);hold on;
        else
            plot(x,usol(it,:),'b','LineWidth',2);hold on;
        end
        [ym,idx]=max(usol(it,:));
        text(x(idx),ym+0.05,['t=',num2str(t(it))]);
    end
    title(['Burgers FFT, \nu=',num2str(nu),', L=',num2str(L),', dx=',...
        num2str(dx),', dt=',num2str(dt),...
        ', nt=',num2str(nt)]);
    xlim([min(x),max(x)]); ylim([0,1.1]); xlabel('x');ylabel('u');
    print(gcf,'-dpng',['burgers_fft_nu=',num2str(nu),',L=',num2str(L)...
        ,',dx=',num2str(dx),',dt=',num2str(dt),...
        ',nt=',num2str(nt),'.png']);
end
```

```
function dut=burgers_rhs(t,ut)
    global nu kx;
    u=ifft(ut);
%    dut=-nu*kx.^2.*ut-1i*kx.*fft(u.*u); % wrong
    dut=-nu*kx.^2.*ut-fft(u.*ifft(1i*kx.*ut));
end
```

结果见图 9.4.

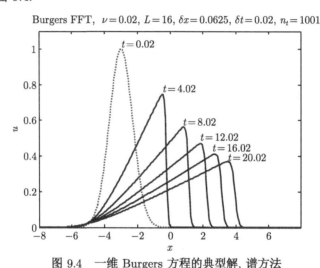

图 9.4　一维 Burgers 方程的典型解, 谱方法

9.4　KdV 方程

KdV 方程是第一个被发现存在孤子解 (soliton) 的系统. 孤波可以像线性的行波一样传播, 但孤波是非线性波, 不满足叠加性, 也即两个孤波相撞时, 波幅峰值并非两波峰值相加 (实际中, 甚至比单波的峰值还要低!).

单孤波 19 世纪 40 年代就已经被发现, 19 世纪 90 年代, 在 KdV 方程中求解得到. 真正引起人们极大兴趣是在 1965 年后 (Zabusky and Kruskal, 1965; Gardner et al., 1967), 当时数值中发现孤波碰撞后, 依然能原样分离, 这大大出乎人们意料. 这种性质, 也使得孤波通信等成为潜在可能. 孤波具有线性行波的许多性质, 以一种稳定结构存在.

$$u_t + 6uu_x + u_{xxx} = 0, \tag{9.7}$$

单孤立子解为

$$u = -\frac{v}{2}\text{sech}(0.5\sqrt{v}(x-x_0))^2, \tag{9.8}$$

最简单的差分法数值求解.

9.4 KdV 方程

```
1  function kdv_MOL
2  close all; clear all; clf;
3  dx = 0.1;  x = (-8+dx:dx:8)';  nx = length(x);  k = dx^3;  nsteps = 2.0 /k;
4  % Initial condition
5  u = onesoliton(x,16,0);
6  %  u =-8*exp(-x.^2);
7  %  u=-6./cosh(x).^2;
8  %  u=onesoliton(x,16,0)+onesoliton(x,4,0);
9  %  u=onesoliton(x,16,4)+onesoliton(x,4,-4);
10 set(gcf,'doublebuffer','on');
11 for ii=1:nsteps
12     % Runge-Kutta step
13     k1=k*kdvequ(u,dx);
14     k2=k*kdvequ(u+k1/2,dx);
15     k3=k*kdvequ(u+k2/2,dx);
16     k4=k*kdvequ(u+k3,dx);
17     u=u+k1/6+k2/3+k3/3+k4/6;
18     % Animate every 10th step
19     if mod(ii,10)==0
20         plot(x,-u,'LineWidth',2); axis([-8,8,-2,12]); drawnow; pause(0.1);
21     end
22 end
23 function u=onesoliton(x,v,x0)
24     u=-v/2./cosh(.5*sqrt(v)*(x-x0)).^2;
25 end
26 function dudt=kdvequ(u,dx)
27     % KdV equation: dudt = 6*u*dudx - d^3u/dx^3
28     u = [u(end-1:end);u;u(1:2)];
29     dudt = 6*(u(3:end-2)).*(u(4:end-1)-u(2:end-3))/2/dx - ...
30           (u(5:end)-2*u(4:end-1)+2*u(2:end-3)-u(1:end-4))/2/dx^3;
31 end
```

一个典型的模拟结果见图 9.5.

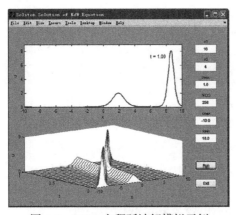

图 9.5　KdV 方程孤波解模拟示例

孤波与行波的差别是，前者是非线性的结构，不满足线性叠加性，这在两支孤波相撞时可以看到，叠加时的峰值反而变小．对于行波的模拟，可以参考第 3 章 3.3.2 节.

9.5 非线性薛定谔方程

所谓的非线性薛定谔方程形式如下：

$$i\partial_t E + p\partial_{xx} E + (V - q|E|^2)E = 0, \tag{9.9}$$

如果没有 $|E|^2$ 的非线性项，上述方程就是量子力学的线性薛定谔方程．另外，在这里，p 和 q 可以是复数.

这个模型中依然有孤立子解，我们直接来数值求解，nlse1d.m.

```
1  % Hua-sheng XIE, huashengxie@gmail.com, IFTS-ZJU, 2013-06-05 12:47
2  % FD + RK4 to solve NLSE, iE_t + p*E_xx + (V- q*|E|^2)E = 0
3  % A better method is split-step Fourier method, but only for periodic
4  % system.
5  % Test solitons OK.
6  function nlse1d
7      close all; clear; clc;
8  
9      p=1; q=1;
10 
11     L=100; dx=0.001*L; % space grid
12     x=(0:dx:L)';
13     nx = length(x);
14 
15     dt = 0.001; % Time steps
16     nsteps = floor(10.0/dt);
17 
18     % Initial condition
19     E = onesoliton(x,0.8,3.2,0.4*L)+onesoliton(x,0.4,-3.2,0.6*L);
20  %   E = onesoliton(x,1.8,3.2,0.2*L)+onesoliton(x,2.5,0.5,0.5*L)+...
21  %       onesoliton(x,1.4,-1.6,0.75*L);
22  %   E =1*exp(-(x-0.4*L).^2).*exp(1i*1*x/2);
23  %   E=sqrt(3)*sech(x-0.4*L).*exp(1i*4*x/2);
24 
25     figure('units','normalized','position',[0.01 0.12 0.5 0.5],...
26         'Color','white','DefaultAxesFontSize',15);
27     j=1; t=0;
28     for ii=1:nsteps
29 
30         % Runge-Kutta step
31         k1=dt*nlseqn(E,p,q,dx);
32         k2=dt*nlseqn(E+k1/2,p,q,dx);
33         k3=dt*nlseqn(E+k2/2,p,q,dx);
34         k4=dt*nlseqn(E+k3,p,q,dx);
35         E=E+k1/6+k2/3+k3/3+k4/6;
```

9.5 非线性薛定谔方程

```matlab
        % Animate
        if mod(ii,100)==0
            plot(x,real(E),':',x,imag(E),'—',x,abs(E),'LineWidth',2);
            legend('Re(E)','Im(E)','|E|'); legend('boxoff');
            title(['p=',num2str(p),', q=',num2str(q),...
                ', Nx=',num2str(nx),', dt=',num2str(dt),...
                ', t=',num2str(t)]);
            xlabel('x'); ylabel('E');
            axis([0,L,-2,2]);
            drawnow;
            % pause(0.01);
            F(j)=getframe(gcf);
            j=j+1;
        end
        t=t+dt;
    end
%   movie(F);
    str=['nlse1d_p=',num2str(p),',q=',num2str(q),'.gif'];
    writegif(str,F,0.1);
    close all;

end

function E=onesoliton(x,a0,v0,x0)
    E=sqrt(2)*a0*sech(a0*(x-x0)).*exp(1i*v0*x/2);
end

function dEdt=nlseqn(E,p,q,dx)
    % NLSE equation: E_t = i*p*E_xx + i*(V- q*|E|^2)E
    V=0;
    E = [E(end-1:end); E; E(1:2)]; % periodic b.c., modify for other b.c.
    dEdt = 1i*p.*(E(4:end-1)-2*E(3:end-2)+E(2:end-3))./dx^2 + ...
        1i.*(V+q.*abs(E(3:end-2)).^2).*E(3:end-2);
end
```

其中用到画动画的函数 writegif.m.

```matlab
function res=writegif(name,frames,dt)
    nframe = length(frames);
    for i=1:nframe
        [image,map] = frame2im(frames(i));
        [im,map2] = rgb2ind(image,32);
        if i==1
            imwrite(im,map2,name,'GIF','WriteMode','overwrite','DelayTime',dt,'LoopCount',inf);
        else
            imwrite(im,map2,name,'WriteMode','append','DelayTime',dt); %,'LoopCount',inf);
        end
    end
end
```

$p=1, q=1$ 时的模拟结果的部分时刻图见图 9.6, 其中演示了两个孤立子对撞的过程. 关于以上广义非线性薛定谔方程的二维形式描述调制不稳定性、湍流、坍缩和逆级联可参考 Zhao(2011) 的文献.

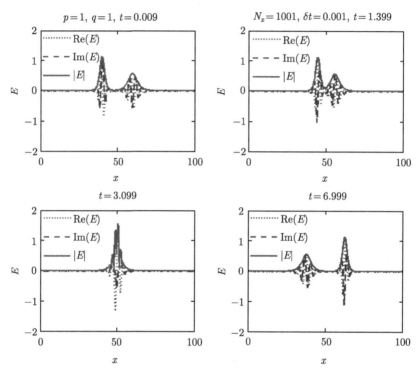

图 9.6　非线性薛定谔方程 $p=1, q=1$ 时的数值解 (彩图扫封底二维码)

9.6　一个微分积分方程的解 (BB 模型)

等离子体物理中除了最本质的第一性方程外, 最精确的方程一般是微分积分的形式, 如 BBGKY 方程链, 或简化后的玻尔兹曼动理学方程、朗道碰撞算符表示的动理学方程. 基础教材中采取了弱化的方式, 到处可见的是处理线性化问题的代数方程 (色散关系), 然后复杂一点是常微分方程, 再复杂则是偏微分方程, 而积分方程几乎见不到. 这样的化简, 是为了研究物理问题的一些本质属性, 降低难度, 但是每一步的化简实际都会丢失一些物理. 另一方面, 目前简单的问题大都已经研究得较清楚了, 以后更值得关注的研究可能要反过来, 自下而上, 往复杂情况走, 因而积分方程可能是以后需要重点对待的.

这里我们提及一个简单的范例, 求解 Berk-Breizman 模型中得到的一个微分积分方程 (Berk et al., 1996). 为了更具普适性, 我们实际求解的是 Lilley(2009) 稍微

9.6 一个微分积分方程的解 (BB 模型)

加强了的一个方程. 另一个求解积分方程较好的例子是前一章提及的 J. Q. Dong 求解 ITG/KBM 本征值问题的代码 HD7, 这份代码自 20 世纪 80 年代发展以来得到了较广泛的应用, 目前依然不断有新的成果发表, 用的是积分方程, 比通常用的推导后按阶数展开取截断的微分方程包含更多更精确的物理.

BB 模型求解的动理学方程的右边碰撞项为 (Lilley, 2009)

$$\left.\frac{\mathrm{d}F}{\mathrm{d}t}\right|_{\mathrm{coll}} = -\beta(F - F_0) + \alpha^2 \frac{\partial}{\partial u}(F - F_0) + \nu^3 \frac{\partial^2}{\partial u^2}(F - F_0), \tag{9.10}$$

其中 α、ν 和 β 分别代表 drag(阻力, 一阶导数项)、diffusion(扩散, 二阶导数项)、Krook (也称 BGK 碰撞项, 代表弛豫时间近似), $u = kv - \omega$. β 定义为常数, α 和 ν 用共振点的值. 另外, 这里 $\mathrm{d}F/\mathrm{d}t|_{\mathrm{coll}}$ 与 $\partial F/\partial t|_{\mathrm{coll}}$ 是等价的, 因为只含速度导数不含空间导数.

求解临界稳定性 (marginal stability) 问题 $\gamma \equiv |\gamma_l - \gamma_d| \ll \gamma_d \leqslant \gamma_l$(其中 γ_l 是线性增长率, γ_d 是背景衰减率) 时, 可得到一个代表波幅度随时间演化的方程)

$$\begin{aligned}\frac{\mathrm{d}A}{\mathrm{d}\tau} = A(\tau) - \frac{1}{2}\int_0^{\tau/2} \mathrm{d}z z^2 A(\tau - z) \int_0^{\tau - 2z} \mathrm{d}x e^{-\hat{\nu}^3 z^2(2z/3+x) - \hat{\beta}(2z+x) + \mathrm{i}\hat{\alpha}^2 z(z+x)} \\ \times A(\tau - z - x) A^*(\tau - 2z - x),\end{aligned} \tag{9.11}$$

其中, $A = [ek\hat{E}(t)/m(\gamma_l - \gamma_d)^2][\gamma_l/(\gamma_l - \gamma_d)]^{1/2}$, $\tau = (\gamma_l - \gamma_d)t$, $\hat{\nu} = \nu/(\gamma_l - \gamma_d)$, $\hat{\alpha} = \alpha/(\gamma_l - \gamma_d)$, $\hat{\beta} = \beta/(\gamma_l - \gamma_d)$ 及 $\gamma_l = 2\pi^2(e^2\omega/mk^2)\partial F_0(\omega/k)/\partial v$.

本节的主要任务是求解式 (9.11), 关于该方程更多物理的内容, 可参考相关原始文献. 由于方程右边是双重积分, 如果时间步数是 Nt, 每一步的双重积分计算耗时为 $O(Nt^2)$, 因此总耗时应为 $O(Nt^3)$. 这是一件很糟糕的事, 因为时间步数提高 10 倍耗时将增加 1000 倍. 这可能也是 Berk 等 (1996) 的文献中几个算例都是总步数较少的例子的原因之一.

不过对于式 (9.11) 事情并没有那么糟糕, 根据方程的规律可以把总耗时降到 $O(Nt^2)$. 以下算法改写自 Lilley(2009) 的文献, 最初由 Heeter(1999) 及 Heeter 等 (2000) 给出.

对方程 (9.2) 进行有限差分离散

$$A(j+1) = A(j) + A(j)\Delta\tau + C_1 \sum_{k=1}^{j/2} A(j-k) S(j,k) k^2, \tag{9.12}$$

其中, $C_1 = -\Delta\tau^5/2$. 通过把 x 积分的变换改为 $\xi = \tau - 2z - x$ 的, $S(j, k)$ 可写为

$$S(j, k) = \sum_{l=0}^{j-2k} \mathrm{e}^{C_2(l-j) + C_3 k^2(4k/3 + l - j) + \mathrm{i}C_4 k(l-j-k)} A(l+k) A(l), \tag{9.13}$$

其中，$C_2 = \hat{\beta}\Delta\tau$, $C_3 = \hat{\nu}^3\Delta\tau^3$, $C_4 = \hat{\alpha}^2\Delta\tau^2$. 用下面的递推关系可大大降低计算强度

$$S(j,k) = \mathrm{e}^{-C_2-C_3k^2+\mathrm{i}C_4k}S(j-1,k) + \mathrm{e}^{-2kC_2-2C_3k^2/3+\mathrm{i}C_4k}A(j-k)A(j-2k). \quad (9.14)$$

Matlab 代码，"BBmodel_integralequation_heeter_hsxie.m".

```
1   close all;clear;clc;
2   method=1;
3
4   h=figure('unit','normalized','position',[0.02,0.1,0.6,0.7],...
5       'DefaultAxesFontSize',12);
6   for jplt=1:4
7
8   runtime=cputime;
9
10  if(jplt==1)
11      % a is alpha, b is beta, v is nu
12      nt=3000;dt=0.01; A0=0.1; a=0;b=0.0;v=4.31;
13  elseif(jplt==2)
14      nt=12000;dt=0.01; A0=0.1; a=0;b=0.0;v=2.18;
15  elseif(jplt==3)
16      nt=20000;dt=0.005; A0=0.1; a=0;b=0.0;v=1.28;
17  else
18      nt=1000;dt=0.01; A0=0.1; a=0;b=0.0;v=1.15;
19  end
20
21  c1=-dt^5/2.0;c2=b*dt;c3=(v*dt)^3;c4=(a*dt)^2;
22  A=repmat(A0,1,nt+1);
23  tt=repmat(0.0,1,nt+1);
24  switch method
25      case 1
26          S=repmat(0.0,1,floor(nt/2)+1);
27          S1=repmat(0.0,1,floor(nt/2)+1); % a temp array
28          for j=0:nt-1
29              IntAS=0.0;
30              kmax=floor(j/2);
31              for k=1:kmax
32                  if(k==kmax)
33                      S(k)=0.0; % S(j,k)
34                      for l=0:(j-2*k)
35                          S(k)=S(k)+exp(c2*(l-j)+c3*k^2*(4.0*k/3.0+l-j)+1
                               i*c4*k*(j-l-k))*A(l+k+1)*A(l+1);
36                      S1(k)=S(k);
37                      end
38                  else
39                      S(k)=exp(-c2-c3*k^2+1i*c4*k)*S1(k)+exp(-2*k*c2-2*c3
                           *k^3/3+1i*c4*k^2)*A(j-k+1)*A(j-2*k+1);
40                      S1(k)=S(k);
41                  end
42                  IntAS=IntAS+k^2*A(j-k+1)*S(k); % Note: k^2 is missed in
                       Lilley2009 (6.18).
43              end
44              A(j+1+1)=A(j+1)+A(j+1)*dt+c1*IntAS;
```

9.6 一个微分积分方程的解 (BB 模型)

```
45              tt(j+1+1)=j*dt;
46          end
47      otherwise
48          S=repmat(0.0,nt+1,round(nt/2)+1);
49          for j=0:nt-1
50              IntAS=0.0;
51              kmax=round(j/2);
52              for k=1:kmax
53                  if(k==kmax)
54                      S(j+1,k)=0.0;
55                      for l=0:(j-2*k)
56                          S(j+1,k)=S(j+1,k)+exp(c2*(l-j)+c3*k^2*(4.0*k
                              /3.0+l-j)+1i*c4*k*(j-l-k))*A(l+k+1)*A(l+1);
57                      end
58                  else
59                      S(j+1,k)=exp(-c2-c3*k^2+1i*c4*k)*S(j-1+1,k)+exp
                          (-2.0*k*c2-2.0*c3*k^3/3.0+1i*c4*k^2)*A(j-k+1)*A(
                          j-2*k+1);
60                  end
61                  IntAS=IntAS+k^2*A(j-k+1)*S(j+1,k); % Note: k^2 is
                      missed in Lilley2009 (6.18).
62              end
63              A(j+1+1)=A(j+1)+A(j+1)*dt+c1*IntAS;
64              tt(j+1+1)=j*dt;
65          end
66 end
67 runtime=cputime-runtime;
68 % plot(tt,abs(A));ylabel('|A|');
69 subplot(2,2,jplt);
70 plot(tt,A,'linewidth',2);ylabel('A');
71 xlabel('\tau');xlim([min(tt),max(tt)]);
72 if(jplt==4)
73     ylim([-100,1e2]);
74 end
75 title(['Run time ',num2str(runtime,4),'s',10,...
76     'A(0) =',num2str(A0),', \Delta t =',num2str(dt),', \alpha =',...
77     num2str(a),', \beta =',num2str(b),', \nu =',num2str(v)]);
78 end
```

几组运行结果见图 9.7. 在这里, 可以出现几种解: 稳态解、周期解、混沌解和

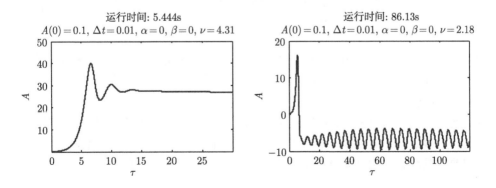

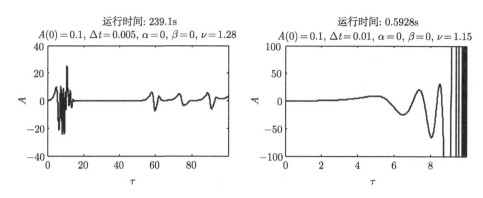

图 9.7　Brek 等 (1996) 的文献中微分积分方程几组典型结果

发散解. 这些态在实验中也确实观察到了, 也表明尽管 BB 模型非常简单, 但却能反映出非线性实验中不少特征. 从输出的运行时间看, 确实基本符合 $O(Nt^2)$ 的理论估计. 可能是对算法细节敏感, BB 原文、Heeter 博士论文、Lilley 博士论文以及这里的结果, 都有细微差异, 由于未能对比原始代码, 具体原因不明. 有兴趣的读者也可直接对原方程离散求解, 用 $O(Nt^3)$ 的算法验证这里 $O(Nt^2)$ 算法的结果.

9.7　环位形装置截面形状及不同 q(安全因子) 分布时的磁场

磁约束聚变中典型环位形装置有托卡马克、球状托卡马克、球马克、反场箍缩、场反位形及仿星器 (stellarator) 等.

托卡马克截面形状一般可由下式近似描述 ((White, 2001), p143, 式 (4.169)~式 (4.170))

$$\begin{cases} R = R_0 - b + (a + b\cos\theta)\cos(\theta + \delta\sin\theta), \\ Z = \kappa a \sin\theta, \end{cases} \quad (9.15)$$

它可以看成式 (5.53) 的拓展版, 其中 R_0 是大半径, a 是小半径, κ 是椭圆形变度, δ 是三角形变度, b 是缺口 (indentation) 参量, 导致豆形形变, 这些参数一般是针对最后一个磁面而言的. 对于内部 $r < a$ 的磁面, 同样可以用式 (9.15) 拟合, 但是参数都需改变, 也即这些参数都随 r 变化. 值得注意的是, 这里的 r 是一个代表小半径的长度参数, 与极坐标 (r,θ) 中的 r 有区别, 在 $\theta = 0$ 处长度比例才为 1:1. 一组典型的二维截面形状见图 9.8, 其中内圈使用了同样的形状参数.

9.7 环位形装置截面形状及不同 q(安全因子) 分布时的磁场

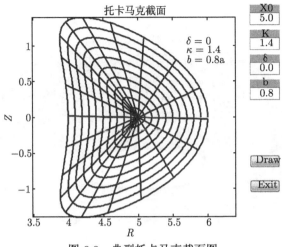

图 9.8 典型托卡马克截面图

三维结构见图 9.9. 画图代码:

```
R0=3;
data=[R0/3,R0/5,R0/10; % a
     1.5,  1.5,  1.5;
     0.5,  0.5,  0.5;
     0.0,  0.0,  0.0];

nflux=size(data,2); h=figure; for iflux=1:nflux

    % a=R0/3;kappa=1.5;delta=0.5;b=0.0;
    a=data(1,iflux);kappa=data(2,iflux);
    delta=data(3,iflux);b=data(4,iflux);

    [theta,phi]=meshgrid(0:2*pi/50:2*pi,(-0.1-iflux*0.2)*pi:2*pi
        /50:(0.7+iflux*0.2)*pi);
    X=(R0-b+(a+b.*cos(theta)).*cos(theta+delta.*sin(theta))).*cos(phi);
    Y=(R0-b+(a+b.*cos(theta)).*cos(theta+delta.*sin(theta))).*sin(phi);
    Z=(kappa*a).*sin(theta);
    R=R0+sqrt(X.^2+Y.^2);

    surf(X,Y,Z,R); hold on;

end

camlight('right'); lightangle(45,60);
light('position',[-3,-1,3],'style','local'); material shiny;

axis equal; axis tight; axis off; hidden off;

strtitle=['Tokamak flux surfaces, R0=',...
    num2str(R0),'m, \kappa=',num2str(kappa),...
    ', \delta=',num2str(delta)];
title(strtitle);
```

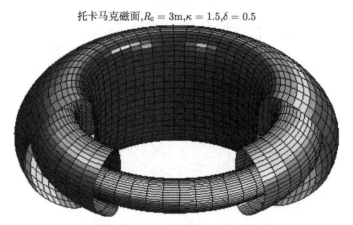

图 9.9 托卡马克三维磁面示意图 (彩图扫封底二维码)

球状托卡马克和反场箍缩的截面也可由式 (9.15) 近似表出,只是参数选取不同. 仿星器的截面一般用傅里叶分解的方式拟合, 比如, 用 Hirshman 和 Lee(1986) 中的一组数据,

```
1  % stellarator_shape_3d.m
2  clear;clc;
3
4  [theta,phi]=meshgrid(0:2*pi/50:2*pi); zeta=6.*phi;
5
6  % From Eq(14)
7  Rb=1.72+...
8      (0.214.*cos(theta)-0.0564.*cos(theta-zeta)+0.0035.*cos(theta+zeta))
         +...
9      (0.00243.*cos(2.*theta)-0.00795.*cos(2.*theta-zeta));
10 Zb=(0.251.*sin(theta)+0.0634.*sin(theta-zeta)+0.0035.*sin(theta+zeta))
        +...
11     (-0.00561.*sin(2.*theta)+0.00805.*sin(2.*theta-zeta));
12 X=Rb.*cos(phi); Y=Rb.*sin(phi); Z=Zb;
13
14 subplot(221);plot(Rb(1,:),Zb(1,:));xlabel('Rb');ylabel('Zb');title('At
15   \phi=0');
16 subplot(222);mesh(X,Y,Z);xlabel('X');ylabel('Y');zlabel('Z'); axis
17   equal;hidden off;colormap([0 1 1]);title('Stellatator grids');
18 subplot(223);mesh(X,Y,Z);view(0,90);xlabel('X');ylabel('Y');zlabel('Z')
      ;
19 axis equal;hidden off;colormap([0 1 1]);title('Stellatator grids');
20 subplot(224);mesh(X,Y,Z);view(90,0);xlabel('X');ylabel('Y');zlabel('Z')
      ;
21 axis equal;hidden off;colormap([0 1 1]);title('Stellatator grids');
```

结果见图 9.10.

9.7 环位形装置截面形状及不同 q(安全因子) 分布时的磁场

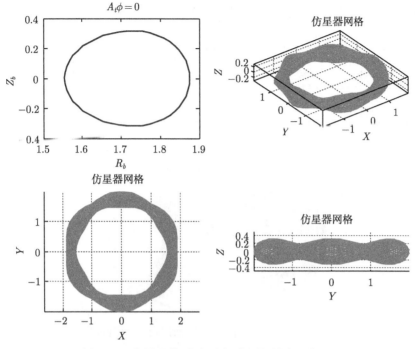

图 9.10 仿星器截面图示例 (彩图扫封底二维码)

我们接下来使用圆截面, 看不同安全因子 q 时环位形中磁场环绕情况, 以得到直观认识. 托卡马克、球状托卡马克、反场箍缩中磁力线环绕的示例图见图 9.11、图 9.12、图 9.13.

draw_field_line.m:

```
close all; clear; clc;  R0=3;a=R0/3;kappa=1.5;delta=0.5;b=0.0;

[theta,phi]=meshgrid(0:2*pi/500:2*pi,-0.4*pi:2*pi/500:1.0*pi);
X=(R0-b+(a+b.*cos(theta)).*cos(theta+delta.*sin(theta))).*cos(phi);
Y=(R0-b+(a+b.*cos(theta)).*cos(theta+delta.*sin(theta))).*sin(phi);
Z=(kappa*a).*sin(theta);   R=R0+sqrt(X.^2+Y.^2);

h=surf(X,Y,Z,R); alpha(0.5); shading interp; colormap(jet);
% whitebg('b');

set(h,'FaceLighting','flat','FaceColor','interp',...
    'AmbientStrength',0.3);
camlight('right'); lightangle(45,60);
light('position',[-3,-1,3],'style','local'); material shiny;

axis equal; axis tight; axis off; hidden off;

n=1; m=3; q=m/n; strtitle=['B Field Line,
```

```
19  q=m/n=',num2str(m),'/',num2str(n),', R0=',...
20      num2str(R0),'m, a=',num2str(a),'m, \kappa=',num2str(kappa),...
21      ', \delta=',num2str(delta)];
22  theta2=0:2*pi/200:2*max(m,n)*pi; phi2=q.*theta2;
23  x=(R0-b+(a+b.*cos(theta2)).*cos(theta2+delta.*sin(theta2))).*cos(phi2);
24  y=(R0-b+(a+b.*cos(theta2)).*cos(theta2+delta.*sin(theta2))).*sin(phi2);
25  z=(kappa*a).*sin(theta2); hold on; plot3(x,y,z,'r','LineWidth',1);
26
27  title(strtitle);
```

磁力线, $q=m/n=3/1$, $R_0=3\mathrm{m}$, $a=1\mathrm{m}$, $\kappa=1.5$, $\delta=0.5$

图 9.11 托卡马克中磁力线 (彩图扫封底二维码)

磁力线, $q=m/n=5/1$, $R_0=3\mathrm{m}$, $a=2.7\mathrm{m}$, $\kappa=1.5$, $\delta=0.5$

图 9.12 球状托卡马克中磁力线 (彩图扫封底二维码)

磁力线, $q=m/n=1/15$, $R_0=3\mathrm{m}$, $a=0.5\mathrm{m}$, $\kappa=1.5$, $\delta=0.5$

图 9.13 反场箍缩中磁力线 (彩图扫封底二维码)

对于仿星器, 磁力线稍复杂, 读者可自己考虑.

很可惜, 上面采用简单画法给出的磁力线, 由于忽略了环效应, 只在瘦环 ①情况下接近真实情况, 在球状托卡马克时差别较大. 更合理的情况, 需要由 G-S 方程的解来给出, 参见第 4、5 章.

9.8 光 迹 追 踪

我们此前处理过大量均匀等离子体中的波与不稳定性, 以及非均匀等离子体中的各种本征模, 那里一般是给定波矢 k, 求复频率 ω. 我们这里考虑问题的另一面, 给定外界注入的频率为 ω 的波源, 看它在非均匀等离子体中如何传播, 也即可以看成是 k 的演化. 最简化的情况就是所谓的光迹追踪 (ray tracing, 也有翻译为 "射迹追踪"), 等价于我们常用的几何光学. 这个问题的详细讨论可以参考 (Tracy et al., 2014) 专著.

对于满足色散关系 $D(\boldsymbol{k},\omega,t)=0$ 的等离子体波, 波迹就是波的能流, 由群速度 $\boldsymbol{v}_g = \partial\omega/\partial\boldsymbol{k} \equiv (\partial\omega/\partial k_x, \partial\omega/\partial k_y, \partial\omega/\partial k_z)$ 描述, 也即波迹满足 $\mathrm{d}\boldsymbol{r}/\mathrm{d}t = \boldsymbol{v}_g$. 尽管 $(\boldsymbol{k},\omega)$ 会随着波迹的路径 $\boldsymbol{r}$ 改变, 但是 $D=0$ 总需要满足, 因而 (Miyamoto, 2000)

$$\frac{\mathrm{d}\boldsymbol{r}}{\mathrm{d}s} = \frac{\partial D}{\partial \boldsymbol{k}}, \quad \frac{\mathrm{d}\boldsymbol{k}}{\mathrm{d}s} = -\frac{\partial D}{\partial \boldsymbol{r}}, \quad \frac{\mathrm{d}t}{\mathrm{d}s} = -\frac{\partial D}{\partial \omega}, \quad \frac{\mathrm{d}\omega}{\mathrm{d}s} = \frac{\partial D}{\partial t}, \tag{9.16}$$

沿着波迹, 变分 $\delta D = 0$, 即

$$\delta D = \frac{\partial D}{\partial \boldsymbol{k}} \cdot \delta\boldsymbol{k} + \frac{\partial D}{\partial \omega} \cdot \delta\omega + \frac{\partial D}{\partial \boldsymbol{r}} \cdot \delta\boldsymbol{r} + \frac{\partial D}{\partial t} \cdot \delta t,$$

及 $D = 0$, 我们有

$$\frac{\mathrm{d}\boldsymbol{r}}{\mathrm{d}t} = \frac{\mathrm{d}\boldsymbol{r}}{\mathrm{d}s}\left(\frac{\mathrm{d}t}{\mathrm{d}s}\right)^{-1} = -\frac{\partial D}{\partial \boldsymbol{k}}\left(\frac{\partial D}{\partial \omega}\right)^{-1} = \left(\frac{\partial \omega}{\partial \boldsymbol{k}}\right)_{r,t=\mathrm{const}} = \boldsymbol{v}_g. \tag{9.17}$$

方程 (9.16) 与哈密顿量为 D 的运动方程类似. 如果 D 与时间 t 无关, 则对应于能量守恒.

如果对于固定 ω, $\boldsymbol{k} = \boldsymbol{k}_r + \mathrm{i}\boldsymbol{k}_i$ 是 $D=0$ 的解, 并且 $|\boldsymbol{k}_i| \ll |\boldsymbol{k}_r|$, 我们有

$$D(\boldsymbol{k}_r + \mathrm{i}\boldsymbol{k}_i, \omega) = D_r(\boldsymbol{k}_r, \omega) + \frac{D_r(\boldsymbol{k}_r, \omega)}{\partial \boldsymbol{k}_r} \cdot \mathrm{i}\boldsymbol{k}_i + \mathrm{i}D_i(\boldsymbol{k}_r, \omega) = 0, \tag{9.18}$$

从而得到

$$D_r(\boldsymbol{k}_r, \omega) = 0,$$
$$\frac{D_r(\boldsymbol{k}_r, \omega)}{\partial \boldsymbol{k}_r} \cdot \boldsymbol{k}_i = -D_i(\boldsymbol{k}_r, \omega).$$

---

①我们常听到环径比或反环径比 (纵横比, aspect ratio) 的概念, $\epsilon = r/R$. 常说大环径比、小环径比, 通常说话者心中可能实际都是指 $\epsilon \ll 1$. 因此, 改用 "瘦环" 歧义可能会小些.

因而波沿着波迹的强度 $I(r)$ 变化为

$$I(r) = I(r_0) \exp\left(-2\int_{r_0}^{r} k_i \mathrm{d}r\right),$$

其中

$$\int_{r_0}^{r} k_i \mathrm{d}r = \int_{r_0}^{r} k_i \cdot \frac{\partial D}{\partial k} \mathrm{d}s = -\int D_i(k_r, \omega) \mathrm{d}s = -\int \frac{D_i(k_r, \omega)}{|\partial D/\partial k|} \mathrm{d}l.$$

$\mathrm{d}l$ 是沿波迹路径的长度.

波迹追踪法主要的烦琐在于对于一般的波, 即使是冷等离子体近似下, D 的表达式也较烦琐, 尤其还需求 $\partial D/\partial k$ 等各种导数. 关于托卡马克中的波迹追踪, Tracy 等 (2014) 提供了一个较详尽的代码 Raycon[①].

9.9 Nyquist 图及柯西围道积分法求根

Nyquist 图是作稳定性分析很有效的一种方法. 经过改造, 我们会发现 Nyquist 图中用到的技术, 也可用来对复数方程求根.

9.9.1 Nyquist 不稳定性分析方法

根据柯西定理, 对于给定只包含单零点的函数 $f(z)$ 在复平面指定闭合区域的边界 C

$$N = \frac{1}{2\pi \mathrm{i}} \oint_C \frac{f'(z)}{f(z)} \mathrm{d}z, \tag{9.19}$$

其中, N 是区域内的零点个数. 我们可以证明所谓的 Winding 定理 (参见 Gurnett 和 Bhattacharjee (2005)、Chen (1987) 及 Kravanja 和 van Barel (2000) 的文献):

$$N = \frac{1}{2\pi \mathrm{i}} \oint_{C_f} \frac{\mathrm{d}f}{f}, \tag{9.20}$$

这里的 N 是复平面 (f_r, f_i) 上的曲线 C_f 绕原点的圈数. 对于色散关系 $D(\omega) = 0$, Nyquist 稳定性分析的区域 $C = C_\omega$ 为上半平面, 即 $[-\infty, 0] \times [\infty, \infty]$, 也即, 我们绕上面这条 $\omega = (\omega_r, \omega_i)$ 平面的闭合曲线, 计算对应的 $D(\omega)$, 描在 $D = (D_r, D_i)$ 的复平面上得到闭合曲线 C_D, C_D 绕原点的次数就是不稳定性的个数. Nyquist 法与前面的直接柯西积分法相比, 优势在于它只需要定性地在积分路径上选取一些点, 定性地描绘出整条曲线, 就能判定不稳定性根的个数; 而后者需要定量计算围道积分.

[①]http://www.cambridge.org/9780521768061.

9.9.2 求复平面指定区域根个数

以下的讨论主要基于 Kravanja 和 van Barel (2000) 的文献. 对于单零点, 我们考虑更进一步的围道积分方法, 首先有

$$s_p = \frac{1}{2\pi\mathrm{i}} \oint_C z^p \frac{f'(z)}{f(z)} \mathrm{d}z, \quad p = 0, 1, 2, \cdots \tag{9.21}$$

我们考虑 $f(z)$ 在区域 C 内的等效零点多项式 (associated polynomial)

$$P_N(z) = \prod_{k=1}^{N}(z - Z_k) = z^N + \sigma_1 z^{n-1} + \cdots + \sigma_N, \tag{9.22}$$

系数 σ_p 可以通过牛顿恒等式 (Newton's identities) 求

$$s_1 + \sigma_1 = 0,$$
$$s_2 + s_1\sigma_1 + 2\sigma_2 = 0,$$
$$\vdots$$
$$s_N + s_{N-1}\sigma_1 + \cdots + s_1\sigma_{N-1} + N\sigma_N = 0,$$

因而计算了 s_p 就能计算 σ_p, 再通过解 $P_N(z) = 0$ 就能得到 $f(z) = 0$ 的所有根. 这种方法文献中称为 Delves-Lyness 法 (1967). 这种方法对于 N 小的时候很有效, 尤其对于 $N \leqslant 2$ 时可以直接得到对应的根, 但对于 N 大的时候误差较大. 所以我们通常会先求 $s_0 = N$, 判定 N 的大小, 对于 N 较大的, 我们把区域 C 划分为更小的子区域再去求根. 对于朗道阻尼根, 我们给出一个算例见图 9.14, 可以看到对于

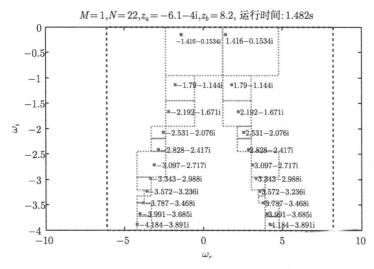

图 9.14 基于柯西围道积分的 Delves-Lyness 法求朗道阻尼指定区域所有根

固定的 k, 确实有系列根存在, 这与我们在第 6 章讨论的一致.

在这里, 我们通过如下 fun_sp.m 求围道积分:

```matlab
% Hua-sheng XIE, FSC-PKU, huashengxie@gmail.com, 2016-10-03 22:39
% Using quad, instead of nx to calculate the integral contour
function sp=fun_sp(p,za,zb,tol)
% Numbers of zeros in rectangle domain, via Cauchy contour integral
% (xa,yb) ——————— (xb,yb)
%           |       *    |
%           |  root(s)   |
%           |     *      |
% (xa,ya) ——————— (xb,ya)
% \int_c(f'/f)dz=2i*pi*N, N is the # of roots in complex domain.
% s_p=(1/2i*pi)*\int_c(z^p*f'/f)dz

if nargin<4, tol=[]; end if isempty(tol), tol=1e-3; end

f=@(z)funf(z).*z.^p; zc=real(zb)+1i*imag(za);
zd=real(za)+1i*imag(zb);
sp=quad(f,za,zc,tol)+quad(f,zc,zb,tol)+quad(f,zb,zd,tol)+quad(f,zd,za,tol);

sp=sp/(2*pi*1i);
```

简单通过如下方式划分子区域 fun_divide_domain.m:

```matlab
% Hua-sheng XIE, FSC-PKU, huashengxie@gmail.com, 2016-10-08 13:24
% Divide the original domain to subdomains, with which contain at most M
% zeros, e.g., M=1
function [N,domain]=fun_divide_domain(za,zb,M,tol)

if nargin<4, tol=[]; end
if isempty(tol), tol=1e-3; end

intf=fun_sp(0,za,zb,tol);
N=real(round(intf));
if(N~=0 && ~isnan(N))
    domain=repmat(struct('za',0.0,'zb',0.0,'N',0),N+1,1);
    
    domain(1).za=za;
    domain(1).zb=zb;
    domain(1).N=N;
    
    if(N>M)
        nonzeroindex=1;
    end
    emptyindex=2:(N+1);
    while(max([domain.N])>M)
%       while(max([domain(nonzeroindex).N])>M)
```

9.9 Nyquist 图及柯西围道积分法求根

```
25          jd=nonzeroindex(1);
26
27          tmpza=domain(jd).za;
28          tmpzb=domain(jd).zb;
29          tmpzc=0.49*domain(jd).za+0.51*domain(jd).zb;
30
31          emptyindex=[jd,emptyindex];
32          nonzeroindex(1)=[];
33          domain(jd).N=0;
34
35          % divide to four subdomains
36          ind=emptyindex(1);
37          domain(ind).za=tmpza;
38          domain(ind).zb=tmpzc;
39          domain(ind).N=round(fun_sp(0,domain(ind).za,domain(ind).zb,tol)
                );
40          if(domain(ind).N>0) % domain(ind).N==0 or NaN, or not interge
41              emptyindex(1) [];
42          end
43          if(domain(ind).N>M)
44              nonzeroindex=[nonzeroindex,ind];
45          end
46          ind=emptyindex(1);
47          domain(ind).za=real(tmpzc)+1i*imag(tmpza);
48          domain(ind).zb=real(tmpzb)+1i*imag(tmpzc);
49          domain(ind).N=round(fun_sp(0,domain(ind).za,domain(ind).zb,tol)
                );
50          if(domain(ind).N>0)
51              emptyindex(1)=[];
52          end
53          if(domain(ind).N>M)
54              nonzeroindex=[nonzeroindex,ind];
55          end
56          ind=emptyindex(1);
57          domain(ind).za=real(tmpza)+1i*imag(tmpzc);
58          domain(ind).zb=real(tmpzc)+1i*imag(tmpzb);
59          domain(ind).N=round(fun_sp(0,domain(ind).za,domain(ind).zb,tol)
                );
60          if(domain(ind).N>0)
61              emptyindex(1)=[];
62          end
63          if(domain(ind).N>M)
64              nonzeroindex=[nonzeroindex,ind];
65          end
66          ind=emptyindex(1);
67          domain(ind).za=tmpzc;
68          domain(ind).zb=tmpzb;
69          domain(ind).N=round(fun_sp(0,domain(ind).za,domain(ind).zb,tol)
                );
70          if(domain(ind).N>0)
71              emptyindex(1)=[];
72          end
73          if(domain(ind).N>M)
74              nonzeroindex=[nonzeroindex,ind];
75          end
```

```
76          end
77          domain(emptyindex)=[];
78
79      else
80          domain.za=za;
81          domain.zb=za;
82          domain.N=0;
83      end
```

通过如下方式求根 fun_rt.m:

```
1   % Hua-sheng XIE, FSC-PKU, huashengxie@gmail.com, 2016-10-07 13:00
2   % funf.m, give f(z)=D'/D which determined by D(z)
3   function [N,rt]=fun_rt(za,zb,tol)
4
5   if nargin<3, tol=[]; end
6   if isempty(tol), tol=1e-3; end
7
8   % Calculate N, the # of roots in complex domain
9   intf=fun_sp(0,za,zb,tol);
10  N=real(round(intf));
11  if((abs(N-intf)>0.2))
12      disp('Accuracy not suffient, need larger nx!!');
13      rt=NaN+1i*NaN;
14      return;
15  elseif(N==0)
16      disp('N=0 in this domain!!');
17      rt=NaN+1i*NaN;
18      return;
19  end
20
21  % Calculate s_p=(1/2i*pi)*\int_c(z^p*f'/f)dz
22  sp=zeros(N,1); MA=zeros(N,N); Mb=zeros(N,1);
23  for p=1:N
24      sp(p)=fun_sp(p,za,zb,tol);
25      Mb(p)=-sp(p);
26      MA(p,p)=p;
27      for jp=1:N
28          ind=jp-p;
29          if(ind>=1)
30              MA(jp,ind)=sp(p);
31          end
32      end
33  end
34  % sigmap=Mb\MA; % wrong
35  sigmap=MA\Mb; % calculate simagp, from MA*sigmap=Mb
36  r0=roots([1;sigmap]);
37  [ri,jr]=sort(imag(r0),'descend');
38  rt=r0(jr);
```

基于 Vandermonde 矩阵和 Hankel 矩阵, Kravanja 和 van Barel (2000) 进一步讨论了求零点及其阶数, 以及包含极点的情况, 这里我们不再详述.

9.10 电荷片模拟

等离子体物理中的粒子模拟基本上就是 PIC, 但实际上早期也有不少其他模拟方式. 这里介绍 O'Neil 等 (1971) 研究的经典的 bump-on-tail 问题, 用的是一种电荷片模拟方法, 以开阔眼界. 由于对原始方程通过解析计算进行了改造, 也可算一种半模拟半解析的方法. 研究聚变装置中 (由聚变反应或中性束注入等方式产生的) 高能粒子行为, 通常第一步是熟悉 O'Neil 的经典一维静电束-等离子体相互作用问题, 第二步是熟悉 Berk-Breizman 的 BB 模型, 第三步是熟悉可与聚变实验定量对比的 Chen(陈骝)-Zonca 鱼骨模 (fishbone) 问题 [1] 及其他各种非线性的工作. 因此这一节不只是一个示例, 也有实际用处.

从原始问题推导出的方程为 (O'Neil, 1971)

$$\ddot{\xi}_j(\tau) = -\mathrm{i}\Phi(\tau)\exp[\mathrm{i}\xi_j(\tau)] + \mathrm{c.c.},$$
$$\dot{\Phi}(\tau) = \frac{-\mathrm{i}}{M}\sum_{j=1}^{M}\exp[-\mathrm{i}\xi_j(\tau)],$$
$$\Phi(\tau) = \Phi(0)\exp\left(-\mathrm{i}\int_0^\tau \Omega(\tau')\,\mathrm{d}\tau'\right). \tag{9.23}$$

用四阶 R-K 进行求解, nonlinear_beam_rk4.m:

```
close all; clear; clc;
np=1000; dt=0.01; nt=1800; L=2.0*pi;
xp=linspace(0,L-L/np,np)'; % xpj(t=0)
phi=0.01;
phi_t=[]; Ek_t=[]; Omega_t=[]; Gamma_t=[];

omega(1)=0.5*(-1+sqrt(3)*1i);
% position perurbation use the 1st order approximation (Zonca lecture
    3:3-7)
xp=xp+2*real((0+1i)*phi(1)*exp((0+1i)*xp)/omega(1)^2);
vp=0.*xp+2*real(phi(1)*exp((0+1i)*xp)/omega(1));
sum(exp(-1i*xp))

%% bc
t=linspace(0,nt*dt,nt);
tmx=max(t);
ta=0; %ta=tmx*0.25;
h=figure('unit','normalized','position',[0.1,0.1,0.6,0.7],...
```

---

[1] Chen&Zonca2016RMP. Rev. Mod. Phys. 是物理学中最主要的综述论文期刊, 上面发表文章的作者基本代表着一个领域的权威, 该期刊只接受邀请不接受自行投稿. 华人在该期刊上发表的论文还非常少, 近年慢慢多起来.

```
18          'DefaultAxesFontSize',12);
19      jp=1;
20      for it=1:nt
21
22          % RK-4, 1st step
23          u1=vp;
24          a1=2.0*real(-(1i*phi).*exp(1i.*xp));
25          g1=-1i*sum(exp(-1i.*xp))/np;
26          % RK-4, 2nd step
27          xtmp=xp+0.5.*dt.*u1;
28          vtmp=vp+0.5.*dt.*a1;
29          phitmp=phi+0.5*dt*g1;
30          u2=vtmp;
31          a2=2.0*real(-(1i*phitmp).*exp(1i.*xtmp));
32          g2=-1i*sum(exp(-1i.*xtmp))/np;
33          % RK-4, 3rd step
34          xtmp=xp+0.5.*dt.*u2;
35          vtmp=vp+0.5.*dt.*a2;
36          phitmp=phi+0.5*dt*g2;
37          u3=vtmp;
38          a3=2.0*real(-(1i*phitmp).*exp(1i.*xtmp));
39          g3=-1i*sum(exp(-1i.*xtmp))/np;
40          % RK-4, 4th step
41          xtmp=xp+dt.*u3;
42          vtmp=vp+dt.*a3;
43          phitmp=phi+dt*g3;
44          u4=vtmp;
45          a4=2.0*real(-(1i*phitmp).*exp(1i.*xtmp));
46          g4=-1i*sum(exp(-1i.*xtmp))/np;
47          % RK-4, push
48          xp=xp+dt./6.0.*(u1+2.0.*u2+2.0.*u3+u4);
49          vp=vp+dt./6.0.*(a1+2.0.*a2+2.0.*a3+a4);
50          phitmp=phi;
51          phi=phi+dt/6.0*(g1+2.0*g2+2.0*g3+g4);
52          % Omega
53          Omega=1i*(phi-phitmp)/dt/phi;
54          Gamma=(abs(phi)-abs(phitmp))/dt/abs(phi);
55
56          % bc
57          xp=xp./L+100.0;
58          xp=L.*(xp-floor(xp));
59
60          % plot
61          if (mod(it,floor(nt/6))==1 && jp<=6)
62              subplot(2,3,jp); jp=jp+1;
63              plot(xp,vp,'.');xlim([0,L]); ylim([-4.0,3.0]);
64              text(0.1*L,2.0,num2str(it*dt,'t=%04.2f'));
65              xlabel('POSITION(\xi)');ylabel('VELOCITY(\xi'')');
66          end
67          phi_t=[phi_t,phi]; % record phi(t)
68          Ek_t=[Ek_t,mean(vp)];
69          Omega_t=[Omega_t,Omega];
70          Gamma_t=[Gamma_t,Gamma];
```

9.10 电荷片模拟

```
71  end
72  %%
73  h=figure('unit','normalized','position',[0.02,0.1,0.6,0.7],...
74      'DefaultAxesFontSize',12);
75  subplot(221);plot(t,abs(phi_t),'linewidth',2);
76  xlabel('\tau');ylabel('|\phi(\tau)|');xlim([ta,tmx]);ylim([0,1.2]);grid on;
77  subplot(222);plot(t,Ek_t,'r',t,abs(phi_t.^2),'g',t,Ek_t+abs(phi_t.^2),'b','linewidth',2);
78  xlabel('\tau');ylabel('ENERGY');xlim([ta,tmx]);
79  legend('E_k','|\phi|^2','F_{total}',2);legend('boxoff');
80  subplot(223);plot(t,imag(Omega_t),'linewidth',2);hold on;
81  plot([ta,tmx],[0,0],'r--');plot([0,tmx],[sqrt(3)/2,sqrt(3)/2],'r--');
82  xlabel('\tau');ylabel('\Omega_{IMAG}');xlim([ta,tmx]);
83  subplot(224);plot(t,real(Omega_t),'linewidth',2);hold on;
84  plot([0,tmx],[-0.5,-0.5],'r--');
85  xlabel('\tau');ylabel('\Omega_{REAL}');xlim([ta,tmx]);
86  print(gcf,'-dpng','nonlinearbeam-t_2');
```

结果见图 9.15 和图 9.16. 图 9.15 中可看到明显的螺旋结构, 这符合理论的估计.

以上结果与直接 PIC 非线性模拟 (第 8 章) 的结果类似.

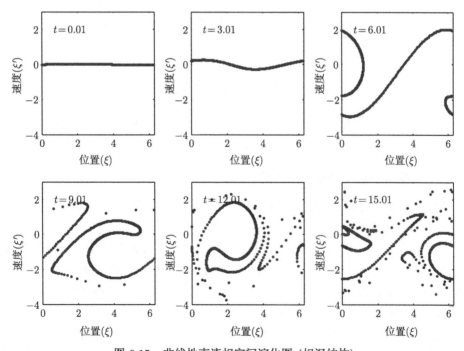

图 9.15 非线性束流相空间演化图 (相混结构)

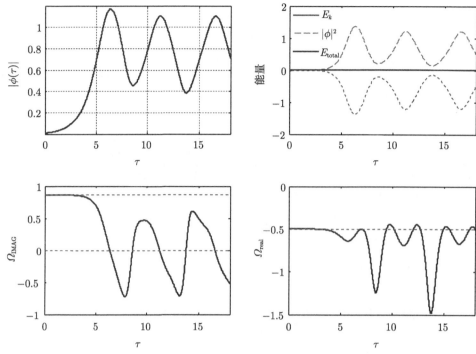

图 9.16　势能、动能、总能量及增长率随时间的变化

9.11　粒子模拟方法补述

尽管等离子体中的粒子模拟主要是指 PIC 方法, 但是粒子模拟方法实际有许多种, 比如从头算起 (Ab inito) 方法、粒子--粒子模拟法、分子动力学模拟等.

9.11.1　一维静电粒子模拟中的问题

这是在一般书籍和文献中都未提及的, 但有助于更进一步理解粒子模拟 (不限于).

模拟中的粒子与真实的带电粒子的差别是什么? 首先我们知道, PIC 使用了粒子云方法, 粒子变成了粒子集团, 所谓的有限大小粒子, 这样既极大地减少了 PIC 所需要的粒子数, 也避免了一些其他数值问题, 譬如, 粒子--粒子模拟中短程力无限大的问题. 通常叫法, particle 改称为 maker.

然而问题还有另一个方面. 一维的粒子与三维中的差在哪? 与束缚在长直绳上的粒子运动规律类似吗? 其实, 一维的粒子回到三维, 代表的是一个均匀带电的无限平板; 二维粒子, 是一条无限长均匀带电的直线.

9.11.2 粒子-粒子模拟

严格来讲等离子体中的粒子是时刻运动着的, 它们之间的相互作用不只有静电力, 还有与传播延迟的额外力. 所以抛弃麦克斯韦方程组, 只考虑粒子-粒子间的直接相互作用, 尤其只考虑 q_1q_2/r^2 的库仑力, 仅是最粗糙的近似. 比如, 费曼物理学讲义第 1 卷第 28 章中给出的点电荷产生的更复杂的电磁场为

$$\boldsymbol{E} = -\frac{q}{4\pi\epsilon_0}\left[\frac{\boldsymbol{e}_{r'}}{r'^2} + \frac{r'}{c}\frac{\mathrm{d}}{\mathrm{d}t}\left(\frac{\boldsymbol{e}_{r'}}{r'^2}\right) + \frac{1}{c^2}\frac{\mathrm{d}^2\boldsymbol{e}_{r'}}{\mathrm{d}t^2}\right], \tag{9.24}$$

$$\boldsymbol{B} = -\boldsymbol{e}_{r'} \times \frac{\boldsymbol{E}}{c}, \tag{9.25}$$

其中, c 为光速. 由于有了麦克斯韦方程, 实际模拟中我们已经很少这样去求运动点电荷间的相互作用, 而是直接通过麦克斯韦方程求得电磁场, 再用电磁场求电荷的运动.

9.11.3 分子动力学模拟

分子动力学 (molecular dynamics) 最初在 20 世纪 50 年代晚期和 20 世纪 60 年代 [1] 早期发展于理论物理, 不过, 现今主要用在材料和生物分子模拟方面.

9.12 再论朗道阻尼

通常, 通过解色散关系和解本征矩阵会得到同样的解. 但, 很奇怪的一点是, 朗道阻尼的解 (简正模) 并非本征解, 而束流不稳定性的增长解却可以是本征值. 这里的本征解是指把原始方程化为一个本征矩阵后所求得的本征值. 对于一维静电问题, 对应的是所谓的 Case-van Kampen 模.

9.12.1 Case-van Kampen 模

在第 6.7.2 节, 并没有讨论初始分布 $\delta f(v, 0)$ 对模拟结果的影响.

我们来求解初值问题, 类似 Chen (1987) 和 Jackson (1960) 的文献, 应用时间拉普拉斯变换 (L_p) 和空间傅里叶变换 (F_r), 得到

$$\delta E(t, k) = \int_{C_\omega} \frac{\mathrm{e}^{-\mathrm{i}\omega t}\mathrm{d}\omega}{2\pi}\left[\int \mathrm{d}v \frac{\delta f_k(0)}{(\omega - kv)D(\omega, k)}\right]. \tag{9.26}$$

我们对渐近行为感兴趣, 所以只有 $\omega = kv$ 的极点和最大的 $\Im\omega_m$ 的简正模被保留. 由方程 (9.26) 我们有

---

[1] Rahman A. Correlations in the Motion of Atoms in Liquid Argon. Phys Rev, 1964, 136 (2A): A405-A411. 如果你还记得, 我们在绪论中提到过以 Aneesur Rahman(1927.08.24—1987.06) 命名的计算物理奖项, Rahman 被看成是分子动力学之父.

$$\lim_{t\to\infty}\delta E=\frac{1}{2\pi}\int_{v_L}\mathrm{d}v\left[\underbrace{\frac{\mathrm{e}^{-\mathrm{i}kvt}\delta f_k(0)}{D_{\mathrm{VP}}(kv,k)}}_{\text{弹道部分}}+\underbrace{\frac{\mathrm{e}^{-\mathrm{i}\omega_m t}}{(\omega_m-kv)\partial_{\omega_m}D}}_{\text{朗道部分}}\right]. \tag{9.27}$$

这个方程的渐近行为依赖于初始扰动 $\delta f(v,0)$，比如对于初始扰动 $\delta f(v,0)=A_0\exp[-(v-u_a)^2/u_b^2]$，其中 $|u_a|\gg(|u_b|,|\omega_r/k|)$，这里 ω_r 为阻尼最小的朗道模，可以得到弹道模的衰减形式为 $\exp(-\mathrm{i}ku_a t-k^2u_b^2t^2)$ (Chen, 1987). 相反, 比如, 慢的代数衰减模

$$\propto\frac{1}{t}\sin(ku_b t)\exp(-\mathrm{i}ku_a t), \tag{9.28}$$

可以被如下的初始扰动产生 (Chen, 1987)

$$\delta f(v,0)=\begin{cases}A_0,&|v-u_a|\leqslant u_b,\\ 0,&\text{其他},\end{cases} \tag{9.29}$$

这个扰动不是全纯的 (holomorphic) 因而不是一个整函数 (entire function). 一个初值模拟结果显示在图 9.17.

因而, 尽管绝大部分时候, 我们能够看到朗道阻尼模, 但对于少数非整函数的扰动, 衰减比较慢, 朗道阻尼不见得能看到. 这些衰减慢的模来自弹道模, 与 Case-van Kampen①的本征模解 (Case, 1959; van Kampen, 1955) 密切相关. 我们接下来讨论 Vlasov-Ampere 系统, 会进行本征模求解.

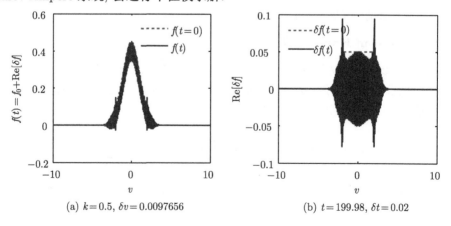

(a) $k=0.5$, $\delta v=0.0097656$　　(b) $t=199.98$, $\delta t=0.02$

---

①Nico van Kampen (1921.06.22—2013.10.06), 荷兰理论物理学家, 主要工作集中在统计物理, 是诺贝尔奖获得者理论物理学家 Gerard 't Hooft (1946.07.05) 的叔叔.

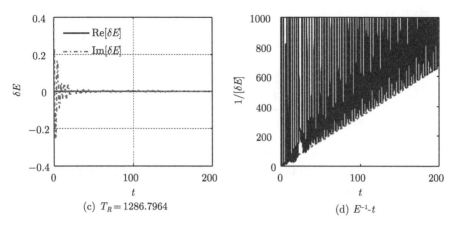

图 9.17 模拟 $1/t$ 衰减的弹道模 (ballistic mode)

(a) 和 (b) 显示 $t = 0$ 和 $t = 200$ 时刻的 $f(v,t)$ 和 $\delta f(v,t)$; (c) 和 (d) 显示 $\delta E(t)$ 和 $|\delta E(t)|^{-1}$ 随时间 t 的变换, $\delta E(t) \propto 1/t$ 清晰显示在 (d) 中, 其中红虚线是 $y = 3.3x$, 作为辅助线

9.12.2 Vlasov-Ampere 系统

对于静电问题, Vlasov-Ampere(V-A) 系统与 Vlasov-Possion(V-P) 系统原则上等价, 通过连续性方程 $(\partial_t \rho + \partial_x J = 0$, 其中 $\rho = \int \delta f dv$ 及 $J = \int v \delta f dv)$ 可证. 因而, 两者的色散关系相同. 但是, 实际的数值求解中, 发现很难看到好的朗道阻尼. 为什么? 这主要是系统中多出了一支零频的剩余模, 它由电场的初值扰动引起, 随时间并不会完全衰减到零, 从而在系统中占主导 (Xie, 2013a), 除非强制以泊松方程的解作为初值.

通过安培定律式 (9.30b), 原 V-P 系统 (6.62) 变为

$$\partial_t \delta f = -ikv\delta f + \delta E \partial_v f_0, \quad (9.30a)$$

$$\partial_t \delta E = \int v \delta f dv. \quad (9.30b)$$

1. 初始值解

对于 V-A 系统, 在时间上做拉普拉斯变换 (L_p), 在空间上做傅里叶变换 (F_r) 可以得到

$$\delta E(t,k) = L_p^{-1} \delta \hat{E}(\omega, k) \quad (9.31)$$

$$= \int_{C_\omega} \frac{e^{-i\omega t} d\omega}{2\pi} \Big[\int dv \frac{v \delta f_k(0)}{(\omega - kv) D(\omega, k)} - \frac{\delta E_k(0)}{D(\omega, k)} \Big],$$

我们对渐近行为感兴趣, 故只保留了 $\omega = kv$ 极点和最大-$\Im \omega_m$ 简正模, 从方程 (9.31) 我们有

$$\lim_{t\to\infty}\delta E = \frac{1}{2\pi}\int_{v_L}\mathrm{d}v\left[\underbrace{\frac{v\mathrm{e}^{-\mathrm{i}kvt}\delta f_k(0)}{D_{\mathrm{VA}}(kv,k)}}_{\text{弹道部分}} + \underbrace{\frac{v\mathrm{e}^{-\mathrm{i}\omega_m t}}{(\omega_m - kv)\partial_{\omega_m}D}}_{\text{朗道部分}}\right]$$
$$-\underbrace{\int_{C_\omega}\frac{\mathrm{e}^{-\mathrm{i}\omega t}\mathrm{d}\omega}{2\pi}\frac{\delta E_k(0)}{D_{\mathrm{VA}}(\omega,k)}}_{\text{初始电场部分}}. \tag{9.32}$$

注意有关系 $kD_{\mathrm{VA}} = \omega D_{\mathrm{VP}}$, 方程 (9.32) 和式 (9.27) 的主要区别在于初始 δE 或 $\delta E(0)$ 是一个常量. 为了确认这是一个特征的渐近行为, 我们在积分的 δE 部分中令 $D_{\mathrm{VA}} \approx \omega$ 得到剩余模.

$$\lim_{t\to\infty}[\delta E_{\mathrm{VA}}(t) - \delta E_{\mathrm{VP}}(t) + \delta E_{\mathrm{Poisson}}(0)] \propto \delta E(0). \tag{9.33}$$

对于 V-A 系统, 一组典型的初值法模拟剩余模的算例见图 9.18.

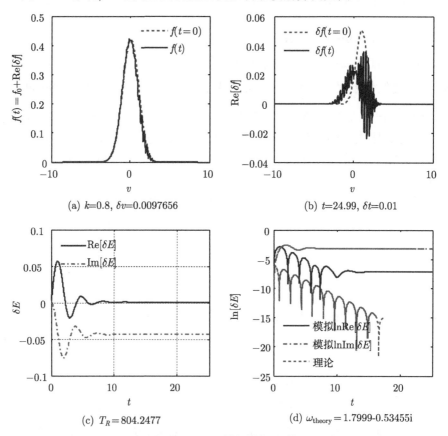

图 9.18 V-A 模拟剩余 E 模

2. V-A 系统的本征模

其他现象和朗道阻尼相关. 例如, 朗道阻尼简正模在 V-P 系统中不是本征模, 尽管一支增长的简正模可以是本征模, 参考 Bratanov (2011) 的文献. 考虑碰撞项的本征模问题以及与无碰撞情况的联系已经被研究过, 他们使用的新的数值研究方法考虑了 CvK 本征模和朗道简正模的联系. 在朗道阻尼模的实频部分会发生谱线密度累积.

我们把方程写成矩阵形式 $M \cdot \boldsymbol{F} = \omega \boldsymbol{F}$, 其中 $\partial_t = -\mathrm{i}\omega$. V-P 系统中的本征向量 $\boldsymbol{F} = \{F_j\} = \{\delta f(v_j)\}$, 其中 $v_j = v_{\min} + (j-1)\Delta v$, $j = 1, 2, 3, \cdots, N_v + 1$. Bratanov 在数值上验证了虽然 $\boldsymbol{F}$ 的所有 (CvK) 本征值解是非阻尼的, 但解的积分与 δE 相关, 并由于相混可以得到朗道阻尼.

这里就有一个问题: 如果 δE(分布函数的矩) 也包含在本征向量 $\boldsymbol{F}$ 中呢? 它会直接给出朗道解, 那么朗道阻尼模能够是本征模吗? V-A 系统能将 δE 直接包含在 $\boldsymbol{F}$ 中. 这样 V-A 系统的本征向量就会变成

$$\boldsymbol{F} = \{F_j\} = \begin{cases} \delta f(v_j), & j = 1, 2, 3, \cdots, N+1, \\ \delta E, & j = N+2. \end{cases} \tag{9.34}$$

利用方程 (6.62) 和式 (9.30), 我们就可以很容易分别得到 V-P 和 V-A 系统的本征矩阵 M 里的元素.

结果如图 9.19 所示. 在图 9.19(a) 中本征模和正则模不一致. 也就是说我们的结果说明在 V-A 系统中朗道阻尼模不是一支本征模.

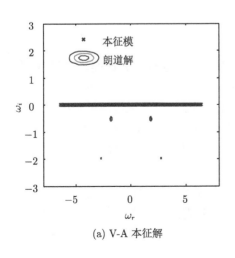

(a) V-A 本征解

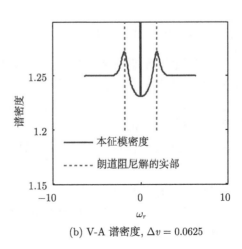

(b) V-A 谱密度, $\Delta v = 0.0625$

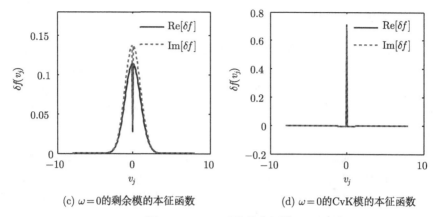

(c) $\omega=0$ 的剩余模的本征函数 (d) $\omega=0$ 的 CvK 模的本征函数

图 9.19 V-A 系统的本征模

(a) 对比色散关系解的朗道阻尼模; (b) 谱密度; (c) 和 (d) 是相应的 $\omega=0$ 的剩余模和连续谱 CvK 模的本征函数

V-A 和 V-P 系统唯一的区别在于 $\omega_r = 0$ 处附近的谱线密度: V-A 系统在 $\omega_r = 0$ 处会有额外的聚点 (accumulating point)(图 9.19(b)). 注意方程 (9.32), 我们可以认为这个聚点是由 E 模, 特别是常数剩余 E 模产生的. 这样 $\omega=0$ 有两个解存在: 一个来自于连续 CvK 模, 另一个来自于新的剩余 E 模, 它在谱密度图的 $\omega_r = 0$ 处产生一个奇点 (图 9.19(b)). 图 9.19(c) 和图 9.19(d) 是两个模对应的本征函数 $\delta f(v_j)$. 就如预期一样, 连续 CvK 模的本征函数是奇异的, 而 E 模的本征函数要更平滑 (由于数值误差 ($\omega \simeq 10^{-16} \neq 0$), 目前我们并不知道图 9.19(c)$v=0$ 处的 δ 奇点是一个正确的结构还是数值错误. 图 9.19(c) 和图 9.19(d) 峰处的值 $\Delta^+(\delta f_{v_j=0}) \equiv \delta f(\Delta v) - \delta f(0)$ 或 $\Delta^-(\delta f_{v_j=0}) \equiv \delta f(0) - \delta f(-\Delta v)$ 还对分立的格点大小 Δv 很敏感).

9.12.3 连续谱、离散谱和剩余谱共存

我们前面看到对于麦克斯韦分布, V-P 系统的本征解只有连续谱, 模结构是 δ 函数形式, 朗道阻尼是这些本征模的叠加效应并非真正的离散谱, 也即本征解中不存在朗道模. 这使得我们的本征法解朗道阻尼模失效, 只能通过解析延拓后的色散关系来求解或者初值模拟解. V-A 系统中除了连续谱外, 只是多一支剩余谱, 它的出现使得朗道模在模拟中更难看到. 数学上, 一个本征系统通常可能有三种谱: 连续谱、离散谱和剩余谱.

我们这里感兴趣的是, 是否有一个等离子体系统能同时存在着三种谱? 答案是, 可以. 只需要把 V-A 系统中的平衡分布函数从麦克斯韦分布改为含有不稳定性的分布函数, 比如前面的束流分布.

9.12 再论朗道阻尼

示例的求解代码如下:

```matlab
% Hua-sheng XIE, 17-01-05 16:13, f_beam_eigmode.m
% To show the existence of three types of spectral (continuum, discrete
    and residual modes)
% in Vlasov-Ampere system with bump-on-tail distribution function
close all; clear; clc;

k=0.2;vmax=8.0; N=128*2/1;
v = linspace(-vmax,vmax,N+1); % row of the vector v
dv = v(2) - v(1);

%%
Nv=N+1;
Mva=zeros(Nv+1);

nb=0.2; vtm=1.0; vtb=1*vtm; vb=5*vtm;% Maxwellian or bump-on-tail
for j=1:Nv
    f0(j)=(1-nb)/vtm/sqrt(2*pi)*exp(-0.5*(v(j)/vtm)^2)+...
        nb/vtb/sqrt(2*pi)*exp(-0.5*((v(j)-vb)/vtb)^2);
    dvf0(j)=-v(j)*(1-nb)/vtm^3/sqrt(2*pi)*exp(-0.5*(v(j)/vtm)^2)-...
        (v(j)-vb)*nb/vtb^3/sqrt(2*pi)*exp(-0.5*((v(j)-vb)/vtb)^2);
end

for j=1:Nv
    Mva(j,j)=k*v(j);
    Mva(j,Nv+1)=1i*dvf0(j);
    Mva(Nv+1,j)=1i*v(j)*dv;
end

w=eig(Mva);
[neww,inds] = sort(real(w));

h=figure('unit','normalized','Position',[0.01 0.07 0.6 0.75]);
set(gcf,'DefaultAxesFontSize',15);

subplot(235);
plot(v,f0,'LineWidth',2);
xlabel('v_j'); ylabel('f_0');

subplot(236);
text(0.2,0.5,['v_{max}=',num2str(vmax),10,'N_v=',num2str(N),10,...
    'n_b=',num2str(nb),10,'v_b=',num2str(vb),10,...
    'v_{tb}=',num2str(vtb),10,'k=',num2str(k)],'Fontsize',12);
axis off;

subplot(231); plot(real(w),imag(w),'x','LineWidth',2);
xlabel('\omega_r'); ylabel('\omega_i'); hold on;
title('(a) V-A eigenmode solutions');

subplot(232);
[VV0,MM0]=eigs(sparse(Mva),2,'li');
plot(v,real(VV0(1:(end-1),1)),v,imag(VV0(1:(end-1),1)),'--','LineWidth'
```

```
51   xlabel('v_j, \gamma>0 discrete mode'); ylabel('\delta f(v_j)');
52   title(['(c) \omega=',num2str(MM0(1,1),3)]);
53
54   [VV,MM]=eigs(sparse(Mva),6,0.01);
55   subplot(233);
56   plot(v,real(VV(1:(end-1),2)),v,imag(VV(1:(end-1),2)),'—','LineWidth'
         ,2);
57   xlabel('v_j, residual mode'); ylabel('\delta f(v_j)');
58   title('(c) \omega=0');
59   subplot(234);
60   plot(v,real(VV(1:(end-1),1)),v,imag(VV(1:(end-1),1)),'—','LineWidth'
         ,2);
61   xlabel('v_j, continuum mode'); ylabel('\delta f(v_j)');
62   hl2=legend('Re[\delta f]','Im[\delta f]',1);
63   set(hl2,'Fontsize',10,'Box', 'off');
64   title('(d) \omega=0 CvK');
65
66   %
67   % plot contour of the Landau solution
68   wrmax=2; wimax=0.5; wrmin=-wrmax; wimin=-2*wimax;
69   vc = 0:0.001:0.01;
70   zeta=@(x) faddeeva(x)*1i*sqrt(pi);
71   zetay=@(x)(1+x.*zeta(x));
72   [Rew,Imw] = meshgrid(wrmin:.002:wrmax, wimin:.002:wimax);
73   f1 = k^2 + (1-nb)*zetay((Rew+1i*Imw)/(sqrt(2)*k))+ nb/vtb^2*zetay((Rew
         +1i*Imw-k*sqrt(1)*vb)/(sqrt(2)*k*vtb));
74   f = sqrt(real(f1).^2 + imag(f1).^2);
75   subplot(231); hold on;
76   contour(Rew, Imw, f, vc);
77   hl=legend('eigenmodes','Landau solutions',4);
78   set(hl,'Fontsize',6,'Box','off');
79   ylim([wimin,wimax]); xlim([-3,4]);
80
81   print('-dpng','eigenmode.png');
```

结果显示在图 9.20 中, 可以看到, 确实三种本征模均存在: 连续谱模、离散谱模和剩余谱模. 这可能是等离子体中最简单的一个三种本征模均存在的系统, 目前暂不清楚是否是已知的唯一一个, 以及背后的物理意义依然有待研究.

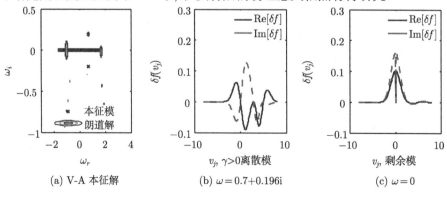

(a) V-A 本征解　　(b) $\omega=0.7+0.196i$　　(c) $\omega=0$

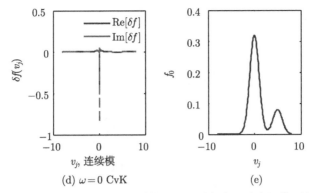

图 9.20 对于束流分布函数，V-A 系统可以同时存在三种本征模：连续谱模、离散谱模和剩余谱模

$v_{\max}=8; N_v=256; n_b=0.2; v_b=5; v_{tb}=1; k=0.2$

习 题

1. 解以下化学振荡方程

$$\begin{cases} \dfrac{\mathrm{d}X}{\mathrm{d}t}=A-(B+1)X+X^2Y,\\ \dfrac{\mathrm{d}Y}{\mathrm{d}t}=BX-X^2Y. \end{cases}$$

2. 解以下反应-扩散 (reaction-diffusion) 方程，得到斑图 (pattern)

$$\begin{cases} \dfrac{\partial A}{\partial t}=D_A\nabla^2 A-AB^2+f(1-A),\\ \dfrac{\partial B}{\partial t}=D_B\nabla^2 B+AB^2-(f+k)B. \end{cases}$$

3. 用谱方法求解正文中的 KdV 方程和非线性薛定谔方程.

4. 解以下二维平流-扩散 (reaction-diffusion) 方程，得到涡旋结构

$$\begin{cases} \dfrac{\partial w}{\partial t}=\nu\Big(\dfrac{\partial^2}{\partial x^2}+\dfrac{\partial^2}{\partial y^2}\Big)w+\dfrac{\partial \psi}{\partial y}\dfrac{\partial w}{\partial x}-\dfrac{\partial \psi}{\partial x}\dfrac{\partial w}{\partial y},\\ w=\Big(\dfrac{\partial^2}{\partial x^2}+\dfrac{\partial^2}{\partial y^2}\Big)\psi, \end{cases}$$

其中，ψ 和 w 分别为流函数 (stream function) 和涡量 (vorticity). 周期边界、初始条件分别为 $w(x,y,0)=\mathrm{sech}(x^2+y^2/20)$，$\nu=0.01$. 可以采用谱方法求解，比如参考张晓 (2016) 的文献.

5. 参照 Bratanov 等 (2013) 和 Ng 等 (1999) 的文献，研究碰撞效应对离散线性朗道阻尼模的影响，可以尝试不同的碰撞算符.

第 10 章 附 录

"All true genius is unrecognized." [1]
(所有真正的天才都还未被承认.)
——Friedrich Durrenmatt, The physicist

可能对某些读者, 说不定本书真正实用的反而是这个附录.

10.1 等离子体物理基本参数计算器

对于大部分需要代入具体数值作计算的人 (尤其实验人员) 来说, 麻烦不在于各种参数的计算公式找不到, 而在于代入数据作计算这一步很烦琐, 且易于出错. 因此, 这里不提供各种公式表达式, 而只提及本书附件中给出的 "等离子体物理常用参数计算器". 只需输入密度、温度、磁场等基本量, 各种常用基本量均自动计算好, 包括基本物理量 (图 10.1) 和磁约束聚变 (托卡马克) 中常用量.

计算器采用 "电子表格" 形式, 各种操作系统下各种常规电子表格软件应均可使用.

注: 以下, 蓝色为输入的参数, 按自己的需要进行调整, 紫色为自动计算输出的参数

第二部分 基本量的计算

电子等离子体频率 omega_p(Hz)	电子密度(m^-3)	注: 以下速度等的计算均未计入相对论效应。	
3.478E+10	1.50E+19		

离子等离子体频率 omega_p(Hz)	离子密度(m^-3)	荷电数Z	离子质量/质子质量
8.133E+08	1.50E+19	1	1

电子回旋频率 omega_ce(Hz)	离子回旋频率omega_ce(Hz)	低杂波频率omega_ce(Hz)	磁场（特斯拉）
8.40E+10	4.56E+07	1.96E+09	3

电子回旋半径 (m)	电子热速度(m/s)	电子温度(eV)	电子温度（开尔文）
4.20E+03	2.22E+07	2.80E+03	3.25E+07

---

[1] 取自 P. H. Diamond 2011 年 Alfvén Prize 讲稿.

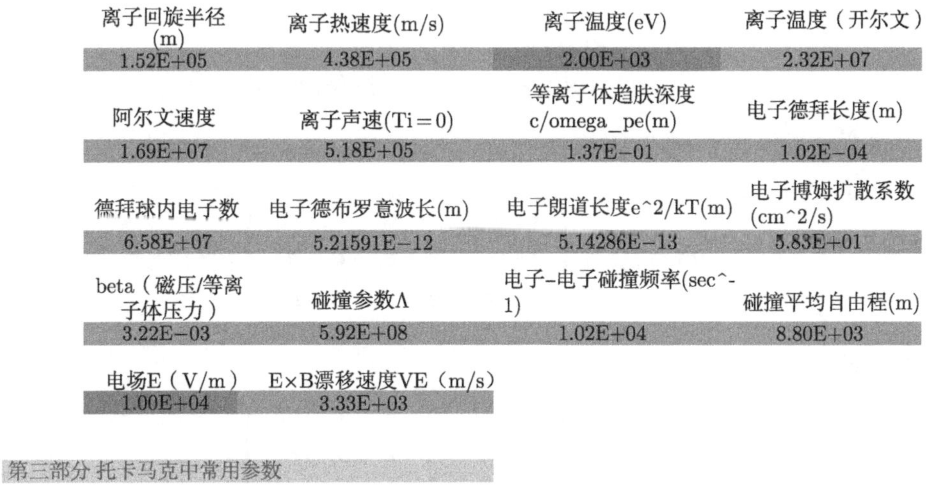

离子回旋半径(m)	离子热速度(m/s)	离子温度(eV)	离子温度(开尔文)
1.52E+05	4.38E+05	2.00E+03	2.32E+07
阿尔文速度	离子声速(Ti=0)	等离子体趋肤深度 c/omega_pe(m)	电子德拜长度(m)
1.69E+07	5.18E+05	1.37E−01	1.02E−04
德拜球内电子数	电子德布罗意波长(m)	电子朗道长度e^2/kT(m)	电子博姆扩散系数(cm^2/s)
6.58E+07	5.21591E−12	5.14286E−13	5.83E+01
beta（磁压/等离子体压力）	碰撞参数Λ	电子-电子碰撞频率(sec^-1)	碰撞平均自由程(m)
3.22E−03	5.92E+08	1.02E+04	8.80E+03
电场E（V/m）	E×B漂移速度VE（m/s）		
1.00E+04	3.33E+03		

第三部分 托卡马克中常用参数

图 10.1 等离子体物理常用参数计算器截图 (彩图见封底二维码)

10.2 矢量、张量和磁面坐标

托卡马克中平衡态的等离子体的磁场通常形成磁面, 磁力线与磁面重合, 许多物理量 (如温度、密度) 也通常是磁面的函数. 因而通过构造磁面坐标有效地利用这一对称性有助于简化计算. 这里简单介绍磁面坐标中相关的矢量运算及带偏移的托卡马克同心圆磁面位形. 详细的介绍可以参考 Xie (2015) 的博士论文和 Shafeq 文档 ①.

10.2.1 度规张量与雅可比

欧几里得坐标 (Euclidean coordinate) $r(x,y,z)$ 用任意其他曲线坐标 (u^1, u^2, u^3) 可以表示为

$$x = x(u^1, u^2, u^3), \quad y = y(u^1, u^2, u^3), \quad z = z(u^1, u^2, u^3), \tag{10.1}$$

或者反过来

$$u^1 = u^1(x,y,z), \quad u^2 = u^2(x,y,z), \quad u^3 = u^3(x,y,z). \tag{10.2}$$

协变 (covariant) 基矢

$$e_1 = \frac{\partial r}{\partial u^1}, \quad e_2 = \frac{\partial r}{\partial u^2}, \quad e_3 = \frac{\partial r}{\partial u^3}, \tag{10.3}$$

逆变 (contravariant) 基矢

$$e^1 = \nabla u^1, \quad e^2 = \nabla u^2, \quad e^3 = \nabla u^3, \tag{10.4}$$

①http://hsxie.me/codes/shafeq/.

有如下关系
$$e_i = \frac{e^j \times e^k}{e^i \cdot (e^j \times e^k)}, \quad e^i = \frac{e_j \times e_k}{e_i \cdot (e_j \times e_k)}. \tag{10.5}$$

协变度规张量 (metric tensor)
$$g_{ij} = g_{ji} = \begin{pmatrix} e_1 \cdot e_1 & e_1 \cdot e_2 & e_1 \cdot e_3 \\ e_2 \cdot e_1 & e_2 \cdot e_2 & e_2 \cdot e_3 \\ e_3 \cdot e_1 & e_3 \cdot e_2 & e_3 \cdot e_3 \end{pmatrix}, \tag{10.6}$$

逆变张量
$$g^{ij} = g^{ji} = \begin{pmatrix} e^1 \cdot e^1 & e^1 \cdot e^2 & e^1 \cdot e^3 \\ e^2 \cdot e^1 & e^2 \cdot e^2 & e^2 \cdot e^3 \\ e^3 \cdot e^1 & e^3 \cdot e^2 & e^3 \cdot e^3 \end{pmatrix}, \tag{10.7}$$

和雅可比 (Jacobi)
$$\mathcal{J} = |e_i \cdot (e_j \times e_k)| = \sqrt{|g_{ij}|}, \tag{10.8}$$

或雅可比的逆 (inverse Jacobi)
$$\mathcal{J}^{-1} = |e^i \cdot (e^j \times e^k)| = \sqrt{|g^{ij}|}. \tag{10.9}$$

协变与逆变基的变换为 $e_i = g_{ij}e^j$ 及 $e^i = g^{ij}e_j$。

对于轴对称坐标 (ψ, θ, ϕ), 其中 $\nabla\phi = 1/R\hat{\phi}$, 变换关系为 (也可参见 Jardin (2010) 文献的第五章)

$$\begin{pmatrix} \nabla\psi \\ \nabla\theta \\ \nabla\phi \end{pmatrix} = \begin{pmatrix} |\nabla\psi|^2 & \nabla\psi \cdot \nabla\theta & 0 \\ \nabla\theta \cdot \nabla\psi & |\nabla\theta|^2 & 0 \\ 0 & 0 & 1/R^2 \end{pmatrix} \begin{pmatrix} \nabla\theta \times \nabla\phi \mathcal{J} \\ \nabla\phi \times \nabla\psi \mathcal{J} \\ \nabla\psi \times \nabla\theta \mathcal{J} \end{pmatrix}, \tag{10.10}$$

及

$$\begin{pmatrix} \nabla\theta \times \nabla\phi \mathcal{J} \\ \nabla\phi \times \nabla\psi \mathcal{J} \\ \nabla\psi \times \nabla\theta \mathcal{J} \end{pmatrix} = \begin{pmatrix} |\nabla\theta|^2 \mathcal{J}^2/R^2 & -\nabla\theta \cdot \nabla\psi \mathcal{J}^2/R^2 & 0 \\ -\nabla\psi \cdot \nabla\theta \mathcal{J}^2/R^2 & |\nabla\psi|^2 \mathcal{J}^2/R^2 & 0 \\ 0 & 0 & R^2 \end{pmatrix} \begin{pmatrix} \nabla\psi \\ \nabla\theta \\ \nabla\phi \end{pmatrix}, \tag{10.11}$$

同时也给出
$$|\nabla\psi|^2 |\nabla\theta|^2 - (\nabla\theta \cdot \nabla\psi)^2 = \frac{R^2}{\mathcal{J}}. \tag{10.12}$$

10.2.2 磁面坐标

对于磁力线为直线的磁面坐标 (straight field line flux coordinates): ①选择 $\nu(\psi,\theta)$ 和 $\zeta = \phi - \nu$ 使得 $q \equiv \bm{B}\cdot\nabla\zeta/\bm{B}\cdot\nabla\theta = q(\psi)$[①],其中 $r = r(\psi)$ 是一个类似径向的磁面坐标; ② 额外的自由度来自选取 θ 使得满足特定雅可比 $\mathcal{J} = [\nabla\zeta\cdot(\nabla\psi\times\nabla\theta)]^{-1}$. 例子有: Hamada 坐标 $\mathcal{J} = \mathcal{J}_H(\psi)$ 和 Boozer 坐标 $\mathcal{J} = \hat{\mathcal{J}}_B(\psi)/B^2$.

另一种形式的 Boozer 坐标为

$$\bm{B} = g(\psi)\nabla\zeta + I(\psi)\nabla\theta + \delta(\psi,\theta)\nabla\psi. \tag{10.13}$$

注意到 $\nabla\phi = \hat{\phi}/R$ 及使用 $\bm{B}\cdot\nabla\zeta = \bm{B}\cdot\nabla\phi - \partial_\theta\nu\bm{B}\cdot\nabla\theta$、$\bm{B}\cdot\nabla\phi = g/R^2$ 和 $\bm{B}\cdot\nabla\theta = 1/(\mathcal{J}q)$,

$$\frac{\partial\nu}{\partial\theta} = \frac{gq\mathcal{J}}{R^2} - q. \tag{10.14}$$

注意到解 $\nu(\psi,\theta)$ 可以包含任意关于 ψ 的函数, 同时 (ψ,θ,ϕ) 系统中的雅可比与 (ψ,θ,ζ) 系统中的相同, $\mathcal{J}^{-1} = \nabla\zeta\cdot(\nabla\psi\times\nabla\theta) = \nabla\phi\cdot(\nabla\psi\times\nabla\theta)$.

混合表象 $\bm{B}$ (B_t 协变, B_p 逆变)

$$\bm{B} = g(\psi)\nabla\zeta + \nabla\zeta\times\nabla\psi_p, \tag{10.15}$$

通常比普适 (逆变) 磁通表象更方便

$$\bm{B} = \nabla\psi\times\nabla\theta + \nabla\zeta\times\nabla\psi_p, \tag{10.16}$$

或 Clebsch 表象

$$\bm{B} = \nabla\alpha(\psi,\theta,\zeta)\times\nabla\psi = \nabla(\zeta - q\theta)\times\nabla\psi, \tag{10.17}$$

其中, $\psi = \psi_t = \Psi_t/2\pi$ 和 $\psi_p = \Psi_p/2\pi$ 分别与环向和极向磁通相关.

使用式 (10.11), 我们可以把式 (10.15) 转换为协变形式

$$\bm{B} = g(\psi)\nabla\zeta + \left(\psi'_p\frac{\mathcal{J}}{R^2}|\nabla\psi|^2\right)\nabla\theta + \left(-\psi'_p\frac{\mathcal{J}}{R^2}\nabla\psi\cdot\nabla\theta\right)\nabla\psi, \tag{10.18}$$

其中, $\psi'_p = \mathrm{d}\psi_p/\mathrm{d}\psi = 1/q(\psi)$ 及 $\mathcal{J} = [\nabla\zeta\cdot(\nabla\psi_p\times\nabla\theta)]^{-1}$.

使用式 (10.13) 和式 (10.16), 在 Boozer 坐标中

$$B^2 = B_i\cdot B^i = g(\psi)\mathcal{J}^{-1} + \frac{I(\psi)}{q(\psi)}\mathcal{J}^{-1}, \tag{10.19}$$

即 $\mathcal{J}_B = [g(\psi) + I(\psi)/q(\psi)]/B^2$.

[①]注: 对非磁面坐标, 也有的对 q 使用平均定义为 $q(\psi) \equiv \langle\bm{B}\cdot\nabla\zeta/\bm{B}\cdot\nabla\theta\rangle_\theta$.

普适上, 我们可以定义新的磁面坐标, 使用 (D′ haeseleer 等 (1991) 文献的第 6 章)

$$\theta_F = \theta_f + \frac{\mathrm{d}\psi_p}{\mathrm{d}r_f} G(r_f, \theta_f, \zeta_f), \quad \zeta_F = \zeta_f + \frac{\mathrm{d}\psi_t}{\mathrm{d}r_f} G(r_f, \theta_f, \zeta_f). \tag{10.20}$$

这里我们主要对下面两种磁面坐标感兴趣:

$$\theta_f = \theta + \frac{\mathrm{d}\psi_p}{\mathrm{d}r} G(r, \theta, \zeta), \quad \zeta_f = \zeta, \tag{10.21}$$

和

$$\theta_f = \theta, \quad \zeta_f = \zeta - \frac{\mathrm{d}\psi_t}{\mathrm{d}r} G(r, \theta, \zeta). \tag{10.22}$$

1. Shafranov 坐标中的形式

Grad-Shafranov 方程中的表达式 (White, 2006)

$$\nabla r = \frac{\cos\theta}{1 - \Delta'\cos\theta} \hat{R} + \frac{\sin\theta}{1 - \Delta'\cos\theta} \hat{Z}, \tag{10.23}$$

和

$$\nabla\theta = -\frac{\sin\theta}{r(1 - \Delta'\cos\theta)} \hat{R} + \frac{(\cos\theta - \Delta')}{r(1 - \Delta'\cos\theta)} \hat{Z}, \tag{10.24}$$

在后续将用到.

忽略二阶 ϵ^2, 使用式 (10.15), 对环向场 (Hazeltine, 1992)

$$B_t(r, \theta) = \frac{g}{R} = B_{t0}(r)(1 - r\cos\theta) \simeq 1 - r\cos\theta, \tag{10.25}$$

其中, $B_{t0} = I/R_0 \simeq 1$. 对极向场

$$B_p = \frac{r}{q}|\nabla\phi \times \nabla r| = \frac{r}{qR(1 - \Delta'\cos\theta)} \simeq \frac{r}{q}[1 - (r - \Delta')\cos\theta], \tag{10.26}$$

我们可以看到 q 并不能测度局域的磁力线偏转 (local field line pitch)

$$\frac{\boldsymbol{B}\cdot\nabla\phi}{\boldsymbol{B}\cdot\nabla\theta} = q[1 - (r + \Delta')\cos\theta], \tag{10.27}$$

随 θ 变化. 因此, Shafranov 坐标不是磁面坐标 ①.

给定磁面坐标 $\theta_f = \theta + K(r, \theta)$ 及保持 $\zeta_f = \zeta$ 和 $r_f = r$, 我们有

$$\frac{\boldsymbol{B}\cdot\nabla\phi}{\boldsymbol{B}\cdot\nabla\theta_f} = \frac{\boldsymbol{B}\cdot\nabla\zeta}{\boldsymbol{B}\cdot\nabla\theta} \frac{1}{1 + \partial_\theta K} = \frac{q}{1 + \partial_\theta K}[1 - (r + \Delta')\cos\theta] = q, \tag{10.28}$$

给出

$$\partial_\theta K = -(r + \Delta')\cos\theta, \tag{10.29}$$

---

① 这对 $\Delta(r) = 0$ 的同心圆情况也成立!

即
$$\theta_f = \theta - (r + \Delta')\sin\theta. \tag{10.30}$$

图 4.14 显示了 Shafranov 坐标 ①和磁面坐标的差别. 为了画这张图, 我们需要 $\theta(\theta_f)$ 的关系式, 但它是隐式的, 并不像式 (10.30) 中 $\theta_f(\theta)$ 那样是显式的. 我们通过一维插值而不用求逆函数的方法计算上述非显式的关系式. 不过, 由于 $(r + \Delta') \sim O(\epsilon)$, 我们也可以使用如下近似

$$\theta = \theta_f + (r + \Delta')\sin\theta_f + O(\epsilon^2). \tag{10.31}$$

使用式 (10.20)~式 (10.22), 另一种磁面坐标的选择是保持 $\theta_f = \theta$ 和 $r_f = r$, 但 $\zeta_f = \zeta - \nu(r,\theta)$, 其中

$$\nu = -\left(-K\frac{\mathrm{d}_r\psi_p}{\mathrm{d}_r\psi_t}\right) = -q(r+\Delta')\sin\theta. \tag{10.32}$$

我们也可通过式 (10.14) 得到这个结果.

2. Boozer 坐标中的形式

注意式 (10.23)、式 (10.24) 和 $\nabla\psi_p = \nabla\psi/q = r\nabla r/q$, 类似于式 (10.13), 使用式 (10.18) 把式 (10.15) 重写为协变表象,

$$\boldsymbol{B} = g(\psi)\nabla\phi + \frac{r^2}{qR(1-\Delta'\cos\theta)}\nabla\theta + \frac{\Delta'\sin\theta}{qR(1-\Delta'\cos\theta)}\nabla\psi. \tag{10.33}$$

注意 $q(r) = \dfrac{\boldsymbol{B}\cdot\nabla\phi}{\boldsymbol{B}\cdot\nabla\theta_b}$, 及使用 ②

$$\frac{\partial\theta_b}{\partial\theta} = \frac{1}{R(1-\Delta'\cos\theta)}(R^2|r\nabla\theta_b|^2) \simeq \frac{1}{R(1+\Delta'\cos\theta)} \tag{10.34}$$

即
$$\theta_b = \theta - (r+\Delta')\sin\theta, \tag{10.35}$$

其中 $|r\nabla\theta_b|^2 = 1 - 2(r+\Delta')\cos\theta$, 我们可以变换式 (10.33) 到 Boozer 形式

$$\boldsymbol{B} = \underbrace{g(\psi)\nabla\psi}_{O(1)} + \underbrace{\frac{r^2}{q}\nabla\theta_b}_{O(\epsilon)} + \underbrace{\frac{\Delta'\sin\theta}{q}\nabla\psi}_{O(\epsilon^2)}, \tag{10.36}$$

---

①此时也是等弧长坐标 (equal arc coordinate).

②注意: 变换 $\dfrac{\partial\theta_b}{\partial\theta} = \dfrac{1}{R(1-\Delta'\cos\theta)}$, 得出 $\theta_b = \theta - (r-\Delta')\sin\theta$, 是不正确的.

这给出 $I = r^2/q$. 由于 $\delta(\psi, \theta_b)$ 项为 $O(\epsilon^2)$, 且较复杂, 应用中我们可以把它置零, 即, 近似用 $\delta = 0$. 对 g, 我们可以使用 $g = 1$ 或者从平衡方程的解 (White, 2006) 计算

$$g = 1 + g_2 = 1 - p(r) - \int_a^r \frac{1}{q}\left(\frac{r^2}{q}\right)' dr. \tag{10.37}$$

估计 g_2, 使用 $q = 2$, $a = 0.3$, $p = 0.05$, 得到 $|g_2| \simeq |-0.05 + 0.3^2/4| \simeq 0.03 \ll 1$, 确实非常小.

我们可发现 Boozer 坐标 (10.35) 与前面推导的磁面坐标 (10.30) 是相同的. 雅可比:

$$\mathcal{J} = [\nabla\phi \cdot (\nabla\psi \times \nabla\theta_b)]^{-1} = [r\nabla\phi \cdot (\nabla r \times \nabla\theta_b)]^{-1} = \frac{R(1 - \Delta'\cos\theta)}{1 - (r + \Delta')\cos\theta} \simeq R^2 \simeq 1/B^2. \tag{10.38}$$

Boozer 坐标在托卡马克粒子导心轨道的推进中较为方便 (White, 2006), 但也有较明显的缺点, 比如 θ_f 网格在外侧 ($\theta_f \simeq 0$) 处过于稀疏 (图 4.14).

3. Hamada 坐标中的形式

我们不作细推导直接写出结果

$$\theta_h = \theta + (r - \Delta')\sin\theta, \quad \zeta_h = \phi + 2qr\sin\theta, \tag{10.39}$$

其中雅可比

$$\mathcal{J} = [\nabla\zeta_h \cdot (\nabla\psi \times \nabla\theta_h)]^{-1} \simeq 1. \tag{10.40}$$

Hamada 坐标的主要优势在于雅可比较为简单.

10.2.3 零位移情况

零位移的同心圆几何较简单从而在测试或理论研究中经常用到. 广为人知的 s-α 的 Cyclone 测试 (benchmark)(Dimits, 2000) 事实上是 $\alpha = 0$, 即同心圆.

为了使得所有变量都是解析的, 我们需要特定的 q 剖面以避免数值积分 $r(\psi_p) = \sqrt{2\int q d\psi_p}$, 其中我们用到 $\psi_t = r^2/2$ 及 $d\psi_t/d\psi_p = q$. 一个通常用的选择是

$$q = q_1 + q_2 \hat{r}^2, \tag{10.41}$$

其中, $\hat{r} = r/a$, 或

$$q = q_1 + q_2 \hat{\psi}_p + q_3 \hat{\psi}_p^2, \tag{10.42}$$

其中, $\hat{\psi}_p = \psi_p/\psi_w$, ψ_w 是边界壁上的 ψ_p.

对式 (10.41), 我们得到

$$\psi_p = \frac{a^2}{2q_2}\ln\left(1 + \frac{2q_2}{a^2 q_1}\psi_t\right) = \frac{a^2}{2q_2}\ln\left(1 + \frac{q_2}{q_1}\hat{r}^2\right). \tag{10.43}$$

对式 (10.42), 我们得到

$$\psi_w\left(q_1\hat{\psi}_p + \frac{q_2}{2}\hat{\psi}_p^{\,2} + \frac{q_3}{3}\hat{\psi}_p^{\,3}\right) = \frac{r^2}{2}, \tag{10.44}$$

得出

$$\psi_p = \frac{r^2}{2\bar{q}}, \tag{10.45}$$

其中, $\bar{q} = q_1 + q_2\hat{\psi}_p + q_3\hat{\psi}_p^{\,2}$ 及 $a = 2\bar{q}(1)\psi_w$. 这个解析平衡是 GTC 代码中默认使用的.

所有其他变量可以在前面的描述中找到, 其中一些为: $R = 1 + r\cos\theta$, $B = \sqrt{B_t^2 + B_p^2}$, $B_t = 1/R = 1 - r\cos\theta$, $B_p = r/qR$, $g = 1$, $I = r^2/q$, $\delta = 0$. 通常, 我们使用 Boozer 磁面坐标, 从而需要注意 $\theta = \theta_0 - r\sin\theta_0$. 所以, 到 $O(\epsilon^2)$, 我们可以使用

$$R = 1 + r_f\cos\theta_f - r^2\sin^2\theta_f, \tag{10.46a}$$

$$Z = r_f\sin\theta_f + r_f^2\sin\theta_f\cos\theta_f, \tag{10.46b}$$

$$B = 1 - r_f\cos\theta_f + r_f^2. \tag{10.46c}$$

式 (10.46) 的形式 (另见 Meiss 和 Hazeltine (1990) 的文献) 在解析计算中有用, 但在数值研究中并不佳, 因为此时磁面在二阶下非圆, r/a 非小量时误差较大. 为了保证磁面为圆, 我们宜采用式 (4.31) 原来的形式, 数值中可采用前文提及的插值求逆的方式进行 θ 和 θ_f 间的转换.

10.3 各种随机分布函数的产生

10.3.1 赝随机数

第一步是如何产生均匀 (如 $[0,1)$ 间) 随机数. 计算机中的随机数实际上均为赝随机数 [1], 通常情况下, 默认的就够用. 但对随机数质量要求高时, 则可能需要额外的随机数产生器. 对于计算机随机数最好的介绍可能是高德纳 [2] 的经典著作

---

[1] 一篇很好的科普文章, http://www.ams.org/samplings/feature-column/fcarc-random, David Austin, Random Numbers: Nothing Left to Chance. 网上可找到中译 "随机数: 机会全无".

[2] 高德纳 (Donald Ervin Knuth, 1938 年 1 月 10 日—), 英文名直译为唐纳德·欧文·克努特, 传奇计算机科学家, 被誉为现代计算机科学的鼻祖. 《计算机程序设计艺术》(目前后几卷仍然在写作中) 的作者, 排版软件 TeX 和字型设计系统 Metafont 的发明人. "高德纳"这个中文名是 1977 年他访问中国之前所取, 命名者是图灵奖获得者姚期智的夫人姚储枫. TeX 受到许多人的高度赞誉, 尤其是数学家和理论物理学家, 称其"让写作成为了一种享受". 本书最初是用所见即所得的 MS Word 软件排版, 尽管方便, 但很快就发现各种细节很不尽如人意, 乃至大大影响本书写作的信心. 转用 LaTeX 后, 确有"写作为一种享受"之感.

《计算机程序设计艺术》的第二卷 (Knuth, 1997),建议对计算机随机数产生感兴趣的读者可研究此书.

计算机中最常用的应该是线性同余产生器,早期许多语言 (如 Fortran、C、Java) 自带的赝随机数发生器就是用这种方法,种子通常取系统的当时时间,重复的可能性很小.

$$x_{i+1} = f(x_i) = (ax_i + c) \mod m, \tag{10.47}$$

其中,m 为模数,a 为乘数,c 为增量,从一个种子 x_0 出发,可以得到一个序列,式中的函数 f 也可用二次函数等非线性函数替代.

1997 年,Makoto Matsumoto 和 Takuji Nishimura 发现了一个他们命名为梅森绞扭器 (Mersenne Twister[①]) 的新随机数产生器,具有惊人的大周期 $2^{19937} - 1$. 尽管在密码应用中被发现并不很安全,但由它产生的随机数却在各种随机数性能测试下均表现得非常有效,现已被广泛使用,尤其适合蒙特卡罗模拟方面. 该方法已经在 Matlab、Python、Ruby、R 和 PHP 等多种语言中替代同余法定为默认的随机数发生器. 对于 C、C++、Fortran 等用户,也可在网上轻易找到相应的算法及可用的代码,因此这里不详介绍.

以上也是我们写 C、Fortran 等代码时,经常要给随机数种子 (seed) 才能产生有效的随机数,而在 Matlab 代码中却直接用 rand 函数就行的原因.

10.3.2 任意分布的产生

我们首先来介绍如何把 $[0,1]$ 间均匀分布的随机数转换为任意其他分布.

1. 变换法

假定我们需要生成 y 满足 $f(y)$ 的分布,通过从均匀分布 x 转换. 我们有方程

$$f(y) \cdot dy = 1 \cdot dx,$$

这样我们就有

$$x = F(y) \equiv \int f(y) \cdot dy,$$

从而得到

$$y = F^{-1}(x),$$

也即需要对 $f(y)$ 求积分再求逆. 这对一些简单函数很容易实现,比如要生成 $[a,b]$ 的均匀分布只需要 $y = (b-a)x + a$,其中 x 为 $[0,1]$ 均匀分布. 第 7.3.4 小节的柯西分布随机数就是这种方法产生的. 不过,由于大部分形式的 $f(y)$ 对应的逆函数 $F^{-1}(x)$ 不易求,因而这种方法不普适.

[①]http://en.wikipedia.org/wiki/Mersenne_twister.

我们第一种替代方法是不求解析的逆函数，而是使用插值的近似逆函数，这通常也可以达到高精度.

2. 舍选法

这种方法类似于蒙特卡罗法撒点求 π，假设我们需要生成区间 $[a,b]$ 上满足 $f(y)$ 形式的随机数，那么我们每次生成两个随机数 x_1 满足 $[a,b]$ 均匀分布，x_2 满足 $[0,f_{\max}]$ 均匀分布，只要 $x_2 \leqslant f(x_1)$ 我们就保留这个点的 x_1 作为这次的 y；如果 $x_2 > f(x_1)$，那么我们重复这个过程，直到满足条件. 这种方法相较于变换法的效率大致为 S_f/S_0，其中 S_f 为 $f(y)$ 在区间 $[a,b]$ 的积分面积，S_0 为总矩形区间 $[a,b] \times [0, f_{\max}]$ 的面积. 因而这种方法不适合 S_f 占比较小的情况，比如不适合生成区间较大的高斯分布，除非截断速度 $|y|$ 较大的.

磁约束中，中性束注入或聚变反应等产生的高能粒子，经过弛豫，一般符合慢化分布函数. 做磁约束高能粒子相关物理模拟的人员需要用到这一分布，它可以通过这里的舍选 (reject) 法产生. 舍选还有各种提高采样效率的拓展，这里不再具体介绍.

10.3.3 高斯分布的产生

由于物理中，最常见、常用的是麦克斯韦分布，在粒子模拟中这种分布也几乎必不可少. 麦克斯韦分布其实就是高斯分布，也即正态分布. 我们会发现，用前面普适分布的方法，并非是最有效的方式.

一维的转换函数通常不够用，常用的是二维的转换函数

$$y_1 = \sqrt{-2\ln(x_1)}\cos(2\pi x_2), \tag{10.48}$$

$$y_2 = \sqrt{-2\ln(x_1)}\sin(2\pi x_2), \tag{10.49}$$

其中，x_1 和 x_2 均为 $[0,1]$ 均匀分布，y_1 和 y_2 均为正态分布，我们可以选取其中一个扔掉另一个.

另一种简单有效的方式是采用 Padé 近似，它的转换式为 (Abramowitz and Stegun, 1972)

$$x_p = t - \frac{c_0 + c_1 t + c_2 t^2}{1 + d_1 t + d_2 t^2 + d_3 t^3} + \epsilon(p), \tag{10.50}$$

其中，$t = \sqrt{\ln(1/p^2)}$，$|\epsilon(p)| < 4.5 \times 10^{-4}$，$Q(x_p) = p$，$0 < p < 0.5$，$Q(x) = \frac{1}{2\pi}\int_x^\infty e^{-t^2/2}dt$，及 $c_0 = 2.515517$，$d_1 = 1.432788$，$c_1 = 0.802853$，$d_2 = 0.189269$，$c_2 = 0.010328$，$d_3 = 0.001308$. 这样我们可以通过均匀分布 t 生成正态分布 x_p.

比较幸运的是，对于特定语言，我们有更简单的方法，比如 Matlab，直接用 randn ( ) 函数就可产生非常好的高斯分布.

10.4 高斯求积

我们这里简介所谓的高斯求积分方法,对于无穷积分,它基于一些固定的函数点的值通过求和来近似求积分.

我们这里主要讨论 Gaussian-Hermite 求积

$$\int_{-\infty}^{\infty} e^{-x^2} f(x) dx = \sum_i A_i f(x_i), \tag{10.51}$$

其中 x_i ($i = 1, 2, \cdots, n$) 是积分节点,A_i 是权重系数. x_i 和 A_i 均与待被积的函数 $f(x)$ 无关. 这里 x_i 是 n 阶 Hermite 多项式 $H_n(x)$ 的根,系数 A_i 由下面给出

$$A_i = \frac{2^{n-1}(n-1)!\sqrt{\pi}}{2n[H_{n-1}(x_i)]^2}. \tag{10.52}$$

如果 $f(x)$ 是阶数小于 $2N-1$ 的多项式,上述求积是精确的. 为了加快速度,x_i 和 A_i 可以事先求出列表,或者通过下面的递推关系计算

$$\begin{aligned} H_{n+1}(x) &= 2xH_n(x) - 2nH_{n-1}(x), \\ H_0(x) &= 1, \\ H_1(x) &= 2x. \end{aligned} \tag{10.53}$$

如果是多维积分,则

$$\int_0^{\infty} dy \int_{-\infty}^{\infty} dx\, e^{-x^2-y^2} f(x,y) \simeq \sum_i \sum_j A_i A_j f(x_i, y_j). \tag{10.54}$$

通常 $n \sim 40$ 就比较准. 当然,实际中更常用的是求 $\int_{-\infty}^{\infty} g(x)dx$, 作替换 $g(x) = f(x)e^{-x^2}$, 得 $f(x) = g(x)e^{x^2}$, 然后再通过上面的高斯积分方法计算. 这种方法在一些等离子体中求积分时也用,不过,很可惜,对于我们最常用的 $Z(\zeta) = \pi^{-1/2} \int_{-\infty}^{\infty} dx \exp(-x^2)/(x-\zeta)$ 函数,它非常不准. 这是因为被积函数分母有奇点.

高斯求积还有各种其他形式,对于特定 $f(x)$,通常可以测试不同的高斯积分规则,以寻找表现最优的. Gauss-Chebyshev $\int_{-1}^{1} \frac{f(x)}{\sqrt{1-x^2}} dx$, Gauss-Laguerre $\int_{-\infty}^{\infty} e^{-x} f(x)dx$. 而在第 8 章,求速度空间双重积分时,垂直方向,经测试用 Gauss-Kronrod 积分较有效. 为了增加高斯积分的精度,有时也可不增加高斯节点的阶数,而固定阶数,但把积分区间分成许多小段分别用高斯积分求积再求和.

10.5 简振模和本征模及模结构

本征模 (eigenmode) 和简振模 (normal mode) 由于其较大的相似性, 有时也不加区分. 一般接触本征模最早是在驻波 (standing wave) 中, 而简振模是在耦合谐振子中. 两者最主要的区别可以认为是前者有边界条件, 后者没有. 另外则是本征模的数量通常是无穷的, 可以叠加出系统的任何状态; 而简振模通常只有固定的几支.

在讲波动问题时, 一般教材均对群速度和相速度进行了讨论, 而我们常听到"模结构"的概念. 初学者可能很快就忘掉它究竟该是什么样的图像了. 回忆驻波, 模结构是一个包络, 体现物理量空间分布的相对大小, 它的大小 (单位) 在本征模处理时是任意的, 在应用到具体的物理问题中则由振幅限制. 物理量以模结构的空间分布形状在平衡位置附近作整体振荡, 类似于打鼓.

另一个问题是, 为何我们常只看到特定模数的本征模较明显, 而其他的被掩盖. 这在第 7 章讨论输运问题时我们已经碰到一个例子, 固定边界时, 高阶模极快地衰减, 最后体现出来的是最低阶模. 另一个例子是回旋共振问题中, 也是低阶模最明显.

10.6 阿贝尔反演

阿贝尔 (Abel) 反演在托卡马克实验中用来计算密度等剖面 ($F(r)$) 时常需要用到. 在旋转对称系统中, 测量到的观测量的强度为平均值 $I(y)$

$$I(y) = 2\int_0^{\sqrt{R^2-y^2}} F(r)\mathrm{d}x = 2\int_y^R \frac{rF(r)}{\sqrt{r^2-y^2}}\mathrm{d}r, \tag{10.55}$$

反变换为

$$F(r) = -\frac{1}{\pi}\int_r^R \frac{\mathrm{d}I(y)}{\mathrm{d}y}\frac{\mathrm{d}y}{\sqrt{y^2-r^2}}, \tag{10.56}$$

这样就能用 $I(y)$ 的测量结果算出 $F(r)$.

以上也可参考宫本健郎 (1981) 文献的 15.5 节或 Fleurier 和 Chapelle (1974) 的文献提供的计算程序.

10.7 数值库的使用

本书中许多代码是用 Matlab 实现的, 这是因为它的集成化很好, 许多函数可直接调用, 可使代码尽量短, 可视化也便捷. 然而, 许多时候 (尤其写大规模并行程序时), 这类集成工具并不有效.

在数值计算模拟中，经常要用到一些固定的算法，如方程求根、矩阵求本征值、数值积分、傅里叶变换. 这些当然可以自己写，而一种较好的替代方法是使用专门的数值库. 这又包括两种做法：第一种是使用代码片段，嵌入自己的程序；另一种是链接到专用库，调用其中的函数.

第一种做法，最常用的是数值分析方法库中的代码段，C/C++/F77/F90 等各种版本均有.

第二种，有许多，比如 IMSL 库 (Windows 下的 Compaq Visual Fortran 有集成)、开源的 Lapack 等.

使用库的优势是，节省编写代码的时间，且通常的库都会在保持通用性情况下用尽可能高效的方式去实现，效率会比随便编写的未优化的程序高. 不好的地方是，通常会使程序的一体化变差 (比如，风格的不一致导致可读性降低)，如果是调用函数的方式，则还需事先配置相应的库，较为麻烦.

10.8 集群使用简介

据反映，许多做数值模拟的硕士生导师、博士生导师强烈建议应该从本科生开始就熟悉 Linux 的使用，至少是简单的程序编译、运行等操作. 因此，这里给一简介.

10.8.1 Linux 使用

Linux 操作系统的版本较多，单机所用较流行的为 Ubuntu 和 Fedora. Ubuntu 是近几年较热门的版本，提供有 wubi 工具，使初入门者可以非常简单地在 Windows 系统下直接安装 Linux. 为了简单或防止误操作导致系统崩溃等带来不必要的损失，把 Linux 装在虚拟机 (如 Vmware) 中也是很流行的一种方式，它可以使得用户甚至不需要自己安装和配置操作系统，直接从其他人那复制一个就能与原系统 100% 一样.

Linux 下安装软件与 Windows 不同，最好是能联网，首先配置好源 (source)，只要源中有，就可用命令行或系统自带的软件管理工具方便地安装.

编程所需配置并不多. 安装 gfortran、gcc 等编译器，有必要则安装一些库，如 lapack. 以 hello.F90 为例：

```
1  Program hello
2      Write(*,*) "Hello, I am F90!"
3  End program
```

编译：

10.8 集群使用简介

```
gfortran hello.f90
```

用 "ls" 命令可看到当前目录下生成了一个新文件 "a.out".
执行:

```
./a.out
```

将在屏幕上打印出 "Hello, I am F90!".

对于其他语言 (如 C、C++) 和编译器 (如 gcc、ifort), 操作类似. 更复杂的命令这里不再介绍. 对于多文件的程序, 一般用 makefile 文件进行管理和编译.

10.8.2 集群使用

大规模并行计算离不开集群 (cluster), 集群一般用 qsub 方式提交程序. 获得集群账号后, 第一步通常是配置 "~/.bashrc" 文件, 在其中指定一些库的位置等, 其中的 "~" 是指用户的 home 目录. 通常集群管理员会提供范例, 或者, 可直接问其他用户复制一个.

配置好 ".bashrc" 文件后, 就可编译和提交程序了. 简单文件, 操作方式如前. 对于多文件, 如果是其他人的, 要么有一个主文件 (其他文件以 include 方式嵌入主文件), 只编译主文件即可; 要么会提供 makefile 文件, 此时

```
make
```

系统会自动生成可执行文件. 对于单机文件, 当然也可以像前面一样直接运行, 但不建议这样, 因为会造成集群主节点压力过大.

一个 qsub 文件示例, 运行前面 hello.F90 产生的 a.out 文件, test.sub:

```
#! /bin/bash
#PBS -q verylong
#PBS -l nodes=1:ppn=1
cd $PBS_O_WORKDIR
./a.out > out.txt
```

"test.sub" 与 "a.out" 放在同一目录下, 并 cd 到该目录:
提交

```
qsub test.sub
```

系统将在集群中的一个节点中分配一个核用来运行该程序.
查看程序运行状态

```
1  qstat
```

中断程序，qdel 加上 qstat 看到的程序编号. 前面 test.sub 中的 "> out.txt" 是把程序运行输出的结果重定向输出到 "out.txt" 中，打开 "out.txt" 可看到其中的内容. 查看和编辑文本文件可以 vi，如果只是查看，比如文件的前几行，用 head，后几行用 tail，如

```
1  head out.txt
2  tail out.txt
```

2010 年 11 月，全球 top500 计算机排行第一位的天河 (TH-1A) 上的程序提交稍有不同，使用的是 yhbatch 方式.

文件 sub_th1a

```
1  #! /bin/bash
2  yhrun -n 512 -p TH_NET xxx
```

提交和查看运行状态

```
1  yhbatch -n 512 -p TH_NET
2  sub_th1a yhq
```

近几年，全球最快的超级计算机均在中国，分别为位于广州的 "天河二号" (2013 年 6 月起) 和位于无锡的 "神威太湖之光" (2016 年 6 月起)，峰值性能已能达到 10 亿亿次/秒以上.

10.9 其他实用信息

这部分提供一些其他实用信息，部分可能与数值计算不直接相关，但跟等离子体物理相关，它们对初学者或者其他有志掌握更多知识的读者可能会有作用. 这些信息，很少在印刷书中有出现.

10.9.1 部分网址

以下几个网址可能会经常用到：

- Google: https://www.google.com/ncr 及 https://scholar.google.com/.
- Wikipedia: https://en.wikipedia.org，但一般可直接从 Google 中检索词条跳转到 wiki.

- Wolfram Alpha: http://www.wolframalpha.com/, 在线版的 Mathematica, 并且更智能, 一些简单的公式推导可以直接用它.

10.9.2 数值分析方法库

数值分析方法库是较为经典、通用的工具书及程序集, 尤其在国外, 许多人的代码都会用该库, 其主页http://www.nr.com/. 对于做科学或工程的人员来说, 如果一定要推荐一本合适的数值书, 那么最佳的可能会是这本. 可以直接当库用, 也可用来学算法, 还可学到编程的技巧或艺术. 它有 C、C++、Fortran77、Fortran90 等各种版本. 它也为许多等离子体中经验丰富的数值工作者所推荐和常用.

10.9.3 CPC 数值库

CPC 计算物理程序库 (Computer Physics Communications Program Library), 建于 1969 年, 目前包含两千多个计算物理和化学方面的程序, http://cpc.cs.qub.ac.uk/, 对各程序描述的论文均发表在 Computer Physics Communications 杂志上, 可通过 Science Direct 在线查看. 国内一般的学术单位 (高校、研究所), 应该均可进入该库, 提供 email 就可下载程序. 下载论文, 可能还需额外数据库的权限.

库的涵盖面很全, 如天文、凝聚态、核物理、等离子体物理等, 共 23 项. 等离子物理 ①方面目录

19 Plasma Physics
- 19.1 Atomic and Molecular Processes
- 19.2 Beams
- 19.3 Collisionless Plasmas
- 19.4 Data Interpretation
- 19.5 Discharges
- 19.6 Equilibrium and Stability
- 19.7 Inertial Confinement
- 19.8 Kinetic Models
- 19.9 Magnetic Confinement
- 19.10 Magnetohydrodynamics
- 19.11 Transport
- 19.13 Wave-plasma Interactions

比如, 里面有计算托卡马克平衡的代码 CHEASE、VMOMS, 解 VLASOV 方程、Fokker-Planck 方程代码, 回旋动理学代码 GKW, 各种相对论等离子体代码等,

---

①原网页列表中缺 19.12, 可能是编号错误.

比较全面，许多均有参考价值，有些可作入门用，有些可直接改写用来做自己的研究. 不过可能由于格式问题，一些较早的代码需要修改才能正常使用.

10.9.4　Mathematica 软件的符号推导功能

除了数值计算外，还有一种更高级的计算方式——符号计算. MAPLE、Mathematica 等软件均有强大的符号计算能力，可直接进行微分、积分、公式推导、化简等. 等离子体物理中，偏数值模拟的，使用 Matlab 较多，因其数值计算、可视化均较好，且具有一定符号计算能力; 而偏数值计算，也即更靠近纯理论的人，Mathematica 会用的更多，这是因为 Mathematica 最初几乎就是为此而生，其最早的作者 Stephen Wolfram[①] 最初本身就是粒子物理学家.

比如，多项式展开 Expand、ExpandAll, 多项式化简 Simplify, 多项式因式分解 Factor, 分式约分、通分 Cancel、Together 等. 其中, 6.2 节中, 冷等离子体色散关系的化简, 用 Simplify 等几个函数, 可以大大减少手工化简的计算量. 这里不细介绍, 有兴趣者可自己研究.

这里提及跟等离子体物理直接相关的一个 Mathematica 符号矢量分析工具包 GVA, 它最早由秦宏在普林斯顿大学念博士期间所开发 (Qin, 1998; 1999), 原程序可在 CPC 程序库中找到, 或者 http://ftp.physics.uwa.edu.au/pub/Mathematica/Calculus/.

比如, demo 文件中, 化简理想磁流体中一个表达式, 见图 10.2, 及计算托卡马克坐标中一些量的示例, 见图 10.3. 其矢量分析功能, 还能自动分离出各阶量级.

❄ An example from ideal megnetohydrodynamics

$In[8]:= \nabla \cdot (\mathbf{B}_0) = 0; \mathbf{Q} = \nabla \times (\boldsymbol{\xi} \times \mathbf{B}_0); \mathbf{J} = \nabla \times \mathbf{Q}$

$Out[8]= \nabla \times (\nabla \times (\boldsymbol{\xi} \times (\mathbf{B}_0)))$

$In[9]:= \mathbf{VectorExpand}[\mathbf{J}]$

$Out[9]= -(\nabla(\nabla \cdot \boldsymbol{\xi})) \times (\mathbf{B}_0) - \nabla \times ((\boldsymbol{\xi} \cdot \nabla)(\mathbf{B}_0)) + \nabla \times (((\mathbf{B}_0) \cdot \nabla) \boldsymbol{\xi}) - \nabla \times (\mathbf{B}_0) \nabla \cdot \boldsymbol{\xi}$

图 10.2　GVA 化简理想磁流体中表达式示例

对于做理论工作较多的人而言, Mathematica 确实会是一个很好的值得掌握的工具. 除了上面的例子外, 陈玲 (2011) 从双流体方程化简求动理学阿尔文波色散

[①] Wolfram(1959.08.29—), 英国人, 为典型的天才人物, 19 岁时受盖尔曼之邀到加州理工学院, 从事基本粒子物理学方面的研究, 取得显著成就, 一年内获得理论物理学博士学位. 1981 年被授予麦克阿瑟"天才"奖 (MacArthur Genius Fellowship), 如今依然是该奖最年轻的获得者. Mathematica 的创造者, *A New Kind of Science* 的作者, 2009 年推出知识引擎 WolframAlpha.

10.9 其他实用信息

图 10.3 GVA 计算托卡马克坐标中问题示例,高阶小量也有注明

关系,Bret (2007) 求解束–等离子体介电张量,均为入门可参考的例子.

10.9.5 等离子体物理主要期刊

我们这里列出一些等离子体物理及计算物理相关的主要期刊:

- Physics of Plasmas (1994—) 及前身 Physics of Fluids B, 等离子体物理最主要的期刊;
- Computer Physics Communications 和 Journal of Computational Physics, 计算物理两个主要期刊;
- Nuclear Fusion 和 Plasma Physics and Controlled Fusion, 磁约束聚变另两个主要期刊;
- Phys. Rev. Lett. 和 Rev. Mod. Phys., 含较多影响力较高的原创文章和综述文章;
- Plasma Science and Technology, 国内单位主办的等离子物理期刊;
- Commun. Comput. Phys., 国内单位主办的重要计算物理期刊;
- https://arxiv.org/list/physics.plasm-ph/recent, 最新等离子体预印本文章.

等离子体物理中最重要的问题也还主要属于工程和实验/观测方面, 它的理论问题主要是如何解方程, 从中找到我们想要的物理, 主要目的在于帮助理解, 从而指导实验. 譬如如果我们已经实现了可控核聚变, 笔者相信很少有人会再去花大力气研究堪称"经典物理复杂度之最"的各种等离子体物理理论. 在本书最初, 笔者强调 insight, 这是理论的用武之地; 在本书最后引用图 10.4, 则是提醒实验家"更重要", 提醒理论家和模拟家"要注意与实验结合".

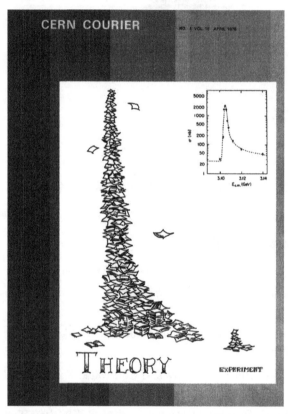

图 10.4　J.D.Jackson 在 J/ψ 粒子发现 (1974 年, 粒子物理的"十一月革命") 后引起的粒子物理领域的兴奋而画的一张卡通评论图, 印在 1975 年 4 月 CERN Courier 封面

习　题

1. 用 reject 法生成慢化分布

$$F_{\rm SD} = \frac{3\sqrt{3}v_t^2}{4\pi} \frac{1}{|v|^3 + v_t^3} H(v_c - |v|), \tag{10.57}$$

其中, H 为阶跃函数.

参考文献

阿尔芬 H, 菲尔塔玛 C G. 1974. 宇宙电动力学. 戴世强, 译. 北京: 科学出版社.

阿尔文. 1987. 宇宙等离子体. 北京: 科学出版社.

陈玲. 2011. 高 β 等离子体中的动力学阿尔文波及其激发机制. 中国科学院研究生院博士学位论文.

大林辰藏. 1984. 日地空间物理. 冯克嘉, 译. 北京: 北京师范大学出版社.

冯康. 1978. 数值计算方法. 北京: 国防工业出版社.

冯康. 2003. 哈密尔顿系统的辛几何算法. 杭州: 浙江科学技术出版社.

傅竹风, 胡友秋. 1995. 空间等离子体数值模拟. 合肥: 安徽科学技术出版社.

宫本健郎. 1981. 热核聚变等离子体物理学. 金尚宪, 译. 北京: 科学出版社.

宫野. 1987. 计算物理. 大连: 大连工学院出版社.

胡希伟. 2006. 等离子体理论基础. 北京: 北京大学出版社.

蒋伯诚, 周振中, 常谦顺. 1989. 计算物理中的谱方法——FFT 及其应用. 长沙: 湖南科学技术出版社.

蒋耀林. 2013. 工程数学的新方法. 北京: 高等教育出版社.

卡多姆采夫. 1983. 等离子体中的集体现象. 刘成海, 译. 北京: 原子能出版社.

克拉尔, 特里维尔皮斯. 1983. 等离子体物理学原理. 北京: 原子能出版社.

李定, 陈银华, 马锦秀, 等. 2006. 等离子体物理学. 北京: 高等教育出版社.

栗弗席兹 E M, 朗道 L. 2012. 理论物理学教程 (第 2 卷): 场论. 8 版. 北京: 高等教育出版社.

刘金远, 段萍, 鄂鹏. 2012. 计算物理学. 北京: 科学出版社.

马腾才, 胡希伟, 陈银华. 1988. 等离子物理原理. 合肥: 中国科学技术大学出版社.

彭芳麟. 2002. 理论力学计算机模拟. 北京: 清华大学出版社.

彭芳麟. 2004. 数学物理方程的 MATLAB 解法与可视化. 北京: 清华大学出版社.

彭芳麟. 2010. 计算物理基础. 北京: 高等教育出版社.

邵福球. 2002. 等离子体粒子模拟. 北京: 科学出版社.

王闽. 1993. 等离子体物理及其计算机模拟. 西安: 陕西科学技术出版社.

王胜. 2016. 托卡马克中电阻撕裂模不稳定性的数值模拟研究. 浙江大学博士学位论文.

王水, 李罗权. 1999. 磁场重联. 合肥: 安徽教育出版社.

王晓钢. 2014. 等离子体物理基础. 北京: 北京大学出版社.

徐家鸾, 金尚宪. 1981. 等离子体物理学. 北京: 原子能出版社.

徐荣栏, 李磊. 2005. 磁层粒子动力学. 北京: 科学出版社.

张林波, 迟学斌, 莫则尧, 等. 2006. 并行计算导论. 北京: 清华大学出版社.

张晓. 2016. Matlab 微分方程高效解法: 谱方法原理与实现. 北京: 机械工业出版社.

赵凯华. 2013. 电浆基本理论. 北京: 高等教育出版社.

朱士尧. 1983. 等离子体物理基础. 北京: 科学出版社.

Abramowitz M, Stegun I A. 1972. Handbook of Mathematical Functions with Formulas, Graphs, and Mathematical Tables. New York: Dover Publications.

Alfvén H. 1942. Existence of electromagnetic-hydrodynamic waves. Nature, 150:405-406.

Atzeni S, Meyer-ter-Vehn J. 2009. The Physics of Inertial Fusion: Beam Plasma Interaction, Hydrodynamics, Hot Dense Matter (only Chap1-8). International Series of Monographs on Physics. Boston: Oxford University Press, USA.

Aydemir A Y. 1994. A unified monte carlo interpretation of particle simulations and applications to non-neutral plasmas. Physics of Plasmas, 1(4):822-831.

Balescu R, Vlad M, Spineanu F. 1998a. Tokamap: A hamiltonian twist map for magnetic field lines in a toroidal geometry. Physical Review E, 58(1):951-964.

Balescu R, Vlad M, Spineanu F. 1998b. Tokamap: A model of a partially stochastic toroidal magnetic field. // Sadruddin Benkadda and George Zaslavsky, editors, Chaos, Kinetics and Nonlinear Dynamics in Fluids and Plasmas, volume 511 of Lecture Notes in Physics, 241-261. Springer Berlin / Heidelberg, 10.1007/BFb0106958.

Berk H L, Breizman B N. 1990a. Saturation of a single mode driven by an energetic injected beam. I. plasma wave problem. Physics of Fluids B: Plasma Physics, 2(9):2226-2234.

Berk H L, Breizman B N. 1990b. Saturation of a single mode driven by an energetic injected beam. II. electrostatic "universal" destabilization mechanism. Physics of Fluids B: Plasma Physics, 2(9):2235-2245.

Berk H L, Breizman B N. 1990c. Saturation of a single mode driven by an energetic injected beam. III. alfv[e-acute]n wave problem. Physics of Fluids B: Plasma Physics, 2(9):2246-2252.

Büchner J, Dum C, Scholer M. 2003. Space Plasma Simulation. Lecture Notes in Physics. Berlin: Springer.

Birdsall C K, Langdon A B. 1991. Plasma Physcis via Computer Simulation. IOP.

Boozer A H. 1980. Guiding center drift equations. Physics of Fluids, 23(5):904-908.

Boozer A H, Kuo Petravic G. 1981. Monte carlo evaluation of transport coefficients. Phys. Fluids, 24:851.

Boyd T J M, Sanderson J J. 2003. The Physics of Plasmas. Cambridge.

Braginskii S I. 1965. Transport processes in a plasma. Reviews of Plasma Physics, 1: 205-311.

Bratanov V. 2011. Landau and van kampen spectra in discrete kinetic plasma systems. Master's thesis, LMU Munich. http://www.theorie.physik.unimuenchen. de/TMP/theses/.

Bratanov V, Jenko F, Hatch D, et al. 2013. Aspects of linear landau damping in discretized systems. Physics of Plasmas, 20, 022108.

Bret A. 2007. Beam-plasma dielectric tensor with mathematica. Computer Physics Communications, 176(5):362-366.

Bret A, Deutsch C. 2006. A fluid approach to linear beam plasma electromagnetic instabilities. Physics of Plasmas, 13(4): 042106.

Busnardo-Neto J, Pritchett P L, Lin A T, et al. 1977. A self-consistent magnetostatic particle code for numerical simulation of plasmas. Journal of Computational Physics, 23(3): 300-312.

Berk H L, Breizman B N, Pekker M. 1996. Nonlinear dynamics of a driven mode near marginal stability. Physical Review Letters, 76(8):1256-1259.

Case K M. Plasma oscillations. 1959. Annals of Physics, 7(3): 349-364.

Cerfon A J, Freidberg J P. 2010. "One size fits all" analytic solutions to the grad ⊢ Shafranov equation. Physics of Plasmas, 17:032502.

Chen F F. 1984. Introduction to plasma physics and controlled fusion. Berlin: Springer.

Chen L. 1987. Waves and Instabilities of Plasmas. World Scientific Lecture Notes in Physics, World Scientific, 12.

Chen L, Hasegawa A. 1991. Kinetic theory of geomagnetic pulsations, 1. internal excitations by energetic particles. Journal of Geophysical Research, 96(A2): 1503-1512.

Chen L, White R B, Rosenbluth M N. 1984. Excitation of Internal Kink Modes by Trapped Energetic Beam Ions. Physics Review Letters, 52: 1122.

Chen L, Zonca F. 2016. Physics of alfvén waves and energetic particles in burning plasmas. Reviews of Modern Physics, 88: 015008.

Cheng C Z, Chance M S. 1986. Low-n shear alfv[e-acute]n spectra in axisymmetric toroidal plasmas. Physics of Fluids, 29(11): 3695-3701.

Cheng C Z, Chance M S. 1987. Nova: A nonvariational code for solving the mhd stability of axisymmetric toroidal plasmas. Journal of Computational Physics, 71(1): 124-146.

Cheng C Z, Knorr G. 1976. The integration of the vlasov equation in configuration space. Journal of Computational Physics, 22(3): 330-351.

Chew G F, Goldberger M L, Low F E. 1956. The boltzmann equation and the one-fluid hydromagnetic equations in the absence of particle collisions. Proceedings of the Royal Society of London. Series A, Mathematical and Physical Sciences, 236(1204): 112-118.

Connor J W, Hastie R J, Taylor J B. 1978. Shear, periodicity, and plasma ballooning modes. Physical Review Letters, 40(6): 396-399.

Dawson J. 1961. On landau damping. Physics of Fluids, 4(7):869-874.

Dawson J. 1962. One-dimensional plasma model. Physics of Fluids, 5(4):445-459.

Dawson J M. 1983. Particle simulation of plasmas. Reviews of Modern Physics, 55(2):403-447.

Delaurentis J M, Romero L A. 1990. A monte carlo method for poisson's equation. Journal of Computational Physics, 90(1): 123-140.

Deng W J, Lin Z H, Holod I, et al. 2010. Gyrokinetic particle simulations of reversed shear alfvén eigenmode excited by antenna and fast ions. Physics of Plasmas, 17:112504.

D'haeseleer W D, Hitchon W N G, Callen J D, et al. 1991. Flux Coordinates and Magnetic Field Structure: A Guide to a Fundamental Tool of Plasma Theory. Springer Series in Computational Physics. Brelin: Springer.

Dimits A M, Bateman G, Beer M A, et al. 2000. Comparisons and physics basis of tokamak transport models and turbulence simulations. Physics of Plasmas, 7: 969.

Diver D A. 2001. Plasma formulary for physics, technology, and astrophysics. A Plasma Formulary for Physics, (1).

Dnestrovskii Y N, Kostomarov D P. 1986. Numerical Simulation of Plasma. Springer Series in Computational Physics. Berlin: Springer.

Dong J Q, Horton W, Kim J Y. 1992. Toroidal kinetic etai mode study in high temperature plasmas. Physics of Fluids B, 4: 1867.

Dudson B D, Umansky M V, Xu X Q, et al. 2009. Bout++: A framework for parallel plasma fluid simulations. Computer Physics Communications, 180(9): 1467-1480.

Elsherbeni A Z, Demir V. 2012. MATLAB 模拟的电磁学时域有限差分法. 喻志远, 译. 北京: 国防工业出版社.

Fasoli A, Brunner S, Cooper W A, et al. 2016. Computational challenges in magnetic-confinement fusion physics. Nature Physics, 12(5):411-423.

Fitzpatrick R. 2006. Computational physics: An introductory course. The University of Texas at Austin.

Fleurier C, Chapelle J. 1974. Inversion of abel's integral equation-application to plasma spectroscopy. Computer Physics Communications, 7(4): 200-206.

Freidberg J P. 1987. Ideal Magnetohydrodynamics. New York: Plenum Press.

Freidberg J. 2007. Plasma Physics and Fusion Energy. Cambridge: Cambridge University Press.

Fried B D, Conte S D. 1961. The Plasma Dispersion Function-The Hilbert Transform of The Gaussian. New York, London: Academic Press. Erratum: Math. Comp. 26(119): 814. The plasma dispersion function: The Hilbert transform of the Gaussian Author(s): Henry E. Fettis. Journal: Math. Comp. 1972, 26: 814. http://www.ams.org/journals/mcom/1972- 26-119/S0025-5718-1972-0319342-4/home.html Erratum:Math. Comp., 1963, 17: 94-95. http://www.ams.org/ journals/mcom/1963-17-081/S0025-5718-63-99186-5/home.html.

Fu G Y, van Dam J W. 1989. Excitation of the toroidicity-induced shear alfv[eacute] n eigenmode by fusion alpha particles in an ignited tokamak. Physics of Fluids B: Plasma Physics, 1(10): 1949-1952.

Gardner C S, Greene J M, Kruskal M D, et al. 1967. Method for solving the korteweg-devries equation. Physical Review Letters, 19: 1095-1097.

Goedbloed J, Keppens R, Poedts S. 2010. Advanced magnetohydrodynamics with applications to laboratory and astrophysical plasmas. Cambridge, (6): 1124.

Goedbloed J, Poedts S. 2004. Principles of magnetohydrodynamics: With applications to laboratory and astrophysical plasmas. Cambridge.

Greengard L, Rokhlin V. 1997. A fast algorithm for particle simulations. Journal of Computational Physics, 135(2): 280-292.

Gurcan Ö. 2014. Numerical computation of the modified plasma dispersion function with curvature. Journal of Computational Physics, 269: 156-167.

Gurnett D A, Bhattacharjee A. 2005. Introduction to plasma physics: With space and laboratory applications. Cambridge.

Hakim A H. 2008. Extended mhd modelling with the ten-moment equations. Journal of Fusion Energy, 27(1-2): 36-43.

Hammett G W, Perkins F W. 1990. Fluid moment models for landau damping with application to the ion-temperature-gradient instability. Physical Review Letters, 64:3019-3022.

Hasegawa A. 1987. A dipole field fusion reactor. Comments on Plasma Physics and Controlled Fusion, 11(3): 147-151.

Hasegawa A, Birdsall C K. 1964. Sheet-current plasma model for ioncyclotron waves. Physics of Fluids, 7(10): 1590-1600.

Hasegawa A, Okuda H. 1968. One-dimensional plasma model in the presence of a magnetic field. Physics of Fluids, 11(9): 1995-2003.

Hazeltine R D, Meiss J D. 1992. Plasma confinement. Perseus Books.

Hazeltine R D, Waelbroeck F L. 2004. The framework of plasma physics. Perseus Books.

Heeter R F. 1999. Alfvén Eigenmode and Ion Bernstein wave studies for controlling fusion alpha particles. Princeton University PhD thesis.

Heeter R F, Fasoli A F, Sharapov S E. 2000. Chaotic regime of Alfvén eigenmode wave-particle interaction. Physics Review Letters, 85: 3177.

Helander P, Sigmar D J. 2001. Collisional Transport in Magnetized Plasmas. Cambridge: Cambridge University Press.

Hess S, Mottez F. 2009. How to improve the diagnosis of kinetic energy in [delta]f pic codes. Journal of Computational Physics, 228(18): 6670-6681.

Hirose A. 2006. Plasma Waves Lecture Notes.

Hirose A, Zhang L, Elia M. 1995. Ion temperature gradient driven ballooning mode in tokamaks. Physics of Plasmas, 2: 859.

Hirshman S P, Lee D K. 1986. Momcon: A spectral code for obtaining threedimensional magnetohydrodynamic equilibria. Computer Physics Communications, 39(2): 161-172.

Hirshman S P, Whitson J C. 1983. Steepest descent moment method for three dimensional magnetohydrodynamic equilibria. Physics of Fluids, 26(12): 3553-3568.

Hockney R W, Eastwood J W. 1988. Computer simulation using particles. Adam Hilger.

Hsu J J Y. 2015. Visual and Computational Plasma Physics. Singapore: World Scientific.

Hu Y J, Li G Q, Gorelenkov N N, et al. 2014. Numerical study of alfvén eigenmodes in the experimental advanced superconducting tokamak. Physics of Plasmas (1994-present), 21(5): 052510.

Huba J D. 2009. Nrl plasma formulary.

Jackson J D. 1960. Longitudinal plasma oscillations, Journal of Nuclear Energy. Part C, Plasma Physics, Accelerators, Thermonuclear Research, 1: 171.

Jackson J D. 1999. Classical electrodynamics, 3rd ed. Wiley.

Jardin S. 2010. Computational Methods in Plasma Physics. Boca Raton: CRC Press.

Jones W D, Doucet H J, Buzzi J M. 1985. An Introduction to the Linear Theories and Methods of Electrostatic Waves in Plasmas. Berlin: Springer.

Kaan Ozturk M. 2011. Trajectories of charged particles trapped in earth's magnetic field. arXiv.

Kageyama A, Sugiyama T, Watanabe K, et al. 2006. A note on the dipole coordinates. Computers & Geosciences, 32(2):265-269.

Kikuchi M. 2011. Frontiers in Fusion Research: Physics and Fusion. Berlin: Springer.

Kim E J, Diamond P H. 2003. Zonal flows and transient dynamics of the l-h transition. Physical Review Letters, 90: 185006.

Klimontovich Y L. 1967. The statistical theory of Non-equilibrium processes in a plasma. Pergamon Press.

Krall N, Trivelpiece A. 1973. Principles of Plasma Physics. New York: McGraw-Hill.

Kravanja P, van Barel M. 2000. Computing the Zeros of Analytic Functions. Berlin: Springer.

Krommes J A. 2002. Fundamental statistical descriptions of plasma turbulence in magnetic fields. Physics Reports, 360(1-4): 1-352.

Krommes J A. 2008. Conceptual Foundations of Plasma Kinetic Theory, Turbulence, and Transport Volumes I and II. State of New Jersey: Princeton University.

Krommes J A. 2015. A tutorial introduction to the statistical theory of turbulent plasmas, a half-century after kadomtsev's plasma turbulence and the resonance-broadening theory of dupree and weinstock. Journal of Plasma Physics, 81(06): 205810601.

Kruer W. 2003. The Physics of Laser Plasma Interactions. Beijing: Westview Press.

Langdon A B. 2014. Evolution of Particle-in-Cell Plasma Simulation. IEEE Transactions on Plasma Science, 42: 1317-1320.

Lao L L, Greene J M, Wang T S, et al. 1985. Threedimensional toroidal equilibria and stability by a variational spectral method. Physics of Fluids, 28(3): 869-877.

Lao L L, Hirshman S P, Wieland R M. 1981. Variational moment solutions to the grad Shafranov equation. Physics of Fluids, 24:1431.

Lao L L, Wieland R M, Houlberg W A, et al. 1982. Vmoms-a computer code for finding moment solutions to the grad-Shafranov equation. Computer Physics Communications, 27(2):129-146.

Lee J, Cerfon A. 2015. Ecom: A fast and accurate solver for toroidal axisymmetric {MHD} equilibria. Computer Physics Communications, 190(0): 72-88.

Lee L C, Fu Z F. 1986. Collisional tearing instability in the current sheet with a low magnetic lundquist number. Journal of Geophysical Research, 91(A3):3311-3313.

Lee W W. 1983. Gyrokinetic approach in particle simulation. Physics of Fluids, 26:556.

Lee W W. 1987. Gyrokinetic particle simulation model. Journal of Computational Physics, 72(1): 243-269.

Lesur M. 2010. The berk-breizman model as a paradigm for energetic particle-driven alfvén eigenmodes. Ecole Doctorale de l'Ecole Polytechnique PhD thesis.

Lilley M K. 2009. Resonant interaction of fast particles with Alfvén waves in spherical tokamaks. Imperial College London PhD thesis.

Lin Z, Lee W W. 1995. Method for solving the gyrokinetic poisson equation in general geometry. Physical Review E, 52:5646-5652.

Lipatov A S. 2002. The Hybrid Multiscale Simulation Technology: An Introduction with Application to Astrophysical and Laboratory Plasmas. Berlin: Springer.

Liu Y Q. 2007. Constructing plasma response models from full toroidal magnetohydrodynamic computations. Computer Physics Communications, 176(3): 161-169.

Luhmann J G, Friesen L M. 1979. A simple model of the magnetosphere. Journal of Geophysical Research: Space Physics, 84(A8):4405-4408.

Lutjens H, Bondeson A, Sauter O. 1996. The chease code for toroidal mhd equilibria. Computer Physics Communications, 97(3):219-260.

Martin P, Donoso G, Zamudio-Cristi J. 1980. A modified asymptotic pad[e-acute] method application to multipole approximation for the plasma dispersion function z. Journal of Mathematical Physics, 21(2):280-285.

Meiss J D, Hazeltine R D. 1990. Canonical coordinates for guiding center particles. Physics of Fluids B: Plasma Physics, 2(11):2563-2567.

Metropolis N, Rosenbluth A W, Rosenbluth M N, et al. 1953. Equation of state calculations by fast computing machines. The Journal of Chemical Physics, 21(6): 1087-1092.

Miyamoto K. 2000. Fundamentals of Plasma Physics and Controlled Fusion. NIFS-PROC-48.

Miyamoto K. 2004. Plasma Physics and Controlled Nuclear Fusion. Berlin: Springer.

Moses H E. 1970. Helicity representations of the coordinate, momentum, and angular momentum operators. Annals of Physics, 60(2): 275-320.

Moses H. 1971. Eigenfunctions of the curl operator, rotationally invariant helmholtz theorem, and applications to electromagnetic theory and fluid mechanics. SIAM Journal on Applied Mathematics, 21(1): 114-144.

Ng C S, Bhattacharjee A, Skiff F. 1999. Kinetic eigenmodes and discrete spectrum of plasma oscillations in a weakly collisional plasma. Physical Review Letters, 83(10): 1974-1977.

Nicholson D R. 1983. Introduction to Plasma Theory. New York: Wiley.

Northrop T G. 1963. Adiabatic Motion of Charged Particles. New York: Wiley.

O'Neil T M, Winfrey J H, Malmberg J H. 1971. Nonlinear interaction of a small cold beam and a plasma. Physics of Fluids, 14(6):1204-1212.

Ongena J, Koch R, Wolf R, et al. 2016. Magnetic-confinement fusion. Nat Phys, 12(5): 398 410.

Ozturk M K. 2011. Trajectories of charged particles trapped in Earth's magnetic filde. M Kaan Öztürk. American Journal of Physics, 80(5): 420-428.

Parker S E, Lee W W. 1993. A fully nonlinear characteristic method for gyrokinetic simulation. Physics of Fluids B: Plasma Physics, 5(1): 77-86.

Qin H. 1998. Gyrokinetic theory and computational methods for electromagnetic perturbations in tokamaks. PhD thesis, Princeton.

Qin H, Davidson R C. 2006. An exact magnetic-moment invariant of charged-particle gyromotion. Physical Review Letters, 96(8):085003.

Qin H, Tang W, Rewoldt G. 1999. Symbolic vector analysis in plasma physics, Computer Physics. Communications, 116: 107-120.

Qin H, Zhang S X, Xiao J Y, et al. 2013. Why is boris algorithm so good? Physics of Plasmas, 20(8):084503.

Rewoldt G, Lin Z, Idomura Y. 2007. Linear comparison of gyrokinetic codes with trapped electrons. Computer Physics Communications, 177(10): 775-780.

Ricci P, Rogers B N, Dorland W, et al. 2006. Gyrokinetic linear theory of the entropy mode in a z pinch. Physics of Plasmas, 13(6):201.

Rizvi H, Panwar A, Shahzad M, et al. 2016. Radially localized kinetic beta induced alfvén eigenmodes in tokamak plasmas. Physics of Plasmas, 23(12): 122515.

Ronnmark K. 1983. Computation of the dielectric tensor of a maxwellian plasma. Plasma Physics, 25(6):699.

Ronnmark K, Andre M, Oscarsson T, et al. 1982. Whamp-Waves in Homogeneous Anisotropic Multicomponent Magnetized Plasma. Sweden: Kiruna Geophysical Institute, University of Umea.

Russian. Reviews of Plasma Physics. v1-v24.

Sagdeev R Z, Galeev A. 1969. Nonlinear plasma theory. New York: W.A. Benjamin, Inc.

Shanny R, Dawson J M, Greene J M. 1967. One-dimensional model of a lorentz plasma. Physics of Fluids, 10(6): 1281-1287.

Shen J, Tang T, Wang L L. 2011. Spectral Methods Algorithms, Analysis and Applications. Berlin: Springer.

Spitzer L. 1956. Physics of Fully Ionized Gases. Interscience Publishers.

Störmer C. 1955. The Polar Aurora, Oxford: Oxford University Press. 229-238.

Stix T. 1992. Waves in Plasmas. 2nd ed. AIP Press.

Swanson D G. 2003. Plasma Waves. Series in Plasma Physics. IOP.

Taflove A, Hagness S C. 2005. Computational Electrodynamics: The Finite-Difference Time-Domain Method. 3rd ed. Artech House, Inc.

Tajima T. 2004. Computational Plasma Physcis, with Application to Fusion and Astrophysics. Beijing: Westview Press.

Takeda T, Tokuda S J. 1991. Computation of mhd equilibrium of tokamak plasma. Journal of Computational Physics, 93(1):1-107.

Tang W M. 2002. Advanced computations in plasma physics. Physics of Plasmas, 9(5): 1856-1872.

Tang W M, Chan V S. 2005. Advances and challenges in computational plasma science. Plasma Physics and Controlled Fusion, 47(2): R1.

Tracy E R, Brizard A J, Richardson A S, et al. 2014. Ray Tracing and Beyond: Phase Space Methods in Plasma Wave Theory. CUP.

Trottenberg U, Oosterlee C W, Schuller A. 2000. Multigrid. New York: Academic Press.

van Kampen N G. 1955. On the theory of stationary waves in plasmas. Physica, 21(6-10):949-963.

Wesson J, Tokamaks. 2004. 3rd ed. Boston: Oxford University Press.

White R B. 2001. The Theory of Toroidally Confined Plasmas. Republic of Singapore: World Scientific Imperial College Press.

White R B. 2005. Asymptotic Analysis of Differential Equations. Republic of Singapore: World Scientific Imperial College Press.

White R B. 2006. The Theory of Toroidally Confined Plasmas. 2nd ed. Republic of Singapore: World Scientific Imperial College Press.

Wu H C. 2011. Jpic & how to make a pic code. arXiv: 1104.3163.

Xie H S. 2012. Pure monte carlo method: A third way for plasma simulation. arXiv: 1210.2265.

Xie H S. 2013a. Constant residual electrostatic electron plasma mode in vlasovampere system. Physics of Plasmas (1994-present), 20(11): 949.

Xie H S. 2013b. Generalized plasma dispersion function: one-solve-all treatment, visualizations, and application to landau damping. Physics of Plasmas, 20(9): 092125.

Xie H S. 2014a. Pdrf: a general dispersion relation solver for magnetized multifluid plasma. Computer Physics Communications, 185(2): 670-675.

Xie H S. 2014b. Shifted circular tokamak equilibrium with application examples.

Xie H S. 2015. Numerical Simulations of Micro-turbulence in Tokamak Edge. Zhejiang: Zhejiang University PhD thesis.

Xie H S, Chen L. 2012. Linear kinetic coupling of firehose (kaw) and mirror mode. arXiv: 1210.4441.

Xie H S, Li B. 2016. Global theory to understand toroidal drift waves in steep gradient. Physics of Plasmas, 23(8): 735.

Xie H S, Xiao Y. 2015. Parallel equilibrium current effect on existence of reversed shear Alfvén eigenmodes. Physics of Plasmas (1994-present), 22(2):022518.

Xie H S, Xiao Y. 2016. Pdrk: A general kinetic dispersion relation solver for magnetized plasma. Plasma Science and Technology, 18(2): 97.

Xie H S, Zhu J, Ma Z W. 2014. Darwin model in plasma physics revisited. Physica Scripta, 89(10): 105602.

Xie H S, Li Y Y, Lu Z X, et al. 2017. Comparisons and applications of four independent numerical approaches for linear gyrokinetic drift modes. Physics of Plasmas, 24, 072106.

Yee K. 1966. Numerical solution of initial boundary value problems involving maxwell's equations in isotropic media. IEEE Transactions on Antennas and Propagation, 14: 302-307.

Yu L M, Fu G Y, Sheng Z M. 2009. Kinetic damping of alfvén eigenmodes in general tokamak geometry. Physics of Plasmas, 16: 072505.

Zabusky N J, Kruskal M D. 1965. Interaction of "solitons" in a collisionless plasma and the recurrence of initial states. Physical Review Letters, 15:240-243.

Zhao D. 2011. Modulational instability, turbulence, collapse, and inverse cascade according to the generalized nonlinear schrodinger equation. Master's thesis, ZJU.

Zheng S B, Wootton A J, Solano E R. 1996. Analytical tokamak equilibrium for shaped plasmas. Physics of Plasmas, 3:1176.